高职高专新课程体系规划教材 ·
计算机系列

办公软件应用高级教程

刘美健◎主　编
杨　蓓◎副主编
廉彦平　王鹏　张俊霞◎参　编

清华大学出版社
北　京

内 容 简 介

本书采用“任务+实操+实训”的编写方式，将办公软件应用知识融入丰富的案例操作过程中，由浅入深、循序渐进地讲解了办公软件应用的各项知识。

全书共分为 8 章，主要内容包括 Windows XP 操作系统的应用、Word 2003 的基本操作与综合运用、Excel 2003 的基本操作与综合应用、演示文稿的制作、办公软件的联合应用以及 Outlook 2003 的应用。

本书内容丰富，讲解清晰，易教易学，可作为高职高专院校、职高及社会电脑培训班的教材，也可作为职业技能鉴定考试的培训教程和自学用书。

图书在版编目（CIP）数据

办公软件应用高级教程/刘美健主编．—北京：清华大学出版社，2013
高职高专新课程体系规划教材·计算机系列

ISBN 978-7-302-32558-1

I. ①办…　II. ①刘…　III. ①办公自动化-应用软件-高等职业教育-教材　IV. ①TP317.1

中国版本图书馆 CIP 数据核字（2013）第 109949 号

责任编辑：贾小红
封面设计：刘　超
版式设计：文森时代
责任校对：张兴旺
责任印制：何　芊

出版发行：清华大学出版社
网　　址：http://www.tup.com.cn，http://www.wqbook.com
地　　址：北京清华大学学研大厦 A 座　　**邮　　编**：100084
社 总 机：010-62770175　　**邮　　购**：010-62786544
投稿与读者服务：010-62776969，c-service@tup.tsinghua.edu.cn
质 量 反 馈：010-62772015，zhiliang@tup.tsinghua.edu.cn
印 装 者：北京密云胶印厂
经　　销：全国新华书店
开　　本：185mm×260mm　　**印　　张**：22.25　　**字　　数**：514 千字
（附光盘 1 张）
版　　次：2013 年 6 月第 1 版　　**印　　次**：2013 年 6 月第1 次印刷
印　　数：1～3000
定　　价：45.90 元

产品编号：052785-01

前　言

随着计算机技术的不断发展，办公软件应用能力成为一种人人不可或缺的基本能力。然而，与此相反的是，目前多数高校的“办公软件应用”课程教学仍然存在着较大的随意性，偏理论而轻实践，不符合职业教育“知识够用、突出技能”的教学理念。因此，亟待对其教学内容与形式进行增补和改革。

本书尽可能避开枯燥的知识讲解，而是遵循“重能力、严实践、求创新”的教学设计理念和编写思路，采用任务引领模式，从实操案例入手，将办公软件应用知识融入到案例的操作过程中，由浅入深、循序渐进地讲解，使读者在轻松、系统学习相关知识的同时，快速提升自己的办公应用能力。

本书力求能体现出一定的科学性、思维性、启发性、先进性和教学适用性，为此，编者认真提炼出多个办公软件应用领域的典型任务，并精心设计了大量的办公应用操作案例，这些案例既涉及到了办公应用中的必要知识点，又具有足够的实用性和代表性。全书由“任务”引领出知识点，通过“实操案例”快速提升读者的专项办公操作技能，再通过“实操训练”提升读者的综合办公应用能力。

本书在体例上也力求创新，每个章节都由学习目标、重点难点、任务/子任务、技巧及提示、实操案例、知识拓展、实操训练等部分组成。

- ❖ 学习目标：读者学习后应达到的能力目标。
- ❖ 重点难点：章节学习中的重点和难点。
- ❖ 任务/子任务：图书的主体部分，由任务带出知识点，通过丰富、实用的任务为读者构建相对完整的知识体系，其中又包含如下部分：
  - ➢ 知识点讲解：简单介绍任务所涉及到的知识与技能。
  - ➢ 技巧和提示栏目：补充介绍一些操作过程中需要注意的地方。
  - ➢ 实操案例：根据相应知识点设计的操作案例（配有相应的源文件和样文）。通过对实操案例的大量练习，可快速提升读者对办公软件的应用及操作能力。
  - ➢ 知识拓展：补充介绍一些读者非常有必要了解，但任务中未涉及到的知识点。
- ❖ 实操训练：本章所学知识点的综合应用（配有相应的源文件和样文）。

本书的编写团队由长期从事“办公软件应用”课程教学和课程建设的一线教师组成。由刘美健担任主编，杨蓓担任副主编。其中，第 1 章由杨蓓、张俊霞编写；第 2 章至第 5 章由刘美健编写；第 6 章由廉彦平编写；第 7 章由张俊霞编写；第 8 章由王鹏编写；全书由刘美健负责统稿和定稿。

在本书的编写过程中，得到了各级领导的关怀及各位同行的指导，在此一并表示感谢。

由于编者的水平有限，书中的疏漏、不足之处在所难免，恳请广大读者批评指正。我们的联系方式是：tjtjtvc2012@sina.cn。

编 者

2013 年 6 月

目 录

第1章

Windows XP 操作系统的应用

Windows XP 操作系统是由美国微软公司开发的可视化操作系统，它提供了如办公软件、数码影音、家庭网络以及 Internet 等众多功能。该操作系统不仅给人们平日的工作、上网、娱乐带来了方便，更凭借其快捷、友好、人性化以及强大的功能，让用户体验到了丰富有趣的数字化生活，因此成为目前世界上使用最广泛的桌面操作系统。

学习目标：

- 了解 Windows XP 操作系统的基础知识。
- 掌握 Windows XP 操作系统的常用设置与操作。

重点难点：

- Windows XP 操作系统的基本应用，Windows XP 操作系统的常用设置与操作。

任务1　管理系统中的文件与文件夹

为了方便用户快速查找到想要的文件或文件夹并有效管理文件，Windows XP 操作系统提供了两种文件/文件夹管理方法：我的电脑和资源管理器。在这里，用户不但可以查阅系统中的文件信息，还可以根据需要建立文件目录，命名并使用自己的文件夹。

子任务1　建立并命名新文件夹

【相应知识点】

双击桌面上的“我的电脑”图标，即可打开“我的电脑”窗口，如图 1-1 所示。

在“我的电脑”窗口中单击“文件夹”按钮，将会切换到“资源管理器”窗口，并在窗口左侧显示文件夹目录，如图 1-2 所示。

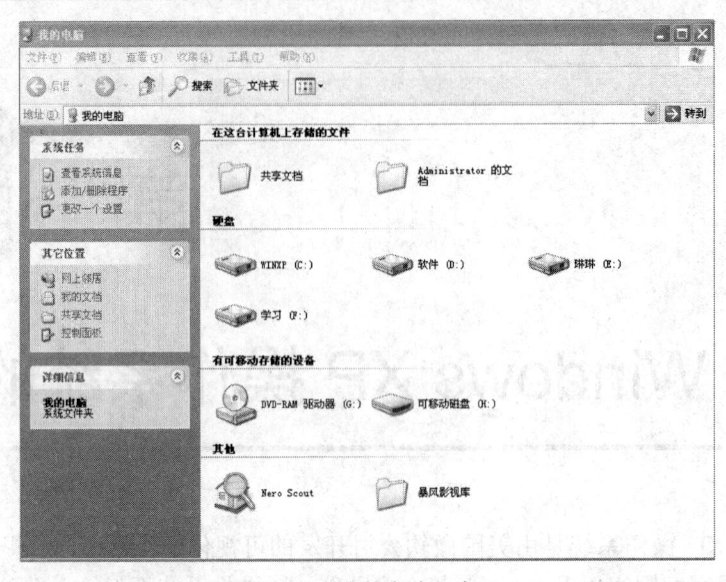

图 1-1 “我的电脑”窗口

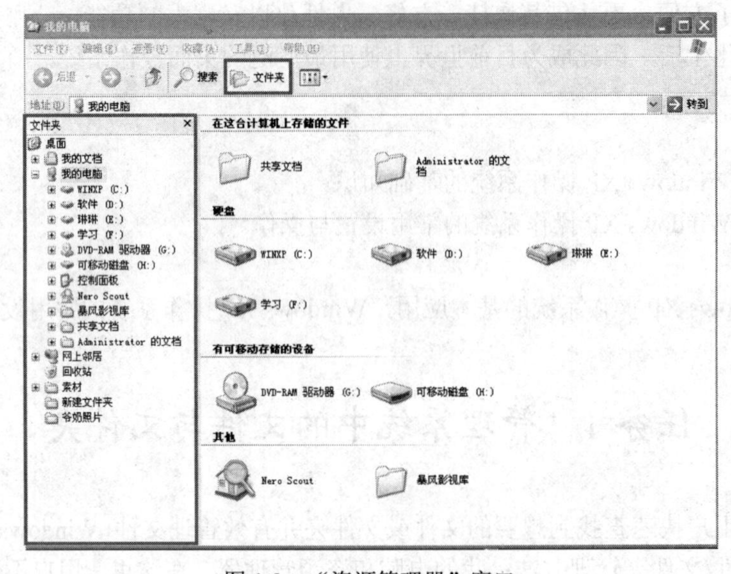

图 1-2 “资源管理器”窗口

资源管理器采用树型结构来组织计算机中的本地资源和网络资源，操作起来简单明了。其窗口包含两个子窗口，左边是浏览器栏或目录栏，右边是对应目录下的内容栏。目录栏中，有些选项前带有⊞号，表示该目录下还有子目录，单击⊞号可展开该目录，显示下一级目录，此时，⊞号将会变为⊟号。再次单击⊟号，会收缩该目录，并变回为⊞号。通过这样的树型层级关系，用户可以快速选中任何目录或文件。

【实操案例】

【案例 1-1】使用“我的电脑”窗口或“资源管理器”窗口，在 C 盘建立一个新文件夹，并命名为 111。

操作步骤如下：

双击桌面上的“我的电脑”图标，打开“我的电脑”窗口，在“硬盘”区域中双击 C 盘驱动器图标，进入 C 盘目录。在空白处单击鼠标右键，在弹出的快捷菜单中选择“新建”→“文件夹”命令，如图 1-3 所示，即可在空白处出现一个新的图标，表示新建了一个文件夹。在蓝色区域中输入“111”并按 Enter 键（或在空白处单击），即可将新建文件夹命名为 111，此时文件夹图标将变为，如图 1-4 所示。

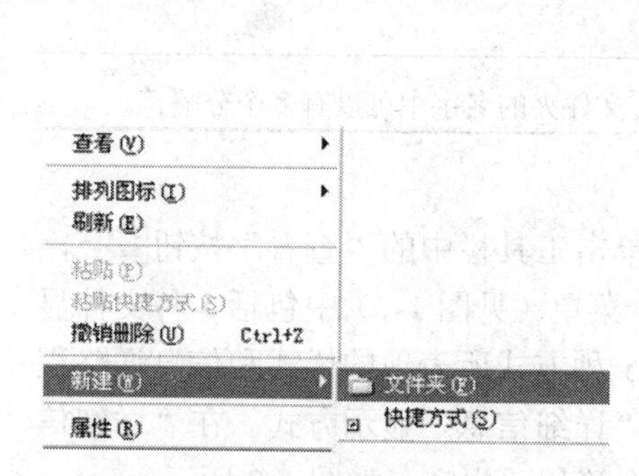

图 1-3　使用右键快捷命令

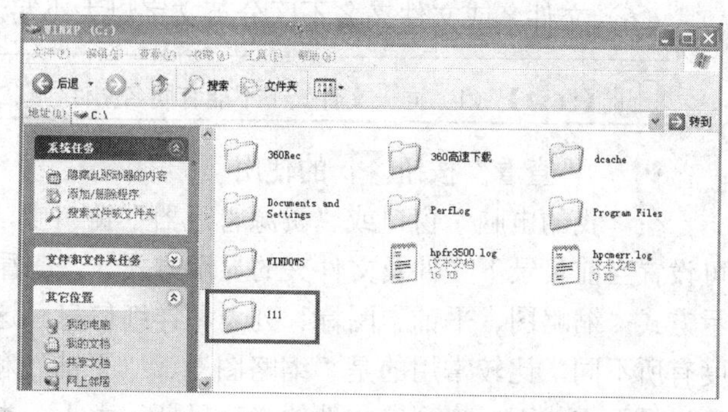

图 1-4　将新建文件夹命名为 111

【案例 1-2】使用“我的电脑”窗口或“资源管理器”窗口，通过“文件”菜单命令新建一个文件夹 112。

操作步骤如下：

双击桌面上的“我的电脑”图标，打开“我的电脑”窗口，在“硬盘”区域中双击 C 盘驱动器图标，进入 C 盘目录。单击菜单栏中的“文件”选项，依次选择“新建”→“文件夹”命令，如图 1-5 所示。在 C 盘驱动器的空白处出现图标，在蓝色区域中输入“112”并按 Enter 键，此时文件夹图标将变为，如图 1-6 所示。

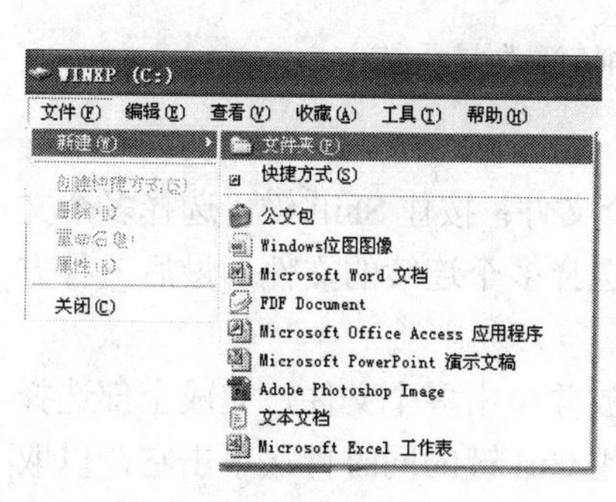

图 1-5　使用菜单栏命令

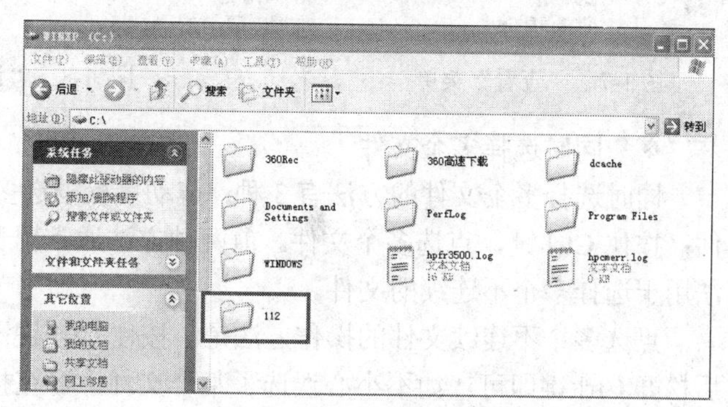

图 1-6　将新建文件夹命名为 112

【知识拓展】

❖ Windows XP 操作系统中文件及文件夹的命名规则

（1）文件名或文件夹名可以由 1～256 个西文字符或 128 个汉字（包括空格）组成，

但不能多于 256 个字符。

（2）文件名可以有扩展名，也可以没有。有些情况下系统会为文件自动添加扩展名，文件名与扩展名中间用符号“.”分隔。

（3）文件名和文件夹名可以由字母、数字、汉字或~、!、@、#、$、%、^、&、( )、_、-、{}、’等组合而成。

（4）文件名或文件夹名可以有空格，也可以有多于一个的圆点。

（5）文件名或文件夹名中不能出现以下字符：\、/、:、*、?、"、<、> 和 | 。

（6）文件名或文件夹名不区分英文字母大小写。

【注意】（1）同一文件夹下不能有同名文件。（2）文件夹的名字中可以有多个分隔符。

❖ “查看”按钮的使用

在“我的电脑”窗口或“资源管理器”窗口中，单击工具栏中的“查看”按钮，可设置当前目录下文件及文件夹的显示方式。“查看”菜单（见图 1-7）中包括 5 种文件显示方式：缩略图、平铺、图标、列表和详细信息。这 5 种方式所表现的样式和信息详略程度有所不同，比较常用的是“缩略图”、“平铺”和“详细信息”显示方式。在“详细信息”显示方式下，将列出文件的修改日期、大小、类型等相关内容，如图 1-8 所示。

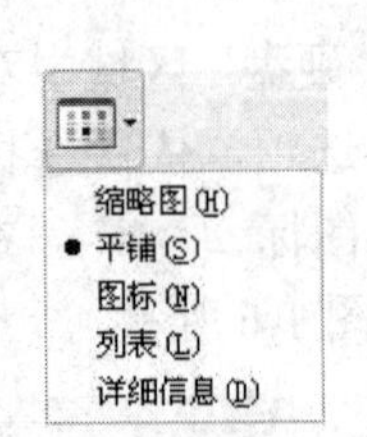

图 1-7 “查看”菜单

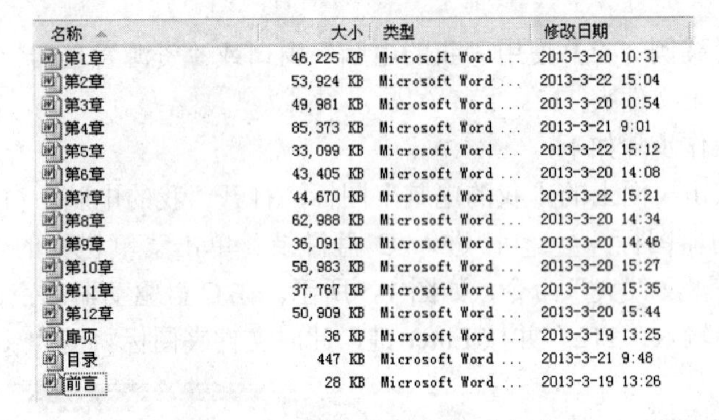

图 1-8 “详细信息”显示方式

❖ 同时选择多个文件

同时选择多个文件的方法有 3 种：拖动鼠标框选多个文件；按住 Shift 键，选择多个文件；按住 Ctrl 键，点选多个文件。前两种方法通常用于选择多个连续的文件，最后一种方法用于选择多个不连续的文件。

点选多个不连续文件的操作方法是：按住 Ctrl 键不放并单击多个文件，完成全部选择后松开 Ctrl 键即可。如不小心误选了某个文件，可在按住 Ctrl 键的同时再次单击它，以取消选择。

如果要选择内容栏中的所有文件及目录，可按 Ctrl+A 快捷键，即同时按下键盘上的 Ctrl 键和字符 A 键（A 不区分大小写）。如果要选择除某个或某几个文件之外的其他文件，可先选中这个或这几个文件，然后在菜单中选择“编辑”→“反向选择”命令，即可选中除这个或这几个文件之外的其他文件。

子任务 2　移动、复制和删除文件夹

【相应知识点】

对文件或文件夹进行移动、复制和删除操作时，要用到复制、粘贴和剪切命令。

“复制”命令可将当前选中的文件或文件夹复制一份，放在系统剪切板中。当执行“粘贴”命令时，即可将系统剪切板中的内容放置到目标目录中，从而实现文件或文件夹的复制操作。

“剪切”命令是指从现行目录下将文件或文件夹移出，这时文件从原目录中消失了（并不是真的没有了，而是被放在了系统剪切板中）。执行“粘贴”命令后，该文件或文件夹将被移动到目标目录中。

“复制”命令的快捷键是 Ctrl+C，“剪切”命令的快捷键是 Ctrl+X，“粘贴”命令的快捷键是 Ctrl+V。

【实操案例】

【案例 1-3】打开 C 盘驱动器，将【案例 1-2】中创建的 112 文件夹移动到“共享文档”目录下。

操作步骤如下：

在资源管理器中，选中 C 盘驱动器下的 112 文件夹，单击鼠标右键，在弹出的快捷菜单中选择“剪切”命令，如图 1-9 所示。然后选择“共享文档”目录，在内容栏空白处单击鼠标右键，在弹出的快捷菜单中选择“粘贴”命令，如图 1-10 所示，即可将 112 文件夹移动到“共享文档”目录下。

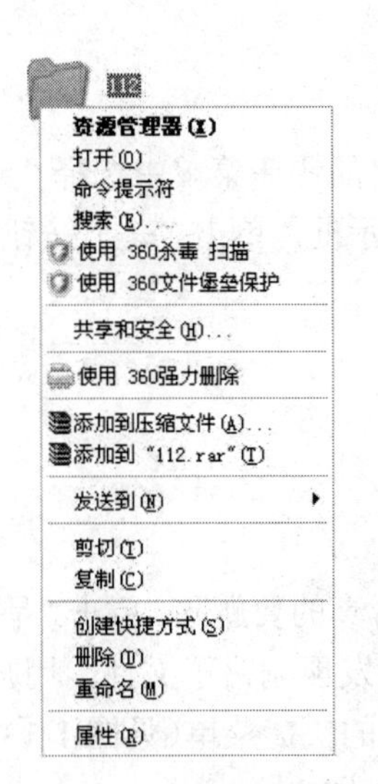

图 1-9　选择“剪切”命令

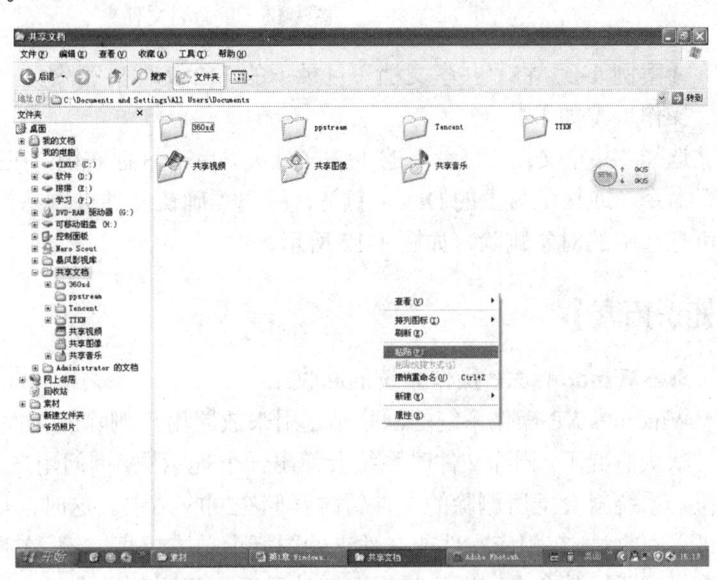

图 1-10　在目标目录下“粘贴”文件夹

【案例 1-4】将 C 盘驱动器目录下的 111 文件夹复制到“共享文件”目录中。

操作步骤如下：

在资源管理器中，选中 C 盘驱动器下的 111 文件夹，单击鼠标右键，在弹出快捷菜单中选择“复制”命令，然后选择“共享文档”目录，在内容栏空白处右击，在弹出的快捷菜单中选择“粘贴”命令。

【案例 1-5】将“共享文档”目录下 111 文件夹重新命名为 113。

操作步骤如下：

选中“共享文档”目录下的 111 文件夹，单击鼠标右键，在弹出的快捷菜单中选择“重命名”命令，如图 1-11 所示。进入命名状态，输入“113”即可。

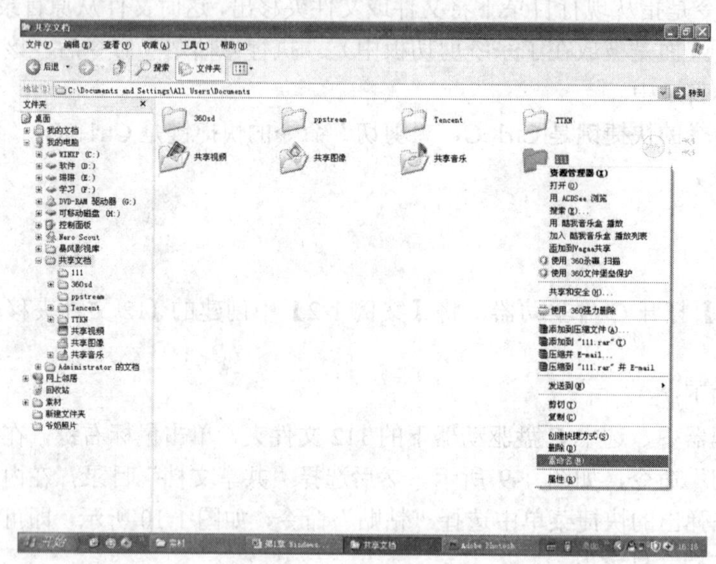

图 1-11　重命名文件夹

【案例 1-6】将“共享文档”目录下的 112 文件夹删除。

操作步骤如下：

选择“共享文档”目录下的 112 文件夹，单击鼠标右键，在弹出的快捷菜单中选择“删除”命令（或按键盘上的 Delete 键），弹出“确认文件夹删除”提示框，单击“是”按钮，即可把选中的对象删除，如图 1-12 所示。

【知识拓展】

❖ Windows XP 操作系统的回收站

Windows XP 操作系统的回收站用来放置用户删除的文件。

默认情况下，删除文件时系统会弹出一个提示框，询问用户是否真的要删除，单击“是”按钮，系统就会把所删除的文件暂时存储在回收站中。这时，如果发现删错了文件，用户可进入回收站，在相应文件或文件夹的图标上单击鼠标右键，在弹出的快捷菜单（见图 1-13）中选择“还原”命令，即可将误删文件重新恢复到其原来所在的目录中。

在如图 1-13 所示快捷菜单中，如果用户选择了“删除”命令，则该文件夹将被彻底删除（从回收站中消失），不能再恢复了。

图 1-12　确认删除信息

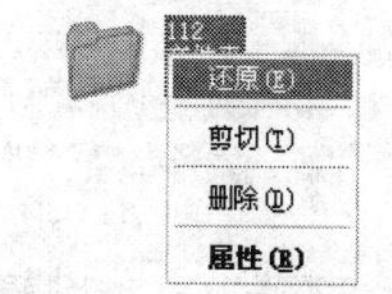

图 1-13　还原回收站中的文件夹

【提示】表示回收站中有文件或文件夹，表示回收站中没有内容（即回收站已被清空）。

❖　快捷方式的使用

为方便用户操作，Windows XP 操作系统提供了一些快捷便利的操作方式。

例如，在移动操作中，用户除了可以使用“剪切”、“粘贴”命令外，还可以通过拖动文件来实现。具体操作如下：选择要移动的文件或文件夹，按住鼠标左键不放并将其拖动到同一驱动器下的目标文件夹中，释放鼠标即可实现文件或文件夹的移动工作。

同样，复制操作也可以使用快捷方式实现。选中要复制的文件或文件夹，按住 Ctrl 键的同时，将文件或文件夹拖到目标文件夹中，释放鼠标和 Ctrl 键，即可实现文件或文件夹的复制操作。

需要注意的是，如果移动操作是在同一驱动器内进行，选中文件或文件夹后直接拖动即可实现不同目录下的移动；如果是在不同驱动器之间进行，则需先按住 Shift 键，然后再拖动文件或文件夹，才能实现不同目录下的移动。如果未按 Shift 键，就将文件或文件夹拖动至另一驱动器中，则实现的是文件的复制，而不是文件的移动。

子任务 3　设置共享文件夹

【相应知识点】

共享文件夹是指能和其他计算机共享信息的文件夹，也就是说，其他计算机可以访问并使用该共享文件夹中的信息资源。

在打开的磁盘中，选中要共享的文件，选择“文件”→“属性”命令，打开文件夹属性对话框，选择“共享”选项卡，如图 1-14 所示，在“网络共享和安全”栏中选中“在网络上共享这个文件夹”复选框，然后确定退出，即可将该文件夹设置为共享文件夹。

【实操案例】

【案例 1-7】将 C 盘驱动器中的 111 文件夹设置为共享文件夹，将设置后的“共享”选项卡以 BMP 图片格式保存到 C 盘驱动器 111 文件夹中，文件命名为 Ala1。图片保存后，恢复原设置。

操作步骤如下：

打开 C 盘驱动器，选中 111 文件夹，选择“文件”→“属性”命令，打开“111 属性”对话框，选择“共享”选项卡，在“网络共享和安全”栏中选中“在网络上共享这个文件夹”复选框，并设置共享名为 111，如图 1-15 所示，然后单击“确定”按钮退出。

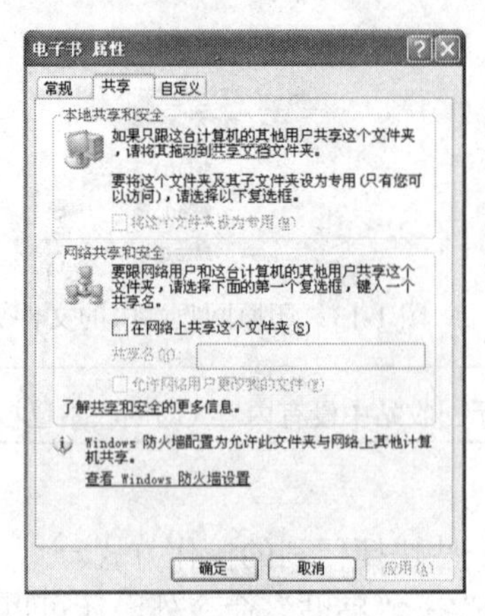

图 1-14 “共享”选项卡

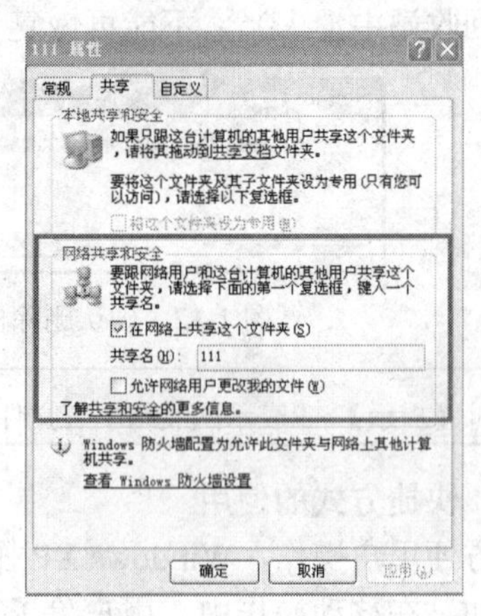

图 1-15 设置共享属性

此时，111 文件夹显示为 111，表示已经实现了局域网共享。按 Print Screen SysRq 键对屏幕进行拷屏，然后单击任务栏中的“开始”按钮，选择“程序”→“附件”→“画图”命令，打开画图程序，选择“编辑”→“粘贴”命令，以复制内容新建 BMP 图片格式文件，选择“文件”→“保存”命令，打开“保存为”对话框，在“保存在”下拉列表框中选择 C 盘驱动器 111 文件夹，在“文件名”文本框中输入“Ala1”，单击“保存”按钮，关闭窗口即可。

【知识拓展】

❖ 使用右键快捷菜单进行共享文件夹设置

在文件夹图标上单击鼠标右键，在弹出的快捷菜单中选择“属性”命令，也可以打开“属性”对话框，进行共享文件夹设置。

需要注意的是，如果计算机未设置局域网信息，则在“共享”选项卡的“网络共享与安全”栏中，没有“在网络上共享这个文件夹”复选框，而是一个提示用户设置网络的超链接，单击该超链接进入安装向导，按照提示，一步步进行设置，完成后退出即可出现“在网络上共享这个文件夹”复选框。

❖ 设置访问权限

共享文件时，如果只想让访问者读取和复制文件，而不允许他们修改文件，可为共享文件设置访问权限。操作如下：选择共享文件夹，单击鼠标右键，在弹出的快捷菜单中选择“共享和安全”命令，打开“属性”对话框的“共享”选项卡，在“网络共享和安全”栏中取消已经选中的“在网络上共享这个文件夹”复选框，然后单击“确定”按钮退出。

对一些需要保密的信息，如果用户不希望被他人看到或修改，系统还提供了隐藏文件方法。在“属性”对话框的“常规”选项卡中，设置文件夹属性为“隐藏”，如图 1-16 所示；然后选择“工具”→“文件夹选项”命令，打开“文件夹选项”对话框，选择“查看”选项卡，在“高级设置”列表框的“隐藏文件或文件夹”选项下选中“不显示隐藏的文件和文件夹”单选按钮，如图 1-17 所示，即可将所选文件设置为隐藏属性。

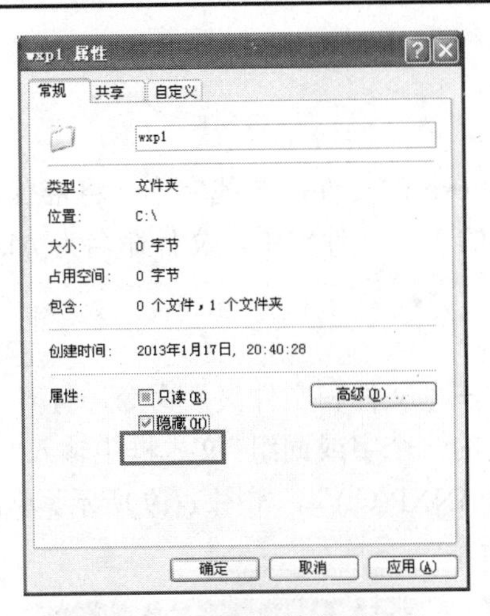

图 1-16　设置文件隐藏属性

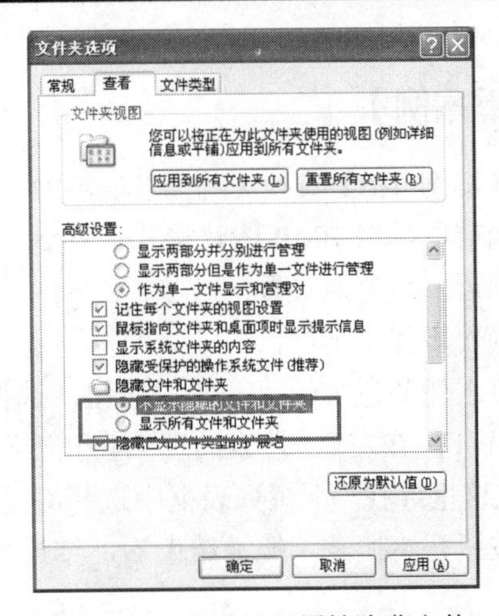

图 1-17　设置显示属性隐藏文件

子任务 4　查找特定文件

【相应知识点】

当用户电脑中的文件很多时，查找文件会变得非常吃力。此时，可利用 Windows XP 操作系统的查找功能快速找到指定的文件。在“我的电脑”中单击“搜索”按钮 搜索，或使用“开始”菜单的“搜索”命令，即可打开“搜索”窗口，如图 1-18 所示。

用户可通过在左侧“搜索助理”任务窗格中设置不同的搜索条件，查找到所需要的文件。在“全部或部分文件名”文本框及“文件中的一个字或词组”文本框中输入记忆中的文件名或字符，在“在这里寻找”下拉列表框中选择要查找的磁盘驱动器，然后单击“搜索”按钮，系统将开始按所输入搜索条件进行搜索，经过一段时间的耐心等待后，系统将在右侧的内容栏中显示搜索到的最终结果。

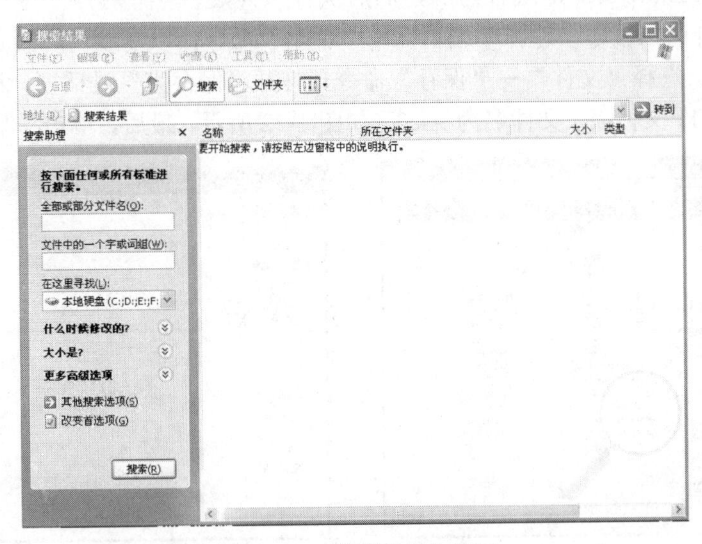

图 1-18　“搜索结果”窗口

【实操案例】

【案例 1-8】查找 C 盘驱动器中所有扩展名为.exe 的文件，查找完毕，将带有查找结果的当前屏幕以 BMP 图片格式保存到 C 盘驱动器的 111 文件夹中，文件命名为 Ala2，图片保存后，恢复原设置。

操作步骤如下：

单击任务栏中的“开始”按钮，选择“搜索”→“文件和文件夹”命令，打开“搜索结果”窗口。在左侧“搜索助理”任务窗格的“文件中的一个字或词组”文本框中输入“.exe”，在“在这里寻找”下拉列表框中选择 C 盘驱动器“WINXP(C:)”，如图 1-19 所示。单击“搜索”按钮开始搜索，搜索结束后，结果如图 1-20 所示。

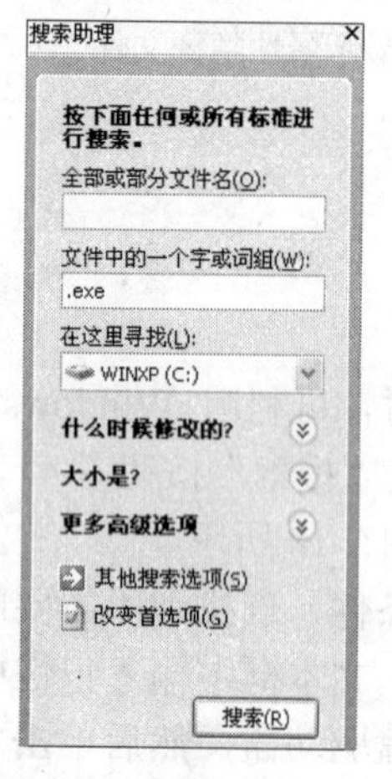

图 1-19 设置查找条件

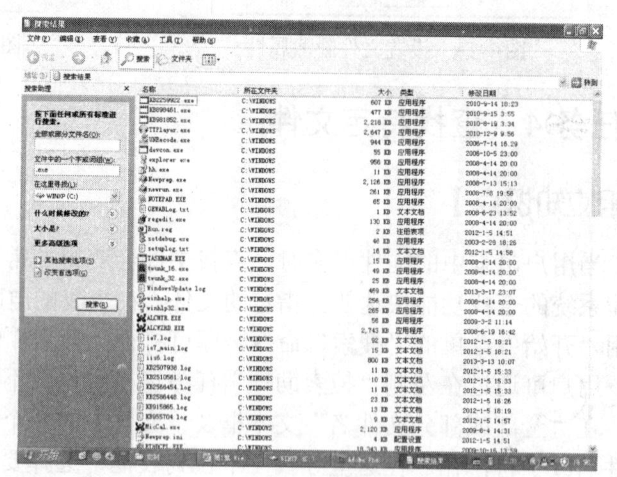

图 1-20 搜索结果

按 Print Screen SysRq 键进行拷屏，然后执行“开始”→“程序”→“附件”→“画图”命令，打开画图程序，选择“编辑”→“粘贴”命令，以复制内容新建 BMP 文件，如图 1-21 所示。选择“文件”→“保存”命令，打开“保存为”对话框，设置保存位置为 C 盘驱动器的 111 文件夹，文件名为 Ala2，如图 1-22 所示。最后，单击“保存”按钮退出。

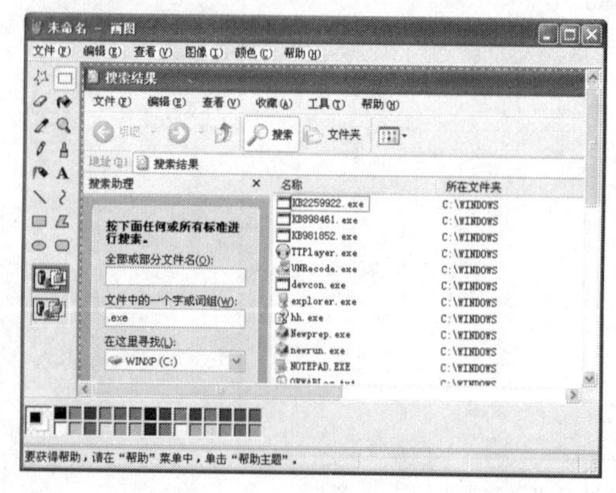

图 1-21 “画图”窗口

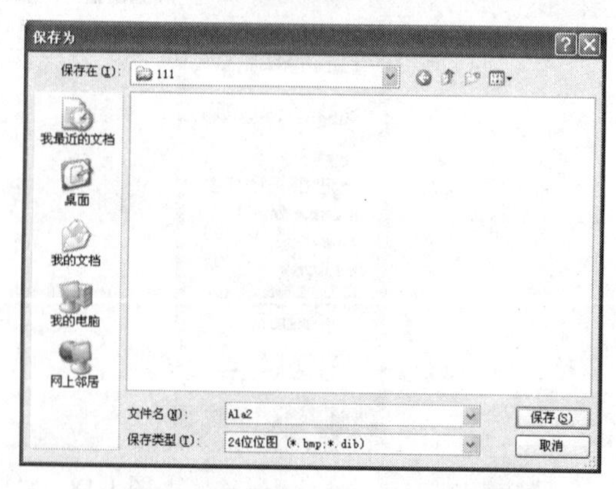

图 1-22 当前屏幕以 BMP 图片格式保存

【案例 1-9】查找 C 盘驱动器中前 7 日创建的文件（如 2013 年 3 月 10 日至 2013 年 3 月 17 日），要求大小在 30KB 以上，查找完毕，将带有查找结果的当前屏幕以 BMP 图片格式保存到 C 盘驱动器 111 文件夹中，文件命名为 Ala3。图片保存后，恢复原设置。

操作步骤如下：

单击任务栏中的“开始”按钮，选择“搜索”→“文件和文件夹”命令，打开“搜索结果”窗口。在左侧“搜索助理”任务窗格中，设置“在这里寻找”为“WINXP（C:）”，在“什么时候修改的”栏中选中“指定日期”单选按钮，选择“修改日期”选项，设置修改的时间段为从 2013-3-10 至 2013-3-17，在“大小是”栏中选中“指定大小”单选按钮，设置文件大小至少是“30KB”，如图 1-23 所示。单击“搜索”按钮，搜索结果如图 1-24 所示。

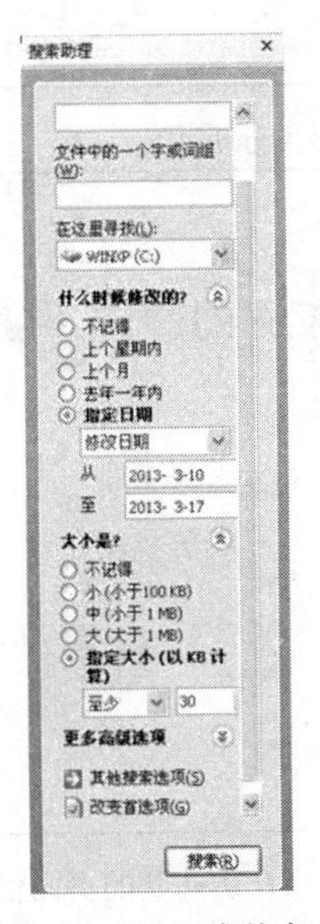

图 1-23 设置查找条件

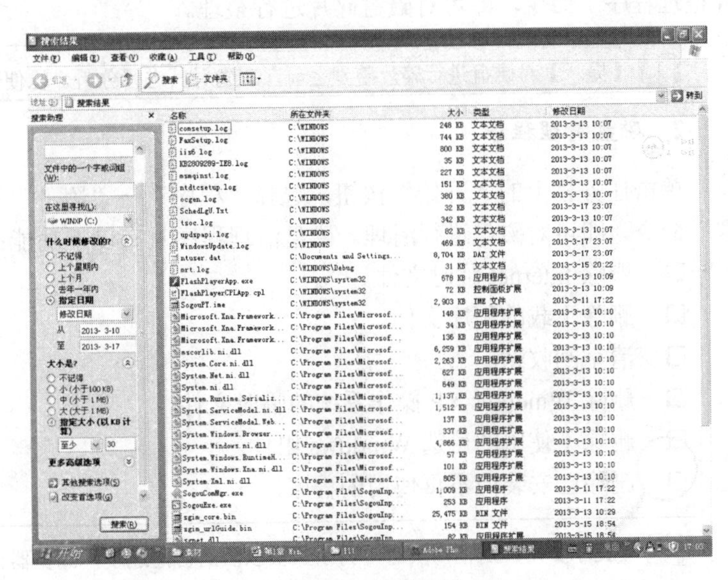

图 1-24 搜索结果

按 Print Screen SysRq 键进行拷屏，然后执行“开始”→“程序”→“附件”→“画图”命令，打开画图程序，选择“编辑”→“粘贴”命令，以复制内容新建 BMP 文件，选择“文件”→“保存”命令，打开“保存为”对话框，设置保存位置为 C 盘驱动器的 111 文件夹，文件名为 Ala3，最后单击“保存”按钮退出。

任务 2 实现系统的优化与使用

子任务 1 对磁盘进行分析和清理

【相应知识点】

电脑用久了，会产生许多磁盘碎片和垃圾文件，导致电脑运行速度变慢。这时，可以通过磁盘碎片整理程序和磁盘清理程序来提高计算机的运行速度。

1. 磁盘碎片整理程序

文件在操作过程中，Windows XP 操作系统会调用虚拟内存来同步管理程序，从而导致各程序对硬盘频繁进行读写，产生大量磁盘碎片。也就是说，在磁盘分区中，文件可能会被分散保存到磁盘的不同地方，而不是连续地保存在连续的簇中。

这些碎片文件的存在会降低硬盘的工作效率，还会增加数据丢失和数据损坏的可能性。此时，可利用 Windows XP 操作系统自带的磁盘碎片整理程序，把这些碎片收集在一起，并把它们作为一个连续的整体存放在硬盘上。

单击任务栏上的“开始”按钮，选择“程序”→“附件”→“系统工具”→“磁盘碎片整理程序”命令，即可对磁盘碎片进行整理。

【提示】对磁盘进行碎片整理之前，应先对其进行分析，以便查看磁盘分析报告。

2. 磁盘清理程序

单击任务栏上的“开始”按钮，选择“程序”→“附件”→“系统工具”→“磁盘清理”命令，即可对磁盘进行清理。磁盘清理程序具有以下功能：

- 删除 Internet 临时文件。
- 删除下载的程序文件。
- 清空回收站。
- 删除 Windows XP 操作系统的临时文件。
- 删除不使用的可选 Windows 组件。
- 删除已安装但不再使用的程序。

【提示】用户访问网页时，为了加快以后的访问速度，浏览器会缓存用户访问到的页面信息，这就是 Internet 临时文件。通常情况下，Internet 临时文件会占据大量存储空间，因此，要定时进行清理。

【实操案例】

【案例 1-10】使用磁盘碎片整理程序对 C 盘驱动器进行整理，在进行磁盘整理前先对磁盘进行分析，查看分析报告并将整个屏幕以 BMP 图片格式保存到 C 盘驱动器 111 文件夹中，并命名为 Ala4（不必等待操作执行完毕）。

操作步骤如下：

单击任务栏中的“开始”按钮，依次选择“程序”→“附件”→“系统工具”→“磁盘碎片整理程序”命令，如图 1-25 所示，打开“磁盘碎片整理程序”窗口，如图 1-26 所示。如果有多个驱动器，应指定要清理的是 C 盘驱动器，然后单击“分析”按钮，系统开始对磁盘进行分析。完成磁盘分析后，系统会弹出提示框，如图 1-27 所示，单击“查看报告”按钮可查看系统给出的分析报告，如图 1-28 所示。

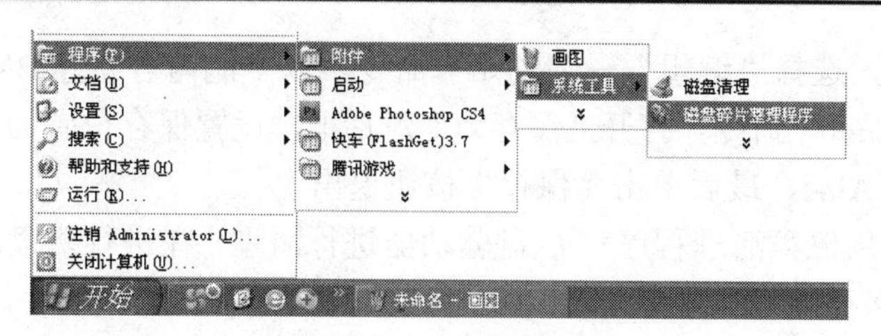

图 1-25 选择菜单命令

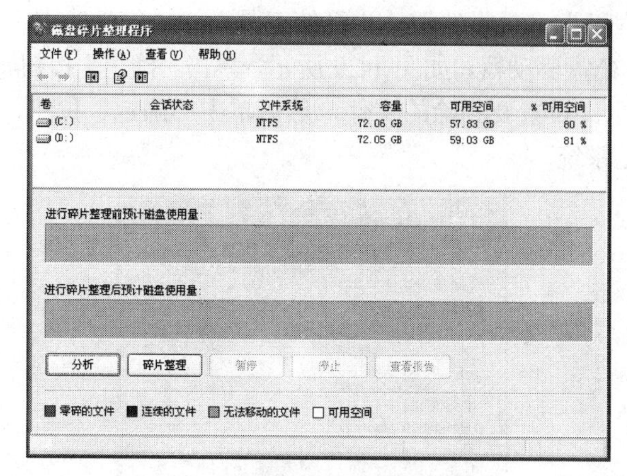

图 1-26 “磁盘碎片整理程序”窗口

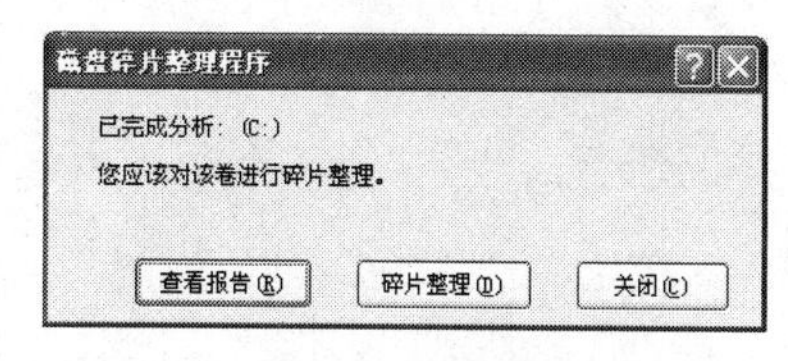

图 1-27 完成磁盘分析

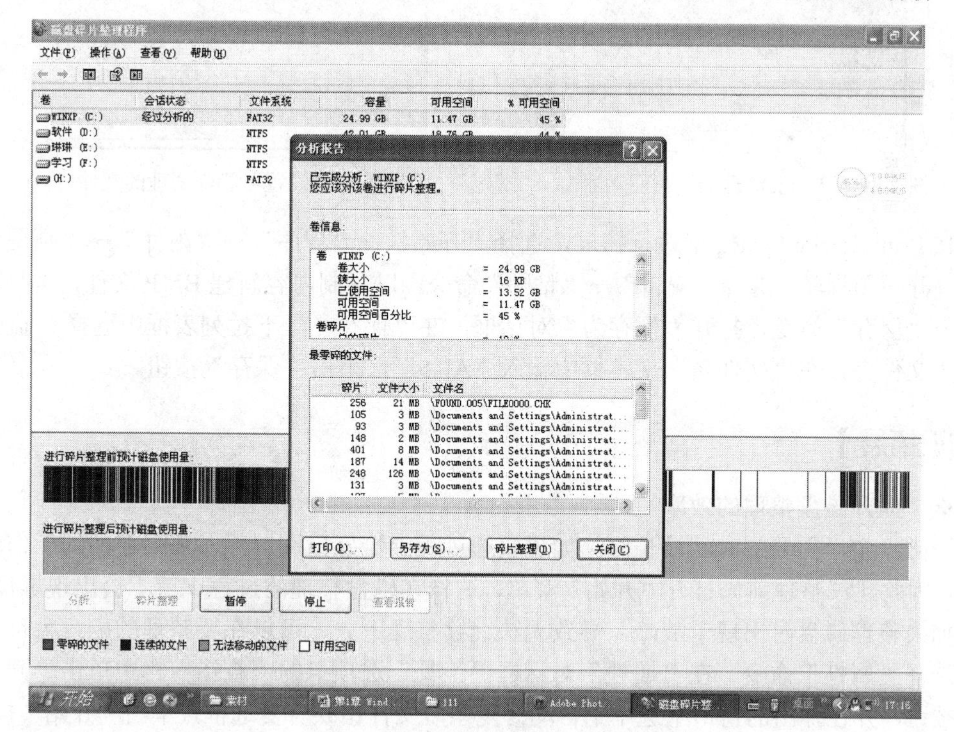

图 1-28 查看磁盘分析报告

按 Print Screen SysRq 键进行拷屏，执行“开始”→“程序”→“附件”→“画图”命令，打开画图程序，选择“编辑”→“粘贴”命令，以复制内容新建 BMP 图片格式文件，选择“文件”→“保存”命令，打开“保存为”对话框，设置保存位置为 C 盘驱动器的 111 文件夹，文件名为 Ala4，最后单击“保存”按钮退出。

【案例 1-11】用磁盘清理程序对 C 盘驱动器进行清理，在进行磁盘清理时将整个屏幕以 BMP 图片格式保存到 C 盘驱动器 111 文件夹中，文件命名为 Ala5。

操作步骤如下：

单击任务栏“开始”按钮，选择“程序”→“附件”→“系统工具”→“磁盘清理”命令，打开“选择驱动器”对话框，选择 C 盘驱动器，如图 1-29 所示，单击“确定”按钮，打开“磁盘清理”对话框，如图 1-30 所示。设置要删除的文件，然后单击“确定”按钮，系统就开始清理磁盘，释放空间，并优化系统。

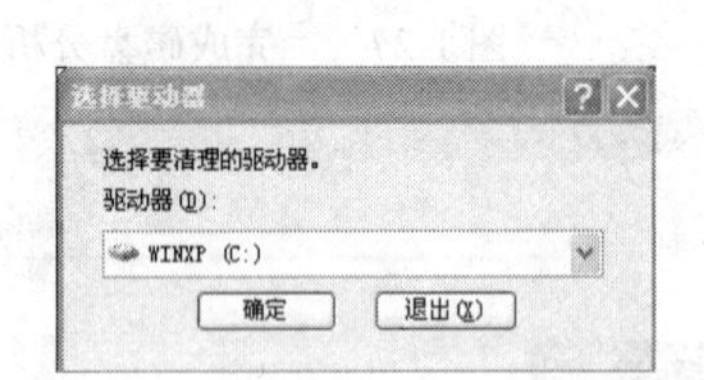

图 1-29　选择要清理的磁盘驱动器

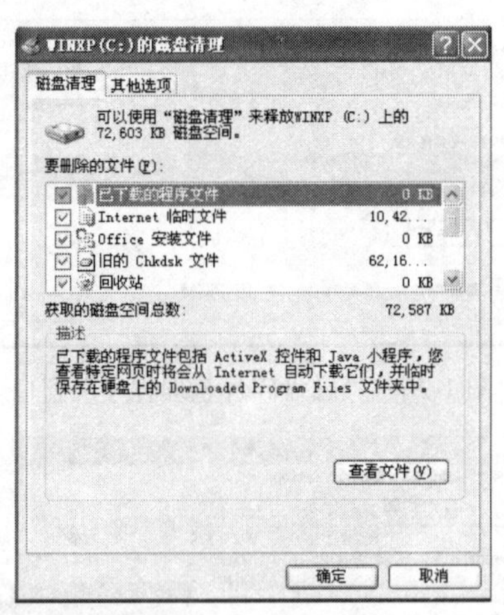

图 1-30　设置可删除清理的文件

按 Print Screen SysRq 键进行拷屏，选择“开始”→“程序”→“附件”→“画图”命令，打开画图程序，选择“编辑”→“粘贴”命令，以复制内容新建 BMP 文件，执行“文件”→“保存”命令，打开“保存为”对话框，在“保存在”下拉列表框中选择 C 盘驱动器 111 文件夹，在“文件名”文本框中输入“Ala5”，单击“保存”按钮。

【知识拓展】

❖　提升磁盘整理的效率

当磁盘整理需要的时间较长时，如果整理过程中恰好出现屏保，那么前面的工作就白做了，因此建议整理前先打开“开始”菜单，这样在磁盘整理的过程中就不会出现屏保了。

如果整理磁盘时出现了故障，导致无法继续整理下去，可以在要整理的磁盘盘符上右击，选择“属性”命令，在“属性”对话框“工具”选项卡的“查错”栏中单击“开始检查”按钮，并在弹出的窗口中选中“自动修复系统文件错误”复选框，单击“开始”按钮，再单击“是（Y）”按钮，此时将重启电脑，启动过程中系统会自动检测并修复磁盘中的错误。检测修复完毕并启动到桌面后，再执行磁盘碎片整理即可。

用户也可以选择“开始”→“程序”→“附件”→“系统工具”→“磁盘碎片整理程

序”命令，选择要整理的分区，单击“确定”按钮对磁盘碎片进行整理。但此碎片整理过程耗时较长，一般 2GB 左右的分区需要 1 个小时以上的时间，因此，整理磁盘碎片时应尽可能关闭其他应用程序（包括屏保程序），并最好将虚拟内存的大小设置为固定值，同时不要对磁盘进行读写操作（这是因为一旦 Disk Defragment 发现磁盘文件有所改变，就会自动重新开始整理）。另外，整理磁盘碎片的频率要控制适当，过于频繁的整理也会缩短磁盘的寿命。一般建议经常读写的磁盘分区一周整理一次即可。

子任务 2　优化电源使用方案

【相应知识点】

对于拥有多台计算机的局域网及笔记本电脑来说，降低电源能耗是非常重要的。如果供电电流达不到硬件正常工作的要求，就会加重整个电路的工作负荷，使发热量增大，或使硬件不能正常工作。

电源过热也存在着很大的隐患。电源过热说明电源的能效转换率较低，也就是说，很多电能转换成热量消耗掉了。例如，夏天长时间开启计算机并持续运行大量高能耗的软件或程序时，很容易因供电不足出现系统假死、运行缓慢等状况，严重的还会烧毁电源。监视器和硬盘都是比较费电的设备，关闭这些设备可以节约部分电能。此外，在 Windows XP 操作系统中可将电源优化方式设置为节能模式，以降低电能的浪费（当然，这样做会降低部分系统性能）。

【实操案例】

【案例 1-12】设置电源使用方案为：接通电源情况下，20 分钟后关闭监视器，30 分钟后关闭硬盘；使用电池情况下，5 分钟后关闭监视器，10 分钟后关闭硬盘。将设置后的对话框以 BMP 图片格式保存到 C 盘驱动器 111 文件夹中，文件命名为 Ala6。图片保存后，恢复原设置。

操作步骤如下：

在任务栏处单击“开始”按钮，选择“设置”→“控制面板”命令，打开“控制面板”窗口，如图 1-31 所示。双击“电源选项”图标，打开“电源选项属性”对话框，在“电源使用方案”下拉列表框中选择“家用/办公桌”选项，在“为家用/办公室设置电源使用方案”栏中依次设置接通电源情况下“关闭监视器”为“20 分钟之后”，“关闭硬盘”为“30 分钟之后”；使用电池情况下，“关闭监视器”为“5 分钟之后”，“关闭硬盘”为“10 分钟之后”，如图 1-32 所示。单击“确定”按钮。

按 Alt+Print Screen SysRq 快捷键进行拷屏，选择“开始”→“程序”→“附件”→“画图”命令，打开画图程序，选择“编辑”→“粘贴”命令，以复制内容新建 BMP 文件，选择“文件”→“保存”命令，打开“保存为”对话框，设置保存位置为 C 盘驱动器的 111 文件夹，文件名为 Ala6，最后单击“保存”按钮退出。

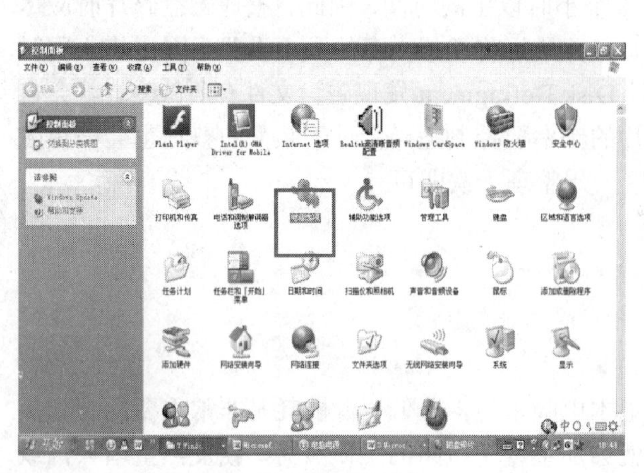

图 1-31　“控制面板”窗口

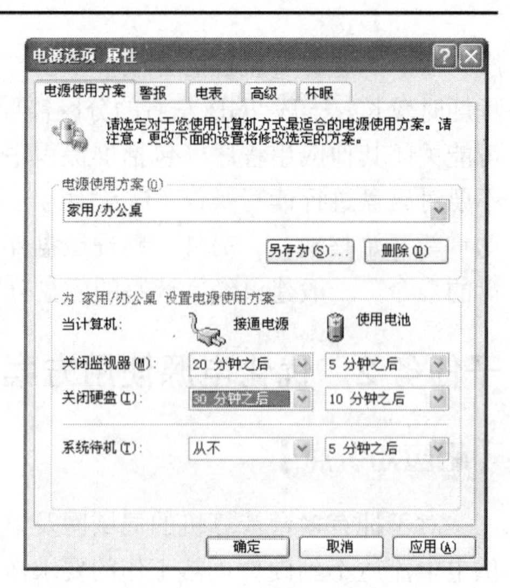

图 1-32　“电源选项”属性

【知识拓展】

❖　待机与休眠的区别

（1）“待机”电源管理模式

如果用户工作期间临时有事需离开一下，计算机将会在等待一段时间后自动进入待机模式。

待机模式主要用于节电，此时系统将关闭监视器、硬盘和风扇等设备，使整个系统处于低能耗状态。此时，如果用户需要重新使用计算机，可移动一下鼠标或按随意按一下键盘上的某个键，系统即可迅速恢复到待机前的的工作状态。

与休眠模式不同，待机模式不在硬盘上存储未保存的信息，因此，如果待机期间突然断电，这些信息将会丢失。所以建议用户在离开前先保存一下文件。

（2）“休眠”电源管理模式

休眠模式下，系统会自动将内存中的所有内容保存到硬盘中，然后关闭监视器、硬盘和计算机。用户重启计算机后，可找到系统保存的文件（包括用户没有来得及保存或关闭的程序和文档），继续工作。

休眠模式多用于用户需要离开较长时间而当前系统因正在进行某项工作（如进行计算、上传附件、下载文件等）而无法立时关闭的情况下。用户离开之前，可以预估一下当前工作需要进行的时间，然后将计算机设置为经过指定时间后进入自动休眠模式。

子任务 3　设置监视器的刷新频率

【相应知识点】

有时，人们会觉得眼前的显示器一直在闪烁，看得稍微久一会儿，眼睛就会很疲劳，这是因为显示器的刷新频率太低所导致的。

刷新频率分为垂直刷新频率和水平刷新频率，一般提到的刷新频率是垂直刷新频率。垂直刷新频率代表着每秒钟屏幕刷新的次数，以赫兹（Hz）为单位。刷新频率越高，图像越稳定，图像显示越清晰，对眼睛的影响也越小；刷新频率越低，图像闪烁和抖动得就越厉害，眼睛疲劳得也就越快。

通常而言，刷新频率为 75Hz 以上时，产生的闪烁较少，人眼比较舒适，但 60～70Hz 的刷新频率对眼睛的损伤非常大。一般来说，当刷新频率达到 80Hz 以上时，可完全消除图像的闪烁感和抖动感，眼睛久看也不会觉得太疲劳。

【实操案例】

【案例 1-13】设置监视器的刷新频率为 60Hz，将设置后的对话框以 BMP 图片格式保存到 C 盘驱动器 111 文件夹中，文件命名为 Ala7。

操作步骤如下：

在桌面空白处右击，在弹出的快捷菜单中选择“属性”命令，打开“显示 属性”对话框，如图 1-33 所示。选择“设置”选项卡，单击右下角的“高级”按钮，打开如图 1-34 所示的对话框。选择“监视器”选项卡，在“监视器设置”栏里设置屏幕刷新频率为 60Hz。

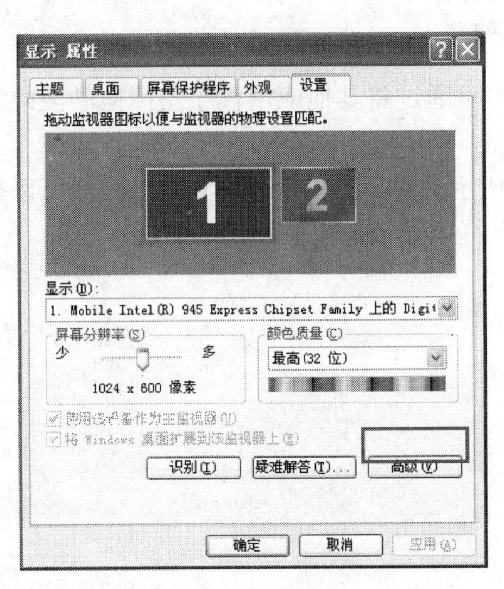

图 1-33　“显示 属性”对话框

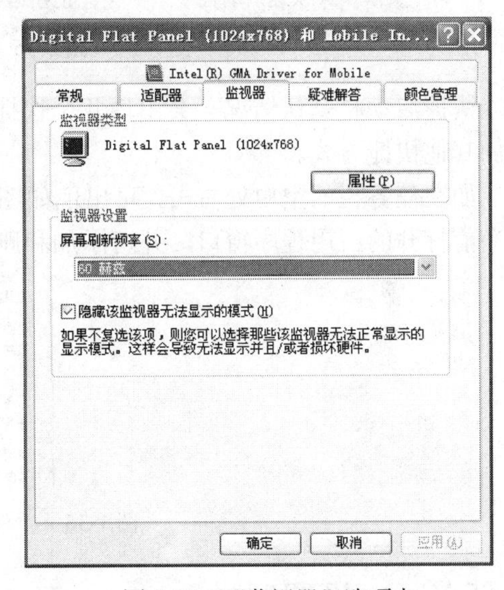

图 1-34　“监视器”选项卡

按 Alt+Print Screen SysRq 快捷键进行拷屏，然后打开画图程序，选择“编辑”→“粘贴”命令，以复制内容新建 BMP 文件，再选择“文件”→“保存”命令，设置文件名为 Ala7，保存位置为 C 盘驱动器下的 111 文件夹。

【知识拓展】

❖ 液晶屏幕的刷新频率

液晶显示器（LCD/LED）的发光原理与传统的阴极射线管显示器（CRT）是不一样的，

其每一个点在收到信号后会一直保持既定的色彩和亮度，恒定发光，因此不需要设置刷新频率。液晶显示器不但画质清晰，而且绝对不会给人以闪烁感，可把眼睛的疲劳降到最低。

任务3　设置自定义任务栏

Windows 是一款多任务操作系统，即用户可以在同一时间运行多个程序，如一边打字一边用播放软件听歌。这里的每一个程序，都称为一个任务，多任务就是能在同一时刻执行多个任务。

用户进行多任务操作的工具是任务栏。当用户打开多个任务时，每个任务都会在任务栏里显示一个标记任务名字的浮动标签。当需要操作时，只要单击该标签就可以了。

任务栏一般在屏幕的下方，分为“开始”菜单、快速启动栏、正在运行的应用程序按钮、输入法区域和启动图标区，如图 1-35 所示。

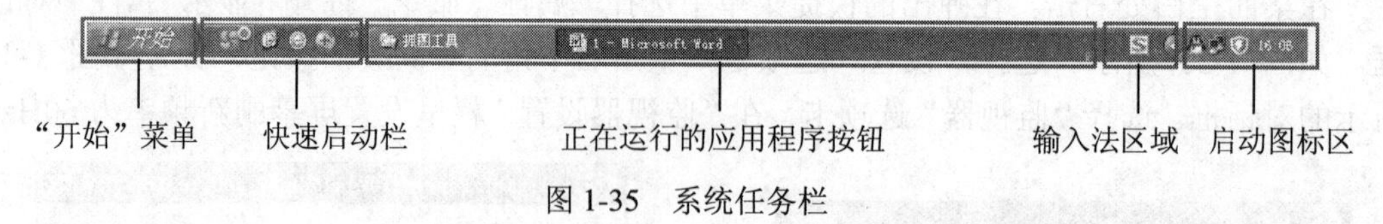

图 1-35　系统任务栏

快捷启动栏默认情况下会出现几个快捷方式，可通过将其他应用程序图标拖动至此来添加其他快捷方式。

如在任务栏的空白处右击，可出现如图 1-36 所示的快捷菜单，通过其中的命令可以排列当前打开的应用程序窗口，并可添加和删除任务栏中显示的工具栏。

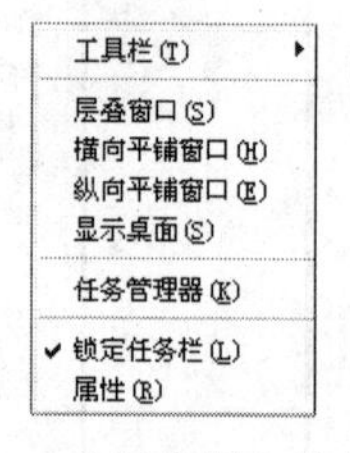

图 1-36　“任务栏”快捷菜单

子任务 1　设置时钟

【实操案例】

【案例 1-14】在任务栏中设置当前时间为 2013 年 1 月 15 日 晚 9 点 30 分，并将设置后的“日期和时间 属性”对话框以 BMP 图片格式保存到 C 盘驱动器 111 文件夹中，文件命名为 Ala8。图片保存后，恢复原设置。

操作步骤如下：

双击任务栏右下角的时间图标，打开“日期和时间 属性”对话框，在“日期”栏中选择“一月”、“2013”和“15 日”，在“时间”栏下方的文本框中直接输入时间“21:30:01”，如图 1-37 所示，然后单击“应用”按钮。

图 1-37　设置当前时间

按 Alt+Print Screen SysRq 快捷键进行拷屏，然后打开画图程序，选择“编辑”→“粘贴”命令，以复制内容新建 BMP 文件，再选择“文件”→“保存”命令，设置文件名为 Ala8，保存位置为 C 盘驱动器下的 111 文件夹。

【案例 1-15】自定义任务栏，设置任务栏中不显示时钟，并且在经典“开始”菜单中显示小图标，将上述两个操作设置后的屏幕效果分别以 BMP 图片格式保存到 C 盘驱动器 111 文件夹中，文件命名分别为 Ala9 和 Ala10。图片保存后，恢复原设置。

操作步骤如下：

（1）在任务栏的空白处右击，在弹出的快捷菜单中选择“属性”命令，打开“任务栏和开始菜单属性”对话框，如图 1-38 所示。选择“任务栏”选项卡，在“通知区域”栏中取消选中“显示时钟”复选框，然后单击“确定”按钮返回，即可看到任务栏中不再显示时间信息了，如图 1-39 所示。

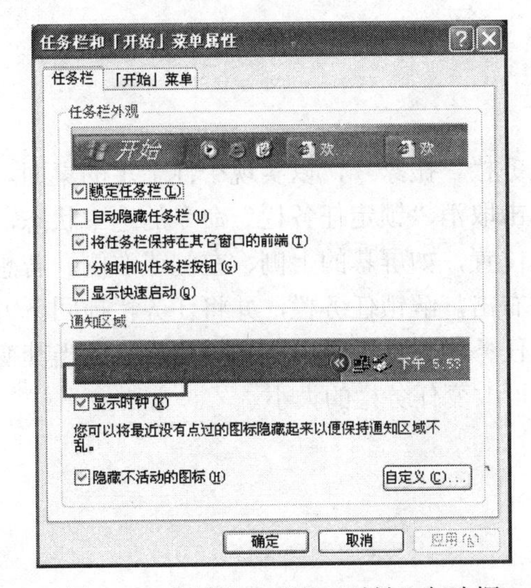

图 1-38　取消选中“显示时钟”复选框

图 1-39　不显示时钟信息

按 Print Screen SysRq 键进行拷屏，然后打开画图程序，执行“编辑”→“粘贴”命令，以复制内容新建 BMP 文件，再执行“文件”→“保存”命令，设置文件名为 Ala9，保存位置为 C 盘驱动器下的 111 文件夹。

（2）在任务栏的空白处右击，在弹出的快捷菜单中选择“属性”命令，打开“属性”对话框，选择“「开始」菜单”选项卡，选中“经典「开始」菜单”单选按钮，如图 1-40 所示，再单击“自定义”按钮，在打开“自定义经典「开始」菜单”对话框，在“高级「开始」菜单选项”列表框中选中“在「开始」菜单中显示小图标”复选框，如图 1-41 所示，最后单击“确定”按钮返回。

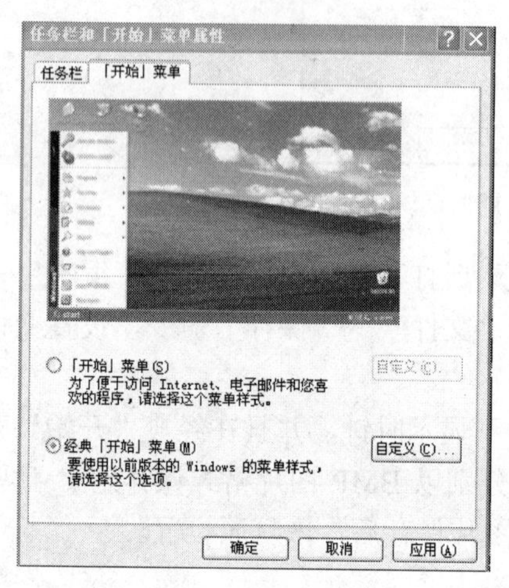

图 1-40　开始菜单设置

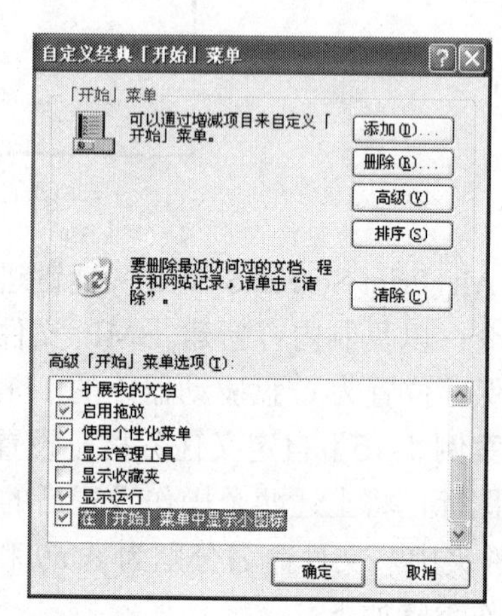

图 1-41　自定义经典开始菜单

按 Print Screen SysRq 键进行拷屏，然后打开画图程序，选择“编辑”→“粘贴”命令，以复制内容新建 BMP 文件，再选择“文件”→“保存”命令，设置文件名为 Ala10，保存位置为 C 盘驱动器下的 111 文件夹。

【知识拓展】

❖　给任务栏搬家

任务栏一般位于屏幕的下方，但也可给任务栏“搬家”，以实现个性十足的桌面。在任务栏的空白处右击，在弹出的快捷菜单中单击取消“锁定任务栏”命令的选中状态，然后按住鼠标左键不放，即可把任务栏拖向其他位置，如屏幕的上侧、左侧或右侧。若想把它还原回默认位置，同样只要在任务栏空白处右击，解锁任务栏，并将任务栏拖回下方即可。如要改变任务栏的大小，可把鼠标移动到任务栏靠近屏幕中心一侧的边沿，当其变成双向箭头样式时，按下鼠标左键向上拖动，即可改变任务栏的大小。

子任务 2　添加链接工具栏

【相应知识点】

在任务栏的空白处右击，在弹出的快捷菜单中选择“工具栏”命令，可看到“链接”、“语言栏”、“桌面”、“快速启动”等子命令项，如图 1-42 所示。其中，名称前有一个

“√”标记的工具栏可在任务栏上显示相应的按钮。单击这些子命令项，可显示或关闭相应的工具栏。

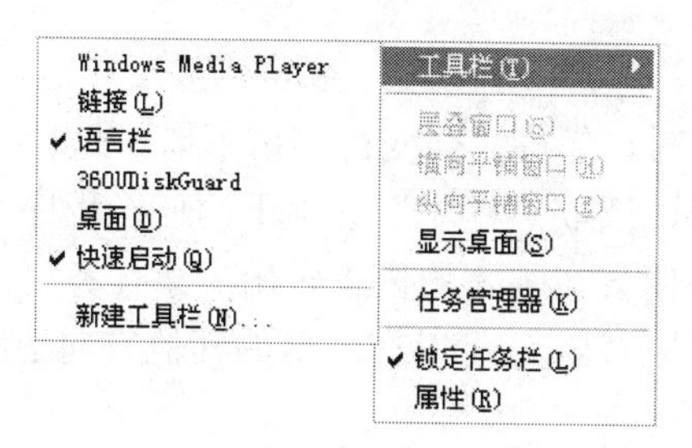

图 1-42　“工具栏”子菜单项

- ❑ Windows Media Player：运行播放器。
- ❑ 链接：用于将用户在 IE 中设定的链接显示在任务栏中。
- ❑ 语言栏：用于显示输入法状态。
- ❑ 桌面：用于将桌面上的文件及快捷方式显示在任务栏中。
- ❑ 快速启动：用于打开快速启动栏，该栏一般位于“开始”按钮右侧，用于放置使用频率较高的一些应用程序快捷方式。

【案例 1-16】为任务栏添加“链接”工具栏，并将任务栏置于桌面的顶端，将设置后的桌面以 BMP 图片格式保存到 C 盘驱动器 111 文件夹中，文件命名为 Ala11。图片保存后，恢复原设置。

操作步骤如下：

在任务栏的空白处右击，在“工具栏”菜单项中选中“链接”选项，即可在工具栏中显示“链接”工具栏，如图 1-43 所示。按 Print Screen SysRq 键对屏幕进行拷屏，选择“开始”→“程序”→“附件”→“画图”命令，打开“画图”程序，选择“编辑”→“粘贴”命令，以复制内容新建 BMP 文件，选择“文件”→“保存”命令，打开“保存为”对话框，在“保存在”下拉列表框中选择 C 盘驱动器 111 文件夹，在“文件名”文本框中输入“Ala11”，单击“保存”按钮。

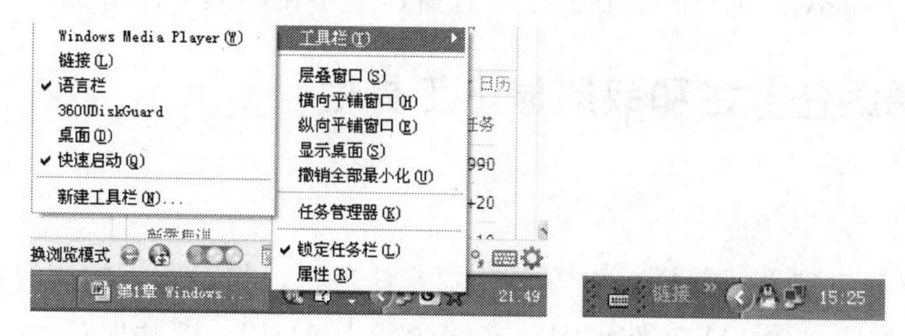

图 1-43　设置链接在工具栏中

【补充】在应用程序界面下，如要打开桌面上的快捷方式，通常需要先将所有应用程序窗口最小化。使用“桌面”工具栏可使操作更加简单化。在任务栏上的空白处右击，选择“工具栏”→“桌面”命令，然后再将桌面的“显示文字”和“显示标题”项去掉，则桌面上的所有快捷方式都会变成图标放在任务栏上，单击即可开启，非常方便。

【知识拓展】

❖ 添加任务栏

当快捷图标设置得过多时，任务栏会变得拥挤不堪。此时，可为 Windows 多添加几条任务栏。单击“开始”按钮，选取“程序”选项下的任一程序组，按住鼠标左键不放将其拖动到屏幕的边缘处放开，便会在刚才的位置多出一条任务栏。这条任务栏有原来的任务栏上的所有功能。使用相同的方法，还可以在屏幕的其他方向边缘添加任务栏。Windows XP 系统最多支持 4 条任务栏。

❖ 切换任务栏里的应用程序

在任务栏上除可以通过单击不同的浮动标签来实现应用程序的切换外，还可通过以下方法实现应用程序切换。

（1）按住 Alt 键的同时再按下 Tab 键，会弹出一个任务切换对话框，如图 1-44 所示，上面是可切换的应用程序的图标，下面是当前应用程序的名称。每按一次 Tab 键，就会切换到下一个应用程序（到了最后一个后会自动跳到第一个）。

图 1-44 任务切换对话框

（2）按住 Alt 键，再按下 Esc 键，则可以直接进入到下一个应用程序。

❖ 应用程序窗口的排列方式

在如图 1-39 所示的快捷菜单中，有 4 个菜单命令：层叠窗口、横向平铺窗口、纵向平铺窗口和显示桌面。其中，“层叠窗口”命令可让所有应用程序窗口一层层叠起来，用户仅能看见各窗口的标题栏，该命令多用于当用户需要快速找到某窗口的情况下。“横向平铺窗口”命令用于从上到下横向排列所有窗口，“纵向平铺窗口”命令用于从左到右纵向排列所有窗口。“显示桌面”命令用于将所有窗口最小化，显示出桌面。

子任务 3 隐藏任务栏和取消显示工具栏

【实操案例】

【案例 1-17】自定义任务栏，设置自动隐藏任务栏，将设置后的屏幕效果以 BMP 图片格式保存到 C 盘驱动器 111 文件夹中，文件命名为 Ala12。图片保存后，恢复原设置。

操作步骤如下：

在任务栏的空白处右击，在弹出的快捷菜单中选择“属性”命令，打开“任务栏和「开始」菜单属性”对话框，在“任务栏”选项卡中选中“自动隐藏任务栏”复选框，如图 1-45 所示，然后单击“确定”按钮，此时桌面如图 1-46 所示。按 Print Screen SysRq 键进行拷屏，然后打开画图程序，选择“编辑”→“粘贴”命令，以复制内容新建 BMP 文件，再选择“文件”→“保存”命令，设置文件名为 Ala12，保存位置为 C 盘驱动器下的 111 文件夹。

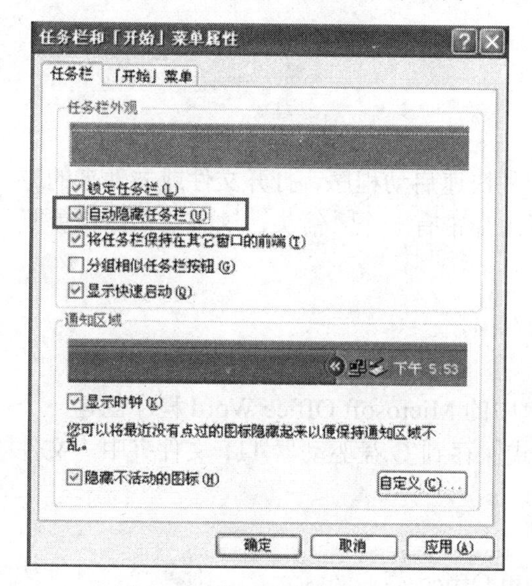

图 1-45　自动隐藏任务栏

图 1-46　隐藏任务栏后

【案例 1-18】取消任务栏上的工具栏，并将任务栏置于桌面的右侧，将设置后的桌面以 BMP 图片格式保存到 C 盘驱动器 111 文件夹中，文件命名为 Ala13。图片保存后，恢复原设置。

操作步骤如下：

在任务栏的空白处右击，在弹出的快捷菜单中取消“工具栏”菜单项下各工具的选中状态，如图 1-47 所示。返回桌面，按住鼠标左键不放并将任务栏移动至桌面右侧后释放，如图 1-48 所示。按 Print Screen SysRq 键进行拷屏，然后打开画图程序，选择“编辑”→“粘贴”命令，以复制内容新建 BMP 图片格式文件，再选择“文件”→“保存”命令，设置文件名为 Ala13，保存位置为 C 盘驱动器下的 111 文件夹。

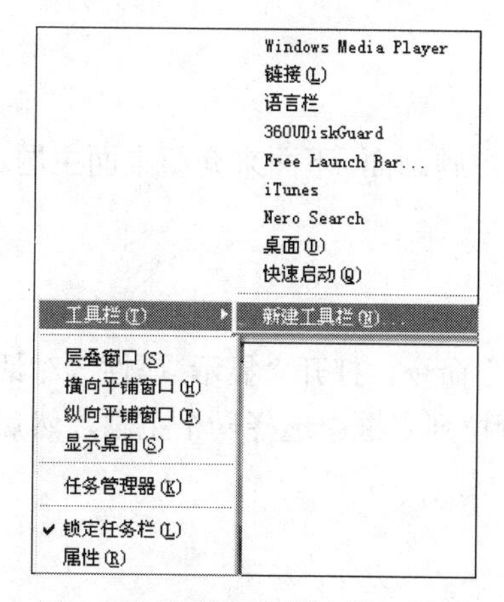

图 1-47　取消任务栏上的工具栏

图 1-48　将任务栏置于右侧

子任务 4　创建桌面快捷方式

【相应知识点】

快捷方式是 Windows XP 操作系统提供的一种快速启动程序、打开文件或文件夹的方法。观察自己的桌面，可发现有很多图标的左下角都带有一个箭头，这表明该图标就是一个快捷方式。

【实操案例】

【案例 1-19】为“开始”→“程序”子菜单中的 Microsoft Office Word 程序创建一个桌面快捷方式，将设置后的桌面以 BMP 图片格式保存到 C 盘驱动器 111 文件夹中，文件命名为 Ala14。

操作步骤如下：

单击“开始”按钮，选择“程序”→Microsoft Office 菜单项，在 Microsoft Office Word 2003 选项上右击，在弹出的快捷菜单中选择“发送到”→“桌面快捷方式”命令，则可在桌面上创建其快捷方式，如图 1-49 所示。

图 1-49　Word 2003 快捷方式

返回桌面，按 Print Screen SysRq 键进行拷屏，然后打开画图程序，选择“编辑”→“粘贴”命令，以复制内容新建 BMP 图片格式文件，再选择“文件”→“保存”命令，设置文件名为 Ala14，保存位置为 C 盘驱动器下的 111 文件夹。

任务 4　常用的系统设置

子任务 1　设置桌面背景和系统图标

【相应知识点】

用户可以把自己的电脑桌面设置成漂亮的风景图片或主题画面，下面来介绍桌面主题、背景图片和系统图标的设置方法。

1. 设置桌面主题

在桌面空白处右击，在弹出的快捷菜单中选择“属性”命令，打开“显示 属性”对话框，选择“主题”选项卡，如图 1-50 所示，在“主题”下拉列表框中选择一个主题，然后单击“确定”按钮即可。

2. 设置桌面背景

在桌面空白处右击，在弹出的快捷菜单中选择“属性”命令，打开“显示 属性”对话框框，选择“桌面”选项卡，如图 1-51 所示，在“背景”列表框中选择一副背景图片，或单击“浏览”按钮，从自己的计算机中选一幅图片来做为桌面背景，然后单击“确定”按钮即可。

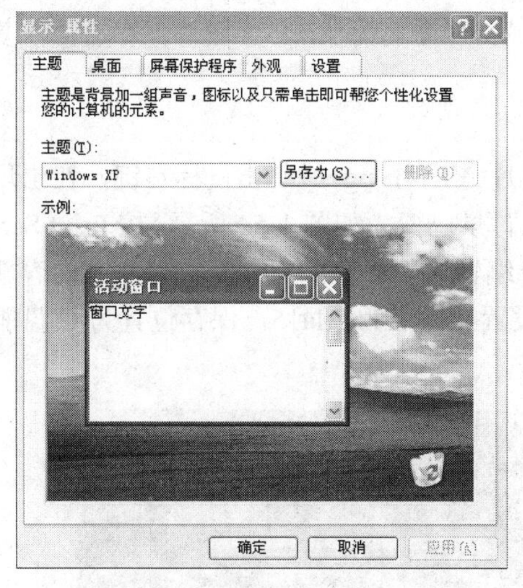

图 1-50 “主题”选项卡

图 1-51 “桌面”选项卡

3. 更换桌面某快捷方式或者文件夹的图标

用户如果对系统默认的快捷方式图标或文件夹图标不满意，还可以根据自己的喜好自行设置更具个性的图标。

选中快捷方式图标或文件夹图标，单击鼠标右键，在弹出的快捷菜单中选择“属性”命令，打开“属性”对话框，选择“自定义”选项卡（见图 1-52），在“文件夹图标”栏中单击“更改图标”按钮，然后在弹出的对话框中选中想要替换的图标，如图 1-53 所示，单击“确定”按钮退出。

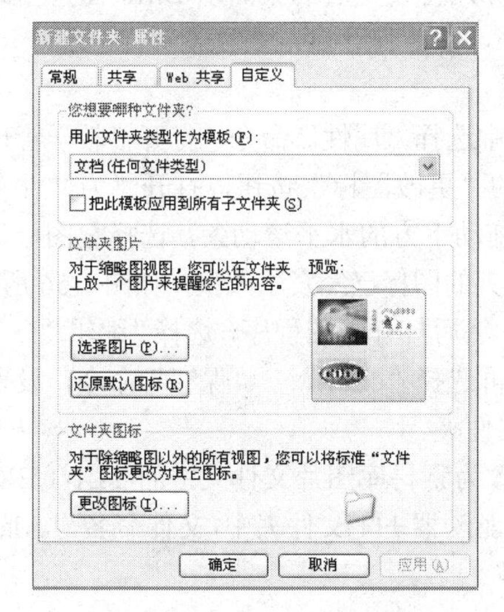

图 1-52 “自定义”选项卡

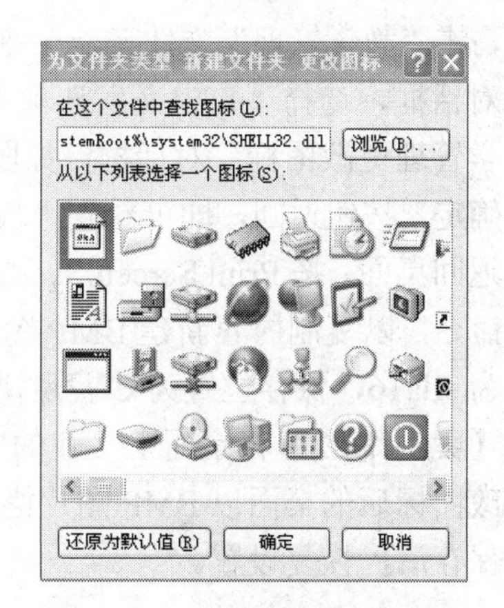

图 1-53 “更改图标”对话框

【实操案例】

【案例 1-20】 设置桌面背景，将桌面背景设置为图片 YL1-1.jpg，将设置后的桌面以 BMP 图片格式保存到 C 盘驱动器 111 文件夹中，文件命名为 Ala15。图片保存后，恢复原设置。

操作步骤如下：

打开"图片及声音素材库"文件夹，选中图片 YL1-1.jpg 后单击鼠标右键，在出现的快捷菜单中选择"设为桌面背景"命令，此时桌面背景已变为如图 1-54 所示。按 Print Screen SysRq 键进行拷屏，然后打开画图程序，选择"编辑"→"粘贴"命令，以复制内容新建 BMP 文件，再选择"文件"→"保存"命令，设置文件名为 Ala15，保存位置为 C 盘驱动器下的 111 文件夹。

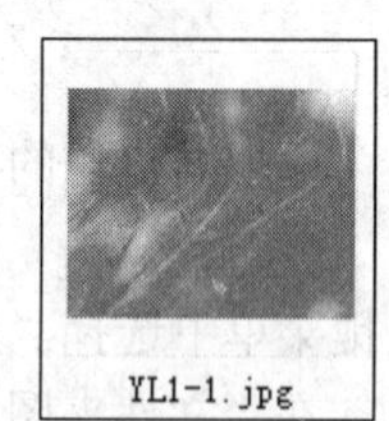
YL1-1.jpg

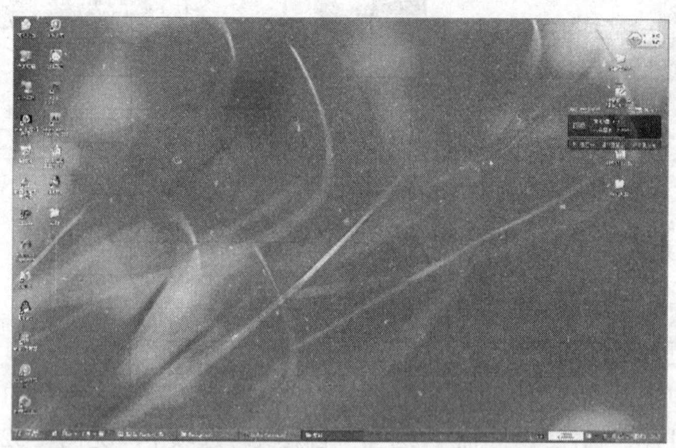

图 1-54　选中的图片设为桌面背景

【案例 1-21】 更改"教学管理"文件夹的图标，将设置后的桌面以 BMP 图片格式保存到 C 盘驱动器 111 文件夹中，文件命名为 Ala16。图片保存后，恢复设置。

操作步骤如下：

右击"教学管理"文件夹，在弹出的快捷菜单中选择"属性"命令，打开"教学管理属性"对话框，选择"自定义"选项卡，单击下方的"更改图标"按钮，打开"为文件夹类型教学管理更改图标"对话框，如图 1-55 所示。拖动下方的水平滚动条，选择图标，单击"确定"按钮返回，即可看到"教学管理"文件夹的图标已经发生改变，如图 1-56 所示。

返回桌面，按 Print Screen SysRq 键进行拷屏，然后打开画图程序，选择"编辑"→"粘贴"命令，以复制内容新建 BMP 图片格式文件，再选择"文件"→"保存"命令，设置文件名为 Ala16，保存位置为 C 盘驱动器下的 111 文件夹。

【案例 1-22】 将桌面上"我的电脑"图标更改为素材库图片文件夹中的 YL1-1.EXE，将更改图标后的桌面以 BMP 图片格式保存到 C 盘驱动器 111 文件夹中，文件命名为 Ala17。图片保存后，恢复设置。

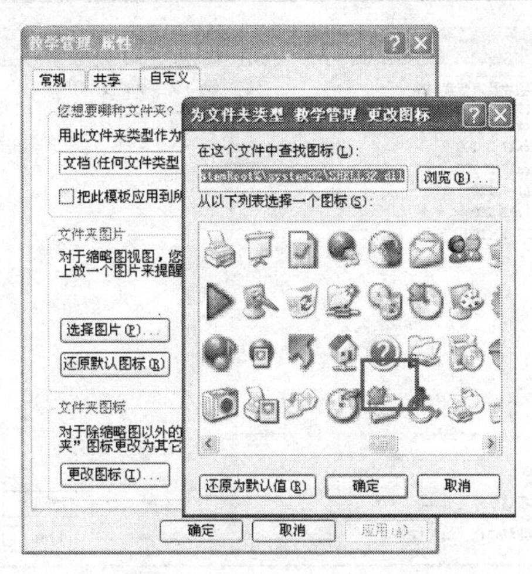

图 1-55　设置文件夹背景

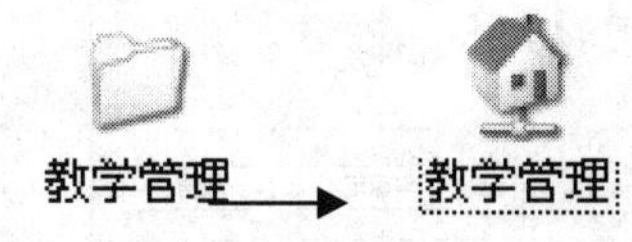

图 1-56　“教学管理”文件夹图标

操作步骤如下：

在桌面的空白处右击，在弹出的快捷菜单中选择“属性”命令，打开“显示 属性”对话框，选择“桌面”选项卡，如图 1-57 所示，然后单击“自定义桌面”按钮，打开“桌面项目”对话框，如图 1-58 所示。在“桌面图标”栏中选中“我的电脑”复选框，单击“更改图标”按钮，打开“更改图标”对话框，如图 1-59 所示。单击“浏览”按钮，在“查找范围”下拉列表框中选择“图片及声音素材库”文件夹中的 YL1-1.EXE，如图 1-60 所示，然后单击“打开”按钮退出，再次单击“确定”按钮返回到“显示 属性”对话框。

图 1-57　“桌面”选项卡

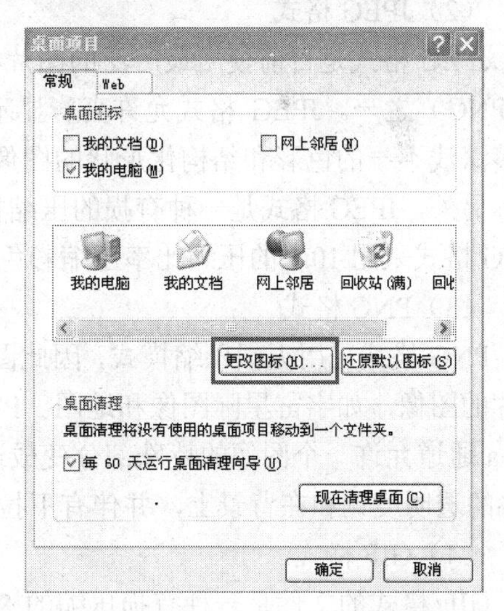

图 1-58　“桌面项目”对话框

依次单击“确定”按钮返回桌面，此时“我的电脑”图标已经变为 。按 Print Screen SysRq 键进行拷屏，然后打开画图程序，选择“编辑”→“粘贴”命令，以复制内容新建 BMP 文件，再选择“文件”→“保存”命令，设置文件名为 Ala17，保存位置为 C 盘驱动器下的 111 文件夹。

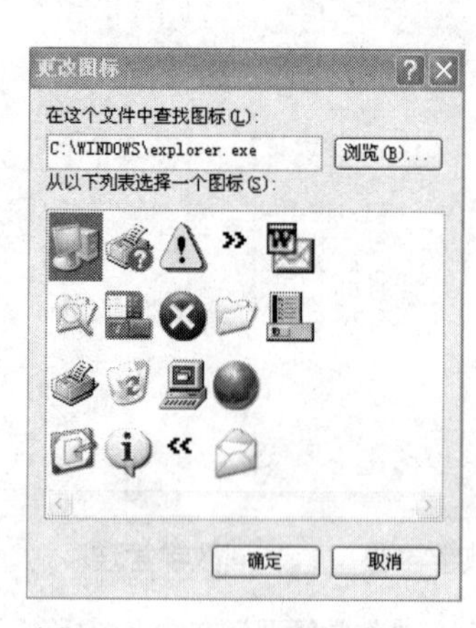

图 1-59 “更改图标”对话框

图 1-60 选择要更改的图标

【知识拓展】

❖ 几种常见的图片格式（BMP、JPEG、PNG、GIF 和 TIFF）

（1）BMP 格式

BMP 格式适用于大多数 Windows 操作系统下的应用程序。一般在多媒体演示、视频输出等情况下使用索引色彩，还可以进行无损失压缩节省磁盘空间。

（2）JPEG 格式

JPEG 格式是目前使用最广泛的图片格式，也是三种标准的网络图像类型（JPEG、GIF 和 PNG）之一。JPEG 格式允许真彩显示，并以优秀的压缩效率闻名，特别适合那些有着许多深浅不一的色彩和结构化形状的图像，如照片。

另外，JPEG 格式是一种有损的压缩技术，也就是说，压缩时舍弃了一些图像信息。但 JPEG 格式采用 10:1 的压缩比率压缩彩色图像时，用户几乎觉察不到图像品质的变化。

（3）PNG 格式

PNG 格式采用无损压缩模式，因此图像在重新加载时将毫无损失。PNG 格式多用于非相片的图像，如宇宙星际图像和地图。PNG 格式是唯一支持 alpha 通道的标准网页格式，alpha 通道允许一个图像的特殊部分变成透明或半透明状，如一个图形网页的标题可以采用 50%的透明度调和在背景上，并伴有下拉阴影。

（4）GIF 格式

GIF 格式的文件是一种有损压缩的 8 位图像文件，占用的磁盘空间非常小，因此在网络中较为常用。利用 GIF 还可以制作简单的动画。

（5）TIFF 格式

TIFF 格式是 Aldus 公司（现已被 Adobe 公司合并）于 1987 研制的一种通用光栅图像文件格式，它支持丰富的色彩信息，也支持并列功能，多应用于高端图像领域。TIFF 格式支持多个压缩算法，甚至可以不压缩。TIFF 文件可以包含多页图像，但遗憾的是，目前许多第三方软件不兼容它。

子任务 2　设置系统声音和声音辅助功能

【相应知识点】

当用户需要在安静、无干扰的环境中工作时，可以设定系统声音为静音。此时，任何设备或软件播放的声音都将被屏蔽掉。

在控制面板中，双击“声音和音频设备”图标，可打开“声音和音频设备属性”对话框，如图 1-61 所示。在此，用户可对系统声音进行一系列的设置。

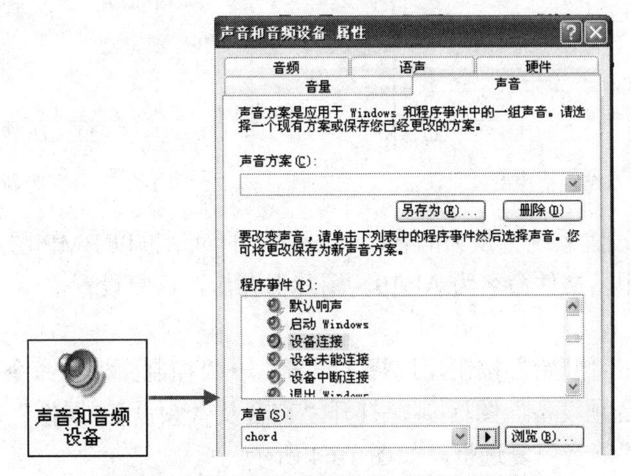

图 1-61　“声音和音频设备 属性”对话框

【实操案例】

【案例 1-23】更改系统连接设备的声音为 YL1-1.mav，并将该声音另存为“新声音方案”，将设置后的对话框以 BMP 图片格式保存到 C 盘驱动器 111 文件夹中，文件命名为 Ala18。图片保存后，恢复设置。

操作步骤如下：

在任务栏处单击“开始”按钮，选择“设置”→“控制面板”命令，打开控制面板窗口。双击“声音和音频设备”图标，打开“声音和音频设备属性”对话框，选择“声音”选项卡，在“程序事件”列表框中选择“设备连接”声音事件，如图 1-62 所示。单击“浏览”按钮，选定 YL1-1.mav 声音文件，单击“声音方案”选项组中的“另存为”按钮，打开“将方案存为”对话框，在“将此声音方案存为”文本框中输入“新声音方案”如图 1-63 所示，单击“确定”按钮。

按 Alt+Print Screen SysRq 键进行拷屏，然后打开画图程序，选择“编辑”→“粘贴”命令，以复制内容新建 BMP 文件，再选择“文件”→“保存”命令，设置文件名为 Ala18，保存位置为 C 盘驱动器下的 111 文件夹。。

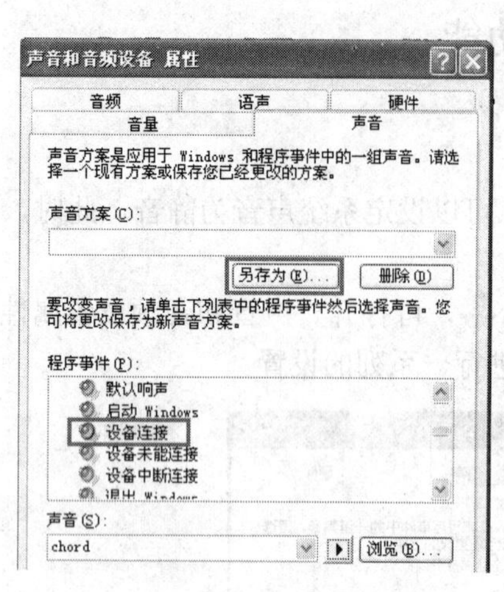

图 1-62　设置新声音

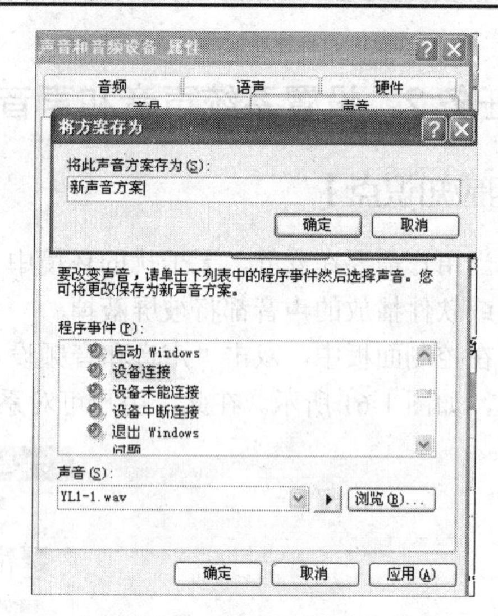

图 1-63　另存为新声音方案

【案例 1-24】设置系统音量为静音，将设置后的对话框以 BMP 图片格式保存到 C 盘驱动器 111 文件夹中，文件命名为 Ala19。图片保存后，恢复设置。

操作步骤如下：

在任务栏处单击“开始”按钮，选择“设置”→“控制面板”命令，打开控制面板窗口，双击“声音和音频设备”图标，打开“声音及音频设备 属性”对话框，选择“音量”选项卡，选中“静音”复选框，如图 1-64 所示。

按 Alt+Print Screen SysRq 快捷键进行拷屏，然后打开画图程序，选择“编辑”→“粘贴”命令，以复制内容新建 BMP 文件，再选择“文件”→“保存”命令，设置文件名为 Ala19，保存位置为 C 盘驱动器下的 111 文件夹。

【案例 1-25】在辅助功能选项中设置允许使用“声音显示”和“声音卫士”，将设置声音辅助功能的对话框以 BMP 图片格式保存到 C 盘驱动器 111 文件夹中，文件命名为 Ala20。

操作步骤如下：

在任务栏处单击“开始”按钮，选择“设置”→“控制面板”命令，打开“控制面板”窗口，双击“辅助功能选项”图标，打开“辅助功能选项”对话框，在“声音”选项卡中选中“使用‘声音卫士’”和“使用‘声音显示’”复选框，如图 1-65 所示。

按 Alt+Print Screen SysRq 快捷组合键进行拷屏，然后打开画图程序，选择“编辑”→“粘贴”命令，以复制内容新建 BMP 文件，再选择“文件”→“保存”命令，设置文件名为 Ala20，保存位置为 C 盘驱动器下的 111 文件夹。

【案例 1-26】将系统声音“Windows 默认”方案中“退出 Windows”事件的声音更改为“素材库图片与声音”文件夹中 YL1-2.wav 高音，并将该方案另存为“新声音方案”，将设置声音辅助功能的对话框以 BMP 图片格式保存到 C 盘驱动器 111 文件夹中，文件命名为 Ala21。图片保存后，恢复设置。

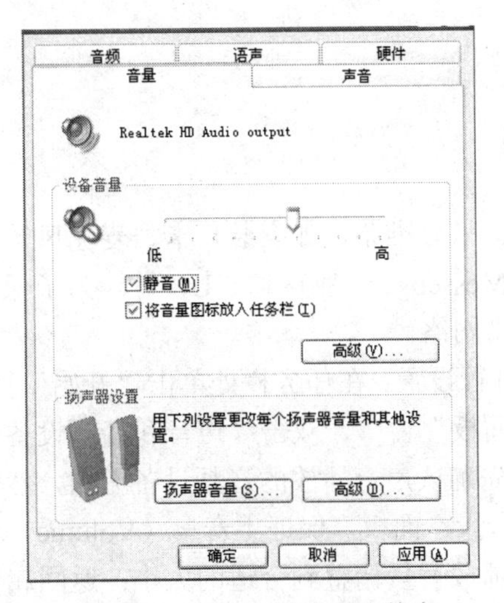

图 1-64　设置系统音量为静音

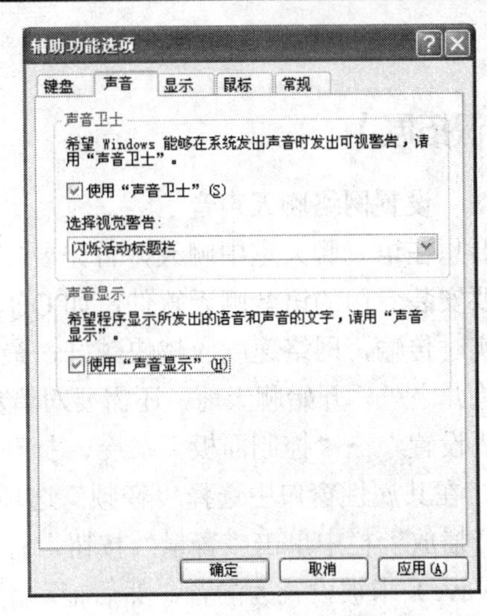

图 1-65　设置声音辅助功能

操作步骤如下：

在任务栏处单击"开始"按钮，选择"设置"→"控制面板"命令，打开"控制面板"窗口。双击"声音和音频设备"图标，在"声音和音频设备 属性"对话框中选择"声音"选项卡，在"声音方案"下拉列表框中选择"Windows 默认"选项，在"程序事件"列表框中选择"退出 Windows"选项，如图 1-66 所示。单击"浏览"按钮，打开"浏览"对话框，在"查找范围"下拉列表框中选择"图片与声音素材库"文件夹中的 YL1-2.wav，然后单击"确定"按钮返回。单击"另存为"按钮，打开"将方案存为"对话框，在"将此声音方案存为"文本框中输入"新声音方案"，单击"确定"按钮，如图 1-67 所示。

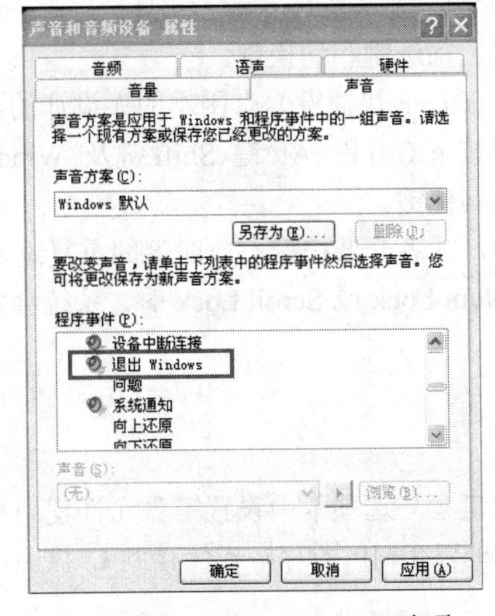

图 1-66　选择"退出 Windows"选项

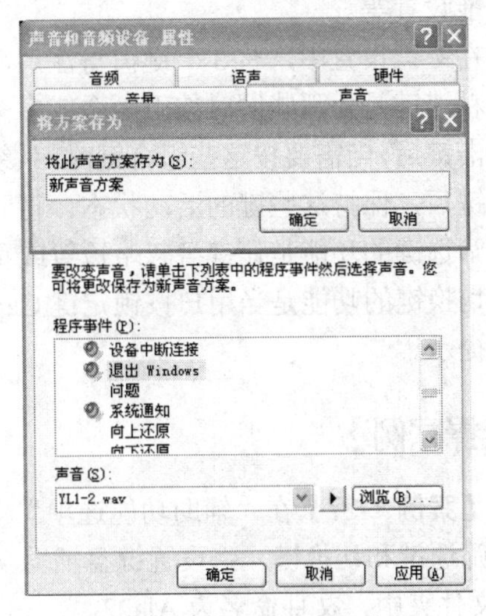

图 1-67　另存为新声音方案

按 Alt+Print Screen SysRq 快捷键进行拷屏，然后打开画图程序，选择"编辑"→"粘贴"命令，以复制内容新建 BMP 文件，再选择"文件"→"保存"命令，设置文件名为

Ala21，保存位置为C盘驱动器下的111文件夹。

【知识拓展】

❖ 设置网络聊天声音

要想在语音聊天室中聊天，首先要在硬件方面做好准备，如安装声卡、麦克风等；同时，要安装专门的语音聊天软件，如QQ、MSN Messenger、雅虎通、UC等。为了保证声音的实时传输，网络速度应越快越好，最好是宽带网络。

除此之外，开始聊天前，还需要对音频参数进行设置。在任务栏处单击“开始”按钮，选择“设置”→“控制面板”命令，打开“控制面板”窗口，双击“声音和音频设备”图标，在其属性窗口中选择“音频”选项卡，首先确认声音播放的音频设备无误，然后在“声音播放”栏中单击“音量”按钮，打开“主音量”面板，保证主音量（Volume）和波形（Wave）未被设置为静音，然后拖动滑块，将播放音量调整到合适的大小；返回属性窗口，在“录音”栏中单击“音量”按钮，打开“录音控制”面板，保证麦克风（Microphone）未被设置为静音，然后拖动滑块，将录音音量调整到合适的大小。

设置完毕播放音量和录音音量后，即可开启聊天软件进行语音聊天了。

子任务3 设置键盘辅助功能

【相应知识点】

辅助功能选项主要是为残疾人士设计的，以帮助他们更好的使用计算机。双击控制面板中的“辅助功能选项”图标，可进行辅助功能选项设置，如键盘、显示器、声音和鼠标功能设置等。

在键盘设置中，有3个键值得注意，即粘滞键、筛选键和切换键。

粘滞键是为那些同时按下两个或多个键（如CTRL+P快捷键）有困难的人设计的。设置粘滞键后，当需要按这些组合键时，系统会在用户按下Ctrl键、Alt键、Shift键及Windows徽标键后，保持这些键的活动状态，直到用户按下其他键。

筛选键的功能是让键盘忽略短暂或重复的按键，或者降低按键不放时键的重复速率。

切换键的功能是当用户按锁定键Caps Lock、Num Lock或Scroll Lock时，系统会发出声音提示。

【实操案例】

【案例1-27】在“辅助功能选项”对话框的“键盘”选项卡中设置键盘允许使用粘滞键、筛选键和切换键，将设置键盘辅助功能的对话框以BMP图片格式保存到C盘驱动器111文件夹中，文件命名为Ala22。

操作步骤如下：

在任务栏处单击“开始”按钮，选择“设置”→“控制面板”命令，打开“控制面板”窗口，双击“辅助功能选项”图标，在打开对话框的“键盘”选项卡中选中“使用粘滞键”、“使用筛选键”和“使用切换键”复选框，如图 1-68 所示。

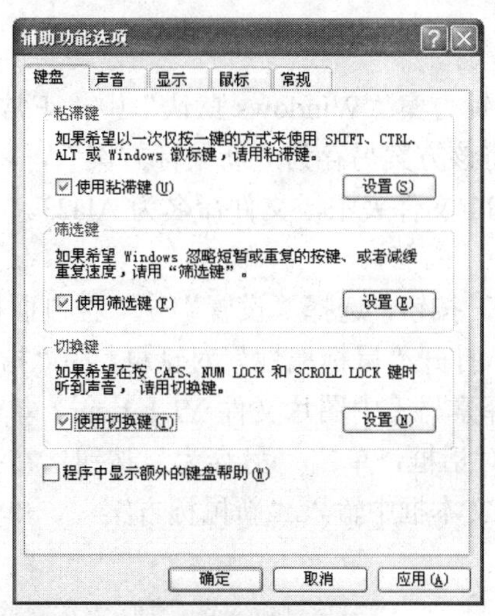

图 1-68　设置粘滞键、筛选键、切换键

按 Alt+Print Screen SysRq 快捷键进行拷屏，然后打开画图程序，选择“编辑”→“粘贴”命令，以复制内容新建 BMP 文件，再选择“文件”→“保存”命令，设置文件名为 Ala22，保存位置为 C 盘驱动器下的 111 文件夹。

子任务 4　更改鼠标指针

【相应知识点】

鼠标指针可以在图形界面上标识出鼠标所在的位置，另外，不同的指针可用来表示不同的状态，如系统忙、移动中、拖放中等。常见鼠标指针的形状及状态如图 1-69 所示。

	标准选择		调整垂直大小
	文字选择		调整水平大小
	帮助选择		对角线调整 1
	后台运行		对角线调整 2
	忙		移动
	链接选择		

图 1-69　鼠标指针的不同状态及含义

鼠标指针文件的格式是.cur，如用户想更换指针样式，可先到网上下载鼠标样式文件，解压到 C:\WINDOWS\CURSORS 文件夹里，然后打开控制面板，双击“鼠标”图标，在“鼠标属性”对话框的“指针”选项卡中设置自己喜欢的鼠标图形，单击“确定”按钮即可。

【实操案例】

【案例 1-28】将鼠标指针方案“Windows 默认”中“正常选择”的形状更改为素材库中图片文件 YL1-1.cur，并将该方案另存为“新鼠标方案”，将设置后的对话框以 BMP 图片格式保存到 C 盘驱动器 111 文件夹中，文件命名为 Ala23。

操作步骤如下：

在任务栏处单击“开始”按钮，选择“设置”→“控制面板”命令，打开“控制面板”窗口，双击“鼠标”图标，打开“鼠标属性”对话框，在“指针”选项卡中单击“浏览”按钮，如图 1-70 所示。选择素材库中图片文件 YL1-1.cur，单击“打开”按钮，如图 1-71 所示。返回“鼠标 属性”对话框，单击“另存为”按钮，在打开的“保存方案”对话框中“将该光标方案另存为”文本框中输入“新鼠标方案”，单击“确定”按钮，如图 1-72 所示。

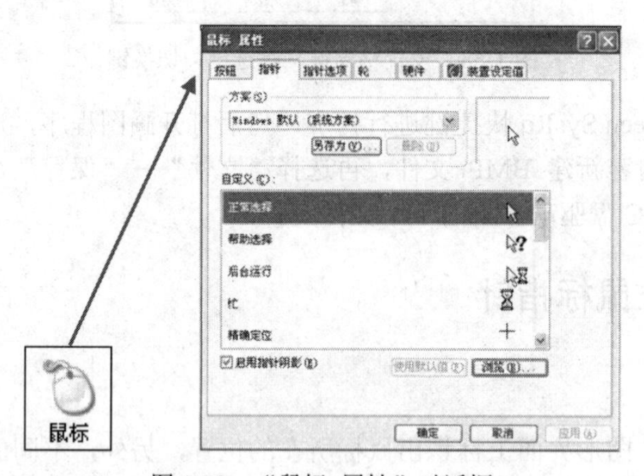

图 1-70 “鼠标 属性”对话框

图 1-71 “浏览”按钮对话框

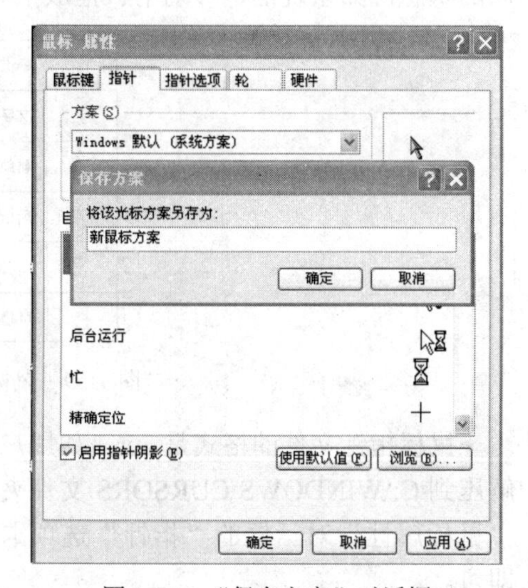

图 1-72 “保存方案”对话框

按 Alt+Print Screen SysRq 快捷键进行拷屏，然后打开画图程序，选择“编辑”→“粘贴”命令，以复制内容新建 BMP 文件，再选择“文件”→“保存”命令，设置文件名为 Ala23，保存位置为 C 盘驱动器下的 111 文件夹。

【知识拓展】

❖　设置左手使用鼠标

人们通常习惯右手使用鼠标，但使用时间久了，容易造成右侧肩膀疲劳。因此，长期使用电脑的用户可以尝试左手使用鼠标。在 Windows XP 桌面的任务栏处，单击“开始”按钮，依次选择“设置”→“控制面板”命令，打开控制面板窗口，双击“鼠标”图标，打开“鼠标 属性”对话框，在“鼠标键配置”栏中选中“习惯左手”单选按钮，如图 1-73 所示，然后单击“确定”按钮，鼠标的左右键功能就反过来了。

图 1-73　“鼠标 属性”对话框

【实操训练 1】

启动资源管理器，并参照任务 1 案例，完成如下操作。

（1）在 C 盘驱动器中建立两个文件夹，分别并命名为 stu1_task 和 stu1_answer，将操作结果的当前屏幕以 BMP 的图片格式保存到 stu1_answer 文件夹中，文件命名为 A1_1。

（2）将文字素材库文件夹中 scxl1-1.doc 文件复制到 stu1_task 文件夹中，将操作结果的当前屏幕以 BMP 的图片格式保存到 stu1_answer 文件夹中，文件命名为 A1_2。

（3）将 stu1_task 文件夹中的 scx12-1、scx12-2、scx12-3、scx12-4 和 scx12-5 文件分别命名为 myfile_doc1、myfile_doc2、myfile_doc3、myfile_doc4 和 myfile_doc5，其扩展名不变。将操作结果的当前屏幕以 BMP 的图片格式保存到 stu1_answer 文件夹中，文件命名为 A1_3。

（4）将文件素材库文件夹设置为共享文件夹，将设置后的共享文件夹以 BMP 图片格式保存到 stu1_answer 文件夹中，文件命名为 A1_4。图片保存后，恢复原设置。

（5）请查找 C 盘驱动器中扩展名为“.wav”的文件，将查找结果的当前屏幕以 BMP

的图片格式保存到 stu1_answer 文件夹中，文件命名为 A1_5。图片保存后，恢复原设置。

（6）请查找 C 盘驱动器中近 7 日创建的文件大小大于 1M 的文件，将查找结果的当前屏幕以 BMP 的图片格式保存到 stu1_answer 文件夹中，文件命名为 A1_6。图片保存后，恢复原设置。

（7）请查找 C 盘驱动器中名为 administrator 的文件夹，并将其设置为隐藏文件夹，将查看文件夹选项设置为“不显示隐藏的文件和文件夹”，将操作结果的当前屏幕以 BMP 的图片格式保存到 stu1_answer 文件夹中，文件命名为 A1_7。

（8）先删除 stu1_answer 文件夹，然后进入回收站恢复 stu1_answer 文件夹，将恢复操作的当前屏幕以 BMP 的图片格式保存到 stu1_answer 文件夹中，文件命名为 A1_8。图片保存后，恢复原设置。

【实操训练 2】

启动计算机，并参照任务 2 案例，完成如下操作。

（1）使用磁盘清理程序对 C 盘驱动器进行清理，将清理状态的当前屏幕以 BMP 的图片格式保存到 stu1_answer 文件夹中，文件命名为 A2_1（不必等待操作执行完毕）。

（2）使用磁盘碎片整理程序对 C 盘驱动器进行整理，在磁盘整理前对磁盘进行分析，查看分析报告，并将整个屏幕以 BMP 的图片格式保存到 stu1_answer 文件夹中，文件命名为 A2_2。

（3）设置电源使用方案为 30 分钟后关闭监视器，45 分钟后关闭硬盘，将设置后的对话框以 BMP 的图片格式保存到 stu1_answer 文件夹中，文件命名为 A2_3。图片保存后，恢复原设置。

（4）设置计算机的监视器刷新频率为 60Hz，将设置后的对话框以 BMP 的图片格式保存到 stu1_answer 文件夹中，文件命名为 A2_4。

【实操训练 3】

启动计算机，并参照任务 3 案例，完成如下操作。

（1）设置当前计算机的系统时间为 2013 年 2 月 28 日，当前时间为 10 点 12 分 8 秒，将设置后的“日期和时间属性”选项卡以 BMP 的图片格式保存到 stu1_answer 文件夹中，文件命名为 A3_1。

（2）自定义系统任务栏，设置为不显示时钟，将操作设置效果的屏幕以 BMP 的图片格式保存到 stu1_answer 文件夹中，文件命名为 A3_2。

（3）接续上题，在“开始”菜单中显示小图标，将操作设置过程的屏幕以 BMP 的图片格式保存到 stu1_answer 文件夹中，文件命名为 A3_3。图片保存后，恢复原设置。

（4）设置任务栏中添加“链接”工具栏，将操作设置效果的屏幕以 BMP 的图片格式保存到 stu1_answer 文件夹中，文件命名为 A3_4。

（5）为“开始”→“程序”子菜单中的 Microsoft EXCEL 程序创建桌面快捷方式，将操作设置效果的屏幕以 BMP 的图片格式保存到 stu1_answer 文件夹中，文件命名为 A3_5。

（6）设置可以自动隐藏任务栏，将操作设置过程的屏幕以 BMP 的图片格式保存到 stu1_answer 文件夹中，文件命名为 A3_6。

（7）在任务栏上添加“桌面”工具栏，并将任务栏置于桌面顶端，将操作设置效果的屏幕以 BMP 的图片格式保存到 stu1_answer 文件夹中，文件命名为 A3_7。图片保存后，恢复原设置。

（8）取消任务栏上的工具栏，并将任务栏置于桌面的右侧，将操作设置效果的屏幕以 BMP 的图片格式保存到 stu1_answer 文件夹中，文件命名为 A3_8。图片保存后，恢复原设置。

【实操训练 4】

启动计算机，并参照任务 4 案例，完成如下操作。

（1）为“开始”→“程序”子菜单中的 Microsoft Office Word 程序创建桌面快捷方式，将操作设置效果的屏幕以 BMP 的图片格式保存到 stu1_answer 文件夹中，文件命名为 A4_1。图片保存后，恢复原设置。

（2）将桌面背景设置为素材库图片与声音文件夹中的 scxl1-1.jpg 图片，将操作设置效果的屏幕以 BMP 的图片格式保存到 stu1_answer 文件夹中，文件命名为 A4_2。图片保存后，恢复原设置。

（3）将“我的电脑”图标更改为图片及声音素材库中的 scxl1-1.EXE 图标，将操作设置效果的屏幕以 BMP 的图片格式保存到 stu1_answer 文件夹中，文件命名为 A4_3。图片保存后，恢复原设置。

（4）在辅助功能选项中设置允许使用“声音卫士”和“声音显示”，将设置辅助对话框屏幕以 BMP 的图片格式保存到 stu1_answer 文件夹中，文件命名为 A4_4。

（5）将系统音量设置为静音，将操作设置效果的屏幕以 BMP 的图片格式保存到 stu1_answer 文件夹中，文件命名为 A4_5。图片保存后，恢复原设置。

（6）将系统声音“Windows 默认”方案中“退出 Windows”事件的声音更改为素材库图片与声音文件夹中的 scxl1-1.wav，并将该方案另存为“新声音方案”，将操作设置效果的屏幕以 BMP 的图片格式保存到 stu1_answer 文件夹中，文件命名为 A4_6。

（7）将鼠标指针方案“Windows 默认”中的鼠标形状更改为“手写”，并将该方案另存为“新鼠标方案”，将操作设置效果的屏幕以 BMP 的图片格式保存到 stu1_answer 文件夹中，文件命名为 A4_7。

（8）在辅助功能选项中设置允许使用粘滞键、筛选键、切换键，将设置键盘辅助功能对话框以 BMP 的图片格式保存到 stu1_answer 文件夹中，文件命名为 A4_8。

（9）设置鼠标使用为“习惯左手”，将“鼠标属性”对话框中操作设置过程的屏幕以 BMP 的图片格式保存到 stu1_answer 文件夹中，文件命名为 A4_9。

第2章

Word 2003 基本操作

Word 2003 是 Office 2003 中一个重要的组成部分，是 Microsoft 公司推出的一款优秀的文字处理软件。利用它可以迅速、轻松地创建各种格式的文档，以满足日常办公的需要。例如，输入与编辑文本，设置文档格式，在文档中插入与编辑图片、艺术字和图形，制作表格等，从而帮助用户制作具有专业水准的文档。

学习目标：

- ❖ 了解 Word 2003 的基础知识。
- ❖ 掌握 Word 2003 文档的页面设置及编排技术。

重点难点：

- ❖ 熟练运用 Word 2003 进行文档编排。

任务 1　初识 Word 2003

在学习 Word 2003 的使用方法之前，掌握软件一些基本操作是必不可少的。现在我们就来学习如何启动与退出 Word 2003 ，以及熟悉 Word 2003 操作界面的各组成部分及其作用。

子任务 1　启动 Word 2003

【相应知识点】

安装好 Office 2003 软件后，就可以启动 Word 2003 程序了。启动 Word 2003 程序的常用方法有以下三种。

（1）单击桌面下方任务栏中的“开始”按钮，依次选择“程序”→ Microsoft Office → Microsoft Office Word 2003 命令，即可启动 Word 2003 程序，如图 2-1 所示。

（2）双击桌面上的 Word 2003 快捷图标（见图 2-2）启动 Word 2003。这是启动 Word 2003 最快捷的方法。

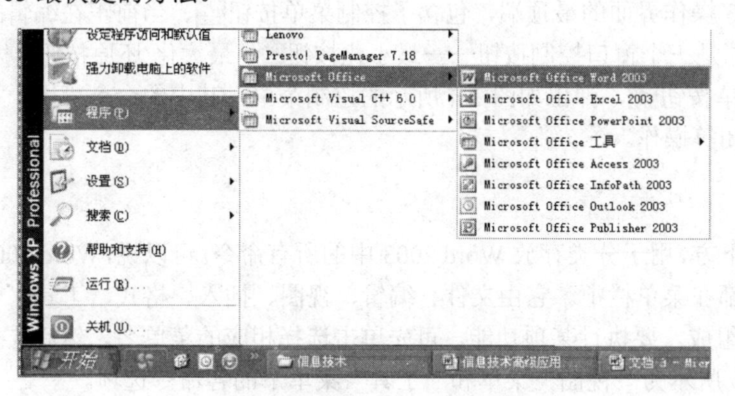

图 2-1　启动 Word 2003 程序

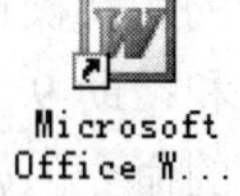

图 2-2　Word 2003 快捷图标

（3）通过打开已创建的 Word 2003 文件来启动。方法：在“我的电脑”或“资源管理器”中找到已创建的 Word 2003 文件，双击该文件即可启动 Word 2003 程序。

【技巧】若在桌面上找不到 Word 2003 的快捷图标，可单击“开始”按钮，选择“程序”→Microsoft Office 菜单项，在子菜单中的 Microsoft Office Word 2003 选项上右击，在弹出的快捷菜单中选择“发送到”→“桌面快捷方式”命令，即可在桌面上生成 Word 2003 的快捷图标。

子任务 2　了解 Word 2003 的操作界面

【相应知识点】

启动 Word 2003 后将进入其操作界面，Word 2003 的操作界面主要由标题栏、菜单栏、工具栏、标尺、文档编辑区、滚动条、任务窗格以及状态栏等部分组成，如图 2-3 所示。

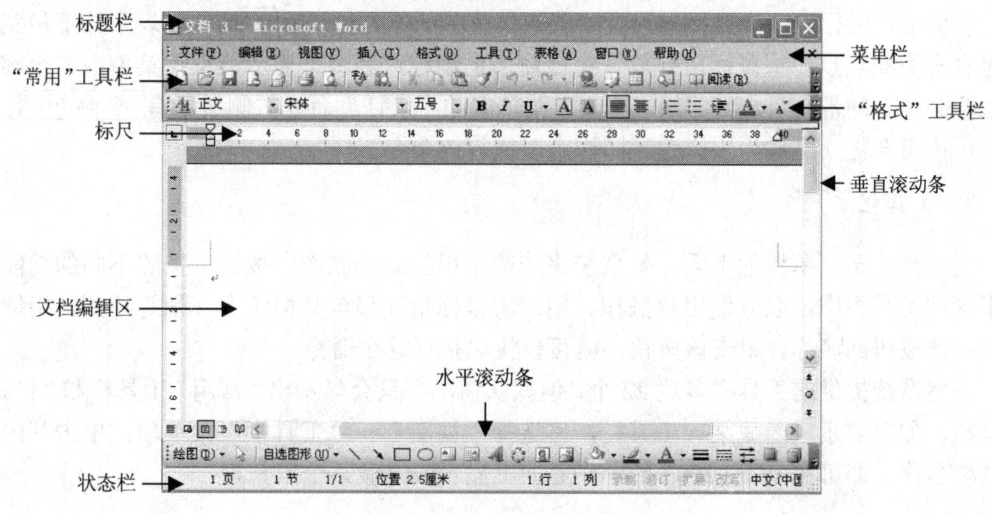

图 2-3　Word 2003 操作界面

1. 标题栏

标题栏位于 Word 2003 操作界面的最顶端，包含了控制菜单按钮、当前正在编辑的文档名称，标题栏的最右端是三个窗口控制按钮——最小化按钮、最大化/还原按钮和关闭按钮。单击控制菜单按钮，弹出如图 2-4 所示的控制菜单，其中的命令可用于执行窗口的大小、位置和关闭等操作。

2. 菜单栏

菜单栏位于标题栏的下方，用于分类存放 Word 2003 中的所有命令。可以说，Word 2003 中要执行的所有操作命令都在菜单栏中。它由文件、编辑、视图、插入、格式、工具、表格、窗口和帮助 9 个菜单组成。要执行某项功能，可先单击选择相应的菜单名，然后选择子菜单中的命令。如图 2-5 所示为“视图”菜单和“工具”菜单下的各命令选项。

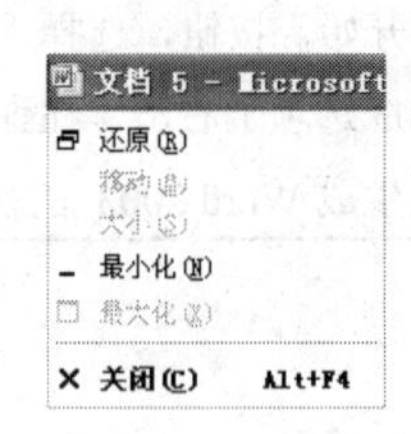

图 2-4　控制菜单

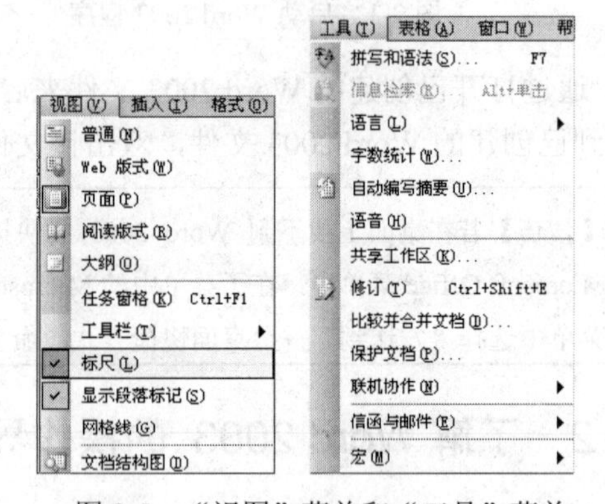

图 2-5　“视图”菜单和“工具”菜单

若某命令选项左侧带有符号，表示该选项处于选中状态，再次单击该命令可取消其选中状态。若命令右侧带有符号，表示该命令附有子菜单，将鼠标指针移动到该命令上将显示其子菜单。若命令右侧带有省略号，如段落(P)...，表示单击该命令时将打开一个对话框，以供用户进行进一步选择和设置。若下拉菜单的下方显示有箭头，表示该下拉菜单中包含有隐藏项目，将鼠标指针放置在该箭头上稍等片刻，可显示该下拉菜单中的全部命令。若命令右侧带有组合键，如“工具”菜单中的“修订”命令右侧显示有 Ctrl+Shift+E，表示使用该组合键（又称为快捷键）同样可以执行该命令。

3. 工具栏

工具栏位于菜单栏的下面，是系统将一些常用的命令制作成按钮，按照不同的功能列于不同的工具栏中，以方便用户操作。用户将鼠标指针移至某按钮上，稍等片刻，指针旁将显示该按钮的名称。单击该按钮，就可以快速执行这个命令。

虽然系统提供的工具栏多达 22 个，但默认情况下只会显示出“常用”工具栏和“格式”工具栏。如要显示或隐藏某一工具栏，可选择“视图”→“工具栏”菜单项，单击其中的工具栏名称，即可在 Word 2003 的操作界面上显示或隐藏某个工具栏。

【技巧】将鼠标指针放置在工具栏最前方 处，当鼠标指针变为 状时，按住鼠标左键不放并进行拖动，可改变工具栏的位置。

4. 标尺

标尺分为水平标尺和垂直标尺，用于指示字符在页面中的位置。默认情况下，水平标尺位于“格式”工具栏的下方，垂直标尺位于文档编辑区的左侧。标尺的作用是改变栏宽、调整页边距、设置段落缩进及制表符等。

5. 文档编辑区

操作界面中的文档编辑区为空白区，用于编辑文档，在该区中的黑色竖线称为光标，用于显示当前文档正在编辑的位置。

6. 滚动条

滚动条分为水平滚动条和垂直滚动条。当文档内容不能完全显示在窗口中时，可通过拖动文档编辑区下方的水平滚动条和右侧的垂直滚动条查看隐藏的内容。

7. 状态栏

状态栏位于操作界面的最底端，用于显示文档的相关信息，如页数、节、目前所在的页数/总页数及插入点所在的行数和列数等信息。

子任务 3　退出 Word 2003

【相应知识点】

退出 Word 2003 有多种办法，常用的有以下三种：

（1）单击标题栏右侧的“关闭”按钮，退出 Word 2003 程序。

（2）选择“文件”→“退出”命令，退出 Word 2003 程序。

（3）按 Alt + F4 快捷键，关闭当前的 Word 2003 程序。

任务 2　新建、保存、关闭和打开 Word 文档

用户启动 Word 2003 后，系统将自动创建一个空白文档（文档扩展名为“.doc”）。下面将分别介绍新建、保存、关闭和打开 Word 文档的操作方法。

子任务 1　新建文档

【相应知识点】

在 Word 2003 中，常用的新建文档的方法有以下 3 种。

（1）单击“常用”工具栏中的“新建空白文档”按钮，可新建一个空白文档。

（2）选择“文件”→“新建”命令，窗口右侧将打开“新建文档”任务窗格，如图 2-6 所示。选择不同的选项可新建不同的文档，如空白文档、XML 文档、网页、电子邮件等。

（3）利用模板创建文档。Word 2003 中，利用自带的模板可创建出各种类型的文档。选择“文件”→“新建”命令，打开“新建文档”任务窗格，在“模板”栏中单击“本机上的模板”超链接，可打开“模板”对话框，其中列出了报告、备忘录、出版物、其他英文模板、信函和传真、英文模板等常用文档模板，如图 2-7 所示。用户选择一款适合的模板后，单击“确定”按钮即可应用该模板。

图 2-6　新建文档任务窗格

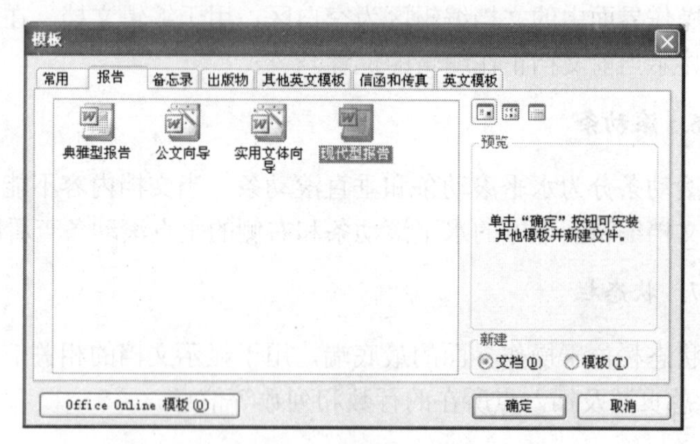

图 2-7　“模板”对话框

子任务 2　保存文档

【相应知识点】

若要保存新建的文档，可单击“常用”工具栏中的“保存”按钮或选择“文件”→“保存”命令，打开“另存为”对话框，在“保存位置”下拉列表中选择文件要保存的位置，在“文件名”文本框中输入文件名，在“保存类型”下拉列表中选择要保存的类型（通常选择默认），然后单击“保存”按钮。

子任务 3　关闭文档

【相应知识点】

编辑完文档后，可选择“文件”→“关闭”命令，或按 Alt+F4 快捷键，即可关闭当前文档。

【提示】若文件尚未保存便要关闭，系统会弹出提示对话框，提醒用户保存文档。单击“是”按钮，可对文档进行保存；单击“否”按钮，则不保存文档直接关闭；单击“取消”按钮，取消关闭操作，重新进入编辑状态。

子任务 4　打开文档

若要打开新建的文档，可单击“常用”工具栏中的“打开”按钮或选择“文件”→“打开”命令，打开“打开”对话框，在“查找范围”下拉列表中选择文件所在的位置，然后选择要打开的文件，单击“打开”按钮，即可打开所选文档。

【技巧】若要打开最近打开过的文档，可选择“文件”菜单，其展开列表中往往显示了近期打开过的文件；或单击“开始”按钮，其“文档”菜单的展开列表中也列示着最近打开过的文档。其中，文件名左侧显示图标的，是 Word 文档。

任务 3　文本的编辑技术

子任务 1　文本的选取

【相应知识点】

选取文本的方法有很多种，情况不同，采取的方法也不同。

（1）若要选取的文本区域跨度不大，可将光标移至文本的起始位置，按住鼠标左键不放向右拖动，至结束位置后释放鼠标。

（2）若要选取的文本区域较大且是连续的，可先在文本区域的起始位置处单击，然后向下拖动垂直滚动条或向下滚动鼠标滚轮，至待选文本的结束位置后，按住 Shift 键的同时单击，则两次单击位置之间的文本将被选中。

（3）若要选取多处不连续的文本区域，可在选取一处文本后，按住 Ctrl 键不放，继续选取下一处文本。

（4）若要选取一段文本，可将鼠标指针移至待选文本左侧，待其变为指向右上方的空心箭头时双击。

（5）若要选取多行文本，可将鼠标指针移至待选文本左侧，待其变为指向右上方的空心箭头时，按住鼠标左键不放向上或向下拖动。

（6）若要选取一个句子，可按住 Ctrl 键，在待选取句子的任意位置单击。

（7）若要选取整篇文档，可将鼠标指针移至文档中任意一行文本的左侧，待其变为指向右上方的空心箭头时，连击三次鼠标左键。也可按 Ctrl+A 快捷键选取整篇文档。

子任务 2　文本的移动和复制

【相应知识点】

移动文本和复制文本是编辑文档时常用的操作，不仅可以在一个文档中移动和复制文本，还可以在多个文档之间移动和复制文本。

1. 移动文本

选取要移动的文本，按住鼠标左键不放，将其拖动到目标位置后释放鼠标。

也可使用剪切、粘贴命令移动文本。选取要移动的文本，单击“常用”工具栏中的“剪切”按钮（也可选择“编辑”→“剪切”命令，或按 Ctrl+X 快捷键），然后将光标移动到目标位置，单击“粘贴”按钮（也可选择“编辑”→“粘贴”命令，或按 Ctrl+V 快捷键）。

2. 复制文本

选中要复制的文本，按住 Ctrl 键的同时拖动文本至目标位置，然后松开 Ctrl 键和鼠标。

也可使用复制、粘贴命令复制文本。选取要复制的文本，单击“常用”工具栏中的“复制”按钮（也可选择“编辑”→“复制”命令，或按 Ctrl+C 快捷键），然后将光标移动到目标位置，单击“粘贴”按钮（也可选择“编辑”→“粘贴”命令，或按 Ctrl+V 组合键）。

子任务 3　格式刷的使用

【相应知识点】

使用格式刷可以快速地将设置好的格式复制到其他段落或文本中，从而有效提高工作效率。操作步骤如下：

将光标插入到设置好格式的段落中，单击“常用”工具栏中的“格式刷”按钮，然后在希望应用此格式的段落中单击，或用鼠标选中希望应用此格式的文本，即可完成段落或文本格式的复制。

【提示】如果要将所选格式应用于多处文档内容，可双击“格式刷”按钮，再依次选择要应用该格式的文本或段落内容，如需结束该操作，按 Esc 键或再次单击“格式刷”按钮即可。

任务 4　设置文档页面格式

子任务 1　设置页眉和页脚

页眉和页脚分别位于页面的顶部和底部，常用来插入标题、页码、日期等文本或图形、符号等徽标。在编辑页眉和页脚时不能编辑文档的正文，同样在编辑文档正文时也不能编辑页眉和页脚。

【相应知识点】

为文档设置页眉和页脚的方法如下：

将插入点定位到文档中，选择“视图”→“页眉和页脚”命令，进入页眉和页脚编辑状态，如图 2-8 所示，并显示“页眉和页脚”工具栏，如图 2-9 所示。在“页眉”编辑区中输入页眉文本，设置其字体和字号，然后单击“在页眉和页脚间切换”按钮，切换到页脚编辑区，输入页脚内容，设置其字体和字号，最后单击“关闭”按钮（或在正文编辑区双击），退出页眉、页脚编辑状态。

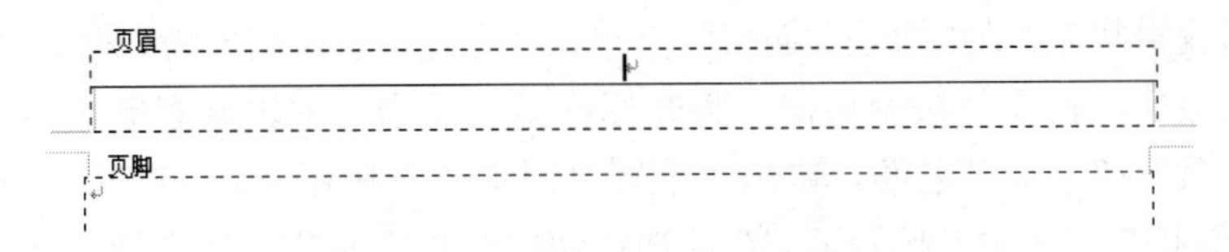

图 2-8　页眉编辑区和页脚编辑区

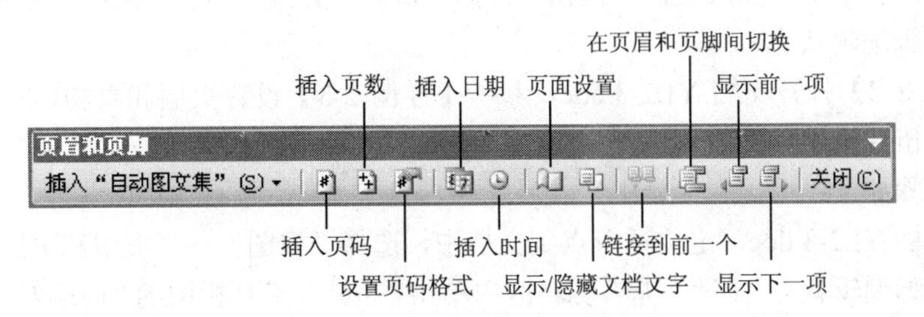

图 2-9　“页眉和页脚”工具栏

也可使用“页眉和页脚”工具栏中的相应按钮来进行设置，如插入页码、日期和时间等。

【实操案例】

【案例 2-1】打开文档 YL2-1.doc，按【样例 2-1】[①]设置页眉和页脚，在页眉左侧输入文本“教学管理”，在右侧插入域“第 X 页 共 Y 页”。

操作步骤如下：

打开文档 YL2-1.doc，定位插入点到文档中，选择“视图”→“页眉和页脚”命令，进入页眉和页脚编辑状态。在“页眉”编辑区中单击“格式”工具栏中的“两端对齐”按钮，输入“教学管理”，再单击“插入自动图文集”按钮，选择“第 X 页 共 Y 页”选项，如图 2-10 所示，将光标移动“第”字前，反复按空格键，将“第 1 页 共 1 页”移动到“页眉”编辑区的右侧。最后，单击“关闭”按钮，退出页眉和页脚编辑状态。

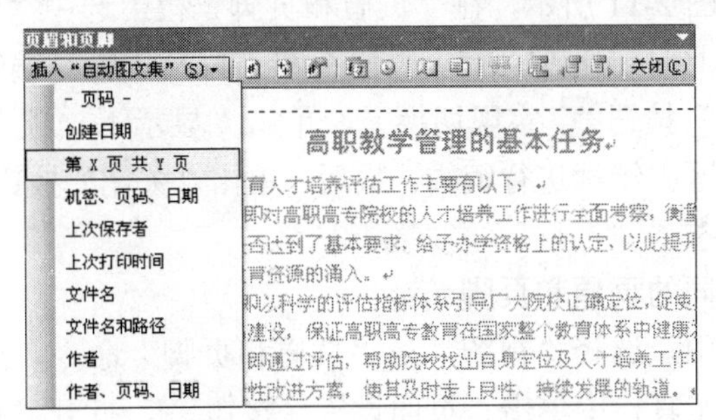

图 2-10　“页眉和页脚”工具栏

① 本章参照样例集中尾未在第 98～102 页。

【案例 2-2】打开文档 YL2-2.doc，按【样例 2-2】设置页眉和页脚，在页眉左侧输入文本“质量监控”，在右侧插入页码“第 1 页”。

操作步骤如下：

打开文档 YL2-2.doc，定位插入点到文档中，选择“视图”→“页眉和页脚”命令，进入页眉和页脚编辑状态。在“页眉”编辑区中单击“格式”工具栏中的“两端对齐”按钮，输入“质量监控”，再反复按空格键，将光标移至“页眉”编辑区右侧，输入“第页”。将光标移至“第”和“页”之间，单击“设置页码格式”按钮，打开“页码格式”对话框，在“页码编排”栏选中“起始页码”单选按钮，在其后的数值框中输入“1”，单击“确定”按钮返回。单击“插入页码”按钮，插入页码“1”。最后，单击“关闭”按钮，退出页眉和页脚编辑状态。

【案例 2-3】打开文档 YL2-3.doc，参考【样例 2-3】设置页眉和页脚，在页眉左侧输入文本“队伍建设”，在右侧插入页码“1”。

操作步骤如下：

打开文档 YL2-3.doc，定位插入点到文档中，选择“视图”→“页眉和页脚”命令，进入页眉和页脚编辑状态。在“页眉”编辑区中单击“格式”工具栏中的“两端对齐”按钮，输入“队伍建设”，再反复按空格键，将光标移至“页眉”编辑区右侧，单击“设置页码格式”按钮，打开“页码格式”对话框，在“页码编排”栏中选中“起始页码”单选按钮，在其后的数值框中输入“1”，单击“确定”按钮返回。单击“插入页码”按钮，插入页码“1”。最后，单击“关闭”按钮，退出页眉和页脚编辑状态。

【提示】在页眉或页脚位置双击鼠标，可快速进入页眉编辑状态或页脚编辑状态。若要删除页眉和页脚，可选中页眉和页脚中的内容和段落符号，按 Delete 键。

【知识拓展】

❖ **设置首页不同的页眉和页脚**

定位插入点到文档中，选择“视图”→“页眉和页脚”命令，进入页眉和页脚编辑状态。在“页眉和页脚”工具栏中单击“页面设置”按钮，打开“页面设置”对话框，选择“版式”选项卡，如图 2-11 所示，在“页眉和页脚”栏中选中“首页不同”复选框，单击“确定”按钮退出。此时，可在“首页页眉”和“首页页脚”编辑区域输入内容（使用“在页眉和页脚间切换”按钮 实现切换），单击“显示下一项”按钮，切换到文档其他的页眉和页脚编辑区中继续进行编辑。最后，单击“关闭”按钮或在正文编辑区双击，退出页眉和页脚编辑状态。

❖ **设置奇偶页不同的页眉和页脚**

定位插入点到文档中，选择“视图”→“页眉和页脚”命令，进入页眉和页脚编辑状态。在“页眉和页脚”工具栏中单击“页面设置”按钮，打开“页面设置”对话框，选择“版式”选项卡，在“页眉和页脚”栏中选中“奇偶页不同”复选框，单击“确定”按钮退出。此时，可在奇数页页眉和页脚编辑区域输入内容。设置完毕后，单击“显示下一项”按钮，切换到文档的偶数页页眉和页脚编辑区中继续进行编辑。最后，单击“关闭”按钮，或在正文编辑区双击，退出页眉和页脚编辑状态。

❖ 在页眉或页脚中添加页码

定位插入点到文档中，选择“视图”→“页眉和页脚”命令，进入页眉和页脚编辑状态。在“页眉和页脚”工具栏中单击“设置页码格式”按钮，打开“页码格式”对话框，如图 2-12 所示，在“页码编排”栏中选中“起始页码”单选按钮，并在其右侧的文本框中输入数值，单击“确定”按钮退出。将光标置于要插入页码的位置，单击“插入页码”按钮，页面将显示重新设置页码的起始值。

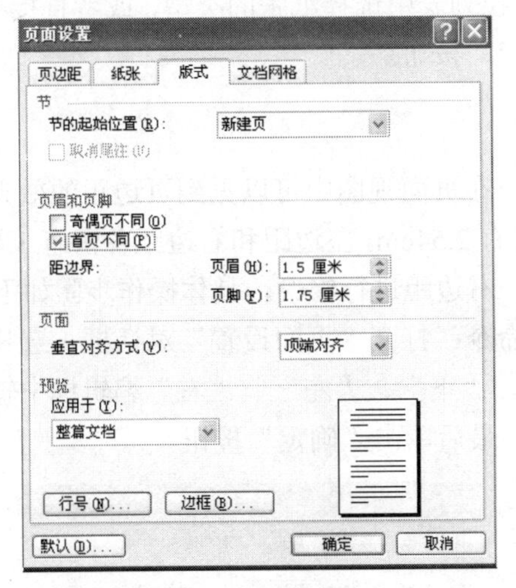

图 2-11 “页面设置”对话框中“版式”选项卡

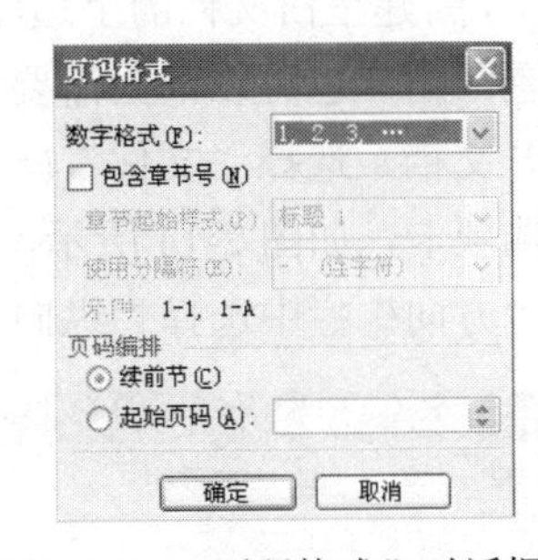

图 2-12 “页码格式”对话框

在“页码格式”对话框中，各项内容解释如下。

- “数字格式”下拉列表框：用于设置页码的格式。
- “包含章节号”复选框：选中后，可在其下方的“章节起始样式”和“使用分隔符”下拉列表框中进行相应的设置，使页码格式中包含章节号。
- “续前节”单选按钮：当文档被分成了若干节时，选中该项可将当前节延续上一节的页码设置。
- “起始页码”单选按钮：选中该项，可在其右侧的编辑框中重新指定当前节的起始页码。

【提示】若要插入页码，还可通过“插入”→“页码”命令，打开“页码”对话框，在其中设置好相关参数后，单击“确定”按钮，即可插入页码。若要删除页码，可将其选中，然后按 Delete 键。

子任务 2 文档的页面设置

新建文档时，系统对纸张大小、方向和页边距等页面参数进行了默认设置。若用户制作的文档对页面有特殊要求，也可以根据自己的需要进行修改，即对页面进行设置。

【相应知识点】

1. 设置纸张的大小

在 Word 2003 中默认情况下，新建空白文档的纸型是标准 A4 纸，其宽度是 21cm，高度是 29.7cm，用户可以根据需要改变纸张的大小，具体操作步骤如下：

打开文档，选择“文件”→“页面设置”命令，打开“页面设置”对话框，选择“纸张”选项卡，如图 2-13 所示，在“纸张大小”下拉列表中选择纸张的类型，或者直接在“宽度”和“高度”编辑框中输入数值，单击“确定”按钮。

2. 设置页边距

页边距是文档正文和页面边缘之间的距离，在页面视图中可以见到页边距的效果。默认情况下，新建空白文档的上边距和下边距各留有 2.54cm，左边距和右边距各留有 3.17cm，纵向放置。用户也可以根据需要对上、下、左、右边距进行修改，具体操作步骤如下：

打开文档，选择“文件”→“页面设置”命令，打开“页面设置”对话框，选择“页边距”选项卡，如图 2-14 所示，分别在“上”、“下”、“左”、“右”编辑框中输入数值，在“方向”栏中选择“纵向”或“横向”，最后单击“确定”按钮。

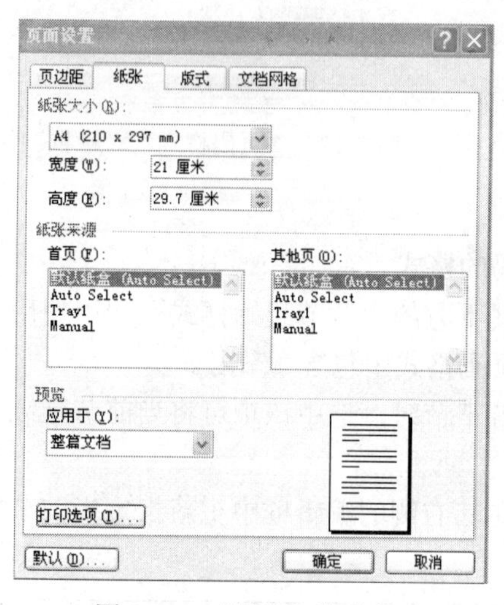

图 2-13 “纸张”选项卡

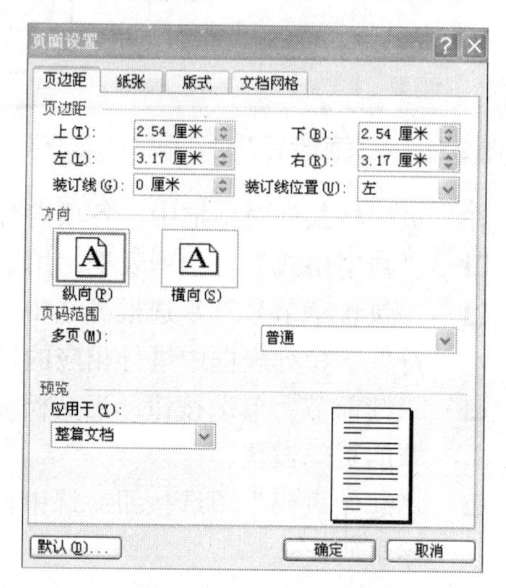

图 2-14 “页边距”选项卡

3. 版式及文档网格设置

打开文档，选择“文件”→“页面设置”命令，打开“页面设置”对话框，在“版式”选项卡（见图 2-15）中可进行页眉、页脚距边界距离的设置，在“文档网格”选项卡（见图 2-16）中可以设置每页的行网格数和每行的字符网格数，设置完毕，单击“确定”按钮。

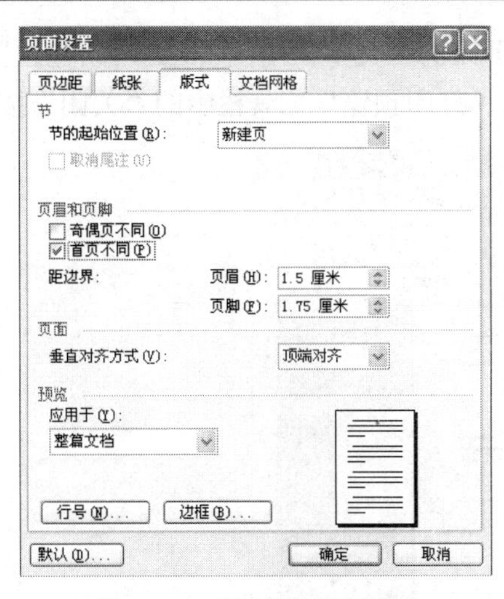

图 2-15　“版式”选项卡

图 2-16　“文档网格”选项卡

【实操案例】

【案例 2-4】打开文档 YL2-1.doc，按【样例 2-1】设置纸张大小为 A4，设置上、下页边距为 3.5cm，左、右页边距为 3.3cm，页眉、页脚距离边界 2.5cm。

操作步骤如下：

打开 YL2-1.doc 文档，选择“文件”→“页面设置”命令，打开“页面设置”对话框，选择“纸张”选项卡，在“纸张大小”下拉列表中选择 A4 纸张；选择“页边距”选项卡，在“页边距”栏的“上”、“下”文本框中输入“3.5”，“左”、“右”文本框中输入“3.3”；选择“版式”选项卡，在“页眉和页脚”栏的“页眉”和“页脚”文本框中输入“2.5”，在“应用于”下拉列表中选择“整篇文档”。最后，单击“确定”按钮退出。

【知识拓展】

❖　预览文档

文档编辑完成之后，便可以将其打印出来，为防止出错，用户可以利用 Word 2003 的打印预览功能，查看文档被打印后的效果，以便对差错及时进行修正。打印预览视图是一个独立的视图窗口，在此窗口中，可任意缩放页面的显示比例，也可同时显示多个页面。

预览文档的操作步骤如下：

单击“常用”工具栏中的“打印预览”按钮，或选择“文件”→“打印预览”命令，进入打印预览状态，如图 2-17 所示。预览时，文档以整页显示，此时鼠标指针变为带有加号的放大镜，单击页面可以放大视图，将文档放大预览；再次单击文档，此时鼠标指针变为带有减号的放大镜，可以缩小视图，将文档缩小预览。若要在打印预览状态下对文档进行修改，可单击“打印预览”工具栏中的“放大镜”按钮，进入编辑模式进行修改，再次单击该按钮，可返回预览模式。单击“打印预览”工具栏中的相应按钮，例如单击“单页”按钮，可进行单页预览；单击“多页”按钮，可进行多页预览；单击“全屏显示”

按钮，可使预览窗口成全屏显示，并可在“显示比例”文本框中 33% ，调整预览中文档的显示比例。若要退出打印预览状态，可单击“打印预览”工具栏中的“关闭”按钮。

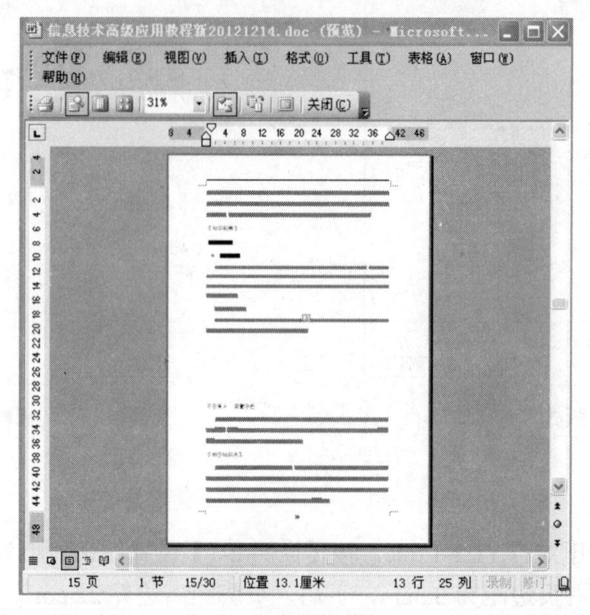

图 2-17 打印预览状态

❖ 打印文档

若要快速打印一份文档，可单击“常用”工具栏中的“打印”按钮。若要进行一般打印，可选择“文件”→“打印”命令，打开“打印”对话框，如图 2-18 所示。

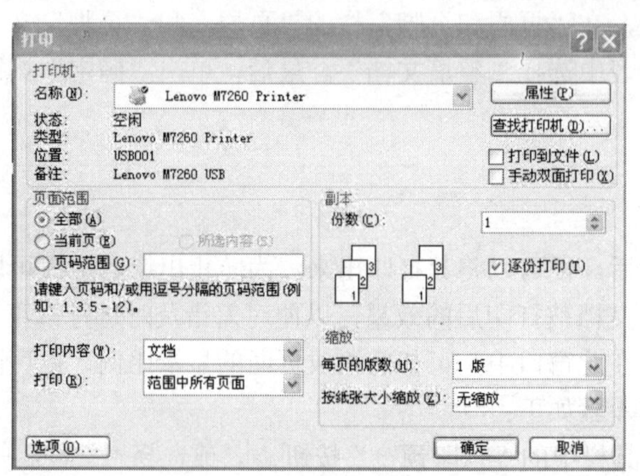

图 2-18 “打印”对话框

（1）“页面范围”设置区

- “全部”单选按钮：表示打印文档中的所有内容。
- “当前页”单选按钮：表示打印文档中光标所在的页。
- “页码范围”单选按钮：表示打印右侧编辑框中指定的页，如在其右侧的编辑框中输入“1-3”，则表示打印文档的第 1、2、3 页。

（2）“副本”设置区

在“份数”编辑框中输入要打印的份数，可将文档打印多份；选中“逐份打印”复选框，可一份一份地打印文档，否则打印时会首先将第 1 页按指定份数打印完毕后，再打印第 2 页，依此类推。

（3）“缩放”设置区

可在该设置区中设置缩放方式，进行缩放打印。例如，在“按纸张大小缩放”下拉列表中选择“16 开”项，可将文档缩放到 16 开纸上打印。

【提示】若要取消正在打印的文档，可双击任务栏右侧的“打印机”图标，打开“打印机”对话框，选择“打印机”→“取消所有文档”命令，再单击“是”按钮。

子任务 3　设置分栏

设置分栏就是将整篇文档或文档的某一部分设置成具有相同栏宽或不同栏宽的多个栏，利用 Word 2003 的分栏排版功能，可以灵活地控制栏数、栏宽和栏间距。设置分栏后，Word 2003 中的正文将从最左边的一栏开始逐栏排列。

【相应知识点】

选中要分栏的文本，选择“格式”→“分栏”命令，可打开“分栏”对话框，如图 2-19 所示，在“预设”栏中选择栏数，在“宽度和间距”栏中输入“宽度”和“间距”字符数，还可以选中“栏宽相等”复选框和“分隔线”复选框，在“应用于”下拉列表中可设置分栏操作的应用范围，全部设置完毕后，单击“确定”按钮。

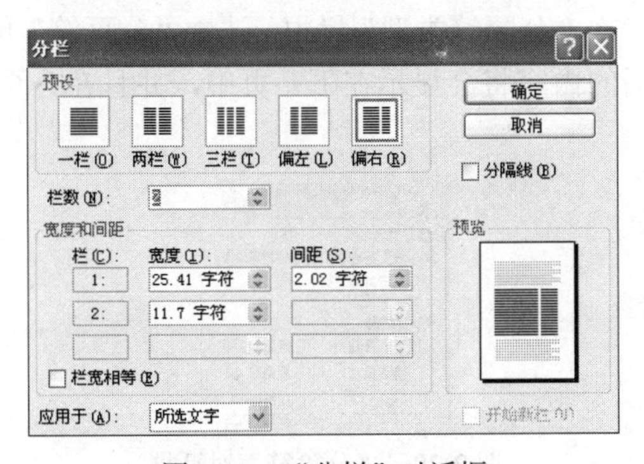

图 2-19　“分栏”对话框

“分栏”对话框“预设”栏中各项选项的含义如下。

- 一栏：表示可以将已经分为多栏的文本恢复成单栏版式。
- 两栏：表示可以将所选文本分成等宽的两栏。
- 三栏：表示可以将所选文本分成等宽的三栏。
- 偏左：表示可以将所选文本分成左窄右宽的两个不等宽栏。
- 偏右：表示可以将所选文本分成左宽右窄的两个不等宽栏。

【提示】

（1）若不选择要分栏的文本内容，Word 2003 将对本节内的所有文档内容进行分栏。

（2）若要将文档分成更多的栏（如 5 栏）并设置栏间距等效果，可先选中文本，再选择“格式”→“分栏”命令，在“分栏”对话框的“栏数”文本框中输入要分的栏数，并单击“确定”按钮。

（3）单击“常用”工具栏中的“分栏”按钮，在弹出的列表中从左往右选取栏数，单击即可快速按设定的栏数进行分栏。

【实操案例】

【案例 2-5】打开文档 YL2-1.doc，按【样例 2-1】将正文的第 2～4 段设置为 3 栏格式，并加分隔线。

操作步骤如下：

打开文档 YL2-1.doc，选中正文第 2～4 段内容，选择“格式”→“分栏”命令，弹出“分栏”对话框，在“预设”区域中，选择“三栏”样式，选中“分隔线”复选框和“栏宽相等”复选框，在“应用于”下拉列表中选择“所选文字”，单击“确定”按钮。

【知识拓展】

❖ 设置分页

通常情况下，用户在编辑文档时，系统会自动分页。如果要对文档进行强制分页，可通过插入分页符来实现，具体操作步骤如下：

定位光标到需要插入分页的位置，选择“插入”→“分隔符”命令，打开“分隔符”对话框，如图 2-20 所示，在“分隔符类型”栏中，选中“分页符”单选按钮，然后单击“确定”按钮。此时，光标后的内容将会显示在下一页中，并且在分页处显示一个虚线分页符标记。

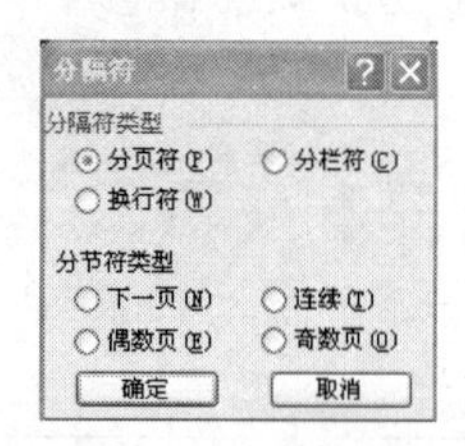

图 2-20 “分隔符”对话框

【提示】插入分页符的快捷键是 Ctrl+Enter。用户可通过单击“常用”工具栏中的“显示/隐藏编辑标记”按钮，查看分页符标记。

❖ 设置分节

为了便于对同一文档中不同部分的文本进行不同的格式化，可将文档分割成多个节。

定位光标到要分节的位置，选择“插入”→“分隔符”命令，打开“分隔符”对话框，如图 2-20 所示，在“分节符类型”栏中，选中“下一页(N)”单选按钮，单击“确定”按钮，将会在光标所在位置插入一个分节符，并将分节符后的内容显示在下一页中。

“分节符类型”栏中各选项的含义如下：

- “下一页”单选按钮：表示分节符后的文本从新的一页开始。
- “连续”单选按钮：表示新节与其前面一节同处于当前页中。
- “偶数页”单选按钮：表示新节中的文本显示或打印在下一个偶数页上。
- “奇数页”单选按钮：表示新节中的文本显示或打印在下一个奇数页上。

【提示】若要删除分节符，可将光标置于分节符的左侧，按 Delete 键即可。

任务 5　设置文档编排格式

子任务 1　设置字符格式

在 Word 文档中，文字、数字、标点符号及特殊符号统称为字符。默认情况下，Word 文档中输入的文本为宋体，五号字。在实际工作中，用户可以根据需要灵活设置字符格式。

【相应知识点】

1. 利用“格式”工具栏设置

选中要设置格式的字符，通过“格式”工具栏中的各选项设置字符的格式。

2. 利用“格式”→“字体”命令设置

选中要设置格式的字符，选择“格式”→“字体”命令，打开“字体”对话框，在“字体”选项卡（见图 2-21）中设置字符的字体、字号、字形、字体颜色等，在“字符间距”选项卡（见图 2-22）中设置字符的缩放大小、字符间距、字符位置等。设置完毕后，单击“确定”按钮退出。

图 2-21　“字体”选项卡

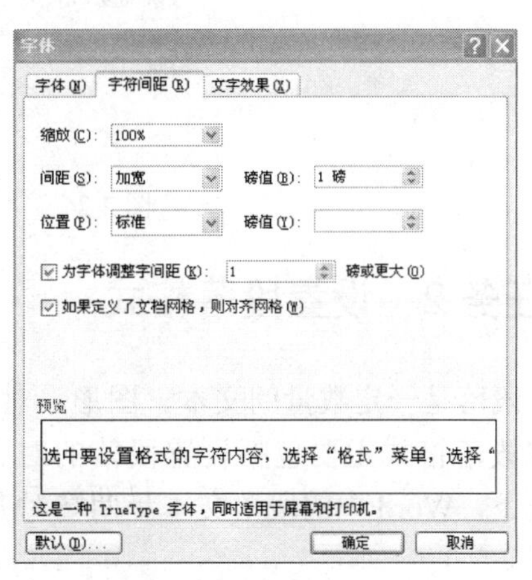

图 2-22　“字符间距”选项卡

3. 利用“格式”→“中文版式”命令设置

选中要设置格式的字符内容，选择“格式”→“中文版式”子菜单中的相应命令，如选择“合并字符”命令可打开“合并字符”对话框（见图 2-23），设置完“字体”和“字号”后单击“确定”按钮即可。

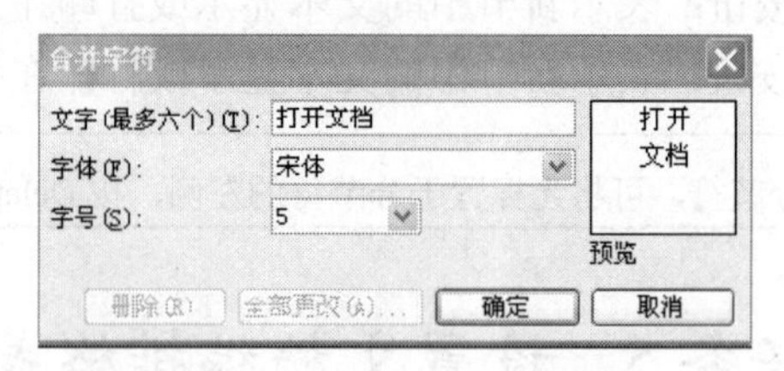

图 2-23 “合并字符”对话框（1）

【实操案例】

【案例 2-6】打开文档 YL2-3.doc，按【样例 2-3】将文档正文的第 6 段字体设置为华文行楷，四号，颜色为蓝色，字符间距为紧缩，将正文第 1 段中的“师资队伍”文本设置为中文版式中的合并字符格式，字号为 9 磅。

操作步骤如下：

打开文档 YL2-3.doc，选中文档正文的第 6 段，在“格式”工具栏中设置字体为“华文行楷”，字号为“四号”，颜色为“蓝色”，然后选择“格式”→“字体”命令，打开“字体”对话框，在“字符间距”选项卡中设置“间距”为“紧缩”，并单击“确定”按钮。

选中正文第 1 段中的“师资队伍”文本，选择“格式”→“中文版式”→“合并字符”命令，打开“合并字符”对话框，在“字号”下拉列表中选择“9”选项，如图 2-24 所示，单击“确定”按钮。

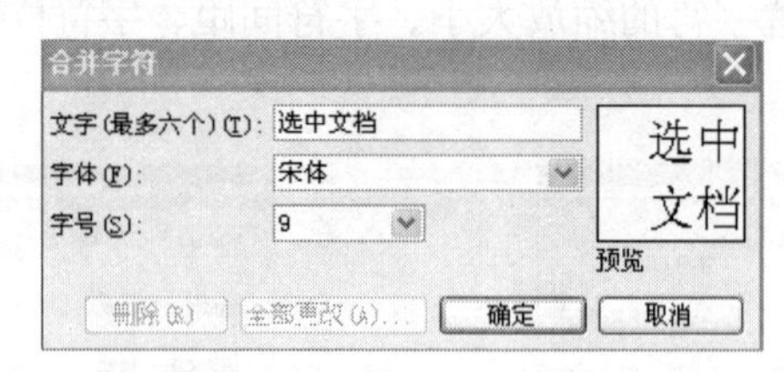

图 2-24 “合并字符”对话框（2）

子任务 2 设置段落格式

段落是一定数量的文本、图形、对象等的集合，以段落标记（即按 Enter 键）结束。设置段落格式主要包括设置段落的对齐方式、缩进方式、段落间距以及行距等。默认情况下，Word 中的段落文本呈两端对齐，行距为单倍行距。人们可以根据需要进行段落设置。

【相应知识点】

1. 利用“格式”工具栏设置

选择要设置格式的段落内容，单击“格式”工具栏中的对齐方式按钮、行距按钮及缩进量按钮等。

2. 利用“标尺”上的缩进滑块设置

段落缩进是指段落相对左右页边距向页内缩进一定的距离。

- 左缩进：整个段落中所有行的左边界向右缩进。
- 右缩进：整个段落中所有行的右边界向左缩进。
- 首行缩进：段落的首行文字相对于其他行向内缩进。
- 悬挂缩进：段落中除首行外的所有行向内缩进。

3. 利用“格式”→“段落”命令设置

选择要设置格式的段落内容，选择“格式”→“段落”命令，打开“段落”对话框，在“缩进和间距”选项卡（见图 2-25）中可以对段落的对齐方式、缩进量及间距等进行设置。

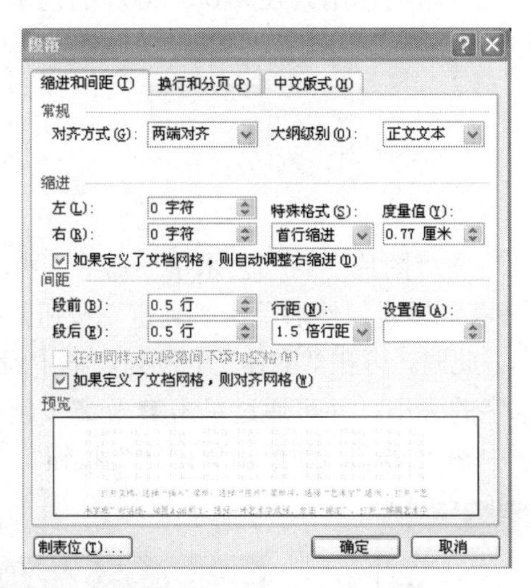

图 2-25　“段落”对话框

【实操案例】

【案例 2-7】打开文档 YL2-6.doc，按【样例 2-6】将文档正文的前两段字体设置为华文细黑，五号，添加波浪线下划线，字体颜色为梅红色，并设置固定行距为 20 磅；将正文后 4 段文本中的字体设置为隶书，小四号，字体颜色为蓝色，加着重号，并设置固定行距为 15 磅；将全文所有段落的段前、段后间距各为 0.5 行。

操作步骤如下：

（1）打开文档 YL2-6.doc，选中文档正文的前两段，在“格式”工具栏中设置字体为“华文细黑”，字号为“五号”，添加波浪线下划线，字体颜色为“梅红色”，单击“行距”右侧的三角按钮并选择“其他”命令，打开“段落”对话框，选择“缩进和间距”选项卡，在“间距”设置区中“行距”处选择“固定值”选项，“设置值”处输入“20”，单击“确定”按钮。

（2）选中文档正文的后 4 段，选择“格式”→“字体”命令，打开“字体”对话框，在“字体”选项卡中设置字体为“隶书”，字号为“小四”，字体颜色为“蓝色”，选择着重号，单击“确定”按钮。选择“格式”→“段落”命令，打开“段落”对话框，在“缩进和间距”选项卡的“间距”设置区中设置“行距”为“固定值”，“设置值”为“15 磅”，单击“确定”按钮。

（3）选中全部段落内容，选择“格式”→“段落”命令，打开“段落”对话框，在“缩进和间距”选项卡的“间距”设置区中“段前”处输入或选择“0.5 行”，“段后”处输入或选择“0.5 行”，单击“确定”按钮。

子任务 3　设置艺术字

艺术字在文档中起着画龙点睛的作用。在 Word 2003 的艺术字库中包含了许多漂亮的艺术字样式，选择所需的样式并输入文字，就可以轻松地在文档中插入艺术字。

【相应知识点】

1. 插入艺术字

打开文档，选择“插入”→“图片”→“艺术字”命令，打开“艺术字库”对话框，如图 2-26 所示，选择一种艺术字样式，然后单击“确定”按钮，打开“编辑‘艺术字’文字”对话框，如图 2-27 所示。此时，可在“字体”下拉列表框中设置艺术字的字体，在“字号”下拉列表框中设置艺术字的大小，并可通过单击 **B** 及 *I* 按钮对字体进行加粗或倾斜设置，最后在“文字”文本框中输入文字，并单击“确定”按钮。

图 2-26　“艺术字库”对话框

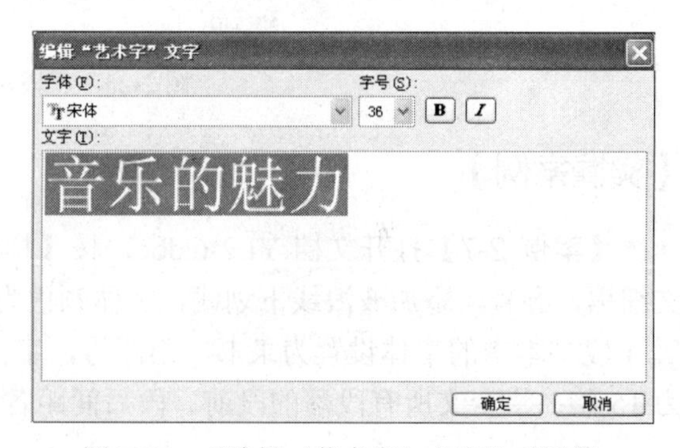

图 2-27　“编辑‘艺术字’文字”对话框

选中插入的艺术字，单击“艺术字”工具栏（见图 2-28）中的相应按钮，可对艺术字进行设置。如单击“文字环绕”按钮，在展开的列表（见图 2-29）中选择一种环绕形式，再利用鼠标将艺术字拖动到适当位置即可。

图 2-28　“艺术字”工具栏

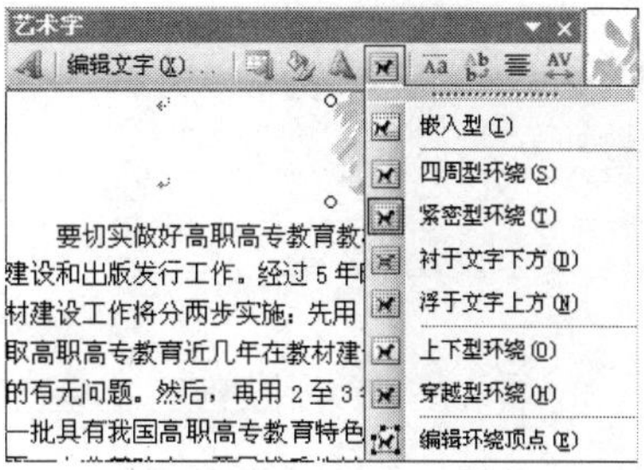

图 2-29　艺术字工具栏中“文字环绕”列表

2. 设置艺术字的效果

（1）修改艺术字的内容与样式

插入艺术字后，若要修改艺术字的内容，可双击艺术字或选中艺术字后单击“艺术字”工具栏中的编辑文字(X)...按钮，打开“编辑‘艺术字’文字”对话框，重新设置艺术字的内容、字体和字号等，设置完毕后单击“确定”按钮退出。

若要修改艺术字的样式，可选中艺术字，然后单击“艺术字”工具栏中的“艺术字库”按钮，打开“艺术字库”对话框，选择要替换的艺术字样式后，单击“确定”按钮退出。

（2）修改艺术字的形状与格式

若要修改艺术字的形状，可选中艺术字，然后单击“艺术字”工具栏中的“艺术字形状”按钮，在展开的列表中选择需要的形状，如图 2-30 所示。

若要修改艺术字的格式，可先选中艺术字，单击“艺术字”工具栏中的“设置艺术字格式”按钮，打开“设置艺术字格式”对话框，在“颜色与线条”选项卡中设置艺术字的填充颜色和边框，如图 2-31 所示。在“大小”选项卡的“尺寸与旋转”栏中设置艺术字的高度和宽度，如图 2-32 所示。在“版式”选项卡中设置艺术字的环绕方式，如图 2-33 所示。最后，单击“确定”按钮。

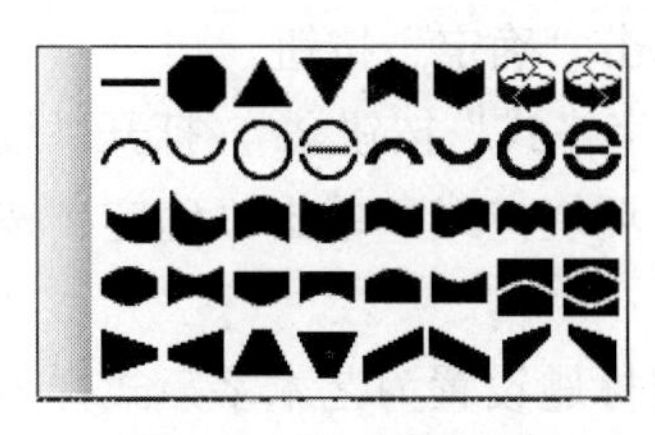

图 2-30　艺术字形状

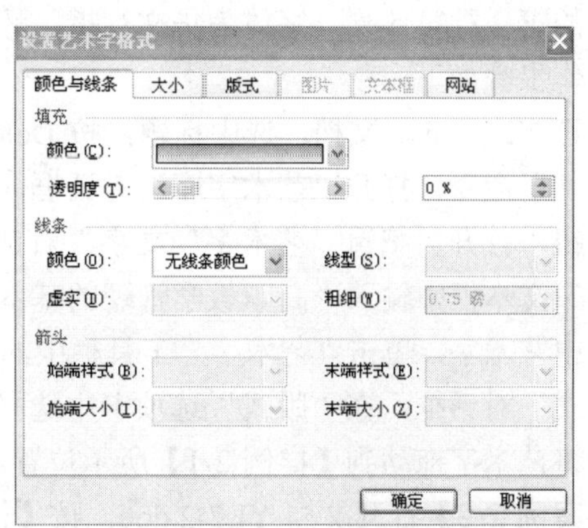

图 2-31　“颜色与线条”选项卡

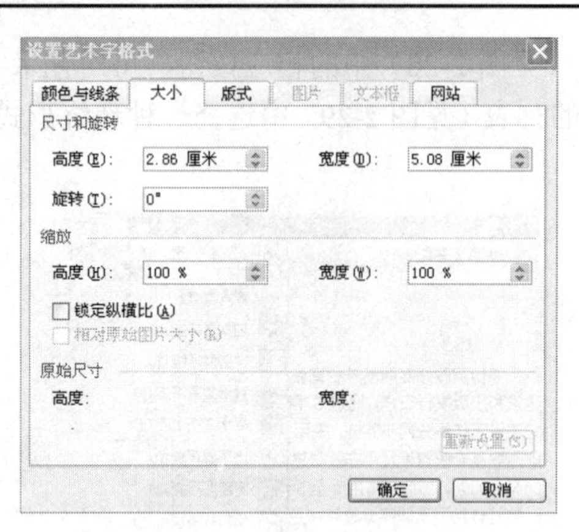

图 2-32 “大小”选项卡

图 2-33 “版式”选项卡

（3）设置阴影与三维效果

若要为艺术字设置阴影效果，可选中艺术字，单击“绘图”工具栏中的“阴影样式”按钮，在展开的列表（见图 2-34）中选中一种阴影样式。

若要为艺术字设置三维效果，可选中艺术字，单击“绘图”工具栏中的“三维效果样式”按钮，在展开的列表（见图 2-35）中选中一种三维样式。

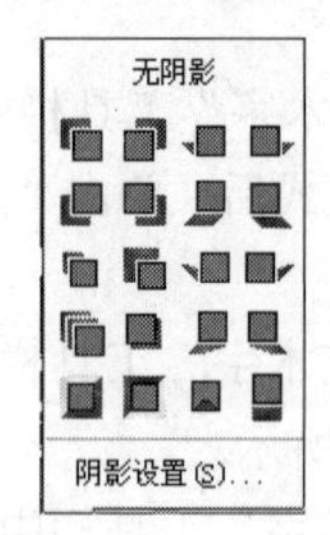

图 2-34 “阴影”样式列表

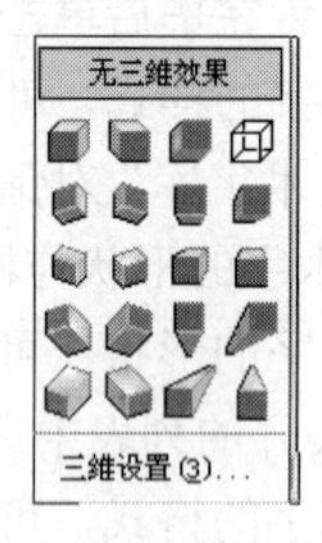

图 2-35 “三维效果”样式列表

【实操案例】

【案例 2-8】打开文档 YL2-1.doc，按【样例 2-1】将标题设置为艺术字，式样为艺术字库中的第 2 行第 5 列，字体为华文行楷，环绕方式为紧密型。

操作步骤如下：

打开 YL2-1.doc 文档，选中标题，按 Delete 键将其删除。选择“插入”→“图片”→“艺术字”命令，打开“艺术字库”对话框，选择第 2 行第 5 列的样式 WordArt，单击“确定”按钮，打开“编辑‘艺术字’文字”对话框，在“字体”框中选择“华文行楷”，在“文字”文本框中输入“高职教学管理的基本任务”，单击“确定”按钮。

选中艺术字，单击“艺术字”工具栏中的“设置艺术字格式”按钮，打开“设置艺术字格式”对话框，在“版式”选项卡中选择“紧密型”环绕方式，单击“确定”按钮。最后，将艺术字拖动到【样例 2-1】所示位置。

【案例 2-9】打开文档 YL2-2.doc，按【样例 2-2】将标题设置为艺术字，式样为艺术字库中的第 3 行第 2 列，字体为隶书，填充色为红色，线条色为蓝色，应用阴影样式 5，字符间距为常规，环绕方式为紧密型。

操作步骤如下：

打开 YL2-2.doc 文档，选中标题，按 Delete 键将其删除。选择“插入”→“图片”→“艺术字”命令，打开“艺术字库”对话框，选择第 3 行第 2 列的样式，单击“确定”按钮，打开“编辑‘艺术字’文字”对话框，在“字体”下拉列表框中选择“隶书”，在“文字”文本框中输入“教学质量监控体系”，单击“确定”按钮插入艺术字。

选中艺术字，单击“艺术字”工具栏中的“设置艺术字格式”按钮，打开“设置艺术字格式”对话框。选择“颜色与线条”选项卡，在“填充”栏的“颜色”下拉列表框中选择“红色”，在“线条”栏的“颜色”下拉列表框中选择“蓝色”。选择“版式”选项卡，选择“紧密型”环绕方式，单击“确定”按钮退出。

选中艺术字，单击“艺术字”工具栏中的“艺术字字符间距”按钮，在展开的列表中选择“常规”选项。再选中艺术字，单击“绘图”工具栏中的“阴影样式”按钮，在展开的列表中选择“阴影样式 5”。最后，将艺术字拖动到【样例 2-2】所示位置。

【案例 2-10】打开文档 YL2-3.doc，按【样例 2-3】将标题设置为艺术字，式样为艺术字库中的第 2 行第 3 列，字体为华文新魏，填充效果为预设颜色中的极目远眺，线条为圆点，粗细为 1 磅，环绕方式为四周型。

操作步骤如下：

打开 YL2-3.doc 文档，选中标题，按 Delete 键将其删除。选择“插入”→“图片”→“艺术字”命令，打开“艺术字库”对话框，选择第 2 行第 3 列的样式，单击“确定”按钮，在打开“编辑‘艺术字’文字”对话框，在“字体”下拉列表框中选择“华文新魏”，在“文字”文本框中输入“师资队伍建设”，单击“确定”按钮插入艺术字。

选中艺术字，单击“艺术字”工具栏中的“设置艺术字格式”按钮，打开“设置艺术字格式”对话框。选择“颜色与线条”选项卡，在“填充”栏的“颜色”下拉列表框中选择“填充效果”选项，打开“填充效果”对话框，选择“渐变”选项卡，选择“颜色”栏中的“预设”单选按钮，在“预设颜色”下拉列表框中选择“极目远眺”选项，单击“确定”按钮返回。

返回“设置艺术字格式”对话框，在“线条”栏的“虚实”下拉列表框中选择“圆点”选项，在“粗细”文本框中输入“1 磅”。再选择“版式”选项卡，选择“四周型”环绕方式，单击“确定”按钮。最后，将艺术字拖动到【样例 2-3】所示位置。

【案例 2-11】打开文档 YL2-4.doc，按【样例 2-4】将标题设置为艺术字，样式为艺术字库中的第 3 行第 2 列，字体为隶书，填充效果为预设颜色中的雨后初晴，无线条色，环绕方式为紧密型。

操作步骤如下：

打开 YL2-4.doc 文档，选中标题，按 Delete 键将其删除。选择“插入”→“图片”→“艺术字”命令，打开“艺术字库”对话框，选择第 3 行第 2 列的样式，单击“确定”按钮，打开“编辑‘艺术字’文字”对话框。在“字体”下拉列表框中选择“隶书”，在

"文字"文本框中输入"教材建设"，单击"确定"按钮插入艺术字。

选中艺术字，单击"艺术字"工具栏中的"设置艺术字格式"按钮，打开"设置艺术字格式"对话框。选择"颜色与线条"选项卡，在"填充"栏的"颜色"下拉列表框中选择"填充效果"选项，打开"填充效果"对话框，选择"渐变"选项卡，选择"颜色"栏中的"预设"单选按钮，在"预设颜色"下拉列表框中选择"雨后初晴"选项，单击"确定"按钮返回。

返回"设置艺术字格式"对话框，在"线条"栏的"颜色"下拉列表框中选择"无线条颜色"选项；再选择"版式"选项卡，在"环绕方式"栏选择"紧密型"环绕方式，单击"确定"按钮。最后，将艺术字拖动到【样例 2-4】所示位置。

【知识拓展】

❖ 插入文本框

文本框主要用于在页面中灵活放置文本内容。根据文本的排列方向，可分为横排文本框和竖排文本框两种。

插入横排文本框的操作步骤如下：选择"插入"→"文本框"→"横排"命令，在文档中适当位置按住鼠标左键拖动，即可插入一个横排文本框。插入竖排文本框的方法与此相同。

插入文本框后，还需要输入文字，并可根据需要设置所输入文本的字符格式和段落格式。还可以右击文本框边缘，在弹出的快捷菜单中选择"设置文本框格式"命令，打开"设置文本框格式"对话框，如图 2-36 所示，对文本框的线型、线条颜色、填充色、大小及环绕方式、对齐方式等进行设置。

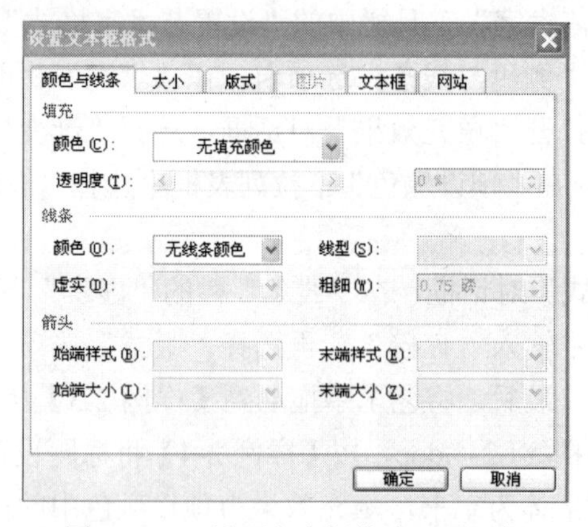

图 2-36　"设置文本框格式"对话框

子任务 4　设置首字下沉

首字下沉就是将段落开头的第一个或前若干个字母、文字变为大号字，从而使文档的版面出现跌宕起伏的变化使文档更美观，如图 2-37 所示。

【相应知识点】

选中段落开头的几个字符或将光标定位在文档的段落中，选择“格式”→“首字下沉”命令，打开“首字下沉”对话框，如图 2-38 所示。在“位置”栏选择“下沉”样式，在“字体”下拉列表框中选择一种字体，在“下沉行数”文本框中选择或输入数值，单击“确定”按钮，即可设置出首字下沉效果。

.1.1 Overview

.NET Remoting enables you to build widely distributed applications easily, whether application components are all on one computer or spread out across the entire world. You can build client applications that use objects in other processes on the same computer or on any other computer that is reachable over its network. You can also use .NET remoting to communicate with other application domains in the same process.

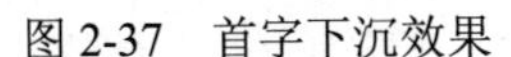

图 2-37　首字下沉效果

图 2-38　“首字下沉”对话框

【实操案例】

【案例 2-12】打开文档 YL2-2.doc，参照**【样例 2-2】**将正文第一段设置为首字下沉格式，下沉行数为 3 行，首字字体设置为华文行楷。

操作步骤如下：

打开 YL2-2.doc 文档，定位插入点到文档第 1 段中的任意位置，选择“格式”→“首字下沉”命令，打开“首字下沉”对话框，在“位置”栏选择“下沉”样式，在“字体”下拉列表框中选择“华文行楷”，在“下沉行数”文本框中输入“3”，单击“确定”按钮。

子任务 5　设置项目符号和编号

在文档制作过程中，为了准确地表达各部分内容之间的并列关系和从属关系，需要为文档内容设置必要的项目符号和编号。Word 2003 中，既可以先输入文档内容，再设置项目符号或编号，也可以先设置好项目符号或编号，再输入文档内容。

【相应知识点】

1. 设置项目符号

设置项目符号有以下两种方法。

（1）使用默认项目符号格式

选择相应内容，单击“格式”工具栏中的“项目符号”按钮，即可将当前默认的项目符号格式应用于所选段落中。

（2）自行设置项目符号格式

选择相应内容，选择“格式”→“项目符号和编号”命令，打开“项目符号和编号”对话框，选择“项目符号”选项卡，如图 2-39 所示，选择一种项目符号并单击“确定”按钮，即可为所选段落应用选定的项目符号格式。如对图 2-38 中显示的项目符号不满意，还可以单击“自定义”按钮，打开“自定义项目符号列表”对话框，在“项目符号字符”栏中单击“字符”按钮，打开“符号”对话框，如图 2-40 所示，选择一种符号后单击“确定”按钮返回，再单击“确定”按钮退出即可。

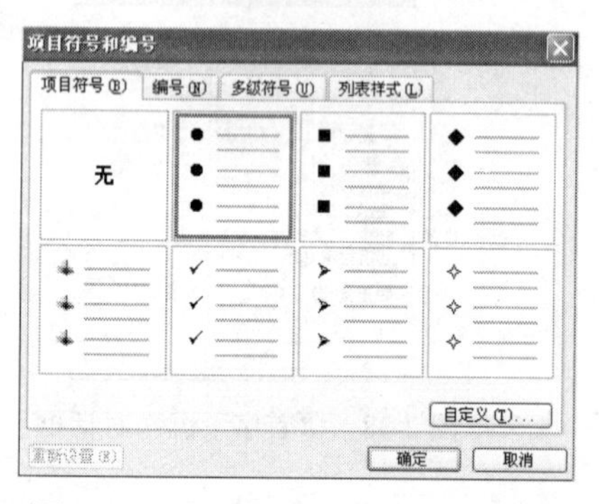

图 2-39 “项目符号和编号”对话框

图 2-40 “符号”对话框

2. 设置编号

设置编号同样有两种方法

（1）使用默认编号格式

选择相应内容，单击“格式”工具栏中的“编号”按钮，即可将当前默认的编号格式应用于所选段落中。

（2）自行设置编号格式

选择相应内容，选择“格式”→“项目符号和编号”命令，打开“项目符号和编号”对话框，选择“编号”选项卡，如图 2-41 所示，选择一种编号并单击“确定”按钮，即可为所选段落应用选定的编号格式。同样，用户可以单击“自定义”按钮，打开“自定义编号列表”对话框，设置特殊的编号格式、编号位置和文字位置，如图 2-42 所示。

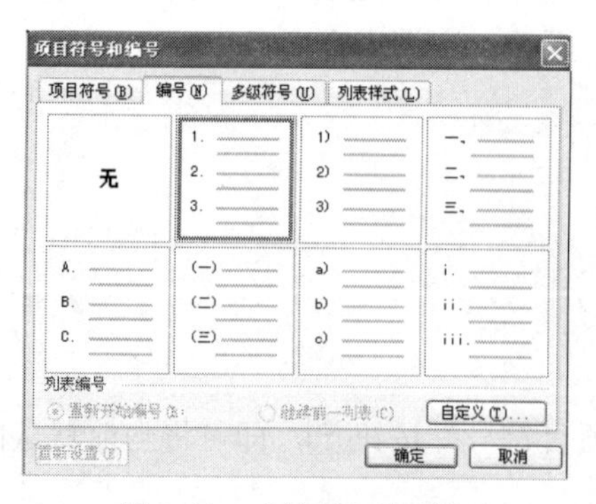

图 2-41 “编号”选项卡

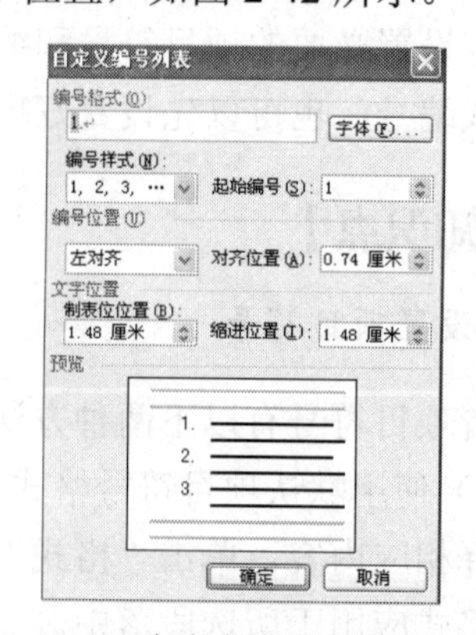

图 2-42 “自定义编号列表”对话框

【实操案例】

【案例 2-13】打开文档 YL2-2.doc，按【样例 2-2】将文档正文的第 2～4 段设置项目符号，并将第 2 段的字体设置为楷体，小四，并设置固定行距为 20 磅；将第 3 段的字体设置为仿宋，四号，添加单下划线，字体颜色为梅红；将第 4 段的段前、段后间距设置为 0.5 磅，字体设置为楷体，小四，添加波浪型下划线。

操作步骤如下：

（1）打开文档 YL2-2.doc，选择正文第 2～4 段，再选择“格式”→“项目符号和编号”命令，打开“项目符号和编号”对话框。选择“项目符号”选项卡，选择一种项目符号，单击“自定义”按钮，打开“自定义项目符号列表”对话框，在“项目符号字符”栏中单击“字符”按钮，打开“符号”对话框，按【样例 2-2】所示，选中所需的项目符号，单击“确定”按钮返回。

（2）选中正文第 2 段内容，在“格式”工具栏中，设置字体为“楷体”，字号为“小四”，再选择“格式”→“段落”命令，打开“段落”对话框，选择“缩进和间距”选项卡，在“间距”栏中设置“行距”为“固定值”，“设置值”为“20 磅”，单击“确定”按钮。

（3）选中第 3 段内容，在“格式”工具栏中设置字体为“仿宋”，字号为“四号”，按【样例 2-2】选择下划线，并设置字体颜色为“梅红”。

（4）选中第 4 段内容，在“格式”工具栏中设置字体为“楷体”，字号为“小四”，按【样例 2-2】选择波浪下划线。

【案例 2-14】打开文档 YL2-3.doc，按【样例 2-3】将文档正文的第 2～5 段设置编号，将正文第 2 段字体设置为华文行楷，小四，字体颜色为深红，设置段前间距为 0.5 行；将第 3 段字体设置为方正舒体，小四，设置段后间距为 0.5 行；将第 4 段设置段前、段后间距各为 0.5 行；将第 5 段字体颜色为绿色，添加波浪型下划线。

操作步骤如下：

（1）打开文档 YL2-3.doc，选中文档正文的第 2～5 段，选中“格式”→“项目符号和编号”命令，选择“编号”选项卡，按【样例 2-3】所示，选择接近的一种编号，单击“自定义”按钮，打开“自定义编号列表”对话框，在“编号位置”设置区的对齐方式下拉列表框中选择一项，在“对齐位置”编辑框中输入数值，以确定编号的位置、在“文字位置”编辑框中输入数值，在“缩进位置”编辑框中输入数值，以确定正文文字的位置，单击“确定”按钮。

（2）选中正文第 2 段内容，在“格式”工具栏中设置字体为“华文行楷”，字号为“小四”，字体颜色为“深红”，再选择“格式”→“段落”命令，打开“段落”对话框，选择“缩进和间距”选项卡，在“间距”栏的“段前”框内输入“0.5 行”，单击“确定”按钮。

（3）选中第 3 段内容，在“格式”工具栏中设置字体为“方正舒体”，字号为“小四”，选择“格式”→“段落”命令，打开“段落”对话框，选择“缩进和间距”选项卡，在“间距”栏的“段后”文本框内输入“0.5 行”，单击“确定”按钮。

（4）选中第 4 段内容，选择“格式”→“段落”命令，打开“段落”对话框，选择“缩进和间距”选项卡，在“间距”栏的“段前”、“段后”文本框内均输入“0.5 行”，单击“确定”按钮。

（5）选中第 5 段内容，在“格式”工具栏中设置字体颜色为“绿色”，下划线选择“波浪线”。

【知识拓展】

❖ 添加行号

编辑文档时有时为了阅读方便，需要为每行文本都添加一个行号。此时，可利用 Word 中的“行号”命令，自动计算文档中文本所在的行数，并在文档左侧显示行号。

下面为一篇英语阅读材料添加行号，操作步骤如下：

打开英文材料，选择“文件”→“页面设置”命令，打开“页面设置”对话框。选择“版式”选项卡，在“预览”栏的“应用于”下拉列表框中选择“整篇文档”选项，单击“行号”按钮，打开“行号”对话框，如图 2-43 所示。选中“添加行号”复选框，设置起始编号和编号方式等，单击“确定”按钮返回“页面设置”对话框，再单击“确定”按钮退出，即可为文档添加行号，如图 2-44 所示。

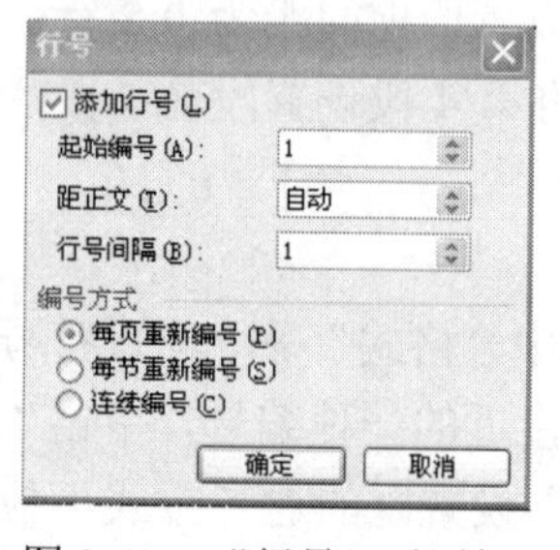

图 2-43 “行号”对话框

1 Youth
2 Youth is not a time of life; it is a state of mind; it is not a matter of rosy cheeks,
3 red lips and supple knees; it is a matter of the will, a quality of the imagination
4 , a vigor of the emotions; it is the freshness of the deep springs of life.
5 Youth means a temperamental predominance of courage over timidity, of the
6 appetite for adventure over the love of ease. This often exists in a man of 60
7 more than a boy of 20. Nobody grows old merely by a number of years. We
8 grow old by deserting our ideals.
9 Years may wrinkle the skin, but to give up enthusiasm wrinkles the soul. Worry
10 , fear, self-distrust bows the heart and turns the spirit back to dust.
11 Whether 60 or 16, there is in every human being"s heart the lure of wonders,
12 the unfailing appetite for what"s next and the joy of the game of living. In the
13 center of your heart and my heart, there is a wireless station; so long as it rec
14 eives messages of beauty, hope, courage and power from man and from the
15 infinite, so long as you are young.
16 When your aerials are down, and your spirit is covered with snows of cynicism
17 and the ice of pessimism, then you"ve grown old, even at 20; but as long as
18 your aerials are up, to catch waves of optimism, there"s hope you may die
19 young at 80.

图 2-44 添加行号后的阅读材料

在“行号”对话框中，各项区域中的内容解释如下。

- “起始编号”框：用于设置行号的起始值。
- “距正文”框：用于设置行号距正文的距离。
- “行号间隔”框：用于设置隔一定的行数显示行号。
- “每页重新编号”单选按钮：可为每一页添加独立的行号。
- “每节重新编号”单选按钮：可为每一节添加独立的行号。
- “连续编号”单选按钮：可为整篇文档添加连续的行号。

子任务 6　设置边框与底纹

在文档编辑过程中，为了强调和美化文档内容的显示效果，可以为文本、段落或整个页面设置漂亮的边框和底纹。

【相应知识点】

1. 设置边框

（1）使用系统默认边框

选择相应内容，单击“格式”工具栏中的“字符边框”按钮A，即可为选中内容设置系统默认的单线边框。

（2）自定义边框格式

选择相应内容，选择“格式”→“边框和底纹”命令，打开“边框和底纹”对话框，选择“边框”选项卡，如图 2-45 所示，对边框的类型、线型、颜色和宽度进行设置，并在“应用于”下拉列表中选择“段落”选项，即可为选择的段落设置边框，最后单击“确定”按钮。

2. 设置底纹

（1）使用系统默认底纹

选择相应内容，单击“格式”工具栏中的“字符底纹”按钮A，即可为选中内容设置系统默认的灰色底纹。

（2）自定义底纹格式

选择相应内容，选择“格式”→“边框和底纹”命令，打开“边框和底纹”对话框，选择“底纹”选项卡，如图 2-46 所示，在“填充”栏的颜色列表中选择一种颜色，在“图案”栏的“样式”下拉列表中选择一种底纹样式，然后在“应用于”下拉列表框中选择底纹应用范围（是应用于文字还是段落），最后单击“确定”按钮。

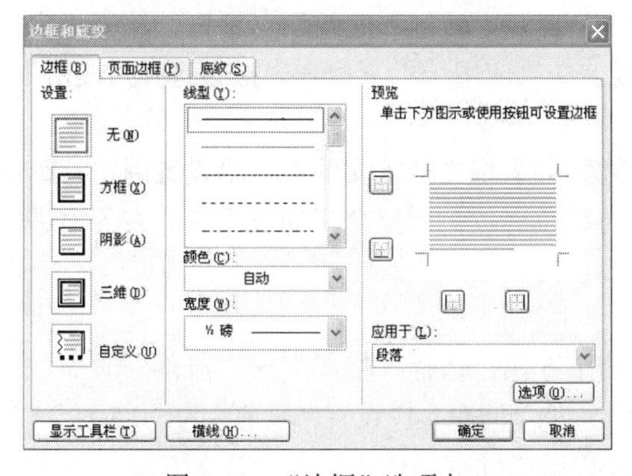

图 2-45　“边框”选项卡

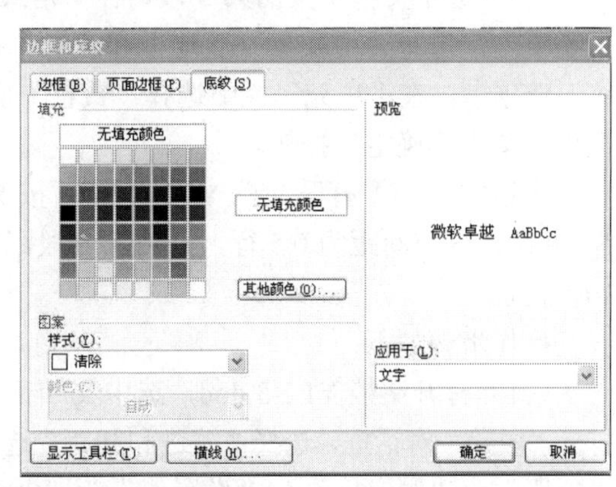

图 2-46　“底纹”选项卡

【提示】取消边框和底纹的方法是：选中要取消边框和底纹的文字或段落，选择“格式”→“边框和底纹”命令，打开“边框和底纹”对话框，在“边框”选项卡的“设置”栏中选择“无”样式，再在“底纹”选项卡的“填充”栏中单击“无填充颜色”按钮，并将“样式”列表框设置为“清除”，单击“确定”按钮。

【实操案例】

【案例 2-15】打开文档 YL2-1.doc，按【样例 2-1】将正文第五段字体设置为方正姚体，小四，并添加蓝色双实线方框。

操作步骤如下：

打开文档 YL2-1.doc，选中文档正文的第 5 段，在“格式”工具栏中设置字体为“方正姚体”，字号为“小四”，再选择“格式”→“边框和底纹”命令，打开“边框和底纹”对话框，选择“边框”选项卡，在“设置”栏选择“方框”样式，在“线型”栏选择“双实线”，在“颜色”栏选择“蓝色”，在“应用于”下拉列表框中选择“段落”，在“预览”区查看边框效果，最后单击“确定”按钮。

【案例 2-16】打开文档 YL2-4.doc，按【样例 2-4】将正文第三段添加底纹，颜色为灰色-50%，设置字体为华文行楷，小四，黄色；将正文第四段字体颜色设置为蓝色，加粗，加着重号；为正文第五段添加底纹，颜色为黄色，字体颜色为红色，大小为小五。

操作步骤如下：

（1）打开文档 YL2-4.doc，选中文档正文的第 3 段，在“格式”工具栏中设置字体为“华文行楷”，字号为“小四”，字体颜色为“黄色”，再选择“格式”→“边框和底纹”命令，打开“边框和底纹”对话框，选择“底纹”选项卡，在“填充”栏中选择“灰色-50%”底纹，在“应用于”下拉列表框中选择“段落”选项，单击“确定”按钮。

（2）选中文档正文的第 4 段，在“格式”工具栏中设置字体颜色为“蓝色”，字形为“加粗”，再选择“格式”→“字体”命令，打开“字体”对话框，选择“字体”选项卡，在“着重号”栏中选择“.”选项，单击“确定”按钮。

（3）选中文档正文的第 5 段，在“格式”工具栏中设置字体颜色为“红色”，字号为“小五”，选择“格式”→“边框和底纹”命令，打开“边框和底纹”对话框，选择“底纹”选项卡，在“填充”栏中选择“黄色”底纹，在“应用于”下拉列表框中选择“段落”选项，单击“确定”按钮。

【案例 2-17】打开文档 YL2-3.doc，按【样例 2-3】将文档正文的第 6 段设置固定行距为 20 磅，段前间距为 0.5 行，并为第 6 段添加海绿色底纹；调整全文的段落左、右各缩进 1 个字符。

操作步骤如下：

（1）打开文档 YL2-3.doc，选中文档正文的第 6 段，选择“格式”→“段落”命令，打开“段落”对话框，选择“缩进和间距”选项卡，在“间距”栏设置“段前”为“0.5 行”，“行距”为“固定值”，“设置值”为“20”，单击“确定”按钮。

（2）选中文档正文的第 6 段，选择“格式”→“边框和底纹”命令，打开“边框和底纹”对话框，选择“底纹”选项卡，在“填充”区域选择“海绿色”底纹，在“应用于”区域选择“段落”选项，单击“确定”按钮。

（3）选中文档全文，选择“格式”→“段落”命令，打开“段落”对话框，选择“缩进和间距”选项卡，在“缩进”栏的“左”、“右”文本框中输入或选择“1 字符”，单击“确定”按钮。

【知识拓展】

❖ 为页面添加边框

除了可为某段文字添加边框外，还可以为整个页面添加边框。方法为：选择“格式”→“边框和底纹”命令，打开“边框和底纹”对话框，选择“页面边框”选项卡，如图 2-47 所示，设置边框的样式，单击“确定”按钮。

通常情况下，在文档中添加的页面边框会应用于整篇文档。若要在一个文档中应用不同的页面边框，可先对文档内容分节处理，然后在“边框和底纹”对话框的“应用于”下拉列表中选择页面边框的应用范围为“本节”。

❖ 添加水印

为页面添加水印，既可用于美化文档，也可用于表明文档的来源及出处。

选择“格式”→“背景”→“水印”命令，打开“水印”对话框，如图 2-48 所示。在这里，既可以为文档添加系统内置的文字水印，也可以添加漂亮的图片水印。

（1）添加图片水印

选中“图片水印”单选按钮，再单击“选择图片”按钮，打开“插入图片”对话框，在“查找范围”下拉列表框中选择图片的存放位置，选中要作为水印的图片，单击“插入”按钮返回“水印”对话框，在“缩放”下拉列表框中选择图片的缩放比例，取消选中“冲蚀”复选框，单击“确定”按钮，即可为文档添加图片水印。

（2）添加文字水印

选中“文字水印”单选按钮，在“文字”文本框中输入要添加的水印文字，再在下面设置文字的字体、颜色等，最后单击“确定”按钮。

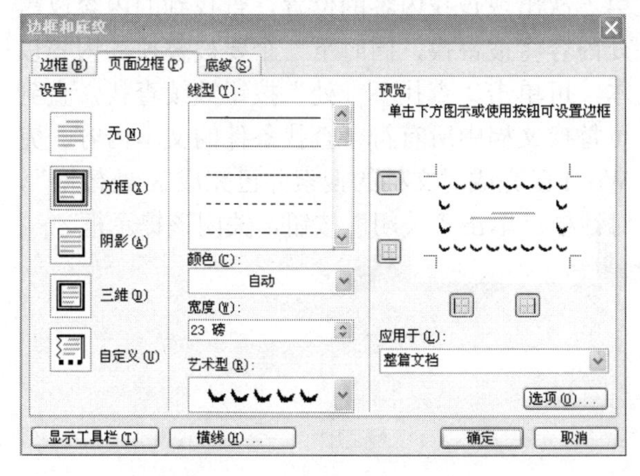

图 2-47　“页面边框”选项卡

图 2-48　“水印”对话框

子任务 7　查找与替换

利用 Word 提供的查找与替换功能，不仅可以在文档中迅速查找到相关内容，还可以将查找到的内容替换成其他内容。

【相应知识点】

1. 无格式查找

打开 Word 文档，将光标定位在文档的开始处，选择“编辑”→“查找”命令，打开“查找和替换”对话框，选择“查找”选项卡，如图 2-49 所示。在“查找内容”文本框中输入要查找的内容，单击“查找下一处”按钮，系统将从光标所在的位置开始搜索，然后停在第一次出现查找内容的位置，查找到的内容以黑色底纹显示。再次单击“查找下一处”按钮，系统将继续查找，并停在下一个查找内容出现的位置，以此类推，直到对整篇文档查找完毕。此时，系统会弹出提示框，提示“Word 已完成对文档的搜索”，单击“确定”按钮，返回“查找和替换”对话框；单击“取消”按钮，关闭该提示框。

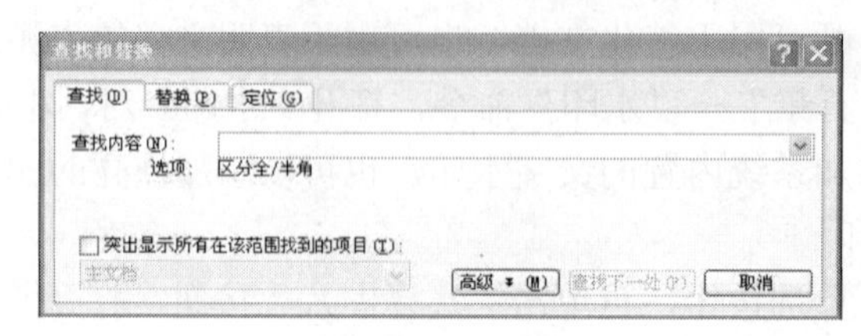

图 2-49　“查找和替换”对话框中“查找”选项卡

2. 无格式替换

打开 Word 文档，将光标定位在文档的开始处，选择“编辑”→“替换”命令，打开“查找和替换”对话框，选择“替换”选项卡，如图 2-50 所示，在“查找内容”文本框中输入要查找的内容，在“替换为”文本框中输入替换为的内容，单击“查找下一处”按钮，系统将从光标所在位置开始搜索，并停在第一次出现查找内容的位置，查找到的内容以黑色底纹显示。此时单击“替换”按钮，该处内容将被替换，同时下一个要被替换的内容以黑色底纹显示。若不需要替换查找到的文本，可单击“查找下一处”按钮继续查找，直到文档结束为止。单击“全部替换”按钮，可替换文档中所有符合查找条件的文本内容。完成替换操作后，系统将弹出提示框，提示“Word 已完成对文档的搜索并已完成 X 处替换”，单击“确定”按钮，返回“查找和替换”对话框；单击“关闭”按钮，关闭该提示框。

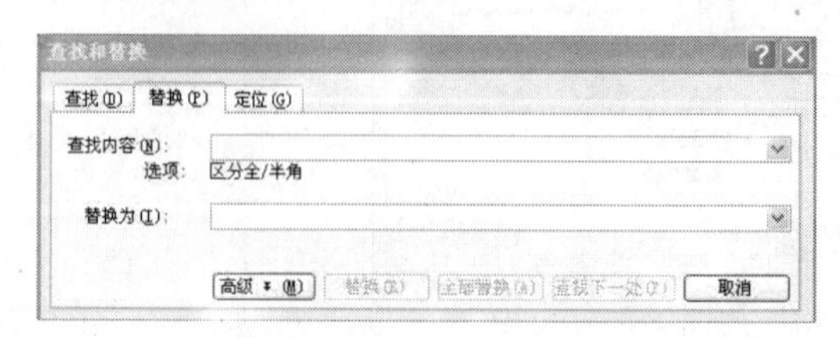

图 2-50　“查找和替换”对话框中的“替换”选项卡

3. 有格式查找与替换

打开 Word 文档，将光标定位在文档的开始处，选择“编辑”→“替换”命令，打开“查找和替换”对话框，选择“替换”选项卡，在“查找内容”文本框中输入要查找的内容，在“替换为”文本框中输入替换为的内容，单击“高级”按钮展开更多选项，如图 2-51 所示。在“替换为”文本框中单击，可对要替换为的文本格式进行设置，单击“格式”按钮，在展开的列表中可以为要替换为的文本进行格式设置，设置完毕返回“查找和替换”对话框，在“搜索”下拉列表框中选择“全部”，单击“全部替换”按钮，可替换文档中所有符合查找条件的文本内容。完成全部替换操作后，系统将弹出提示框，提示“Word 已完成对文档的搜索并已完成 X 处替换”，单击“确定”按钮，返回“查找和替换”对话框；单击“关闭”按钮，关闭该提示框。

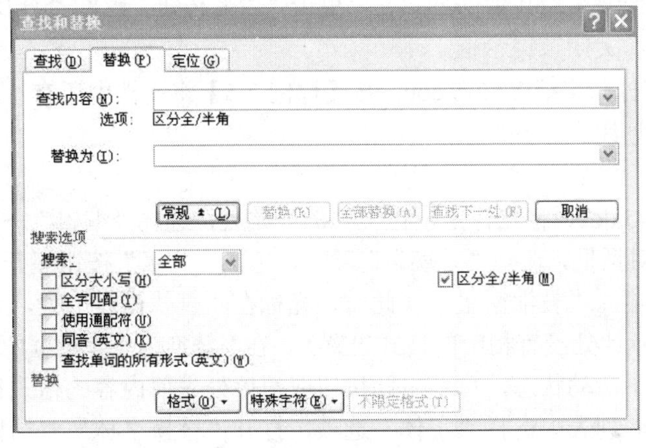

图 2-51 “查找和替换”对话框

图 2-51 中，“搜索选项”栏中各选项代表的含义如下。

- “搜索”下拉列表框：用于设置搜索范围。
- “区分大小写”复选框：可在查找和替换内容时区分英文大小写。
- “使用通配符”复选框：可以利用通配符（“？”代表单个字符，“*”代表多个字符）进行查找和替换。
- “格式”按钮：可查找具有特定格式的内容或将内容替换为特定的格式。
- “特殊字符”按钮：可查找诸如制表符、段落标记等特殊符号。

【提示】“查找和替换”对话框中，“不限定格式”按钮通常是发灰不可用的，表示在“查找内容”或“替换为”中的内容格式设置已取消；当为查找或替换的文本设定格式后，“不限定格式”按钮将处于可用状态；此时也可单击此按钮取消相应内容的格式设置。

【实操案例】

【案例 2-18】打开文档 YL2-5.doc，按【样例 2-5】将文档中第 1～3 段的文本“人才”替换为红色文本“人才”，字号为小四，字体为华文楷体，加粗。

操作步骤如下：

打开文档 YL2-5.doc，选中文档中第 1～3 段文本内容，选择“编辑”→“替换”命令，打开“查找和替换”对话框，选择“替换”选项卡，单击“高级”按钮展开更多选项，在“查找内容”文本框中输入“人才”（此时，光标在“查找内容”处，“不限定格式”按钮发灰不可用，表示此处没有相应的格式设置），在“替换为”文本框中单击，然后单击“格式”按钮，在展开的菜单中选择“字体”命令，打开“替换字体”对话框，选择“字体”选项卡，设置“中文字体”为“华文楷体”，“字体颜色”为“红色”，“字号”为“小四”，“字形”为“加粗”，单击“确定”按钮，返回“查找和替换”对话框，在“搜索”下拉列表框中选择“向下”，单击“全部替换”按钮，替换文档中所选内容符合查找条件的文本。完成替换操作后，系统将弹出提示框，提示“Word 已完成对所选内容的搜索，共替换 4 处。是否搜索文档其余部分？”，单击“否”按钮，返回“查找和替换”对话框，单击“关闭”按钮，关闭该提示框。

【案例 2-19】 打开文档 YL2-5.doc，按【样例 2-5】将文档中所有“教学质量”文本添加红色的双实线下划线。

操作步骤如下：

打开文档 YL2-5.doc，将光标定位在文档的开始处，选择“编辑”→“替换”命令，打开“查找和替换”对话框，选择“替换”选项卡，单击“高级”按钮展开更多选项，在“查找内容”编辑框中输入“教学质量”（此时，光标在“查找内容”处，“不限定格式”按钮发灰不可用，表示此处没有相应的格式设置），在“替换为”编辑框中单击（此时若“不限定格式”按钮处于活动状态，可单击此按钮取消该处先前内容的格式设置），单击“格式”按钮，在展开的列表中选择“字体”选项，打开“替换字体”对话框，选择“字体”选项卡，在“下划线颜色”选择“红色”，“下划线线型”选择“双实线”，单击“确定”按钮，返回“查找和替换”对话框（此时，当光标在“替换为”处，“不限定格式”按钮处于活动状态，表示“替换为”中的内容格式已重新设置），在“搜索”下拉列表框中选择“全部”，单击“全部替换”按钮，可替换文档中所有符合查找条件的文本内容，当完成替换操作后，系统将弹出提示框，提示“Word 已完成对文档的搜索并已完成 2 处替换”，单击“确定”按钮，返回“查找和替换”对话框，单击“关闭”按钮关闭该提示框。

任务 6　文档的插入设置

Word 2003 允许用户在文档中导入多种格式的图片文件，并且可以对图片进行编辑和格式化，使整个版面显得美观大方。

子任务 1　插入图片和剪贴画

可以将保存在电脑中的图片插入到文档中，也可以插入 Word 自带的剪辑库中的剪贴画。

【相应知识点】

1. 插入图片

打开 Word 文档，定位插入点，选择“插入”→“图片”→“来自文件”命令，打开“插入图片”对话框，如图 2-52 所示，在“查找范围”下拉列表框中选择图片文件所在的文件夹，然后再在其下方的列表框中单击选择要插入的图片，单击“插入”按钮。

在“插入图片”对话框中，单击“插入”按钮右侧的三角，可显示以下 3 种常见的插入方式（见图 2-53）。

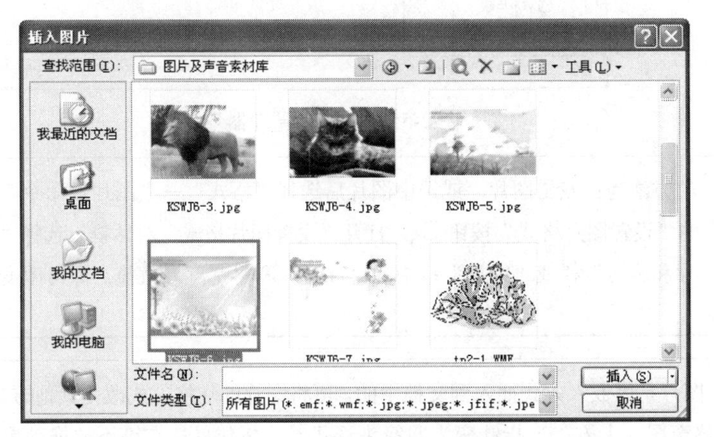

图 2-52　“插入图片”对话框

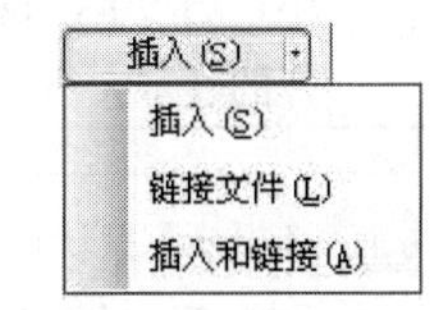

图 2-53　“插入”菜单

- 插入：图片被“复制”到当前文档中，成为当前文档的一部分。
- 链接文件：图片以链接方式被当前文档所引用，文档只保存了这个图片文件所在的位置信息，图片仍然保存在源图片文件中。
- 插入和链接：图片被复制到当前文档的同时，还建立了和源图片文件的链接关系。

【提示】如果想一次插入多张图片，可按住 Ctrl 键的同时依次单击选择要插入的所有图片。另外，利用复制、粘贴命令，可将其他文档或程序中的图片复制到该文档中。

2. 插入剪贴画

打开 Word 文档，定位插入点，选择“插入”→“图片”→“剪贴画”命令，打开“剪贴画”任务窗格，如图 2-54 所示，单击“管理剪辑”超链接，打开“剪辑管理器”窗口，如图 2-55 所示。

在左侧列表中展开“Office 收藏集”，选择需要的文件夹，窗口右侧将显示该文件夹中的剪贴画，选择某张剪贴画，按住鼠标左键不放并将其拖动到文档中的指定位置即可。

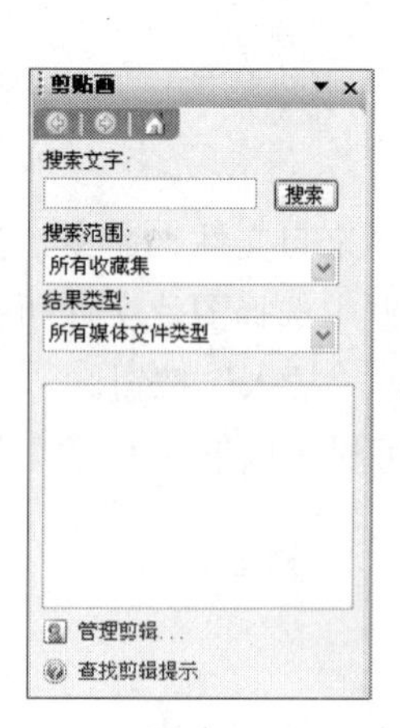

图 2-54 “剪贴画”任务窗格

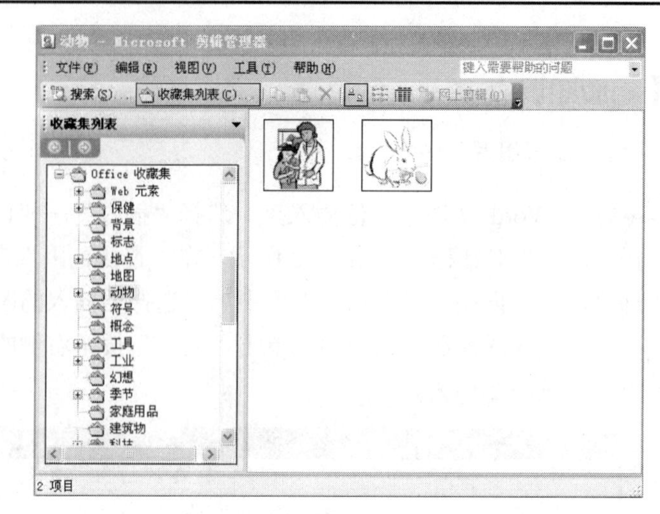

图 2-55 “剪辑管理器”窗口

【提示】调整图片尺寸的方法为：双击图片，或选中图片后选择“格式”→“图片”命令，或单击“图片”工具栏中的“设置图片格式”按钮，打开“设置图片格式”对话框，选择“大小”选项卡，设置“尺寸和旋转”栏或“缩放”栏中的“高度”和“宽度”数值，即可改变图片的显示大小。

【提示】默认情况下，图片是以嵌入方式插入到文档中的，可将图片的环绕方式改为其他方式。修改后，将鼠标指针移至图片上方，当指针变为四箭头形状时，按住鼠标左键不放拖动鼠标即可。

【提示】如需调整图片的文字环绕方式，可单击“图片”工具栏中的“文字环绕”按钮，或单击“绘图”工具栏中的 绘图(D)▾ 按钮，在弹出的菜单中选择“文字环绕”命令。

【实操案例】

【案例 2-20】打开文档 YL2-4.doc，按【样例 2-4】所示位置插入图片，图片为图片素材库中 tp2-1.wmf，设置图片高度为 2.9cm，宽度为 3.5cm，环绕方式为紧密型。在第一段开始处添加符号✎，在第二段开始处添加符号▦。

操作步骤如下：

（1）打开 YL2-4.doc 文档，定位插入点，选择“插入”→“图片”→“来自文件”命令，打开“插入图片”对话框，选择图片素材库中的 tp2-1.wmf 文件，单击“插入”按钮。双击刚插入的图片，打开“设置图片格式”对话框，选择“大小”选项卡，取消选中“锁定纵横比”复选框，在“尺寸和旋转”栏中设置“高度”为“2.9 厘米”，“宽度”为“3.5 厘米”；再选择“版式”选项卡，设置“环绕方式”为“紧密型”，单击“确定”按钮。

（2）定位光标于第一段开始处，选择“插入”→“符号”命令，打开“符号”对话框，选择“符号”选项卡，设置“字体”为 wingdings，拖动右侧滚动条至顶部，选择符号✎，单击“插入”按钮，然后单击“关闭”按钮。

（3）定位光标于第二段开始处，选择“插入”→“符号”命令，打开“符号”对话框，选择“符号”选项卡，设置“字体”为 wingdings，拖动右侧滚动条，选择“符号”▦，单击“插入”按钮，然后单击“关闭”按钮。

【案例 2-21】打开文档 YL2-5.doc，按【样例 2-5】所示，将标题设置为艺术字，样式为艺术字库中第 2 行第 3 列，字体为华文行楷，填充效果为预设颜色中的碧海青天，线条为方点，粗细为 1 磅，环绕方式为四周型。并按【样例 2-5】所示位置插入图片，图片为图片素材库中 tp2-2.wmf，设置图片大小为缩放 28%，环绕方式为紧密型。在第一段的开始处添加符号▦。

操作步骤如下：

（1）打开 YL2-5.doc 文档，选中标题，按 Delete 键，将标题删除，选择“插入”→“图片”→“艺术字”命令，打开“艺术字库”对话框，选择第 2 行第 3 列样式，单击“确定”按钮，打开“编辑‘艺术字’文字”对话框，在“字体”框中选择“华文行楷”，在“文字”框中输入“培养方案”，单击“确定”按钮。选中艺术字，单击“艺术字”工具栏中“设置艺术字格式”按钮，打开“设置艺术字格式”对话框，在“颜色与线条”选项卡中的“填充”设置区选择“填充效果”选项，打开“填充效果”对话框，选择“渐变”选项卡，选中“预设”单选按钮，在“预设颜色”中选择“碧海青天”选项，单击“确定”按钮，在“线条”设置区“虚实”处选择“方点”，“粗细”处选择“1 磅”，在“版式”选项卡中选择“四周型”环绕方式，单击“确定”按钮，用鼠标将艺术字拖动到【样例 2-5】所示位置。

（2）定位插入点，选择“插入”→“图片”→“来自文件”命令，弹出“插入图片”对话框，选择“图片素材库”中 tp2-2.wmf 文件，单击“插入”按钮，选中刚插入的图片，选择“格式”→“图片”命令，或右击刚插入的图片，在弹出的快捷菜单中选择“设置图片格式”选项，弹出“设置图片格式”对话框，选择“大小”选项卡，选中“锁定纵横比”复选框，并在“缩放”设置区中“高度”区域输入“28%”，选择“版式”选项卡，在“环绕方式”处选择“紧密型”，单击“确定”按钮，用鼠标将图片拖动到【样例 2-5】所示位置。

（3）定位光标于第一段开始处，选择“插入”→“符号”命令，弹出“符号”对话框，选择“符号”选项卡，在“字体”处选择“wingdings”，拖动右侧滚动条至底部，选择【样例 2-5】所示“符号”，单击“插入”按钮，然后单击“关闭”按钮。

【知识拓展】

❖ 插入图形

利用“绘图”工具栏中的绘图工具，可以轻松、快速地绘制出各种图形。

（1）绘制直线

单击“绘图”工具栏中的“直线”按钮╲，然后将光标移至文档中适当的位置，按住鼠标左键不放并向页面右侧拖动鼠标，至适当的位置释放鼠标左键，即可绘制出一条直线。

（2）绘制椭圆或矩形

单击“绘图”工具栏中的“椭圆”按钮○或“矩形”按钮□，然后在文档的适当位置按住鼠标左键不放并拖动，即可绘制出一个椭圆或者矩形。在要插入图形的位置单击，则可按照默认设置插入所选图形。

【提示】绘制直线的过程中，若拖动鼠标的同时按住 shift 键，可绘制出与水平线夹角为 0 度、15 度、30 度……的直线；绘制椭圆或矩形的过程中，若拖动鼠标的同时按住 shift 键，可绘制出正方形或圆。

（3）绘制其他形状的图形

在“绘图”工具栏中单击 自选图形(U) 按钮，从展开的列表中选择图形类别，再在下级列表中选择需要的图形，然后在文档中适当的位置按住鼠标左键不放并进行拖动即可。

【提示】移动图形时按住 Shift 键，可沿水平或垂直方向移动图形；拖动图形时按住 Ctrl 键，可将选定图形复制到一个新位置。

（4）在图形内添加文字

右击绘制的图形，在弹出的快捷菜单中选择“添加文字”命令，即可在图形中添加文字。

（5）设置图形的线条宽度

默认情况下，绘图用的线条为黑色细单实线。若要改变线条，可选中该图形，单击“绘图”工具栏中的“线型”按钮，从打开的线型列表中选择一种线型，然后再进行绘图即可。

（6）设置图形的填充颜色

默认情况下，所绘图形的填充颜色为白色。若要改变图形的填充颜色，可选中该图形，单击“绘图”工具栏中“填充颜色”按钮右侧的三角，从打开的颜色列表中选择需要的颜色，然后再进行绘图即可。

【提示】在“绘图”工具栏中，单击“虚线线型”按钮，可将线条或图形的边框更改为虚线样式；单击“线条颜色”按钮，可改变线条或图形边框的颜色；单击“箭头样式”按钮，可为线条的一端或两端添加各种样式的箭头。另外，双击绘制的图形，可打开“设置自选图形格式”对话框，在此可对图形做更多的设置。

子任务 2　添加批注及添加脚注与尾注

注释是对文档中的文本作补充说明，以便在不打断文章连续性的前提下把问题描述得更清楚。如单词解释、备注说明或提供文档的引文来源等。

【相应知识点】

1. 添加批注

批注是为文档中某些内容添加的注释内容。

选中文档中要添加批注的文本，选择“插入”→“批注”命令，在页面右侧将显示一个红色的批注编辑框，如图 2-56 所示，在该编辑框中输入批注内容即可。如图 2-57 所示即为一个批注效果。

图 2-56　批注窗格

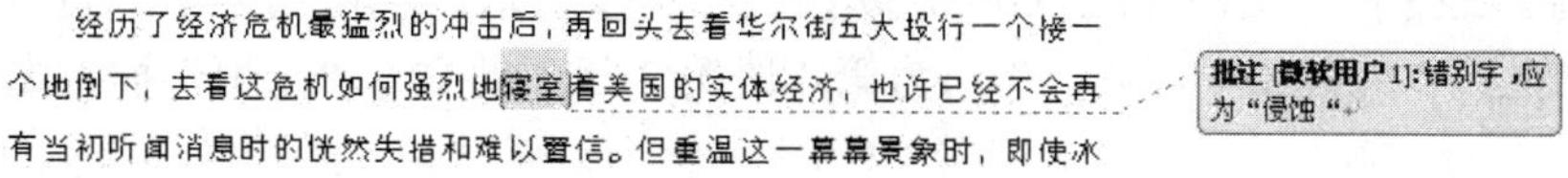

经历了经济危机最猛烈的冲击后，再回头去看华尔街五大投行一个接一个地倒下，去看这危机如何强烈地寝室着美国的实体经济，也许已经不会再有当初听闻消息时的恍然失措和难以置信。但重温这一幕幕景象时，即使冰

图 2-57　批注效果

【提示】

（1）退出批注：单击批注编辑框外的任意位置。

（2）查看批注：将 I 型鼠标指针移至文档中添加批注的对象上，鼠标指针附近将出现浮动窗口，显示批注者名称、批注日期和时间及批注的内容。

（3）删除批注：右击文档中的某个批注，在弹出的快捷菜单中选择“删除批注”命令。

2. 添加脚注与尾注

一般情况下脚注出现在每页的末尾，尾注出现在文档的末尾。

选中要添加脚注的内容，选择“插入”→“引用”→“脚注和尾注”命令，打开“脚注和尾注”对话框，如图 2-58 所示，在“位置”设置区中选中“脚注”单选按钮，在“格式”设置区中设置所需的格式，单击“插入”按钮。此时，在选中文本处显示脚注引用标记，并且光标跳转至页面底端的脚注编辑区，输入需要的注释文本即可。如图 2-59 所示即为一个添加的脚注效果。

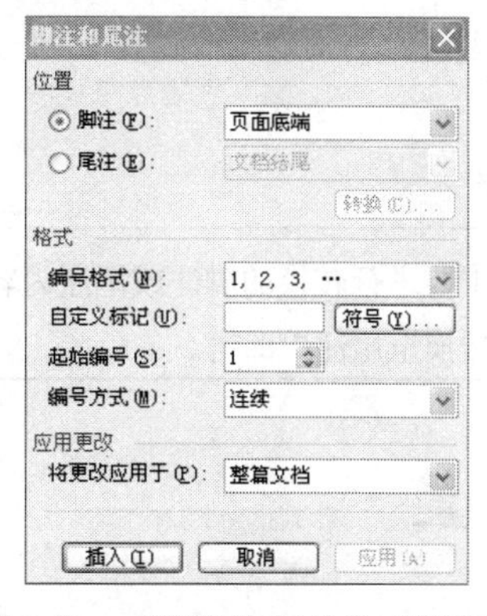

图 2-58　“脚注和尾注”对话框

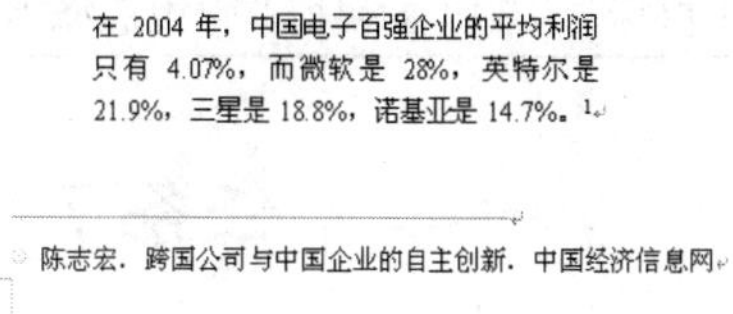

在 2004 年，中国电子百强企业的平均利润只有 4.07%，而微软是 28%，英特尔是 21.9%，三星是 18.8%，诺基亚是 14.7%。1

1 陈志宏．跨国公司与中国企业的自主创新．中国经济信息网．

图 2-59　脚注效果

如果在“脚注和尾注”对话框中，选中“尾注”单选按钮，可为文档添加尾注，操作步骤与为文档添加脚注完全相同。

“脚注和尾注”对话框“格式”栏中的各项内容解释如下。

- "编号格式"框：用于设置注释引用标记的编号格式。
- "自定义标记"框和"符号"按钮：要使用自定义标记的编号格式，可单击"符号"按钮，从可用的符号中选择标记。
- "编号方式"框：用于设置标记的编号方式。

【实操案例】

【案例 2-22】打开文档 YL2-5.doc，按【样例 2-5】所示，将第 1 段第 1 行中的文本"步骤"处添加批注"此处用词不当。"，为第 4 段第 2 行中的文本"永恒"插入脚注"持久、久远。"。

操作步骤如下：

（1）打开 YL2-5.doc 文档，选中第一段第 1 行中的文本"步骤"，选择"插入"→"批注"命令，打开"审阅"窗格，在光标处输入"此处用词不当。"。

（2）选中第 4 段第 2 行中的文本"永恒"，选择"插入"→"引用"→"脚注和尾注"命令，打开"脚注和尾注"对话框，在"位置"栏中选中"脚注"单选按钮，并选择"页面底端"选项，单击"插入"按钮。此时，在选中文本处显示脚注引用标记"1"，并且光标跳转至页面底端的脚注编辑区，在光标处输入内容"持久、久远。"。

【知识拓展】

❖ **转换脚注与尾注**

选择"插入"→"引用"→"脚注和尾注"命令，打开"脚注和尾注"对话框，单击"转换"按钮，打开"转换注释"对话框，如图 2-60 所示，在该对话框中选择要进行的操作，单击"确定"按钮，回到"脚注和尾注"对话框，单击"插入"按钮。

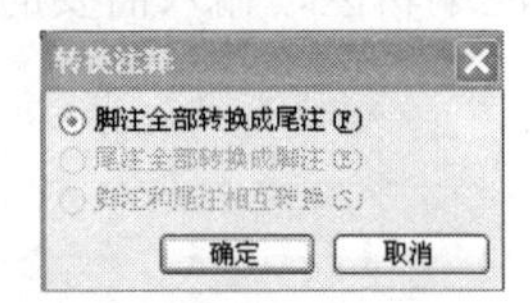

图 2-60 "转换注释"对话框

【提示】如果只是转换某处的脚注或尾注，可将光标置于要进行转换的脚注或尾注内容中，右击鼠标，从弹出的快捷菜单中选择"转换至脚注"或"转换至尾注"即可。

任务 7 表格设置

表格是编辑文档时常用的文字信息组织形式，它的优点是结构严谨、效果直观。利用 Word 不仅可以方便、快速地创建表格，还可以灵活地调整表格结构，美化表格以及对表格中的数据进行一些简单的操作。

子任务 1　插入表格、合并及拆分单元格、绘制斜线表头

【相应知识点】

1. 插入表格

Word 提供了多种在文档中插入表格的方法。

（1）利用“常用”工具栏中的“插入表格”按钮。

打开 Word 文档，将光标置于要插入表格的位置，单击“常用”工具栏中的“插入表格”按钮，在展开的列表中向右下方拖动鼠标左键选择表格的行数和列数，当突出显示的网格行、列数达到需要时释放鼠标即可。

【提示】插入表格后，拖动表格左上角的控制点，可移动表格的位置；拖动表格右下角的控制点，可调整整个表格的尺寸。

（2）利用“表格”菜单命令

将光标置于要插入表格的位置，选择“表格”→“插入”→“表格”命令，打开“插入表格”对话框，如图 2-61 所示，在“表格尺寸”设置区中的“列数”和“行数”编辑框中分别输入表格的列数、行数，单击“确定”按钮。

（3）利用“常用”工具栏中的“表格和边框”按钮

将光标置于要插入表格的位置，单击“常用”工具栏中的“表格和边框”按钮，打开“表格和边框”工具栏，如图 2-62 所示，同时，鼠标指针变为铅笔形状，首先在文档中按住鼠标左键不放自左上向右下方拖动鼠标，绘制表格的外部轮廓，然后按住鼠标左键在水平或按垂直方向拖动鼠标，可以绘制表格的横行或竖列分隔线，最后释放鼠标即可完成表格的绘制，单击“表格和边框”工具栏右上角按钮或单击“常用”工具栏中的“表格和边框”按钮，即可退出表格的绘制状态。

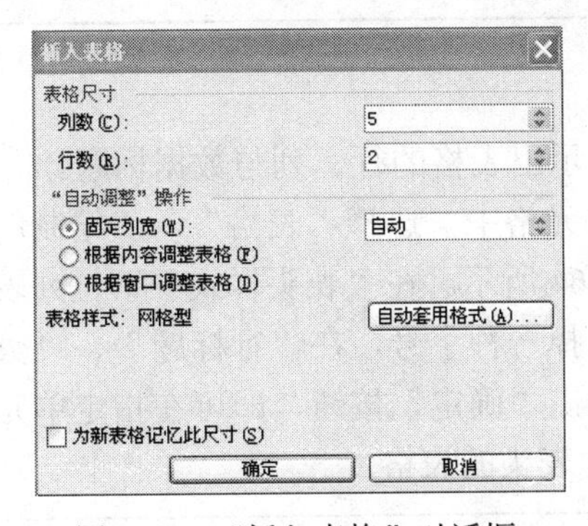

图 2-61　“插入表格”对话框

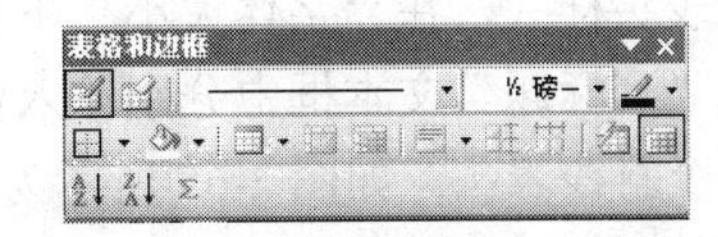

图 2-62　“表格和边框”工具栏

【提示】在绘制表格过程中，若要修改画线错误，可单击“表格和边框”工具栏中的“擦除”按钮，在表格边线上按下鼠标左键，当有棕色粗线段覆盖要擦除的边线时，释放鼠标左键，即可完成擦除操作。

【提示】建立好表格后，就可以在表格中输入内容，当需要在相邻的单元格中输入内容时，既可在单元格中单击鼠标插入光标外，也可按住键盘上的方向键，使光标跳转至相应的单元格中。

2. 单元格的合并及拆分

单元格的合并是指将相邻的多个单元格合并为一个单元格，单元格的拆分是指将一个或几个相邻的单元格拆分成多个单元格。

合并单元格的操作如下：打开 Word 文档，选中要合并的所有单元格，选择“表格”→“合并单元格”命令即可。

【提示】利用“表格和边框”工具栏中的“擦除”按钮，擦除单元格之间的分界线，也可合并单元格。

拆分单元格的操作如下：打开 Word 文档，选中要拆分的单元格，选择“表格”→“拆分单元格”命令，打开“拆分单元格”对话框，如图 2-63 所示，在“列数”和“行数”编辑框中分别输入要拆分成的列数和行数，单击“确定”按钮即可。

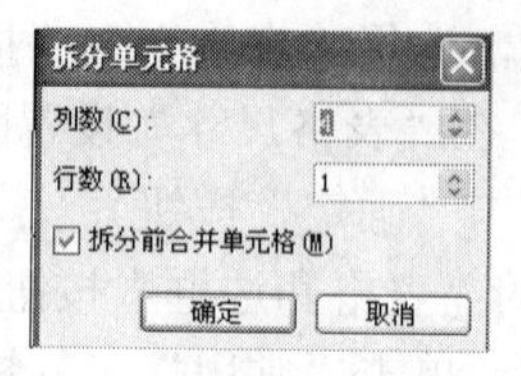

图 2-63 “拆分单元格”对话框

【提示】

（1）利用“绘制表格”按钮，在单元格内绘制行、列分隔线，也可拆分单元格；

（2）拆分表格，可按如下操作完成：将光标置于需要拆分的位置，选择“表格”→“拆分表格”命令，即可将表格一分为二。

3. 绘制斜线表头

在表格中绘制带有斜线的表头，可以清晰地显示出表格的行、列与数据标题。

打开 Word 文档，将光标置于表格左上角的单元格中，选择“表格”→“绘制斜线表头”命令，打开“插入斜线表头”对话框，如图 2-64 所示。在“表头样式”下拉列表中选择一种表头样式，在“字体大小”下拉列表框中选择一种字号，在“行标题”、“数据标题”、“列标题”文本框中分别输入内容，然后单击“确定”按钮，即可在指定单元格中插入一个斜线表头。如图 2-65 所示为一个带有斜线表头的表格。

【提示】在“插入斜线表头”对话框中设置好各项内容后，单击“确定”按钮，有时会出现“表头单元太小，无法包含所有标题内容……”提示，解决办法是：单击“取消”按钮返回，重新设置字体大小，如选择小一号的字体，或将要插入斜线表头行的行高调大一些。

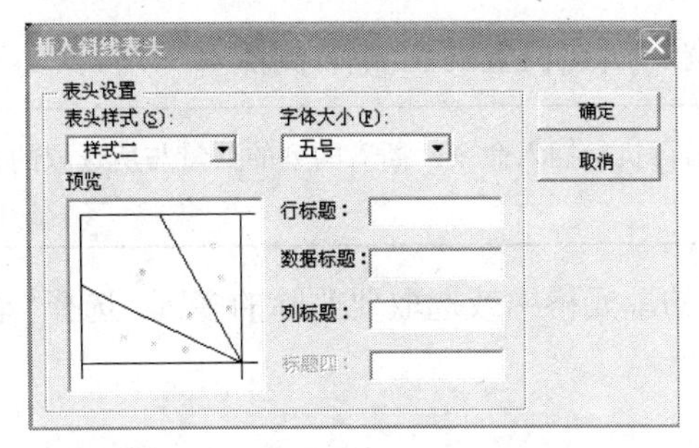

图 2-64　“插入斜线表头”对话框

学科 成绩 姓名	语文	数学	英语
张三	80	70	84
李四	90	88	90
王五	85	98	95

图 2-65　示例效果

【实操案例】

【案例 2-23】打开文档 YL2-5.doc，按【样例 2-5】所示完成如下操作：在文档尾部插入一个 4 行 5 列的表格；在表格的第 1 行第 1 列单元格中绘制斜线表头；将第 3 列中间的两个单元格合并为一个单元格，将第 2 行第 5 列单元格拆分为 3 列。

操作步骤如下：

（1）打开 YL2-5.doc 文档，将光标置于文档尾部，选择“表格”→“插入”→“表格”命令，打开“插入表格”对话框，在“表格尺寸”设置区中的“列数”和“行数”编辑框中分别输入“5”和“4”，单击“确定”按钮。

（2）将光标置于表格的第 1 行第 1 列单元格中，选择“表格”→“绘制斜线表头”命令，打开“插入斜线表头”对话框，此时，在“表头样式”下拉列表中选择“样式二”选项，单击“确定”按钮。

（3）选中第 3 列中间的两个单元格，选择“表格”→“合并单元格”命令；单击第 2 行第 5 列单元格，选择“表格”→“拆分单元格”命令，打开“拆分单元格”对话框，在“列数”和“行数”编辑框中分别输入“3”和“1”，单击“确定”按钮。

【知识拓展】

❖　插入与删除表格的行

插入行的操作如下：将光标定位在要插入行的单元格中，选择“表格”→“插入”→“行（在上方）/行（在下方）”命令，即可在光标所在位置的上方/下方插入一行。

> 【提示】若要插入多行，可选取多个行，然后再执行插入命令，插入的行的数量与所选取的行的数量相同。

> 【提示】插入空行的方法是：将光标定位在表格外侧的行末尾，按 Enter 键即可。

删除行的操作如下：将光标定位在要删除行的单元格中或选取要删除的多行，选择“表格”→“删除”→“行”命令即可。

❖　插入与删除表格的列

插入列的操作如下：将光标定位在要插入列的单元格中，选择“表格”→“插入”→

“列（在左侧）/列（在右侧）”命令，即可在光标所在位置的左侧/右侧插入一列。

【提示】若要插入多列，可选取多个列，然后再执行插入命令，插入的列的数量与所选取的列的数量相同。

删除列的操作如下：将光标定位在要删除列的单元格中或选取要删除的多列，选择“表格”→“删除”→“列”命令即可。

❖ 插入与删除表格的单元格

插入单元格的操作如下：将光标定位在单元格中，选择“表格”→“插入”→“单元格”命令，打开“插入单元格”对话框，如图 2-66 所示，选中某一单选按钮，单击“确定”按钮。

删除单元格的操作如下：将光标定位在要删除的单元格中或选取要删除的多个单元格，选择“表格”→“删除”→“单元格”命令，打开“删除单元格”对话框，如图 2-67 所示，选中某一单选按钮，单击“确定”按钮。

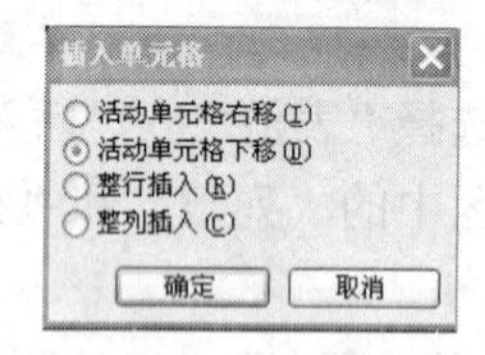

图 2-66 “插入单元格”对话框

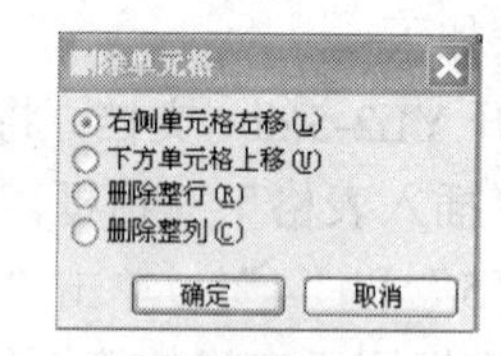

图 2-67 “删除单元格”对话框

子任务 2 表格自动套用格式、为表格添加边框线、调整表格行高及列宽

【相应知识点】

1. 插入表格自动套用格式

在为表格进行格式设置时，可以利用 Word 提供的多种预定义表格格式来快速编排表格格式。

定位插入点，选择“表格”→“表格自动套用格式”命令，打开“表格自动套用格式”对话框，如图 2-68 所示，在“表格样式”列表框中选择所需的表格格式，在“预览”框中预览当前所选定的表格格式的效果，在“将特殊格式应用于”区域中选择特殊格式的应用范围，单击“应用”按钮。

2. 为表格添加边框线

默认情况下，创建的表格边线是黑色的单实线。用户可以按照需要为表格设置不同的边线，以美化表格。

（1）利用“常用”工具栏中“表格和边框”按钮

选中整个表格，单击“常用”工具栏中“表格和边框”按钮，打开“表格和边框”工具栏，如图 2-69 所示，在“线型”下拉列表框中选择边框的线型，在“粗细”

下拉列表框[½ 磅]中选择边框的宽度，单击“边框”按钮[ ]右侧的三角按钮，在展开的下拉列表中选择所需的框线。

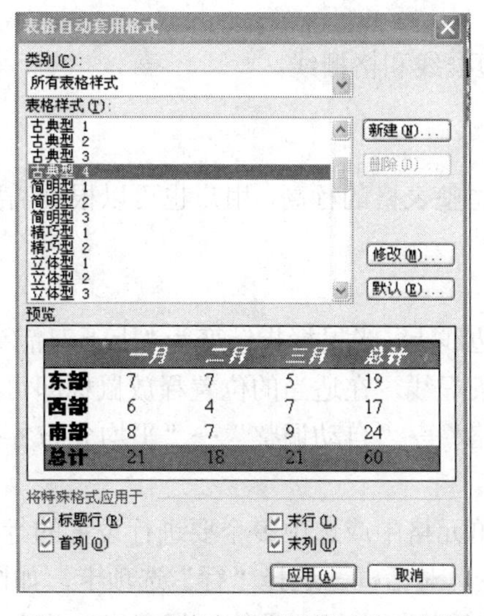

图 2-68　“表格自动套用格式”对话框

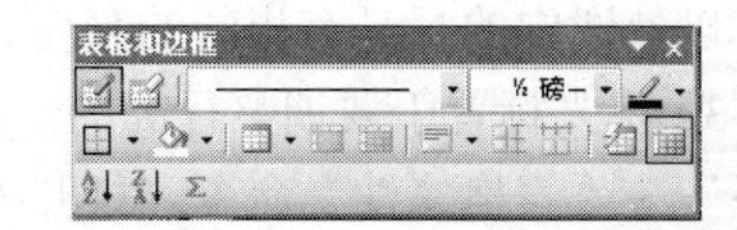

图 2-69　“表格和边框”工具栏

【提示】若要取消所选单元格的边框线，可单击“表格和边框”工具栏中的“无框线”按钮[ ]。

（2）利用“边框和底纹”命令

选中整个表格，选择“格式”→“边框和底纹”命令，打开“边框和底纹”对话框，选择“边框”选项卡，如图 2-70 所示，在“设置”区域选择所需样式，在“线型”列表框中选择所需线型，在“宽度”下拉列表框中选择所需线型的粗细，在“颜色”下拉列表框中选择所需线型的颜色，在“应用于”下拉列表框中选择“表格”选项，单击“确定”按钮。

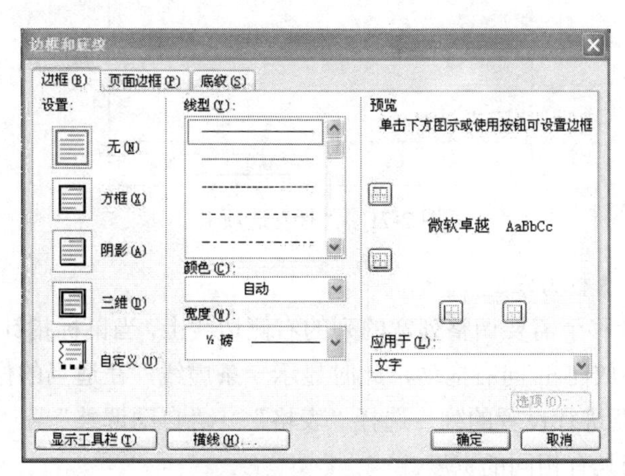

图 2-70　“边框”选项卡

“边框和底纹”对话框“设置”栏中的各项内容解释如下。

- 方框：在表格的四周外框设置一个方框。

- 全部：既为表格四周设置一个边框，也为表格中的行、列线条设置格栅线。
- 网格：既为表格四周设置一个边框，也为表格中的行、列线条设置格栅线。其中格栅线是默认的，边框线型是设置的。
- 自定义：可在预览表格中设置任意的边框线和格栅线。

3. 调整表格的行高及列宽

一般情况下，Word 会根据输入的内容自动调整表格的行高，用户也可以根据需要调整表格的行高和列宽。

调整行高有以下 3 种方法。

（1）将鼠标指针移至需要调整行高下方的边线上，当鼠标指针变为“上下双箭头”时，按住鼠标左键不放向下/向上拖动，此时显示一条虚线，在适当的位置释放鼠标即可。

（2）选中多个要进行设置的行，选择“表格”→“自动调整”→“平均分布各行”命令，可以使选中的行具有相同的高度。

（3）将光标置于要调整行高的一行的任意单元格中或选中多个要进行设置的行，选择“表格”→“表格属性”命令，打开“表格属性”对话框，选择“行”选项卡，如图 2-71 所示，选中“指定高度”复选框，并在其后面的编辑框中指定具体的行高值，单击“上一行”或“下一行”按钮，可选定相邻的上一行或下一行，继续进行设置行高的操作。

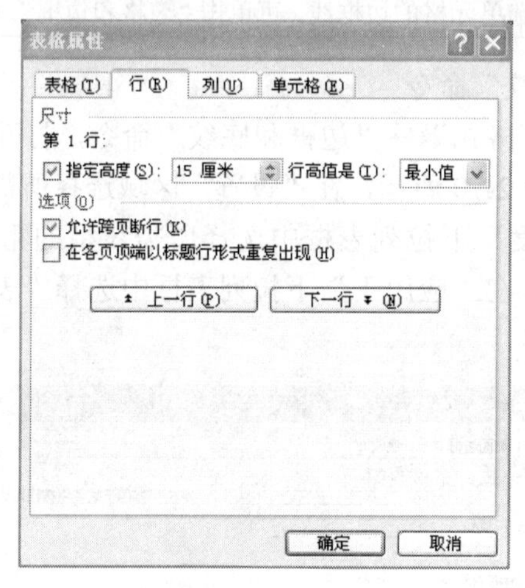

图 2-71 “行”选项卡

调整列宽有以下 3 种方法。

（1）将鼠标指针移至需要调整列宽的列的右侧边线上，当鼠标指针变为“左右双箭头”时，按住鼠标左键不放向左/向右拖动，此时显示一条虚线，在适当的位置释放鼠标即可。

（2）选中多个要进行设置的列，选择“表格”→“自动调整”→“平均分布各列”命令，可以使选中的列具有相同的宽度。

（3）将光标置于要调整列宽的一列的任意单元格中或选中多个要进行设置的列，选择“表格”→“表格属性”命令，打开“表格属性”对话框，选择“列”选项卡，如图 2-72 所示，选中“指定宽度”复选框，并在其后面的编辑框中指定具体的列宽值，单击“前一列”或“后一列”按钮，可选定相邻的前一列或后一列，继续进行设置列宽的操作。

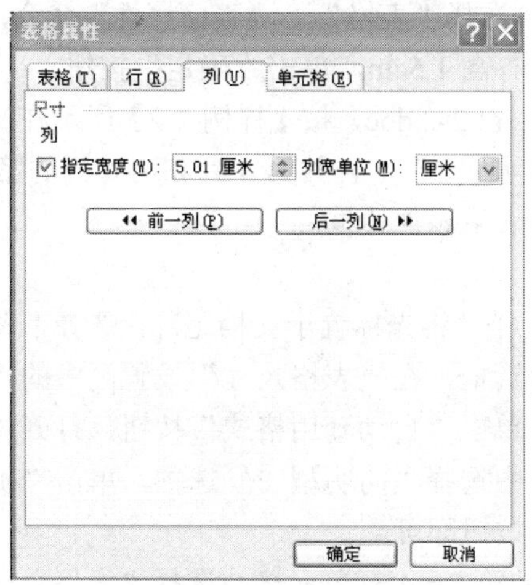

图 2-72　“列”选项卡

【实操案例】

【案例 2-24】打开文档 YL2-4.doc，按**【样例 2-4】**所示在文档末尾插入一个 4 行 5 列的表格，自动套用格式“古典型 2”，为表格添加上粗下细线型的边框线。

操作步骤如下：

（1）打开 YL2-4.doc 文档，将光标置于文档尾部，选择“表格”→“插入”→“表格”命令，打开“插入表格”对话框，在“表格尺寸”设置区中的“列数”和“行数”编辑框中分别输入“5”和“4”，单击“自动套用格式”按钮，打开“表格自动套用格式”对话框，在“表格样式”列表框中选择“古典型 2”选项，单击“确定”按钮，回到“插入表格”对话框，单击“确定”按钮即可。

（2）选中整个表格，选择“格式”→“边框和底纹”命令，打开“边框和底纹”对话框，选择“边框”选项卡，在“设置”区域单击“全部”，在“线型”列表框中选择“上粗下细”选项，在“应用范围”下拉列表框中选择“表格”选项，单击“确定”按钮。

【案例 2-25】打开文档 YL2-3.doc，按**【样例 2-3】**所示在文档末尾插入一个 5 行 7 列的表格，合并第 3 列和第 6 列的第 3～4 行单元格，调整第 1 列的列宽为 2.4cm 且第 1 行的行高为 1.5cm。

操作步骤如下：

（1）打开 YL2-3.doc 文档，将光标置于文档尾部，选择“表格”→“插入”→“表格”命令，打开“插入表格”对话框，在“表格尺寸”设置区中的“列数”和“行数”编辑框中分别输入“7”和“5”，单击“确定”按钮。

（2）选中表格第 3 列的第 3～4 行单元格，选择“表格”→“合并单元格”命令；选中表格第 6 列的第 3～4 行单元格，选择“表格”→“合并单元格”命令。

（3）选中表格第 1 列，选择“表格”→“表格属性”命令，选择“列”选项卡，选中

“指定宽度”复选框，输入列宽 2.4cm，单击“确定”按钮。

（4）选中表格第 1 行，选择“表格”→“表格属性”命令，选择“行”选项卡，选中“指定高度”复选框，输入行高 1.5cm，单击“确定”按钮。

【案例 2-26】打开文档 YL2-2.doc，按【样例 2-2】所示在文档末尾插入一个 4 行 6 列的表格，自动套用格式“简明型 2”，合并第 4 列和第 6 列的第 2～4 行单元格，调整第 1 行第 1 列单元格宽度，并为表格添加边框。

操作步骤如下：

（1）打开 YL2-2.doc 文档，将光标置于文档尾部，选择“表格”→“插入”→“表格”命令，打开“插入表格”对话框，在“表格尺寸”设置区中的“列数”和“行数”编辑框中分别输入“6”和“4”，单击“自动套用格式”按钮，打开“表格自动套用格式”对话框，在“表格样式”列表框中选择“简明型 2”选项，单击“确定”按钮，回到“插入表格”对话框，单击“确定”按钮即可。

（2）选中表格第 4 列的第 2～4 行单元格，选择“表格”→“合并单元格”命令；选中表格第 6 列的第 2～4 行单元格，选择“表格”→“合并单元格”命令。

（3）定光标在第 1 行第 1 列单元格内，选择“表格”→“选择”→“单元格”命令，再选择“表格”→“自动调整”→“固定列宽”命令，将鼠标指针移至该列的右侧边线上，当鼠标指针变为“左右双箭头”时，按住鼠标左键不放并向右拖动，此时显示一条虚线，参照【样例 2-2】所示在适当的位置释放鼠标即可。

（4）选中整个表格，选择“格式”→“边框和底纹”命令，打开“边框和底纹”对话框，选择“边框”选项卡，在“设置”栏选择“全部”，在“线型”列表框中选择“细实线”选项，在“应用于”下拉列表框中选择“表格”选项，单击“确定”按钮。

【案例 2-27】打开文档 YL2-1.doc，按【样例 2-1】所示在文档末尾插入一个 3 行 4 列的表格，自动套用格式“精巧型 2”，合并第 4 列的 3 个单元格，合并第 2 行的第 2 和第 3 个单元格，平均分布第 2 行的第 1 和第 2 个单元格宽度，添加上细下粗边框。

操作步骤如下：

（1）打开 YL2-1.doc 文档，将光标置于文档尾部，选择“表格”→“插入”→“表格”命令，打开“插入表格”对话框，在“表格尺寸”设置区中的“列数”和“行数”编辑框中分别输入“4”和“3”，单击“自动套用格式”按钮，打开“表格自动套用格式”对话框，在“表格样式”列表框中选择“精巧型 2”选项，单击“确定”按钮，回到“插入表格”对话框，单击“确定”按钮。

（2）选中表格第 4 列，选择“表格”→“合并单元格”命令。

（3）选中表格第 2 行的第 2 和第 3 个单元格，选择“表格”→“合并单元格”命令；选中表格第 2 行的第 1 和第 2 个单元格，选择“表格”→“自动调整”→“平均分布各列”命令，可以使选中的列具有相同的宽度。

（4）选中整个表格，选择“格式”→“边框和底纹”命令，打开“边框和底纹”对话框，选择“边框”选项卡，在“设置”区域选择“全部”，在“线型”列表框中选择“上细下粗”线型，在“应用于”下拉列表框中选择“表格”选项，单击“确定”按钮。

【知识拓展】

默认情况下，创建的表格是没有颜色的，用户可根据需要为所选的单元格或表格设置出不同的填充颜色，以美化表格。

❖　利用“表格和边框”按钮填充颜色

选中表格，单击“常用”工具栏中的“表格和边框”按钮，打开“表格和边框”工具栏，单击“底纹颜色”按钮右侧的三角，在展开的下拉列表中选择一种填充颜色。

【提示】若要取消所选单元格的填充颜色，可单击“表格和边框”工具栏中“底纹颜色”按钮右侧的三角，在展开的下拉列表中选择“无填充颜色”。

❖　使用“格式”→“边框和底纹”命令

选中整个表格，选择“格式”→“边框和底纹”命令，打开“边框和底纹”对话框，选择“底纹”选项卡，如图 2-73 所示，在“填充”区域选择一种颜色，或单击“其他颜色”按钮选择一种颜色，还可在“图案”栏的“样式”下拉列表框中选择一种样式，最后在“应用于”下拉列表框中选择“表格”选项，并单击“确定”按钮。

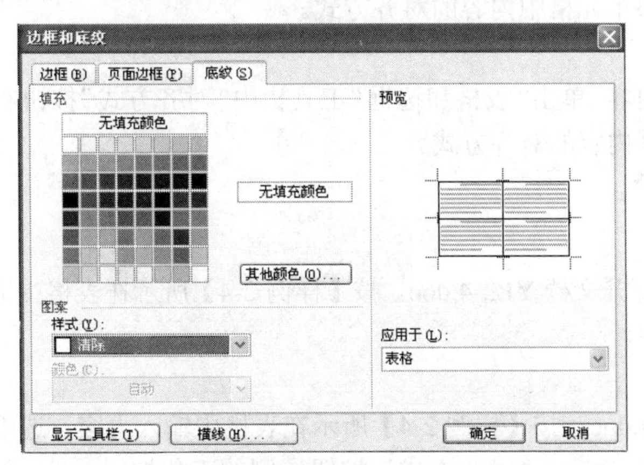

图 2-73　“边框和底纹”对话框中“底纹”选项卡

子任务 3　设置表格在页面中的位置、设置表中内容的对齐方式

表格创建完成后，用户可以根据需要对其进行设置。

【相应知识点】

1. 设置表格在页面中的位置

将光标置于表格中的任意位置，选择“表格”→“表格属性”命令，打开“表格属性”对话框，选择“表格”选项卡，如图 2-74 所示，在“对齐方式”栏中设置表格在页面中的位置，然后单击“确定”按钮。

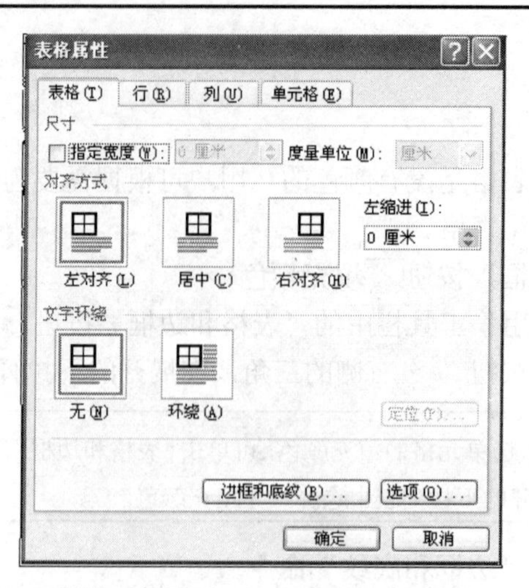

图 2-74　“表格属性”对话框中“表格”选项卡

2. 设置表中内容的对齐方式

默认情况下，单元格中输入的内容水平为两端对齐方式，垂直为顶端对齐方式。若有特殊要求，可以调整单元格中内容的对齐方式。

操作步骤如下：

选中表格中的内容，单击“表格和边框”工具栏中“对齐方式”按钮右侧的三角按钮，在弹出的列表中选择内容的对齐方式。

【实操案例】

【案例 2-28】打开文档 YL2-4.doc，按【样例 2-4】所示在表格中输入内容，表中内容要求水平垂直均居中。

操作步骤如下：

打开文档 YL2-4.doc，按【样例 2-4】所示在表格中输入内容，选中表格中的内容，单击“表格和边框”工具栏中“对齐方式”按钮右侧的三角按钮，在弹出的列表中选择“中部居中”对齐方式。

任务 8　文档的保护

用户可以利用 Word 提供的保护文档功能，有选择地控制处理文档中的信息，控制某些特定部分的限制，并保护文档免受意外或未经授权的更改。

【相应知识点】

限制文档编辑权限的操作步骤如下：

将光标置于文档中任一位置，选择“工具”→“保护文档”命令，打开“保护文档”

任务窗格，如图 2-75 所示。在“编辑限制”区域选中“仅允许在文档中进行此类编辑”复选框，然后在下面的下拉列表中选择文档要保护的内容，并单击“是，启动强制保护”按钮，打开“启动强制保护”对话框，如图 2-76 所示，在该对话框中输入保护的新密码及确认新密码，最后单击“确定”按钮。此时，任务窗格的“权限”区域将显示用户的编辑权限。

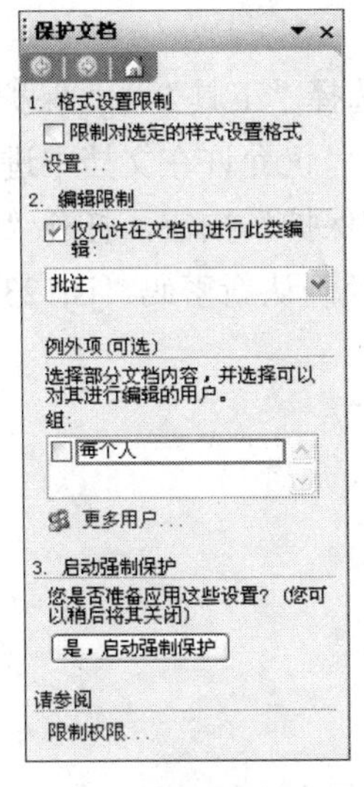

图 2-75　“保护文档”窗格

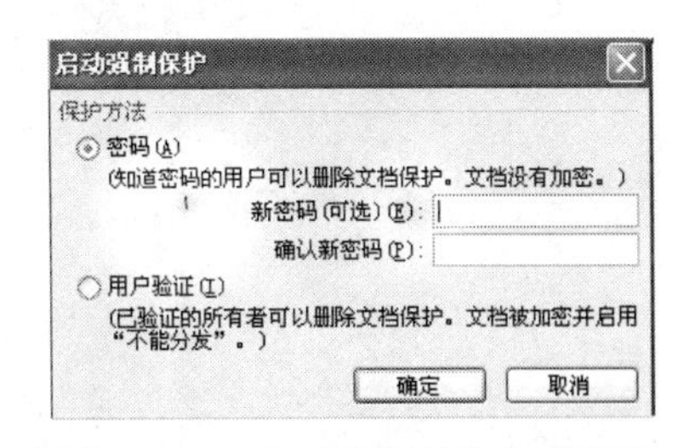

图 2-76　“启动强制保护”对话框

“保护文档”任务窗格的“编辑限制”区域中，如选中“仅允许在文档中进行此类编辑”复选框，则可在下面的下拉列表中选择如下选项。

- 修订：可对其他用户进行的更改进行跟踪，以便用户能够进行审阅。
- 批注：用户可保留批注，但不能进行其他更改。
- 填写窗体：可以限制对窗体所做的任何更改。
- 未作任何更改（只读）：禁止其他用户对文档进行任何更改。

【实操案例】

【案例 2-29】打开文档 YL2-4.doc，保护文档的“窗体”修改权限，密码为 jsj123。

操作步骤如下：

打开文档 YL2-4.doc，将光标置于文档中任何位置，选择“工具”→“保护文档”命令，打开“保护文档”任务窗格，在“编辑限制”区域选中“仅允许在文档中进行此类编辑”复选框，然后再选择“填写窗体”选项，单击“是，启动强制保护”按钮，打开“启动强制保护”对话框，在该对话框中输入保护的新密码“jsj123”及确认新密码“jsj123”，单击“确定”按钮。

【案例 2-30】打开文档 YL2-5.doc，保护文档的“修订”权限，密码为 jsj123。

操作步骤如下：

打开文档 YL2-5.doc，将光标置于文档中任何位置，选择“工具”→“保护文档”命令，打开“保护文档”任务窗格，在“编辑限制”区域选中“仅允许在文档中进行此类编辑”复选框，然后在下面的下拉列表中选择“修订”选项，单击“是，启动强制保护”按钮，打开“启动强制保护”对话框，在该对话框中输入保护的新密码“jsj123”及确认新密码“jsj123”，单击“确定”按钮。

【案例 2-31】打开文档 YL2-3.doc，保护文档的“批注”权限，密码为 jsj123。

操作步骤如下：

打开文档 YL2-3.doc，将光标置于文档中的任何位置，选择“工具”→“保护文档”命令，打开“保护文档”任务窗格，在“编辑限制”区域选中“仅允许在文档中进行此类编辑”复选框，然后选择“批注”选项，单击“是，启动强制保护”按钮，打开“启动强制保护”对话框，在该对话框中输入保护的新密码“jsj123”及确认新密码“jsj123”，单击“确定”按钮。

【样例 2-1】

高职教学管理的基本任务

进行高职高专教育人才培养评估工作主要有以下作用：

一是认证作用，即对高职高专院校的人才培养工作进行全面考察，衡量其办学条件、教育管理及教育质量是否达到了基本要求，给予办学资格上的认定，以此提升现有教育资源的品质，并限制劣质教育资源的涌入。

二是引导作用，即以科学的评估指标体系引导广大院校正确定位，促使其以就业为导向，加强各项教学改革与建设，保证高职高专教育在国家整个教育体系中健康发展的方向。

三是改进作用，即通过评估，帮助院校找出自身定位及人才培养工作中存在的优缺点，针对不足，提出建设性改进方案，使其及时走上良性、持续发展的轨道。

高职高专院校教学管理的基本任务是：研究高等技术应用性人才的培养规律和教学管理规律，改进教学管理工作，提高教学管理水平；调动教师和学生教与学的积极性、主动性、创造性；建立稳定的教学秩序，保证教学工作的正常运行；研究并组织实施教学改革和教学基本建设；研究建立充满生机与活力的教学运行机制，形成特色，提高教学质量。

高职高专院校教学管理的基本内容一般包括：教学计划管理，教学运行管理，教学质量管理与评价，教师队伍管理，实验室、实训基地和教材等教学基本建设管理。本要点供高等专科学校、高等职业学校和成人高等学校（不含自学考试）参照实施。

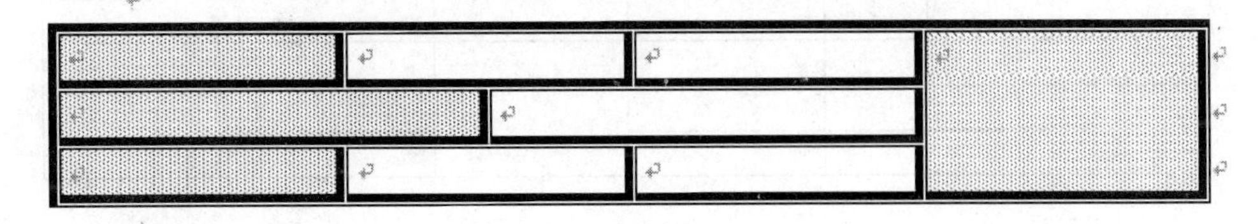

【样例 2-2】

质量监控 第 1 页

教学质量监控体系

建立教学质量监控体系和教学评价制度，促使学校加强教学管理，提高教学质量。我部将于近期开展教学工作优秀学校评价工作。 广播电视大学、函授教育和自学考试要根据各自办学形式的特点，按照本文件的有关精神，加强教学基本建设，认真开展教学改革，不断提高教学质量，努力办出自身特色。

- 尤其是要注意发挥所在地区普通高校现有试验室和实习、实训基地的作用，加强实践性教学环节，培养高等技术应用性专门人才。
- 要促进广播电视大学、函授教育和自学考试的相互沟通，加快现代远程教育资源建设，要运用现代教育技术改进教学方法，逐步建立高职高专教育现代远程教学网络。
- 教学计划是人才培养目标、基本规格以及培养过程和方式的总体设计，是学校保证教学质量的基本教学文件，是组织教学过程、安排教学任务、确定教学编制的基本依据。教学计划要在国家和地方教育行政部门的指导下，由学校自主制订。

教学计划既要符合高等技术应用性人才的培养规格，具有相对稳定性，又要根据经济、科技、文化和社会发展的新情况，适时进行调整和修订。为突出教学计划的针对性，可聘请一些在本专业长期工作的企业人员、学校教师和管理干部一起组成专业指导委员会，共同制订，并参与人才培养的全过程。教学计划一经确定，必须认真组织实施。

【样例2-3】

师资队伍建设

师资队伍的建设，要抓好"双师型"教师的培养，努力提高中、青年教师的技术应用能力和实践能力，

一 使他们既具备扎实的基础理论知识和较高的教学水平，又具有较强的专业实践能力和丰富的实际工作经验；

二 积极从企事业单位聘请兼职教师，实行专兼结合，改善学校师资结构，适应专业变化的要求；要淡化基础课教师和专业课教师的界限，逐步实现教师一专多能。

三 尽快组织制订加强高职高专教育师资队伍建设的有关文件，进一步推动和指导各地区、各校教师队伍的建设工作。

四 要加强高职高专院校教师的培训工作，委托若干有条件的省市重点建设一批高职高专师资培训基地。

要因材施教，积极实行启发式、讨论式教学，鼓励学生独立思考，激发学习的主动性，培养学生的科学精神和创新意识。理论教学要在讲清概念的基础上，强化应用。要改革考试方法，除笔试外，还可以采取口试、答辩和现场测试、操作等多种考试形式，着重考核学生综合运用所学知识、解决实际问题的能力，通过改革教学方法和考试方法，促进学生个性与能力的全面发展。学校要加强对现代教育技术、手段的研究和应用，加快计算机辅助教学软件的研究开发和推广使用，要做好现代远程教育的试点工作，加速实现教学技术和手段的现代化，使之在提高整体教学水平中发挥越来越重要的作用。

【样例 2-4】

要切实做好高职高专教育教材的建设规划，加强文字教材、实物教材、电子网络教材的建设和出版发行工作。

经过 5 年时间的努力，编写、出版 500 种左右高职高专规划教材。

教材建设工作将分两步实施：先用 2 至 3 年时间，在继承原有教材建设成果的基础上，充分汲取高职高专教育近几年在教材建设方面取得的成功经验，解决好新形势下高职高专教育教材的有无问题。然后，再用 2 至 3 年时间，在深化改革，深入研究的基础上，大胆创新，推出一批具有我国高职高专教育特色的高质量的教材，并形成优化配套的高职高专教育教材体系。在此基础上，开展优秀教材的评介工作。

但是，校内实习场所同在实际工作部门的职业环境相比，仍有明显的局限性，其主要表现是生产或服务活动的真实性、先进性和复杂性有差距。

而高职教育所培养的人才是以适应一定职业的实际工作为目标的，如果只有校内环境的实践活动而没有在实际工作部门的经历，这个目标往往无法完全实现。所以，完成高职教育的实践性教学任务，使高职教育的质量、特色真正得以实现，除有良好的校内基地外，还必须有数量足够、水平较高的校外基地，校外基地的科学性、先进性和可靠性，是高职教育必不可少的办学条件之一。然而，具备这些条件，学校一刻也离不开企业的支持与帮助。

学号	姓名	英语	计算机基础	高等数学
20301	刘立	77	81	66
20302	赵红	88	75	78
20303	李霞	90	67	68

【样例 2-5】

专业人才培养方案是人才培养工作的总体设计和实施步骤。在制订高职高专教育人才培养方案的过程中，要遵循教育教学规律，处理好社会需求与实际教学工作的关系，广泛开展社会调查，并尽可能请社会用人单位参与专业培养计划的制订工作。

批注 [微软用户1]: 此处用词不当。

要处理好知识、能力与素质的关系，以适应社会需求为目标、以培养专业技术能力为主线来设计培养方案。

要处理好基础理论知识与专业知识的关系，既要突出人才培养的针对性和应用性，又要让学生具备一定的可持续发展能力；要处理好教师与学生的关系，在发挥教师在教学工作中主导作用的同时，突出学生的主体作用，调动学生的学习积极性。

培养人才是根本任务，教学工作是中心工作，教学改革是各项改革的核心，提高质量是永恒[1]的主题。

各级教育行政部门及高职高专院校都要根据形势的发展变化和本地区、学校的实际情况，不断明确办学指导思想。当前，特别要处理好数量与教学质量、改革与建设、教学工作与其它工作的关系。越是在事业规模发展较快的时期，越要重视和加强人才培养工作，积极推进教学改革，不断提高教育质量。

加强教学基本建设是保证教学质量的前提条件。各级教育行政部门要增加对高职高专院校教学经费的投入，高职高专院校也要通过多种渠道积极筹措教学经费，充分利用社会教育资源为学校教育教学服务。

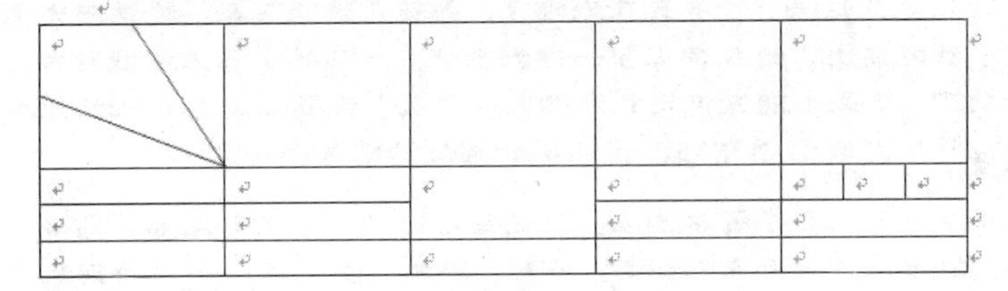

[1] 持久、久远。

【样例 2-6】

我是一棵树

我是一棵树，一棵很高很大的树，一棵拥有大叶子的树。春天，我长出了嫩绿的叶子，尽情的施展着枝叶。鸟儿在我的枝杆上筑巢，哺育着下一代；啄木鸟医生为我啄去牙虫；蝴蝶在我的枝头翩翩起舞；小草也在我身旁探出头来；百花齐放，我点缀在这一片花海中，成为了一道亮丽的风景。

随着岁月的流失，夏天悄悄来临了，这个时候，我的叶子长得更茂密了。傍晚，人们便纷纷从家中拿出凉椅在我的腋下乘凉；小孩儿们也在我的身下尽情的玩游戏。我居然成了大家的好朋友，甚至连知了姐姐也在我的身体上吟诵一首首小诗。

一眨眼，秋天又和我见面了，我的枝叶纷纷落下来像一群金蝴蝶在空中翩翩起舞，成了小朋友的好玩具——拼图。叔叔阿姨们也给我穿上了新衣裳。在这个果实累累的季节里，金黄色的稻谷微笑着向我点头。人们也给我浇水、施肥。

恋恋不舍的秋天又过去了，冬天又来临了。雪花儿满天飞舞，透过阳光像一些银蝴蝶落在了我的身上，给我穿上了一件大棉袄，脚下的小雪人给我作伴，小雪球滚到我的腿下，这是小朋友们送给我的新年礼物！我要感谢雪花儿姐姐和小朋友们，是你们让我为这个季节画上了温暖的圆满的句号……

我生活在这么美丽、和谐的家园里，我也有自己的优点哟！比如：马路边如果有我们的话，就可以减少汽车的噪音；有时，洪水、沙尘暴……只要把我们组成一片森林，森林就可以挡住它们了。所以，我也是一个可以挡住自然灾难的“挡箭牌”哟！我不仅是小草的依靠，鸟儿的幸福之家，人们的天然“乘凉器”，还很绿化环境哟！我有很多优点吧！

我是一棵树，一棵很高很大的树，一棵温暖的树……

【实操训练 1】

打开文档 scxl2-1.doc，按照【样例 XL2-1】，完成如下操作。

（1）设置页眉和页脚，在页眉左侧录入文本“荷塘月色”，在右侧插入页码“第 1 页”。

（2）设置纸张大小为 A4，设置上、下页边距为 2.0cm，左、右页边距为 2.5cm，页眉、页脚距边界各 2.0cm。

（3）将标题设置为艺术字，样式为艺术字库中的第 3 行第 2 列，字体为华文新魏，字号为 36，环绕方式为四周型。

（4）将正文第 1 段设置为首字下沉，下沉行数为 3 行。

（5）将正文除第 1 段外的其余各段设置为三栏格式，加分隔线。

（6）将正文第 1 段字体设置为华文楷体，小四号，字体颜色为橙色，底纹为淡紫色。将正文第 2 段字体设置为隶书，小四号，字体颜色为青色，添加波浪线下划线。将正文第 3 段字体设置为华文细黑，小四号，加粗，字体颜色为梅红。将正文第 4 段字体设置为仿宋，五号，加着重号，字体颜色为蓝色。

（7）将第 4 段中的文本“荷塘的四面”设置为中文版式中的合并字符格式，字体为华文隶书，字号为 11 磅。

（8）将正文第 2～4 段设置段前、段后间距各 0.5 行，固定行距为 20 磅。

（9）按照【样例 XL2-1】所示位置插入图片，图片为“图片与声音素材库”中的 tp2-3.wmf，设置图片高度为 2.9cm，宽度为 3.5cm，环绕方式为紧密型。

（10）在文档尾部插入一个 4 行 8 列的表格，自动套用格式为“列表型 2”，添加边框。合并第 7 列的单元格，合并第 3 行的第 2～5 个单元格，平均分布第 3 行的第 1～2 个单元格宽度。

（11）保护文档的修订权限，密码为 wj1234。

【实操训练 2】

打开文档 scxl2-2.doc，并按照【样例 XL2-2】，完成如下操作。

（1）设置纸张大小为 A4，设置页边距为上、下均为 3.0cm，左、右均为 3.5cm。

（2）设置页眉和页脚，在页眉左侧录入文本“微笑的力量”，在右侧插入页码。

（3）将标题设置为艺术字，样式为艺术字库中的第 1 行第 1 列，字体为华文新魏，字号为 40，填充效果为预设颜色中的雨后初晴，线条为方点，粗细为 1 磅，环绕方式为四周型。

（4）将第 3～5 段设置为两栏格式。

（5）为正文前两段添加浅黄色底纹，字体设置为黑体，五号，绿色。第 3 段的字体设置为楷体，五号，蓝色。第 4 段的字体设置为深青色。第 5 段的字体设置为隶书，五号，褐色。第 6 段的字体设置为黑体，五号，粉红。

（6）将第 6 段的段前、段后间距设置为 0.5 行，将各段的固定行距设置为 15 磅。

（7）为第 2 段最后一行的文本“笼罩”插入批注“遮盖、罩住”。

（8）按照样例 XL2-2 所示位置插入图片，图片为图片素材库中 tp2-4.wmf，设置图片高度为 3.3cm，宽度为 4.4cm，环绕方式为紧密型。

（9）将正文第 3～5 段中的文本“微笑”全部替换为黑体，颜色为红色，五号，并添加双实线下划线。

（10）在文档的尾部插入一个 4 行 5 列的表格，并自动套用格式“网格型 5”，合并第 5 列的 4 个单元格，调整第 1 行第 1 列单元格的宽度，并绘制如样例 XL2-2 所示的斜线表头。

（11）保护文档的批注权限，密码为 wj1234。

【实操训练 3】

打开文档 scxl2-3.doc，并按照【样例 XL2-3】，完成如下操作。

（1）设置上、下页边距均为 2.2cm，左、右页边距均为 3.3cm，页眉、页脚距边界各

3.2cm。

（2）设置页眉和页脚，在页眉左侧录入文本“世界经济”，在右侧插入页码“第 1 页”。

（3）将标题设置为艺术字，样式为艺术字库中的第 4 行第 4 列，字体为华文行楷，字号为 36，填充色为浅橙色，线条色为水绿色，无阴影效果，字符间距为常规，环绕方式为紧密型。

（4）为第 1～3 段设置项目符号，字体为楷体，字体颜色为绿色，段前和段后间距各为 0.5 行。将第 4 段的字体设置为华文新魏，四号，加着重号，并设置固定行距为 20 磅。

（5）按照【样例 XL2-3】所示位置插入图片，图片为图片素材库中 tp2-5.WMF，设置图片高度为 4.6cm，宽度为 5.0cm，环绕方式为紧密型。

（6）在文档尾部插入一个 3 行 5 列的表格，自动套用格式“古典型 4”，为表格添加上粗下细线型的边框线。

（7）保护文档的窗体修改权限，密码为 wj1234。

【实操训练 4】

打开文档 scxl2-4.doc，并按照【样例 XL2-4】，完成如下操作。

（1）设置页眉和页脚，在页眉左侧录入文本“懂得微笑”，在右侧插入页码。

（2）将正文第 2～5 段设置为三栏格式，加分隔线，字号设置为小五。

（3）将正文第 1 段字体设置为楷体，小四，颜色为蓝色，并添加双实线方框。

（4）将正文第 6 段添加黄色底纹，字体颜色为红色，字号为小五，并设置固定行距为 20 磅，段前间距为 1 磅。

（5）将正文第 2～5 段文本中的“微笑”全部替换为华文新魏、小四、红色的“微笑”。

（6）将标题设置为艺术字，样式为艺术字库中的第 2 行第 3 列，字体为华文新魏，填充效果为预设颜色中的极目远眺，无线条色，环绕方式为四周型。

（7）按照【样例 XL2-4】所示位置插入图片，图片为图片素材库中 tp2-6.WMF，设置图片缩放为 80%，环绕方式为紧密型。

（8）在文档的尾部插入一个 5 行 7 列的表格，并绘制如【样例 XL2-4】所示的斜线表头。

【实操训练 5】

打开文档 scxl2-5.doc，并按照【样例 XL2-5】，完成如下操作。

（1）设置上、下页边距均为 2.1cm，左、右页边距均为 3.3cm，页眉、页脚距边界各 3.2cm，调整全文段落左、右各缩进 1 个字符。

（2）设置页眉和页脚，在页眉左侧录入文本“归云无迹”，在右侧插入域“第 X 页 共 Y 页”。

（3）将标题设置为艺术字，样式为艺术字库中的第 4 行 1 列，字体为隶书，环绕方式为浮于文字上方。

（4）在最后一段的开始处添加符号✎，并为该段添加底纹，颜色为灰色-50%，设置字体为浅绿。

（5）为正文第2～4段设置编号。

（6）将正文所有段落设置段前、段后间距各6磅。

（7）将正文第1段设置为首字下沉，下沉行数为2行，首字字体设置为楷体。

（8）为最后1一段中开头文本“秋高气爽”插入脚注“指天空晴朗，气候宜人。”。

（9）在文档尾部插入一个4行7列的表格，合并第4列和第7列的第2～4个单元格，调整第1列的列宽为2.5cm且第1行的行高为1.2cm。

（10）按照【样例XL2-5】所示位置插入图片，图片为“图片与声音素材库”中tp2-7.wmf，设置图片缩放为50%，环绕方式为紧密型。

【样例 XL2-1】

荷塘月色　　第 1 页

这几天心里颇不宁静。今晚在院子里坐着乘凉，忽然想起日日走过的荷塘，在这满月的光里，总该另有一番样子吧。月亮渐渐地升高了，墙外马路上孩子们的欢笑，已经听不见了；沿着荷塘，是一条曲折的小煤屑路。这是一条幽僻的路；白天也少人走，夜晚更加寂寞。荷塘四面，长着许多树，蓊蓊郁郁的。路的一旁，是些杨柳，和一些不知道名字的树。没有月光的晚上，这路上阴森森的，有些怕人。今晚却很好，虽然月光也还是淡淡的。

路上只我一个人，背着手踱着。这一片天地好像是我的；我也像超出了平常的自己，到了另一世界里。我爱热闹，也爱冷静；爱群居，也爱独处。像今晚上，一个人在这苍茫的月下，什么都可以想，什么都可以不想，便觉是个自由的人。白天里一定要做的事，一定要说的话，现在都可不理。这是独处的妙处，我且受用这无边的荷香月色好了。

月光如流水一般，静静地泻在这一片叶子和花上。薄薄的青雾浮起在荷塘里。叶子和花仿佛在牛乳中洗过一样；又像笼着轻纱的梦。虽然是满月，天上却有一层淡淡的云，所以不能朗照；但我以为这恰是到了好处——酣眠固不可少，小睡也别有风味的。月光是隔了树照过来的，高处丛生的灌木，落下参差的斑驳的黑影，峭楞楞如鬼一般；弯弯的杨柳的稀疏的倩影，却又像是画在荷叶上。塘中的月色并不均匀；但光与影有着和谐的旋律，如梵婀玲上奏着的名曲。

荷塘的四面，远远近近，高高低低都是树，而杨柳最多。这些树将一片荷塘重重围住；只在小路一旁，漏着几段空隙，像是特为月光留下的。树色一例是阴阴的，乍看像一团烟雾；但杨柳的丰姿，便在烟雾里也辨得出。树梢上隐隐约约的是一带远山，只有些大意罢了。树缝里也漏着一两点路灯光，没精打采的，是渴睡人的眼。这时候最热闹的，要数树上的蝉声与水里的蛙声；但热闹是它们的，我什么也没有。

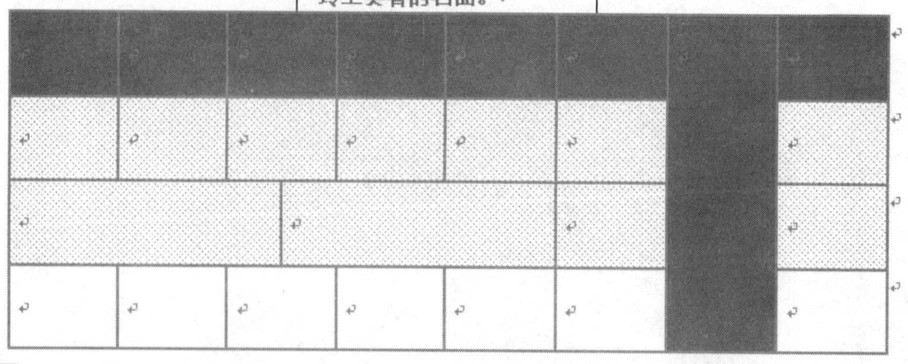

【样例 XL2-2】

质量监控　　第 1 页

教学质量监控体系

建立教学质量监控体系和教学评价制度，促使学校加强教学管理，提高教学质量。我部将于近期开展教学工作优秀学校评价工作。 广播电视大学、函授教育和自学考试要根据各自办学形式的特点，按照本文件的有关精神，加强教学基本建设，认真开展教学改革，不断提高教学质量，努力办出自身特色。

- 尤其是要注意发挥所在地区普通高校现有试验室和实习、实训基地的作用，加强实践性教学环节，培养高等技术应用性专门人才。
- 要促进广播电视大学、函授教育和自学考试的相互沟通，加快现代远程教育资源建设，要运用现代教育技术改进教学方法，逐步建立高职高专教育现代远程教学网络。
- 教学计划是人才培养目标、基本规格以及培养过程和方式的总体设计，是学校保证教学质量的基本教学文件，是组织教学过程、安排教学任务、确定教学编制的基本依据。教学计划要在国家和地方教育行政部门的指导下，由学校自主制订。

教学计划既要符合高等技术应用性人才的培养规格，具有相对稳定性，又要根据经济、科技、文化和社会发展的新情况，适时进行调整和修订。为突出教学计划的针对性，可聘请一些在本专业长期工作的企业人员、学校教师和管理干部一起组成专业指导委员会，共同制订，并参与人才培养的全过程。教学计划一经确定，必须认真组织实施。

【样例 XL2-3】

世界经济的区域集团化

* 文艺复兴以来的西欧国家有着相似的文化传统。随着近代民族国家的诞生，欧洲国家 陷入持续的冲突和战争之中，从反面激起了 欧洲人对欧洲统一的强烈愿望。第二次 世界大战后 ，西欧国家普遍衰落。美苏两级格局的形成使欧洲人认识到国家联合的重要性，开始了经济一体化的探索。
* 1951 年，法、意、荷、比、卢和联邦德国六国，在巴黎签订了欧洲煤钢共同体条约。1957 年，六国又在罗马签订了欧洲经济共同体条约和欧洲原子能共同体条约，统称罗马条约。罗马条约申明，各成员决心在欧洲各国人民之间建立愈益密切的联合基础，消除分裂欧洲的壁垒，保证他们国家的经济和社会的进步。1967 年，三个共同体的机构合并，统称欧洲共同体。欧共体的成立，大大增强了西欧国家的经济实力。1992 年，欧共体成员国正式签署了欧洲联盟条约，目标是建立欧洲经济货币联盟和欧洲政治联盟。1993 年，欧洲联盟的成立，标志着欧共体从经济实体向经济政治实体过度。1999 年欧盟单一货币欧元正式问世。欧盟在经济林雨已经取得了突出的成就，成为当今世界经济格局中的重要力量。
* 20 世纪 80 年代中后期，欧洲一体化的发展非常迅猛，日本的实力也在急剧增强，美国在国际经济中的绝对优势地位面临挑战。为了应对来自欧洲和日本的挑战，美国加强了和加拿大、墨西哥的合作，签订了北美自由贸易协定。1944 年，北美自由贸易区正式成立。根据协议，北美自由贸易区将用 15 年时间，逐渐取消关税及其他贸易壁垒，实现商品、劳务、资本等的自由流通。

建立北美自由贸易区，加强了三国之间的经济合作和交往，促进了这一地区的经济增长。无论是美国，还是加拿大和墨西哥，都在加快产业结构的调整，提高生产效率，增强国际竞争力。三国之间努力通过自由贸易实现发达国家与发展中国家优势互补，增强区域集团的实力。北美自由贸易区成立后，中美和南美的一些国家希望加入，美国也积极推动把北美自由贸易区扩大到整个美洲，以建立以美国为中心的美洲自由贸易区。

【样例 XL2-4】

懂得微笑

懂得微笑

生活没有拖欠我们任何东西，所以没有必要总苦着脸。应对生活充满感激，至少，他给了我们生命，给了我们生存的空间。微笑是对生活的一种态度，跟贫富、地位、处境没有必然的联系。一个富翁可能整天忧心忡忡，而一个穷人可以心情舒畅；一位残疾人可能坦然乐观；一位处境顺利的人可能会愁眉不展；一位身处逆境的人可能会面带微笑……

只有心里有阳光的人，才能感受到现实的阳光，如果连自己都常苦着脸，那生活如何美好？生活始终是一面镜子，照到的是我们的影像，当我们哭泣时，生活在哭泣，当我们在微笑时，生活也在微笑。

微笑发自内心，不卑不亢，既不是对弱者的愚弄，也不是对强者的奉承。奉承时的笑容，是一种假笑，是不会长久的，一旦有机会，他们便会除下面具，露出本来的面目。

微笑没有目的，无论是对上司，还是对门卫，那笑容都是一样，微笑是对他人的尊重，同时是对生活的尊重，是有“回报”的，人际关系就像物理学上所说的力的平衡，你怎样对别人，别人就会怎样对你，你对别人的微笑越多，别人对你的微笑也会越多。

微笑发自内心，无法伪装。保持微笑的心态，人生会更加美好。人生中有挫折有失败，有误解，那是很正常的，要想生活中一片坦途，那么首先就应清除心中的障碍。微笑的实质便是爱，懂得爱的人，一定不会是平庸的。微笑是人生最好的名片，谁不希望跟一个乐观向上的人交朋友呢？微笑给自己一种信心，从而更好地激发潜能。

微笑是朋友间最好的语言，一个自然流露的微笑，胜过千言万语，无论是初次谋面也好，相识已久也好，微笑能拉近人与人之间的距离，令彼此之间倍感温暖。微笑是一种修养，并且是一种很重要的修养，微笑的实质是亲切，是鼓励，是温馨。真正懂得微笑的人总是容易获得比别人更多的机会，总是容易取得成功！

【样例 XL2-5】

归云无迹

曾几何时，箱子里堆满了洋娃娃，渐渐尘封，不去开启，慢慢忘记，成长的脚印在沙滩上留下一串串回忆，随着脚步的一深一浅，渐行渐远，身后伴随着响起的，是前进不能停下的号角，天空中留下的，是刺鸟飞向烈日的无怨无悔。

一、曾几何时，男孩般的短发被蓄起，似不经意间，却在心底美滋滋地想象扎起马尾那一天，扎起辫子那一天，扎起别致发型那一天。也偷偷的买了很多喜爱的发饰。头发一直在生长，和我的青春一起到场，措手不及，却满眼惊喜。充满浪漫画面的花季雨季，却也刺眼得如那血色的蔷薇。

二、曾几何时，为了大大小小的考试而挑灯夜战，焦头烂额；也曾为了一次超常的发挥而兴奋的睡不着觉，夜晚附在爸妈耳边，炫耀一番；也曾为了一次的失误而懊恼的痛苦不堪，泪水在眼中打转，却流的无声无息，体会一次又一次心的升起与下坠。

三、曾几何时，进入从小就向往着的高等殿堂，心中多了惆怅，也第一次较为真切地看清了自己前方的路----荆棘丛生却鸟语花香。实在是个矛盾的世界。那横亘在路中间亦或纠缠不断的绿色植物，让人望而生畏。而那七彩鸟儿在枝桠上叽喳啁啾，多姿花儿在路两旁娇艳芬芳，实在让人无法不抬出步子，拼它一下，到时也可以盈笑微微。

秋高气爽！，天空泛出令人心痛的蓝。如今，不再留恋洋娃娃，也不再唱《不想长大》；如今，不再舍得剪发，也不再唱《短发》；如今，不再心乱如麻，也不再唱《天涯》。在这个季节中，心似止水，静谧而幽远；在这片天空下，思绪飞扬，沉重而绵长。

指天空晴朗，气候宜人。

第3章

Word 2003 综合应用

Word 2003 提供了一些高级的文档编辑功能和排版技术，这些编辑功能和排版技术为文字处理提供了强大的支持。

学习目标：

- ❖ 掌握 Word 2003 中创建、修改和应用样式的方法。
- ❖ 掌握创建主控文档、子文档及目录的操作。
- ❖ 掌握邮件合并及创建题注、书签、自动编写摘要等操作。

重点难点：

- ❖ 熟练运用 Word 2003 文档的高级编排技术。

任务1　设 置 样 式

样式是一系列格式的集合，每个样式都有唯一确定的名称，用户可以将一种样式应用于一个段落中或选定的一部分字符上，使用样式可以快速调整和统一文档的格式。Word 2003 样式分为字符样式和段落样式两种，字符样式只包含字符格式，用来控制字符的外观，如字体、字号等；段落样式既可包含字符格式，还包含了行距、对齐方式等段落格式，用来控制段落的外观。

子任务1　应用样式

【相应知识点】

应用样式有两种方法，一是利用“格式”工具栏中的“样式”列表；二是利用“样式和格式”任务窗格。

1. 利用“格式”工具栏中的“样式”列表

选择要应用样式的段落或文本，在“格式”工具栏的“样式”下拉列表框 正文 + 段前 中选择一种要应用的样式。

2. 利用“样式和格式”任务窗格

将光标定位到要设置样式的段落中，或选中要应用样式的段落，单击“格式”工具栏中的“格式窗格”按钮 或选择“格式”→“样式和格式”命令，打开“样式和格式”任务窗格，如图 3-1 所示。在“显示”下拉列表框中选择“有效样式”选项，在“请选择要应用的格式”列表框中选择要应用的样式，此时有蓝色线框的样式为当前段落或文本应用的样式。将鼠标指针指向样式名称，就会显示出该样式的相关设置信息。

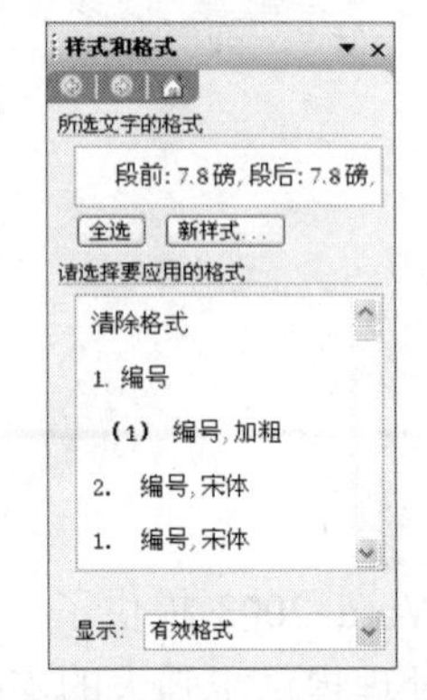

图 3-1 “样式和格式”任务窗格

“样式和格式”任务窗格中，“设置”区域中各项内容解释如下。

- “所选文字的格式”文本框：显示当前段落或文本应用的样式。
- “全选”按钮：单击可选中文档中所有应用此样式的段落或文本。
- “新样式”按钮：单击将新建一个样式。
- “请选择要应用的格式”列表框：列出了可选用的样式。
- “显示”列表框：用于确定“请选择要应用的格式”框中显示的内容。默认情况下，当用户对文档进行格式设置时，系统会自动根据这些格式创建样式，因此，在“请选择要应用的格式”框中显示的样式会显得多而凌乱，所以，在“显示”列表框中选择“有效样式”选项。

【实操案例】

【案例 3-1】打开文档 YL3-1.doc，按照【样例 3-1】所示，将文档中第一行样式设置为“文章标题”，第二行样式设置为“标题注释”；将文档的第一段套用“模板素材库”中 MB3-1.DOT 模板中的“正文段落 4”样式。

操作步骤如下：

（1）打开文档 YL3-1.doc，选中文档第 1 行，在“格式”工具栏的“样式”下拉列表框中选择“文章标题”样式；选中文档第 2 行，在“样式”下拉列表框中选择“标题注释”样式。

（2）选择“格式”→“样式和格式”命令，打开“样式和格式”任务窗格，在“显示”下拉列表框中选择“自定义”选项，打开“格式设置”对话框，单击“样式”按钮，打开“样式”对话框，单击“管理器”按钮，打开“管理器”对话框，如图 3-2 所示。选择“样式”选项卡，单击“在 Normal.dot 中”下方的“关闭文件”按钮，该按钮变成“打开文件”按钮，单击“打开文件”按钮，打开“打开”对话框，在“查找范围”下拉列表框中选择

“模板素材库”中 MB3-1.dot 文件，单击“打开”按钮，回到“管理器”对话框，在右侧“到 MB3-1.dot”列表框中选择“正文段落 4”样式，单击“复制”按钮可将模板中选择的样式复制到左侧“在样例 3-1.doc 中”列表框中，最后单击“关闭”按钮退出。

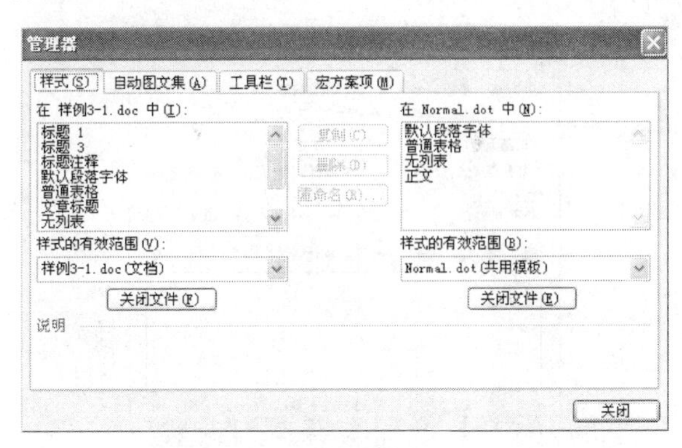

图 3-2　“管理器”对话框

（3）将光标定位到第一段中，在“格式”工具栏的“样式”下拉列表中选择“正文段落 4”样式，将其应用到第一段中。

子任务 2　修改样式

若用户对已有的样式不满意，可以根据需要对系统内置或创建的样式进行修改。修改后，Word 会自动使文档中使用这一样式的文本格式都进行相应的改变。

【相应知识点】

打开文档，将光标定位到要修改样式的段落中，选择“格式”→“样式和格式”命令，打开“样式和格式”任务窗格，在“显示”下拉列表框中选择“有效样式”选项，在“请选择要应用的格式”列表框中单击待修改样式右侧的三角，在展开的菜单中选择“修改”命令，打开“修改样式”对话框。在“格式”栏中可修改样式的字符格式，还可单击左下角的“格式”按钮对字体、段落、制表位、边框等内容进行修改，设置完毕后，单击“确定”按钮返回，然后在“样式基于”下拉列表中选择一个可以作为基准的基准样式，在“后续段落样式”下拉列表框中设置应用该样式的段落后面新建段落的默认样式，最后单击“确定”按钮退出。

【实操案例】

【案例 3-2】打开文档 YL3-1.doc，按照【样例 3-1】所示，以正文为基准样式，将“重要段落”样式修改为：字体为仿宋，字号为小四，字形加粗，为段落填充-10%的灰色底纹，段前、段后各为 1 行，自动更新对当前样式的修改，并应用于正文第二段。

操作步骤如下：

（1）打开文档 YL3-1.doc，将光标定位到第二段中，选择“格式”→“样式和格式”

命令，打开“样式和格式”任务窗格，在“显示”下拉列表框中选择“有效样式”选项，在“请选择要应用的格式”列表框中选择“重要段落”，然后单击“重要段落”右侧的三角▾，在展开的菜单中选择“修改”命令，打开“修改样式”对话框，如图 3-3 所示。

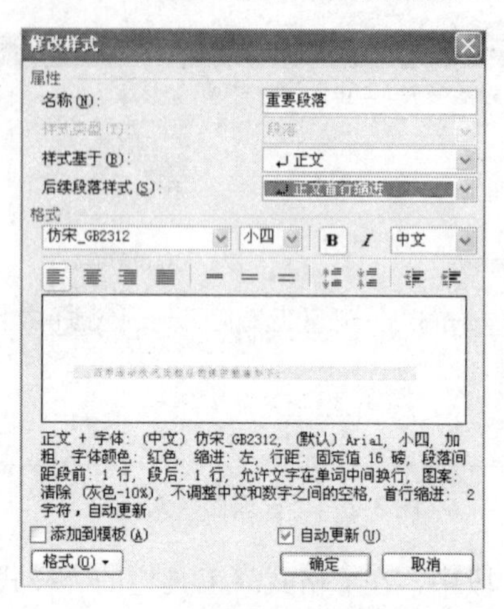

图 3-3 “修改样式”对话框

（2）设置“字体”为“仿宋”，“字号”为“小四”，“字形”为“加粗”，单击左下角的“格式”按钮，在展开的菜单中选择“边框”命令，打开“边框和底纹”对话框。选择“底纹”选项卡，在“填充”区域选择“灰色-10%”，单击“确定”按钮。

（3）继续单击“格式”按钮，在展开的菜单中选择“段落”命令。打开“段落”对话框，选择“缩进和间距”选项卡，在“间距”栏中设置“段前”为“1 行”，“段后”为“1 行”，单击“确定”按钮。

（4）返回到“修改样式”对话框，在“样式基于”下拉列表框中选择“正文”选项，并选中“自动更新”复选框。预览修改后的样式效果，最后单击“确定”按钮退出。

【案例 3-3】打开文档 YL3-1.doc，按照【样例 3-1】所示，以正文为基准样式，将“要点段落”样式修改为：字体为方正舒体，字号为小四，字形倾斜，字体颜色为深蓝，加着重号，阴影，行间距为固定值 18 磅，自动更新对当前样式的修改，并应用于正文第三段。

操作步骤如下：

（1）打开文档 YL3-1.doc，将光标定位到第三段中，选择“格式”→“样式和格式”命令，打开“样式和格式”任务窗格。在“显示”下拉列表框中选择“有效样式”选项，在“请选择要应用的格式”列表框中选择“要点段落”，然后单击右侧的三角▾，在展开的菜单中选择“修改”命令，打开“修改样式”对话框。

（2）单击“格式”按钮，选择“字体”命令，打开“字体”对话框。选择“字体”选项卡，设置“字体”为“方正舒体”，“字号”为“小四”，“字形”为“倾斜”，“字体颜色”为“深蓝”，选中“阴影”复选框，设置“着重号”为“点”，单击“确定”按钮。

（3）返回到“修改样式”对话框，单击“格式”按钮，选择“段落”命令，打开“段落”对话框。选择“缩进和间距”选项卡，设置“行距”为“固定值”，“设置值”为“18

磅”，单击“确定”按钮。

（4）返回到“修改样式”对话框，在“样式基于”下拉列表框中选择“正文”选项，并选中“自动更新”复选框。在预览框中查看修改后的样式效果，最后单击“确定”按钮退出。

子任务 3　新建样式

Word 2003 提供了许多常用样式，如正文、索引、目录等。对于一般的文档，这些内置样式基本能满足需要，但在编辑一些复杂的文档时，仅靠这些内置的样式往往不能满足实际的工作需要。这时，用户可以自己创建样式。

【相应知识点】

单击“格式”工具栏中的“格式窗格”按钮 或选择“格式”→“样式和格式”命令，打开“样式和格式”任务窗格，单击 新样式... 按钮，打开“新建样式”对话框，如图 3-4 所示。在“属性”栏的“名称”文本框中输入样式名称，在“样式类型”下拉列表中选择样式类型，在“样式基于”下拉列表中选择一个可以作为创建基准的基准样式，在“后续段落样式”下拉列表中设置一个应用该样式的段落后面新建段落时的默认样式，在“格式”栏中设置样式的字符格式，单击该对话框左下角的“格式”按钮，在展开的列表中选择某项，单击“确定”按钮，返回“新建样式”对话框，在该对话框的预览框中可以看到新建样式的效果，其下方列出了该样式所包含的格式，单击“确定”按钮关闭“新建样式”对话框，“样式和格式”任务窗格中的“请选择要应用的格式”列表框中显示了新创建的样式。

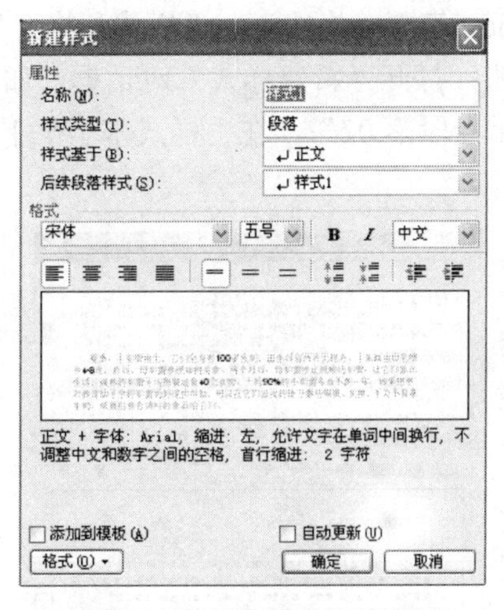

图 3-4　“新建样式”对话框

【实操案例】

【案例 3-4】打开文档 YL3-1.doc，按照【样例 3-1】所示以正文为基准样式，新建“重点段落 01”样式：字体为仿宋-GB2312，字号为四号，字体颜色为海绿色，加波浪下划线，下划线颜色为浅橙色，行间距为固定值 16 磅，并应用于正文的四、五段。

操作步骤如下：

（1）打开文档 YL3-1.doc，选择“格式”→“样式和格式”命令，打开“样式和格式”任务窗格，单击新样式...按钮，打开“新建样式”对话框，在“属性”栏的“名称”文本框中输入“重点段落 01”，在“样式基于”下拉列表中选择“正文”。

（2）单击左下角的“格式”按钮，在展开的菜单中选择“字体”命令，打开“字体”对话框。选择“字体”选项卡，设置“字体”为“仿宋-GB2312”，“字号”为“四号”，“字体颜色”为“海绿色”，“下划线线型”为“波浪线”，“下划线颜色”为“浅橙色”，单击“确定”按钮。

（3）返回“新建样式”对话框，继续单击“格式”按钮，在展开的菜单中选择“段落”命令，打开“段落”对话框。选择“缩进和间距”选项卡，在“行距”下拉列表中选择“固定值”，在“设置值”列表中输入“16”磅，单击“确定”按钮。

（4）返回到“新建样式”对话框，在预览框中可以看到新建样式的应用效果，其下方列出了该样式所包含的格式，单击“确定”按钮退出。此时，“样式和格式”任务窗格中的格式列表框中已显示了新创建的样式。

（5）选中正文段落第四、五段，在“格式”工具栏的“样式”下拉列表框中选择“重点段落 01”样式，为该段文字应用新建的样式。

【案例 3-5】打开文档 YL3-1.doc，按照【样例 3-1】所示以正文为基准样式，新建“重点段落 02”样式：字体为华文彩云，字号为五号，字体颜色为蓝-灰色，字符间距为加宽 1 磅，行间距为固定值 20 磅，段前、段后 0.5 行，并应用于正文的六段。

操作步骤如下：

（1）打开文档 YL3-1.doc，选择“格式”→“样式和格式”命令，打开“样式和格式”任务窗格，单击新样式...按钮，打开“新建样式”对话框，如图 3-5 所示，在“属性”栏的“名称”文本框中输入“重点段落 02”，在“样式基于”下拉列表中选择“正文”，如图 3-5 所示。

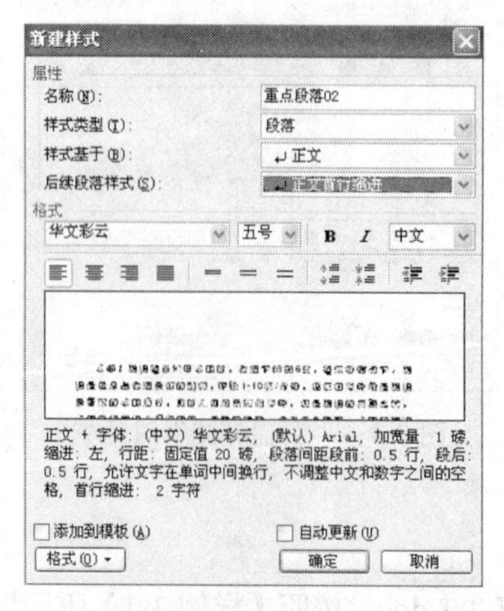

图 3-5 设置文本样式

（2）单击左下角的“格式”按钮，在弹出的菜单中选择“字体”命令，打开“字体”对话框。选择“字体”选项卡，设置“字体”为“华文彩云”，“字号”为“五号”，“字体颜色”为“蓝-灰色”；选择“字符间距”选项卡，设置“间距”为“加宽”，“磅值”为“1 磅”，单击“确定”按钮。

（3）返回“新建样式”对话框，继续单击“格式”按钮，在展开的菜单中选择“段落”命令，打开“段落”对话框。选择“缩进和间距”选项卡，在“间距”栏中设置“行距”为“固定值”，“设置值”为“20 磅”，“段前”为“0.5 行”，“段后”为“0.5 行”，单击“确定”按钮。

（4）返回到“新建样式”对话框，在预览框中可以看到新建样式的应用效果，其下方列出了该样式所包含的格式，单击“确定”按钮退出。此时，“样式和格式”任务窗格的格式列表框中已显示了新创建的样式。

（5）定位光标于第六段中，在“格式”工具栏的“样式”下拉列表中选择“重点段落02”样式，为该段文字应用新建的样式。

【案例 3-6】将文档 YL3-1.doc，以“文档模板”（*.dot）类型保存在考生文件夹下，文件名为 Ac3。

操作步骤如下：

打开文档 YL3-1.doc，选择“文件”→“另存为”命令，打开“另存为”对话框，在“保存位置”下拉列表框中选择考生文件夹，在“文件名”文本框中输入“Ac3”，在“保存类型”下拉列表框中选择“文档模板（*.dot）”选项，单击“保存”按钮。

【知识拓展】

❖　删除样式

系统内置的样式是不能删除的，但用户自己创建的样式当不需要时，可从列表框中删除。

单击“格式”工具栏中的“格式窗格”按钮 或选择“格式”→“样式和格式”命令，打开“样式和格式”任务窗格，在“请选择要应用的格式”列表框中单击要删除样式右侧的三角按钮，在打开的子菜单中选择“删除”命令，如图 3-6 所示，再在弹出的提示对话框中单击“是”按钮，如图 3-7 所示，即可将自创样式删除。

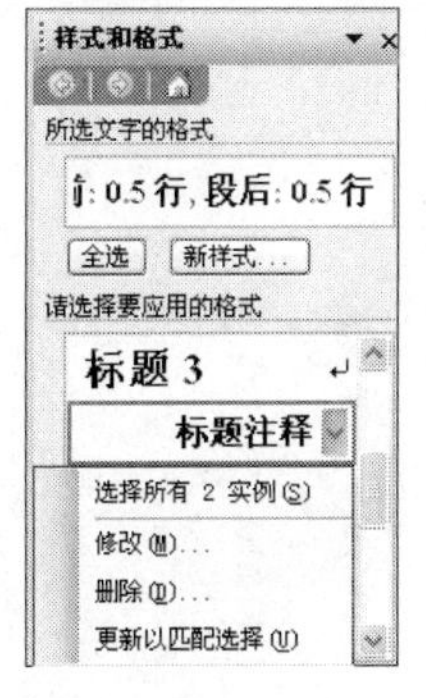

图 3-6　删除创建的样式

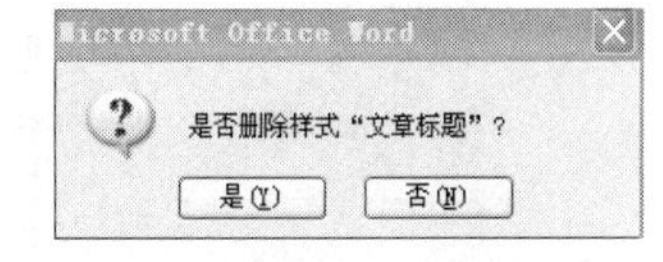

图 3-7　删除样式提示框

【样例 3-1】

刺猬

——保护措施

在国家保护的有益的或者有重要经济、科学研究价值的野生动物名录中，刺猬列于兽类保护动物名录中，属国家二级保护动物。

刺猬的四季活动状况及相应的保护措施如下：

春季：冬眠结束，刺猬醒来，当气温上升到10度时，刺猬会感到非常口渴，急切地寻找水源。此时遇到它们，千万不要好心去喂牛奶，因为这样会导致刺猬死亡。此时比寻找食物更紧要的是寻找配偶。母刺猬在接受求偶前，雄刺猬要在她周围耗上几小时之久，此后，他就完成了使命。母刺猬开始寻找安全清静的地方作为自己和30天后即将出生的小刺猬的巢穴。如果您在后院堆放的木料堆附近发现了刺猬的行迹，就请您暂时推后春季大扫除，因为这里很可能已经成为了母刺猬的产房。

夏季：小刺猬出生，它们全身有100多根刺，出生后前两周无视力。小东西由母乳喂养4-8周，而后，母刺猬教授如何觅食。两个月后，母刺猬停止照顾幼刺猬，让它们独立生活。成熟的刺猬平均每餐进食40克食物，大约90%的小刺猬寿命不到一年。如果您想对养育幼子中的刺猬妈妈提供帮助，可以在它们出没的地方撒些猫粮、狗粮，千万不要拿牛奶、咸面包和有调料的食品给它们。

秋季：刺猬主要精力放在觅食上，每晚可吃掉200克食物，成年刺猬体重可达2.5公斤，它们用小树枝和杂草来营造冬眠的巢穴，有时它们的巢穴有50厘米的隔层，它们也能在木制楼梯下或其他人造场所睡眠。

冬季：刺猬在巢穴中冬眠时，体温下降到6度，在这种情况下，刺猬是世界上体温最低的动物，呼吸1-10次/分钟。枯枝和落叶堆是刺猬最喜欢的冬眠场所，此时人们如果焚烧落叶，将是刺猬的灭顶之灾。冬眠中的刺猬会偶尔醒来，但不吃东西，很快又入睡了。冬眠的刺猬如果过早地醒来会被饿死。

任务 2 编排长文档

子任务 1 创建主控文档和子文档

在大纲视图中，不仅可以直接编写文档标题和修改文档大纲，还可以查看文档的结构。选择“视图”→“大纲”命令或者单击水平滚动条左侧的“大纲视图”按钮，可进入“大纲视图”模式，同时打开“大纲”工具栏，如图 3-8 所示。

图 3-8 “大纲”工具栏

说明：“大纲”工具栏中，各选项的作用如下。

- “显示级别”下拉列表框显示所有级别：设置显示的标题级别，设置后，文档中将显示所选级别及所有更高级别的标题。
- “只显示首行”按钮：用于显示各段的首行文字。
- “显示格式”按钮：控制是否显示文本格式。
- “创建子文档”按钮：用于创建子文档。

对于篇幅较长的文档，可将其组成部分分开保存为若干个文档，然后在大纲视图中将它们组织在某一文档中，此时，该文档称为主控文档，组织在其中的文档称为子文档。每个子文档都是独立存在的，用户可单独对其进行编辑。但由于子文档与主控文档之间存在链接关系，当子文档被编辑后，主控文档中的相应子文档也会被同时更新。

【相应知识点】

创建主控文档和子文档的操作步骤如下。

（1）打开文档，选择“视图”→“大纲”命令或者单击水平滚动条左侧的“大纲视图”按钮，进入“大纲视图”模式。在“大纲”工具栏中的显示所有级别下拉列表框中选择所要创建的主控文档级别。

（2）将光标定位在要创建为子文档的标题位置，单击“大纲”工具栏中的“创建子文档”按钮，这时，所选标题的周围将显示一个灰色细线方框，其左角将显示一个子文档标记，表示该标题及其下级标题和正文内容成为该主控文档的子文档。将该文档另存为某一文件时用户会发现，Word 在保存主控文档的同时，会自动保存创建的子文档，并自动为其命名。

【提示】若“大纲”工具栏中没有“创建子文档”按钮，可单击右数第 8 个“主控文档视图”按钮，将展开一组与主控文档视图有关的按钮。

【实操案例】

【案例 3-7】打开文档 YL3-2.doc，按照【样例 3-2A】所示，把该文档创建成主控文档，显示级别为 3 级，把标题“习题 1”创建成子文档，以 YLA1.doc 为文件名，另存到考生文件夹中。

操作步骤如下：

（1）打开文档 YL3-2.doc，选择“视图”→“大纲”命令或单击水平滚动条左侧的“大纲视图”按钮，进入“大纲视图”模式。在“大纲”工具栏的“显示所有级别”下拉列表框中选择“显示级别 3”选项。

（2）将光标定位在“习题 1”标题中，单击“大纲”工具栏中的“创建子文档”按钮。

（3）选择“文件”→“另存为”命令，打开“另存为”对话框，在“保存位置”下拉列表框中选择考生文件夹，在“文件名”文本框中输入“YLA1.doc”，单击“保存”按钮。

【样例 3-2A】

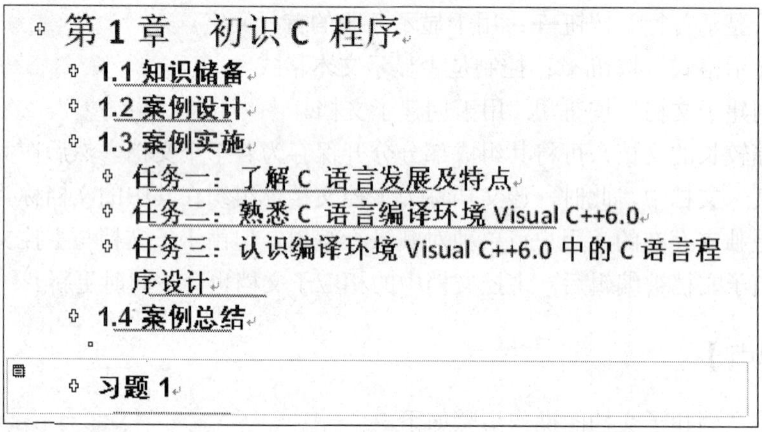

第 1 章　初识 C 程序

1.1 知识储备

1.2 案例设计

1.3 案例实施

任务一：了解 C 语言发展及特点

任务二：熟悉 C 语言编译环境 Visual C++6.0

任务三：认识编译环境 Visual C++6.0 中的 C 语言程序设计

1.4 案例总结

习题 1

【知识拓展】

❖ 编辑与删除子文档

再次打开主控文档后，会发现其中的子文档是以超链接的形式显示的。此时，单击“大纲”工具栏中的“展开子文档”按钮（单击后，该按钮变为“折叠子文档”按钮），即可展开子文档。

可以通过以下 3 种方法编辑子文档。

（1）在 Word 程序中直接打开编辑。

（2）在主控文档中按住 Ctrl 键的同时，单击以超链接形式显示的子文档名称。

（3）在子文档处于展开状态时，双击子文档前的标记，打开子文档进行编辑。

如果某个子文档不再需要，可以将其删除。单击子文档前的标记，选中子文档，按 Delete 键，即可将不再使用的子文档从主控文档中删除。

【提示】

(1) 当子文档被打开时，主控文档中展开的子文档将处于锁定状态，此时不能在主控文档中对该子文档进行编辑；

(2) 将不再使用的子文档从主控文档中删除时，只是删除了主控文档与子文档的链接关系，该子文档仍保存在原文件夹中。

子任务 2　创建目录

目录的作用就是列出文档中的各级标题以及各级标题所在的页码，一般情况下，所有的正式出版物都有一个目录，以方便读者查阅。

【相应知识点】

打开 Word 文档，将光标定位在要插入目录的位置，选择“插入”→“引用”→“索引和目录”命令，打开“索引和目录”对话框，选择“目录”选项卡，如图 3-9 所示，在“常规”设置区中可以选择目录格式及要显示的目录级别；“显示页码”、“页码右对齐”和“使用超链接而不使用页码”复选框用来设置目录中标题后显示的页码格式。完成各项设置后，单击“确定”按钮，即可为文档创建创建一个目录。

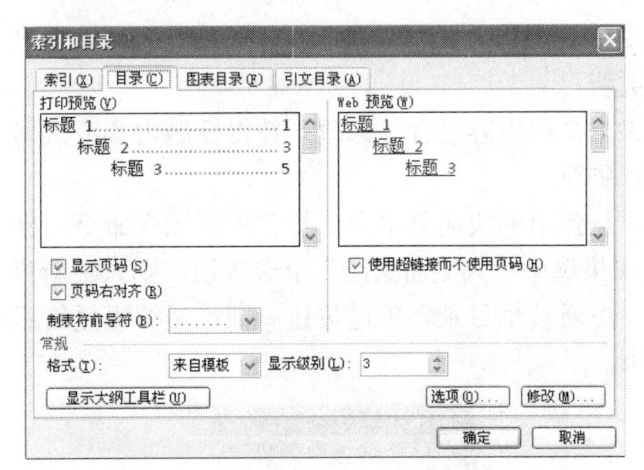

图 3-9　“索引和目录”对话框的“目录”选项卡

【提示】

(1) 若要在包含子文档的主控文档中创建目录，应首先将子文档展开，然后再进行创建；

(2) 按住 Ctrl 键的同时单击目录中的某个标题，即可跳转到该标题内容所在的页面；

(3) 取消目录与正文的链接关系，可通过选定目录内容后，按 Ctrl+Shift+F9 组合键实现。

【案例 3-8】打开文档 YL3-2.doc，按照【样例 3-2B】所示建立目录，放在文档首部，目录格式为“优雅”，显示页码，页码右对齐，显示级别为 3 级，制表符前导符为“……”。

操作步骤如下：

打开文档 YL3-2.doc，将光标定位在文档开始处，选择“插入”→“引用”→“索引和目录”命令，打开“索引和目录”对话框，选择“目录”选项卡，选中“显示页码”、“页码右对齐”和“使用超链接而不使用页码”复选框，“常规”栏中设置目录“格式”为“优雅”，“显示级别”为“3”级，“制表符前导符”为“……”，完成各项设置后，单击“确定”按钮。

【样例 3-2B】

【知识拓展】

❖　目录内容的更新

创建目录后，如果对文档内容进行了修改，使得标题内容或页码发生了变化，此时，就需要对目录内容进行更新。

在目录区中右击，从弹出的快捷菜单中选择“更新域”命令，打开“更新目录”对话框，如图 3-10 所示。如果选中“只更新页码”单选按钮，则只更新目录中的页码，保留原目录格式；如果选中“更新整个目录”单选按钮，则重新编辑更新后的目录。最后，单击“确定”按钮退出即可。

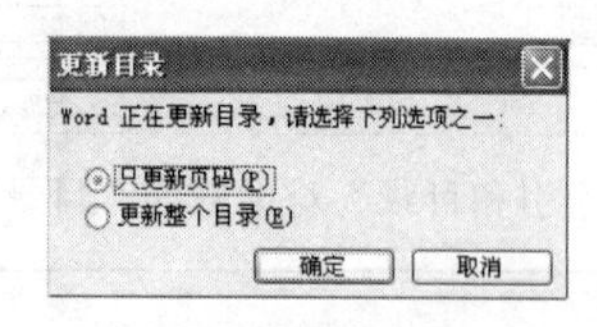

图 3-10　“更新目录”对话框

子任务 3　自动编写摘要

【相应知识点】

打开 Word 文档，选择“工具”→“自动编写摘要”命令，打开“自动编写摘要”对话框，如图 3-11 所示，设置“摘要类型”及“摘要长度”后，单击“确定”按钮，即可生成一个自动编写摘要。

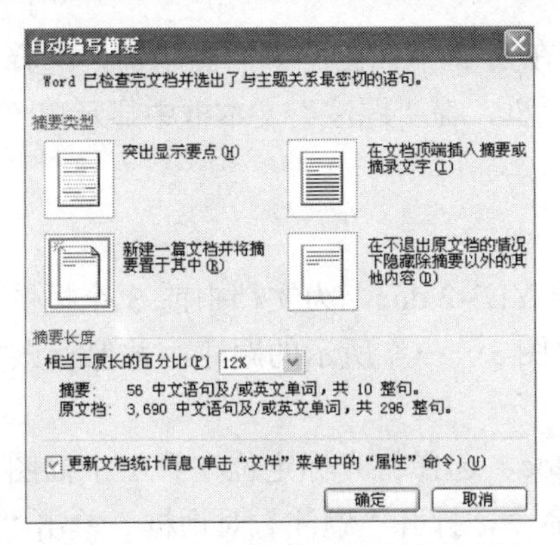

图 3-11　“自动编写摘要”对话框

【实操案例】

【案例 3-9】打开文档 YL3-2.doc，生成自动编写摘要，摘要类型为“新建一篇文档并将摘要置于其中”，摘要长度为 20 句，把此摘要以 YLA2.doc 为文件名，另存到考生文件夹中。

操作步骤如下：

打开文档 YL3-2.doc，选择“工具”→“自动编写摘要”命令，打开“自动编写摘要”对话框，在“摘要类型”栏中选择“新建一篇文档并将摘要置于其中”选项，“摘要长度”选择“20 句”，单击“确定”按钮。选择“文件”→“另存为”命令，打开“另存为”对话框，在“保存位置”下拉列表框中选择考生文件夹，在“文件名”文本框中输入“YLA2.doc”，单击“保存”按钮。

子任务 4　创建题注

【相应知识点】

打开 Word 文档，将光标定位在第 1 个插图下方的图题前面，选择“插入”→“引用”→“题注”命令，打开“题注”对话框，再单击“新建标签”按钮，打开“新建标签”对话框，如图 3-12 所示。在“标签”文本框中输入内容，如“图”，单击“确定”按钮，回到“题注”对话框。在“题注”文本框中显示“图 1”，单击“确定”按钮退出。反复按空格键，调整题注位置。

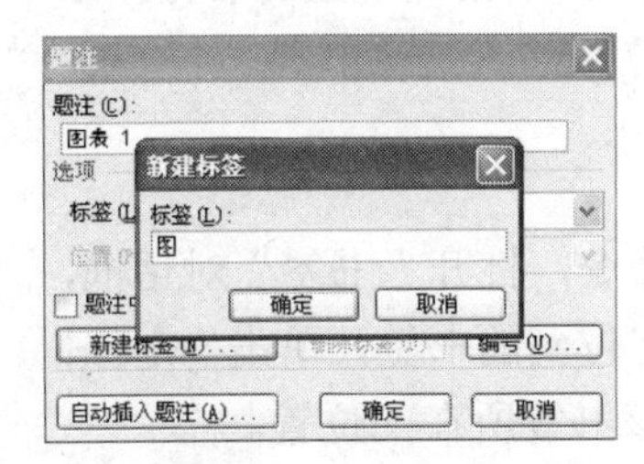

图 3-12　“题注”及“新建标签”对话框

与此类似，将光标定位在第 2 个插图下方的图题前，选择“插入”→“引用”→“题注”命令，打开“题注”对话框，在“题注”文本框中显示出“图 2”，单击“确定”按钮。

【实操案例】

【案例 3-10】打开文档 YL3-2.doc，为文档中前 3 个插图下方的图题位置设立如“图 1……”、“图 2……”、“图 3……”所示的题注，并保存该文档。

操作步骤如下：

（1）打开文档 YL3-2.doc，选择将光标定位在第 1 个插图下方的图题前面，选择“插入”→“引用”→“题注”命令，打开“题注”对话框。单击“新建标签”按钮，打开“新建标签”对话框，在“标签”文本框中输入“图”，单击“确定”按钮返回，在“题注”文本框中显示“图 1”，单击“确定”按钮。反复按空格键，调整题注位置。

（2）将光标定位在第 2 个插图下方的图题前面，选择“插入”→“引用”→“题注”命令，打开“题注”对话框，在“题注”文本框中显示出“图 2”，单击“确定”按钮。

（3）将光标定位在第 3 个插图下方的图题前面，选择“插入”→“引用”→“题注”命令，打开“题注”对话框，在“题注”文本框中显示出“图 3”，单击“确定”按钮，将该文档保存。

子任务 5　添加书签

读书时，用户习惯于使用书签来标记位置，以便能迅速找到上次阅读的位置。在 Word 2003 中，也可以通过指定书签来标记位置，使用户能借助它快速跳转到特定的位置。

默认情况下，文档中插入的书签是隐藏的。若要显示书签，可选择“工具”→“选项”命令，打开“选项”对话框，选择“视图”选项卡，在“显示”栏选中“书签”复选框，单击“确定”按钮，即可将之前设置的书签全部显示出来。

【相应知识点】

1. 添加书签

打开 Word 文档，将光标定位到要插入书签的位置，选择“插入”→“书签”命令，打开“书签”对话框，如图 3-13 所示，在“书签名”文本框中输入书签的名称，单击“添加”按钮，即可在指定位置插入一个书签。

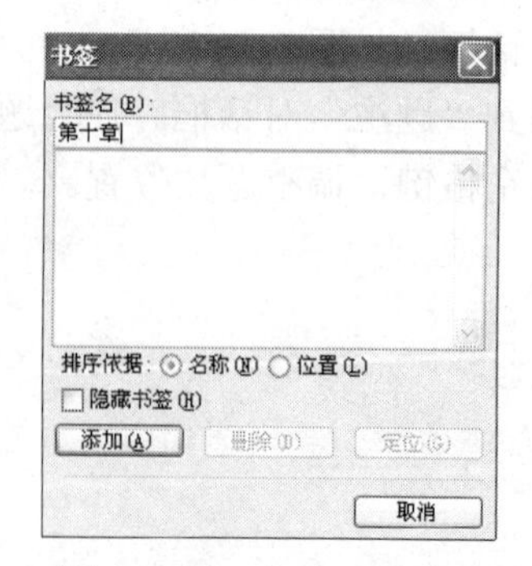

图 3-13　“书签”对话框

2. 定位书签

选择“插入”→“书签”命令，打开“书签”对话框，在“书签名”列表框中选择要定位到的书签，单击“定位”按钮，即可将光标快速跳转至该书签所在的位置。

【实操案例】

【案例 3-11】打开文档 YL3-2.doc，在标题“任务二：熟悉 C 语言编译环境 Visual C++6.0”位置处插入书签“任务二”。

操作步骤如下：

将光标定位在“任务二：熟悉 C 语言编译环境 Visual C++6.0”位置，选择“插入”→“书签”命令，打开“书签”对话框，在“书签名”文本框中输入“任务二”，单击“添加”按钮，即可在指定位置插入一个书签。

【知识拓展】

❖ **删除书签**

选择“插入”→“书签”命令，打开“书签”对话框，在“书签名”列表框中选择要删除的书签，单击“删除”按钮，即可将选定书签删除。

任务 3 邮件合并

实际工作中，用户有时需要创建大量主要内容基本相同、仅数据略有所变化的文档，如各种不同风格的套用信函、信封和邮件标签等。利用 Word 2003 的邮件合并功能，可以直接从数据库中获取数据，将其合并到信函内容中。

邮件合并过程主要分为四步：（1）创建或打开主文档；（2）创建或打开数据源；（3）在主文档中插入合并域和 Word 域；（4）合并主文档和数据源。

子任务 1 创建主文档、数据源

假设用户要利用 Word 2003 的邮件合并功能批量制作学生的期末成绩单，可先建立主文档和数据源文件，把各学生成绩单中相同的内容放在主文档中，再把其中不同的内容放在表格中，表格文件称为数据源。可以看出，主文档中的内容分为两部分，一部分是固定不变的，另一部分是可变的，且与数据源文件中的内容相对应。

【相应知识点】

创建主文档、数据源的操作步骤如下。

（1）打开 Word 文档，选择“工具”→“信函与邮件”→“邮件合并”命令，打开“邮件合并”任务窗格之步骤 1/6，如图 3-14 所示。在“选择文档类型”区域选中“信函”单选按钮，单击“下一步：正在启动文档”超链接。

（2）进入步骤 2/6，如图 3-15 所示。在“选择开始文档”区域若选中“使用当前文档”单选按钮，表示把当前窗口中的文档作为创建套用信函的主文档；若选中“从模板开始”

单选按钮，表示选择预设的邮件合并模板新建主文档；如选中“从现有文档开始”单选按钮，表示打开已有文档作为主文档。单击“下一步：选取收件人”超链接。

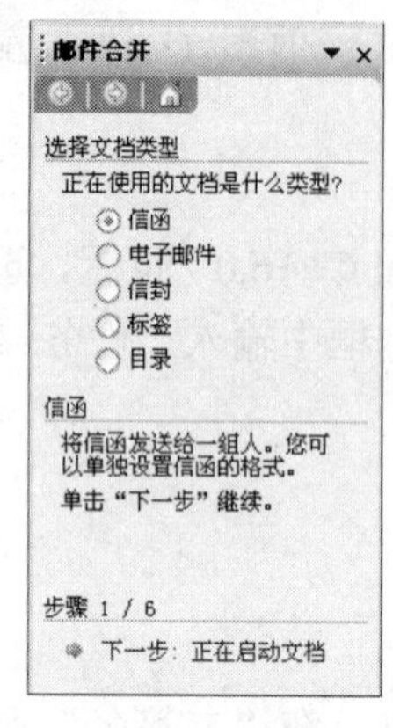

图 3-14　步骤 1/6

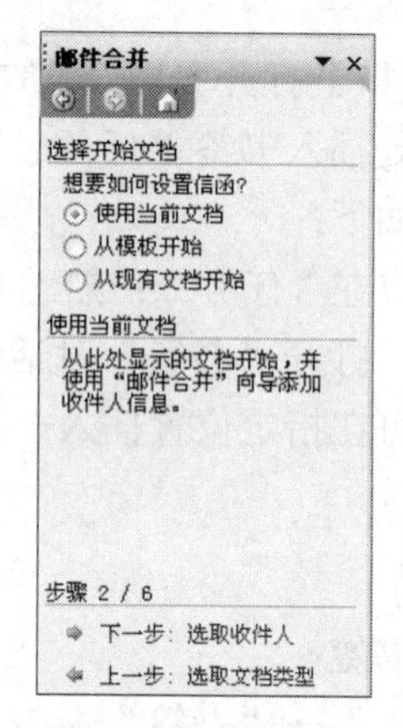

图 3-15　步骤 2/6

（3）进入步骤 3/6，如图 3-16 所示。在“选择收件人”区域可创建或打开数据源，可用 Word、Excel、Access 等创建数据源。此时，若选中“键入新列表”单选按钮，再单击“创建”超链接，系统将引导用户创建数据源；若选中“使用现有列表”单选按钮，再单击“浏览”超链接，将打开“选取数据源”对话框，用户选取了已创建的数据源文件后，单击“打开”按钮，将弹出“选择表格”对话框，继续单击“确定”按钮，弹出“邮件合并收件人”对话框，如图 3-17 所示，选择要导入的收件人及相应信息，并对数据进行编辑、排序等操作，编辑完毕后，单击“确定”按钮即可导入数据源。

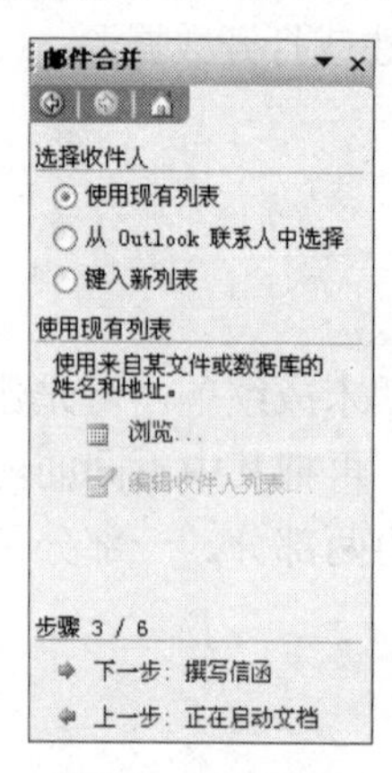

图 3-16　步骤 3/6

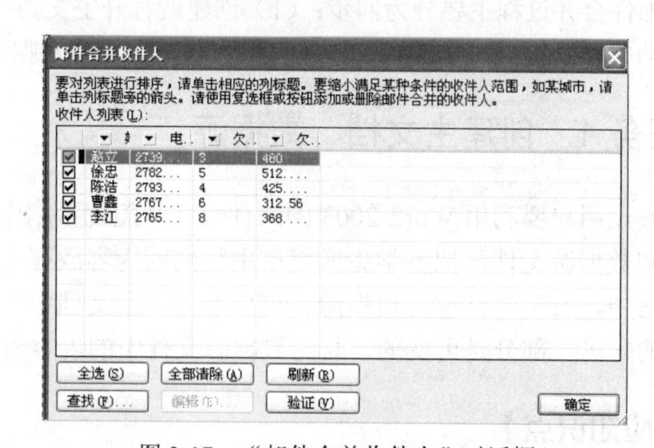

图 3-17　“邮件合并收件人”对话框

【实操案例】

【案例 3-12】打开文档 YL3-3.doc，以当前活动窗口为邮件合并主文档，套用信函的形式创建主文档，打开数据源工作簿素材库中的 YLB1.xls 文件。

操作步骤如下：

（1）打开文档 YL3-3.doc，选择“工具”→“信函与邮件”→“邮件合并”命令，打开“邮件合并”任务窗格之步骤 1/6，选中“信函”单选按钮，单击“下一步：正在启动文档”超链接。

（2）进入步骤 2/6，在“选择开始文档”区域选中“使用当前文档”单选按钮，把当前窗口中的文档作为创建套用信函的主文档，然后单击“下一步：选取收件人”超链接。

（3）进入步骤 3/6，在“选择收件人”区域选中“使用现有列表”单选按钮，再单击“浏览”超链接，打开“选取数据源”对话框，在“查找范围”下拉列表中选择“工作簿素材库”文件夹，选中 YLB1.xls 文件，文件类型为“所有数据源”，单击“打开”按钮，弹出“选择表格”对话框，单击“确定”按钮，弹出“邮件合并收件人”对话框，选中所有收件人前的复选框，单击“确定”按钮即可导入数据源。

子任务 2　插入合并域及 Word 域

【相应知识点】

1. 插入合并域

（1）利用“邮件合并”任务窗格

在“邮件合并”任务窗格之步骤 3/6 中，单击“下一步：撰写信函”超链接，弹出“邮件合并”任务窗格之步骤 4/6，如图 3-18 所示。当光标定位于要插入的合并域处时，单击“其他项目”超链接，打开“插入合并域”对话框，如图 3-19 所示，选择要插入的域名，单击“插入”按钮，再单击“关闭”按钮退出。用同样的方法，将其他域也插入到主文档相应的单元格中。这时会发现，将合并域插入主文档时，域名总是由尖括号“《 》”括起来，而且这些尖括号不会显示在合并文档中。

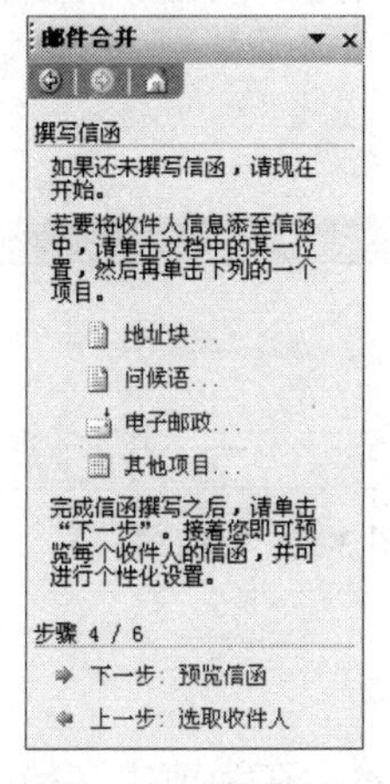

图 3-18　步骤 4/6

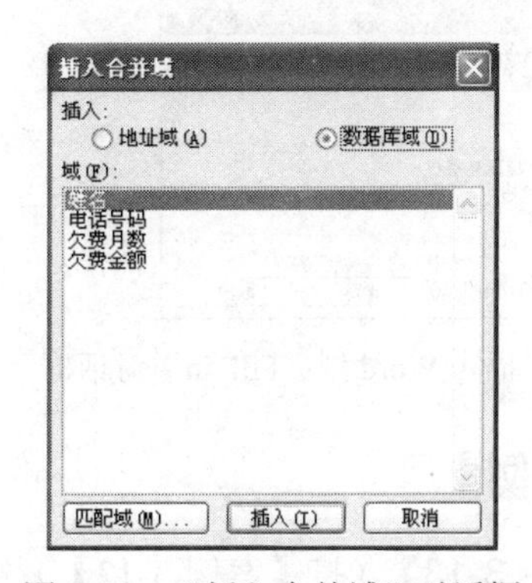

图 3-19　“插入合并域”对话框

单击“下一步：预览信函”超链接，弹出“邮件合并”任务窗格之步骤 5/6，如图 3-20 所示，单击“收件人”两侧的箭头按钮 >> 和 <<，可以浏览根据不同记录产生的文件；单击“编辑收件人列表”超链接，弹出“邮件合并收件人”对话框，可再次选择导入的收件人及相应信息。

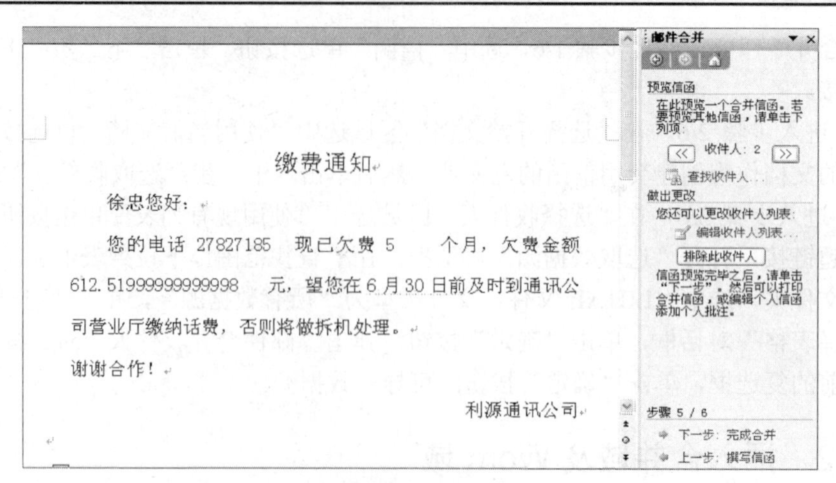

图 3-20　步骤 5/6

（2）利用“邮件合并”工具栏

在主文档编辑窗口，将光标定位于要插入合并域处，单击“邮件合并”工具栏中左数第 6 个“插入域”按钮，打开“插入合并域”对话框，选择要插入的域名，单击“插入”按钮，最后单击“关闭”按钮。用同样的方法将其他域插入到主文档中相应的单元格中。

2. 插入 Word 域

在主文档编辑窗口，将光标定位于要插入 Word 域处，单击“邮件合并”工具栏中插入 Word 域按钮右侧的三角，从打开的下拉列表中选择 Fill_in 选项，弹出“插入 Word 域：Fill_in”对话框，如图 3-21 所示，在“提示”文本框中输入提示内容，在“默认填充文字”文本框中输入默认文字，选中“询问一次”复选框，单击“确定”按钮，弹出提示框，如图 3-22 所示，输入具体日期，单击“确定”按钮。

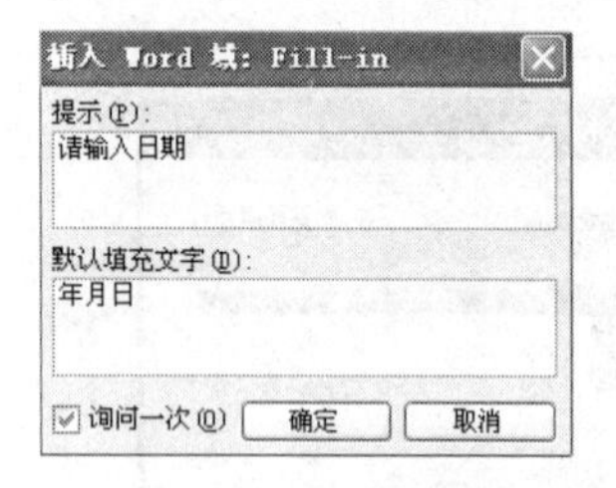

图 3-21　“插入 Word 域：Fill_in”对话框

图 3-22　提示框

【实操案例】

【案例 3-13】（接【案例 3-12】）按照【样例 3-3A】所示，在当前主文档的适当位置分别插入合并域“姓名”、“电话号码”、“欠费月数”和“欠费金额”；在文档结尾处插入适当的 Word 域，使其每次合并时都能输入所需日期，该域所用到的提示文字为“请输入日期”，默认填充文字为“年月日”，默认时间为 2012 年 6 月 20 日。将编辑好的主文档以为 YLB2.doc 为文件名，另存到考生文件夹中。

操作步骤如下（接【案例 3-12】）：

（1）在主文档编辑窗口，将光标定位于“您好”前面，单击“邮件合并”工具栏中左数第 6 个“插入域”按钮，打开“插入合并域”对话框，选择“姓名”域名，单击“插入”按钮，最后单击“关闭”按钮。用同样的方法将其他域插入到主文档中相应的单元格中。

（2）在主文档编辑窗口，将光标定位于要插入 Word 域处，单击“邮件合并”工具栏 插入 Word 域 按钮右侧的三角，从打开的下拉列表中选择 Fill_in 选项，弹出“插入 Word 域：Fill_in”对话框，在“提示”区域输入“请输入日期”，在“默认填充文字”区域输入“年月日”，选中“询问一次”复选框，单击“确定”按钮，弹出提示框，输入具体日期“2012”、“6”、“20”并分别插入相应位置，单击“确定”按钮。

（3）单击“文件”→“另存为”命令，打开“另存为”对话框，在“保存位置”下拉列表框中选择考生文件夹，在“文件名”文本框中输入“YLB2.doc”，单击“保存”按钮。

【样例 3-3A】

缴费通知

«姓名»您好：

您的电话«电话号码» 现已欠费«欠费月数» 个月，欠费金额 «欠费金额» 元，望您在 6 月 30 日前及时到通讯公司营业厅缴纳话费，否则将做拆机处理。

谢谢合作！

利源通讯公司

2012 年 6 月 20 日

子任务 3　邮件合并

【相应知识点】

（1）利用“邮件合并”任务窗格

在“邮件合并”任务窗格之步骤 5/6，单击“编辑收件人列表”超链接，打开“邮件合并收件人”对话框，单击“合并域名称”前面的三角，从打开的下拉列表中选择“高级”选项，打开“筛选和排序”对话框，从中可以选择需要排序和筛选的记录，设置完毕后单击“确定”按钮返回。

单击“下一步：合并完成”超链接，将数据源合并到主文档中，弹出“邮件合并”任务窗格之步骤 6/6，如图 3-23 所示。单击“打印”超链接，表示把主文档和数据源的合并结果打印出来；选择“编辑个人信函”超链接，表示把主文档和数据源合并到新文档中，需要时再打印，此时会打开“合并到新文档”对话框，如图 3-24 所示，选中“全部”单选按钮，单击“确定”按钮，可将全部记录都合并到一个新文件中。此时，弹出提示框，输入内容并分别插入相应位置，最后单击“确定”按钮。

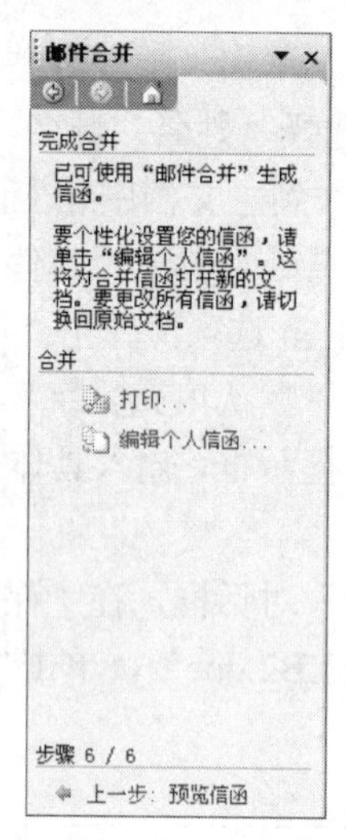

图 3-23 “邮件合并”任务窗格之步骤 6/6

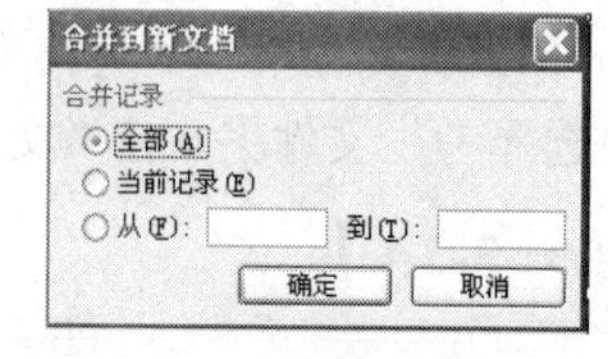

图 3-24 “合并到新文档”对话框

（2）利用“邮件合并”工具栏

在主文档编辑窗口，单击“邮件合并”工具栏中左数第 3 个“收件人”按钮，弹出“邮件合并收件人”对话框，单击“合并域名称”前面的三角按钮，从打开的下拉列表中选择“高级”选项，打开“筛选和排序”对话框，从中可以选择需要排序和筛选的记录，单击“确定”按钮；单击“邮件合并”工具栏中右数第 4 个“合并到新文档”按钮，打开“合并到新文档”对话框，选中“全部”单选按钮，然后单击“确定”按钮，将全部记录都合并到一个新文件中。此时，弹出提示框，输入内容并分别插入相应位置，单击“确定”按钮。

【实操案例】

【案例 3-14】（接【案例 3-13】）按照【样例 3-3B】所示，依据“欠费金额”进行降序排列，然后将“欠费金额”在 500 元以上的记录进行合并，将结果以 YLB3.doc 为文件名，另存到考生文件夹中。

操作步骤如下（接【案例 3-13】）：

（1）在主文档编辑窗口，单击“邮件合并”工具栏中左数第 3 个“收件人”按钮，弹出“邮件合并收件人”对话框，单击“欠费金额”前面的三角按钮，从打开的下拉列表中选择“高级”选项，打开“筛选和排序”对话框，选择“排序记录”选项卡，从“排序依据”下拉列表框中选择“欠费金额”选项，选中“降序”单选按钮；选择“筛选记录”选项卡，从“域”下拉列表框中选择“欠费金额”选项，从“比较关系”下拉列表框中选择“大于”选项，在“比较对象”框中输入“500”，单击“确定”按钮。

（2）单击“邮件合并”工具栏中右数第 4 个“合并到新文档”按钮，打开“合并到新文档”对话框，选中“全部”单选按钮，单击“确定”按钮，将全部记录都合并到一个新文件中。此时，弹出提示框，输入具体日期“2012”、“6”、“20”并分别插入相应位置，单击“确定”按钮。

（3）选择“文件”→“另存为”命令，打开“另存为”对话框，在“保存位置”下拉列表框中选择考生文件夹，在“文件名”文本框中输入“YLB3.doc”，单击“保存”按钮。

【样例 3-3B】

缴费通知

徐忠您好：

您的电话 27827185 现已欠费 5 个月，欠费金额 612.51999999999998 元，望您在 6 月 30 日前及时到通讯公司营业厅缴纳话费，否则将做拆机处理。

谢谢合作！

利源通讯公司

2012 年 6 月 20 日

缴费通知

赵立您好：

您的电话 27391252 现已欠费 3 个月，欠费金额 580 元，望您在 6 月 30 日前及时到通讯公司营业厅缴纳话费，否则将做拆机处理。

谢谢合作！

利源通讯公司

2012 年 6 月 20 日

缴费通知

陈浩您好：

您的电话 27934546 现已欠费 4 个月，欠费金额 525.23000000000002 元，望您在 6 月 30 日前及时到通讯公司营业厅缴纳话费，否则将做拆机处理。

谢谢合作！

利源通讯公司

2012 年 6 月 20 日

【实操训练 1】

打开文档 scxl3-1.doc，并按照【样例 XL3-1】，完成如下操作。

（1）将文档第一行的样式设置为“文章标题”，第二行样式设置为“标题注释”；将文档的第一段套用“模板素材库”中 MB3-1.DOT 模板中的“正文段落 4”样式。

（2）以正文为基准样式，将“重要段落 01”样式修改为：字体为隶书，字号为四号，字形加粗，行间距为固定值 14 磅，段前、段后各 0.5 行，自动更新对当前样式的修改，并应用于正文第二段。

（3）以正文为基准样式，将“重要段落 02”样式修改为：字体为华文中宋，字号为小四，字形加粗，字体颜色为深蓝色，加阴影，行间距为固定值 18 磅，自动更新对当前样式的修改，并应用于正文第三段。

（4）以正文为基准样式，新建“段落 01”样式：字体为隶书，字号为三号，字体颜色为酸橙色，添加双实线下划线，下划线颜色为橄榄色，并应用于正文第四段。

（5）以“文档模板”类型保存在考生文件夹下，设置文件名为 Ac3-1。

【实操训练 2】

打开文档 scxl3-2.doc，并按照【样例 XL3-2】，完成如下操作。

（1）将文档第一行的样式设置为“文章标题”，第二行的样式设置为“标题注释”；将文档的第一段套用“模板素材库”中 MB3-1.dot 模板中的“正文段落 9”样式。

（2）以正文为基准样式，将“主要段落 01”样式修改为：字体为华文新魏，字号为小四，字形为常规，边框线为深蓝色 3 磅粗的实线，底纹为黄色，自动更新对当前样式的修改，并应用于正文第二段。

（3）以正文为基准样式，将“主要段落 02”样式修改为：字体为楷体，字号为五号，字体颜色为蓝-灰色，字符间距为加宽 1 磅，自动更新对当前样式的修改，并应用于正文第三段。

（4）以正文为基准样式，新建“正文 01”样式：字体为华文隶书，段落为-10%的灰色底纹，段前、段后间距各为 0.5 行，并应用于正文第四段。

（5）以正文为基准样式，新建“正文 02”样式：字体为华文细黑，字号为四号，字形为加粗，字体颜色为粉红色，行间距为固定值 18 磅，并应用于正文第五段。

（6）将文件以“文档模板”类型保存在考生文件夹下，文件名为 Ac3-2。

【实操训练 3】

根据文档 scxl3-3.doc，按照【样例 XL3-3】，完成如下操作。

（1）打开文档 scxl3-3.doc，并按照【样例 XL3-3A】，把该文档创建成主控文档，显示级别为 3 级，把标题“习题 4”创建成子文档，以“YLA3.doc”为文件名，另存到考生文件夹中。

（2）打开文档 scxl3-3.doc，并按照【样例 XL3-3B】建立目录，放在文档首部，目录格式为“正式”，显示页码，页码右对齐，显示级别为 3 级，制表符前导符为“……”。

（3）生成自动编写摘要，摘要类型为“新建一篇文档并将摘要置于其中”，摘要长度为原长度的 15%，把此摘要以 YLA4.doc 为文件名，另存到考生文件夹中。

（4）打开文档 scxl3-3.doc，为文档中前 3 个插图下方的图题位置，设立如“图 1……”、“图 2……”、“图 3……”所示的题注，并保存该文档。

（5）打开文档 scxl3-3.doc，在标题“任务一：C 语言程序设计的基本过程”位置处添加书签“任务一”，并保存该文档。

【实操训练 4】

打开文档 scxl3-4.doc，完成如下操作。

（1）创建主文档、数据源。以当前活动窗口为邮件合并主文档，套用信函的形式创建主文档，打开工作簿素材库中的 YLB11.xls 文件。

（2）插入合并域。按照【样例 XL3-4A】所示，在当前主文档的适当位置分别插入合并域“姓名”、“大学英语”、“高等数学”和“C 语言程序设计”。

（3）插入 Word 域。按照【样例 XL3-4A】所示，在文档结尾处插入适当的 Word 域，使其每次合并时能输入所需日期，该域所用到的提示文字为“请输入日期”，默认填充文字为“年月日”，默认时间为 2012 年 8 月 30 日。将编辑好的主文档以 YLB4.doc 为文件名，另存到考生文件夹中。

（4）合并邮件。按照【样例 XL3-4B】所示，依据“大学英语”进行升序排列，然后将“大学英语”成绩高于 80 分以上的记录进行合并，将结果以 YLB5.doc 为文件名保存到考生文件夹中。

【实操训练 5】

打开文档 scxl3-5.doc，完成如下操作。

（1）创建主文档、数据源。以当前活动窗口为邮件合并主文档，套用信函的形式创建主文档，打开数据源工作簿素材库中的 YLB12.xls 文件。

（2）插入合并域。按照【样例 3-5A】，在当前主文档的适当位置分别插入合并域“姓名”、“系别”、“专业”和“学费”。

（3）插入 Word 域。按照【样例 3-5A】，在文档结尾处插入适当的 Word 域，使其每次合并时能输入所需日期，该域所用到的提示文字为“请输入日期”，默认填充文字为“年月日”，默认时间为 2012 年 9 月 1 日。将编辑好的主文档以 YLB6.doc 为文件名，另存到考生文件夹中。

（4）合并邮件。按照【样例 3-5B】，筛选出专业为“会计”的记录进行合并，将结果以 YLB7.doc 为文件名保存到考生文件夹中。

【样例 XL3-1】

精彩人生

——作者：天南

每当我面对挫折和困难、焦虑和急躁的时候，我总会想起那次比赛，想起挑战自我的冲动与兴奋，想起这一生最“辉煌”的胜利……记得初二那年，我报名参加了学校的800米长跑比赛，对于一个身体并不魁梧和强壮的自己，真是需要莫大的勇气。不过，我真的没有想到这一份勇气创造了一个奇迹，一个超越自己的奇迹。当比赛枪声响起的时候，我与所有人一样冲了出去，可是刚开始不到一圈，我就被落到了最后一位，一个宣告失败的位置，一个没有“前程”的位置。望着与对手相差那么一段距离，我的心都凉了半截，此时，我唯一的信念就是“坚持就是胜利”，我已经没有别的选择。

望着前面的对手，我不断在心里告诫自己：超过他就是胜利。我努力坚持着，艰辛地跑下了十四圈。很多同学没有信心，放弃了，也有很多同学在长时间的拉锯赛中被我远远的甩到了后面。到最后一圈时，我竟然跑到了第二名的位置上，离第一名的距离也没有刚开始那么远了。此刻，我真幸福自己当时做出的决定。看来，我已经可以拿到第二名了，这对于我来说真算是一个成功。不过，为什么不做最后的努力，让这平静的赛场掀起一阵轰动，创造一个让人无法想象的辉煌呢？哪怕“输”了也同样的精彩。

我咬紧了牙关，用尽自己最后一点力气拼了上去。当对手发现我时，我已经与他齐头并进。这时，我真的觉得自己已无法呼吸，我只能闭上眼睛，不再理会对手，不再理会身边的一切，朝着我唯一的目标——“终点”前进，去超越自己的极限。

我听到一片掌声，我知道我成功了。身体并不强壮的我不仅赢得了比赛，还赢得了别人的尊重，更赢得了影响我一生的宝贵财富——那种坚持和执着。我想起这件事情，心中充满了快乐与自信，对未来也充满了信心。此后，每当我面对挫折和困难、焦虑和急躁的时候，我总会想起那次比赛，想起那种挑战自我的冲动与兴奋，想起这一生最“辉煌”的胜利！生活是精彩的，人生是美丽的，快乐是无限的。体会人生，回味无穷。

【样例 XL3-2】

竹子

——作者：木子

该区为全球最大的竹类植物分布区，具有丰富的竹种资源和巨大的竹林面积。

无论竹种还是竹林面积都占了全世界的 80%左右。其分布范围西起印度（54°E），东至太平洋、大洋洲岛国(180°m)，南起新西兰的南部（42°S），北至日本的北部（51°N）。在这一大片区域内，主要产竹国人民的衣、食、住、行无一不与竹子有着密切的联系。当地的古代先民早已将竹子大量用于作战的武器，农耕、渔、猎的工具，房屋建筑材料。随着生产的发展，竹子被更广泛的用于工农业生产的各个行业，如：造纸、建筑、交通、水产养殖 与捕捞乃至食品，工艺美术等等。近代又不断有加工利用新技术被创造发明，新产品被开发利用。

而竹子的大量开发利用又对当地的文化、历史产生了深刻的影响。中国是一个最好的例证，不仅其曾有数 100 年的历史记载在“竹简”上，而且有大量的文字、绘 画、诗词、舞蹈与竹子有关。同样的情况亦在日本、泰国发生。

难怪曾有一位英国科学家说道：如果说玉米的发现与利用创造了印第安人的文化与历史，则可无愧地说竹子的发现与利用创造了亚洲人的文明与历史。因此，本区确实可以称为“竹子之乡”或“竹类 文明之地”。本区的竹种约有 4/5 为丛生竹，而散生竹种仅占 1/5。

其中秆形高大通直、材质优良或笋味鲜美可食的竹种数量上 100 种。具有很高的经济价值。但本区东部的大洋洲和一些太平洋岛国上则竹种资源相当贫乏。

【样例 XL3-3A】

- 第 4 章　顺序结构程序设计的应用
  - 4.1 知识储备
  - 4.2 案例设计
  - 4.3 案例实施
    - 任务一：C 语言程序设计的基本过程
    - 任务二：算法特性及表示方法
    - 任务三：顺序结构程序设计应用
    - 任务四：编程错误及其调试方法
  - 4.4 案例总结
  - 习题 4

【样例 XL3-3B】

【样例 XL3-4A】

成　绩　单

2011-2012 学年　第二学期

«姓名»同学：

你在本学期各科总评成绩如下：

大学英语　«大学英语»
高等数学　«高等数学»
C 语言程序设计 «C 语言程序设计»

下学期请务必在 2012 年 8 月 30 日　前到校注册。

经济管理系

2012 年 7 月 20

【样例 XL3-4B】

成　绩　单

2011-2012 学年　第二学期

于明辉同学：

你在本学期各科总评成绩如下：

大学英语　82

高等数学　83

C 语言程序设计 64

下学期请务必在 2012 年 8 月 30 日 2012 年 8 月 30 日　前到校注册。

经济管理系

2012 年 7 月 20

成　绩　单

2011-2012 学年　第二学期

赵晨同学：

你在本学期各科总评成绩如下：

大学英语　88

高等数学　90

C 语言程序设计 70

下学期请务必在 2012 年 8 月 30 日 2012 年 8 月 30 日　前到校注册。

经济管理系

2012 年 7 月 20

成 绩 单

2011-2012 学年 第二学期

齐江同学：

你在本学期各科总评成绩如下：

大学英语 91

高等数学 77

C 语言程序设计 72

下学期请务必在 2012 年 8 月 30 日 2012 年 8 月 30 日 前到校注册。

经济管理系

2012 年 7 月 20

【样例 XL3-5A】

录取通知书

«姓名»同学

你已被我院«系别» 系«专业» 专业正式录取，报名时请带上你的准考证和学费«学费» 元，务必在 2012 年 9 月 1 日 前到校报道！

XXXX 大学招生办

2012 年 8 月 20

【样例 XL3-5B】

录取通知书

赵晨同学

你已被我院 经济管理系 系 会计 专业正式录取，报名时请带上你的准考证和学费 6800 元，务必在2012年9月1日 前到校报道！

XXXX大学招生办
2012年8月20

录取通知书

贺礼旗同学

你已被我院 经济管理系 系 会计 专业正式录取，报名时请带上你的准考证和学费 6200 元，务必在2012年9月1日 前到校报道！

XXXX大学招生办
2012年8月20

录取通知书

于明辉同学

你已被我院 经济管理系 系 会计 专业正式录取，报名时请带上你的准考证和学费 7000 元，务必在2012年9月1日 前到校报道！

XXXX大学招生办
2012年8月20

第4章

Excel 2003 基本操作

Excel 2003 是 Office 2003 中一个重要组件，是 Microsoft 公司推出的一款优秀的电子表格软件。利用它可以制作各种报表，并快捷地完成复杂的数据运算、分析和预测等工作。

学习目标：

- ❖ 掌握 Excel 2003 中边框与底纹、自动套用格式、条件格式和工作表背景等表格格式的设置方法。
- ❖ 掌握数据排序、筛选、分类汇总、建立数据透视表以及进行合并计算等操作。

重点难点：

- ❖ 使用 Excel 2003 进行表格格式编排。
- ❖ 运用 Excel 2003 进行数据管理与分析。

任务 1　初识 Excel 2003

在学习 Excel 2003 使用方法之前，掌握一些软件基本操作是必不可少的。现在我们就来学习如何启动与退出 Excel 2003，以及熟悉 Excel 2003 操作界面的各组成部分及其作用。

子任务 1　启动 Excel 2003

【相应知识点】

安装好 Office 2003 软件后，就可以启动 Excel 2003 程序了，启动 Word 2003 的常用方法有以下三种。

（1）单击任务栏中的“开始”按钮，选择“程序”→Microsoft Office→Microsoft Office Excel 2003 命令，如图 4-1 所示，即可启动 Excel 2003 程序。

（2）双击桌面上的 Excel 2003 快捷图标，如图 4-2 所示。这也是启动 Excel 2003 最快捷的方法。

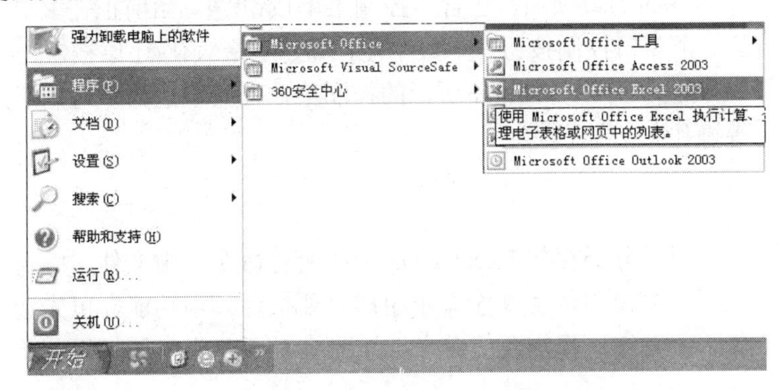

图 4-1　启动 Excel 2003 程序

图 4-2　Excel 2003 快捷图标

（3）通过已经创建的 Excel 2003 文件来启动程序。在“我的电脑”或“资源管理器”中找到已经创建的 Excel 2003 文件，双击即可启动相应的 Excel 2003 程序。

【技巧】若桌面上没有显示 Excel 2003 的快捷图标，可通过以下方法添加：选择“开始”→“程序”→ Microsoft Office 菜单项，在 Microsoft Office Excel 2003 图标上右击，在弹出的快捷菜单中选择“发送到”→“桌面快捷方式”命令，即可在桌面上生成 Excel 2003 的快捷图标。

子任务 2　了解 Excel 2003 的操作界面

【相应知识点】

启动 Excel 2003 后将进入其操作界面，Excel 2003 的操作界面主要由标题栏、菜单栏、工具栏、编辑栏、文档编辑区、滚动条、任务窗格、工作表标签以及状态栏等组成，如图 4-3 所示。

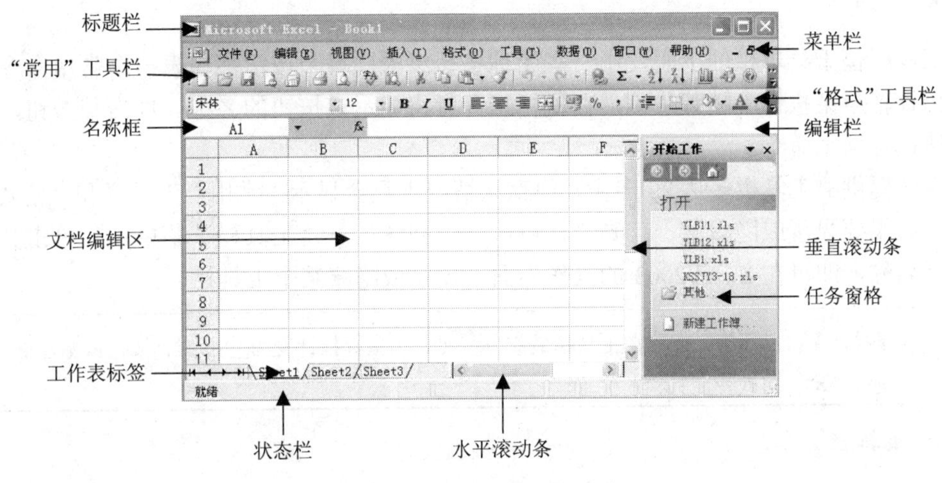

图 4-3　Excel 2003 工作界面

1. 标题栏

标题栏位于 Excel 2003 操作界面的最顶端，包含了控制菜单按钮，当前正在编辑的文档名称，标题栏的最右端是三个窗口控制按钮——最小化按钮、最大化/还原按钮和关闭按钮。单击控制菜单按钮，弹出如图 4-4 所示的控制菜单，其中的命令可用于进行窗口的大小、位置和关闭等操作。

2. 菜单栏

菜单栏位于标题栏的下方，用于分类存放 Excel 2003 中的所有命令，由文件、编辑、视图、插入、格式、工具、数据、窗口和帮助 9 个菜单组成。要执行某项功能，可先选择相应的菜单名，然后在其子菜单中继续选择需要的命令，如图 4-5 所示为“格式”菜单下的各命令选项。

若命令右侧带有符号，表示该命令还附有子菜单，将鼠标指针移动到该菜单项上将显示其子菜单。若菜单项右侧带有省略号，如图表(H)...，表示单击该菜单项时将打开一个对话框，以供用户进行进一步选择和设置。若下拉菜单的下方显示有箭头，表示该下拉菜单中包含有隐藏项目，将鼠标指针放置在该箭头上稍等片刻，可显示该下拉菜单中的全部命令。若菜单项右侧带有组合键，如“插入”菜单中的“超链接”命令右侧带有 Ctrl+K，表示使用该组合键同样可以执行该命令。

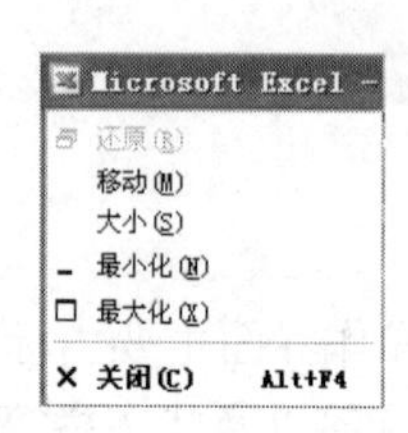

图 4-4 控制菜单

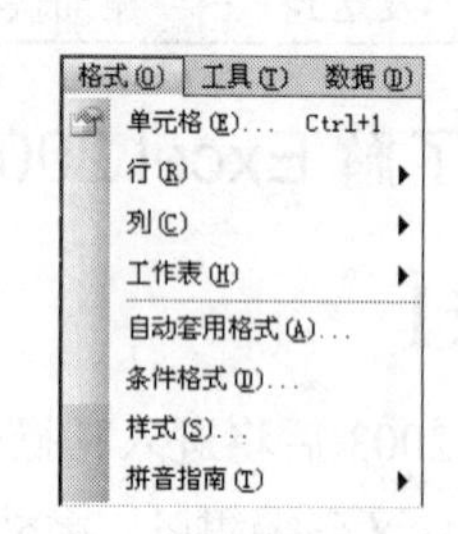

图 4-5 “格式”菜单

3. 工具栏

工具栏位于菜单栏的下面，由一些图标按钮组成，每个按钮都代表一个常用命令。将鼠标指针移至某按钮上稍等片刻，在鼠标指针旁将显示该按钮的名称。单击某按钮，就可以快速执行这个命令。

系统提供的工具栏多达 20 多个，但默认情况下只会显示“常用”工具栏和“格式”工具栏。如果要显示或隐藏某一工具栏，可展开“视图”→“工具栏”菜单项，单击其中的工具栏名称，即可在 Excel 2003 的操作界面上显示或隐藏某个工具栏。

【技巧】将鼠标指针放置在工具栏最前方处，当鼠标指针变为状时，按住鼠标左键不放并进行拖动，可改变工具栏的位置。

4. 编辑栏

编辑栏主要用于输入和修改活动单元格中的数据。当在工作表的某个单元格中输入数据时，编辑栏会同步显示输入的内容。

5. 滚动条

滚动条分为水平滚动条和垂直滚动条。当工作表中的内容不能完全显示时，可通过单击滚动条两端的按钮或拖动中间的滑块，查看隐藏的工作表内容。

6. 任务窗格

在 Excel 2003 中，可以利用任务窗格快速执行一些操作。单击任务窗格标题栏右侧的三角按钮▼，可打开一个下拉菜单，如图 4-6 所示，从中选择不同的项目，可以显示不同的任务窗格。单击任务窗格标题栏右侧的“关闭”按钮☒，可关闭任务窗格。

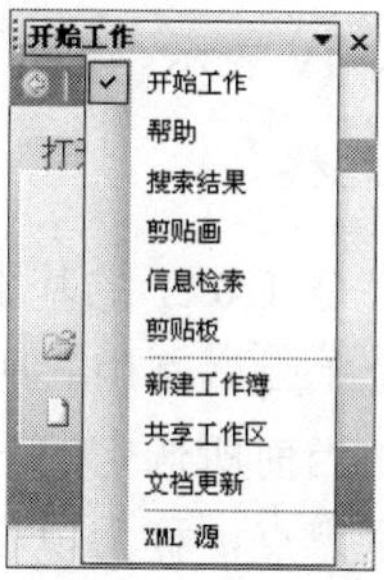

开始工作
开始工作
帮助
搜索结果
剪贴画
信息检索
剪贴板
新建工作簿
共享工作区
文档更新
XML 源

图 4-6　Excel 2003“任务窗格”下拉菜单

7. 状态栏

状态栏位于操作界面的最底端，用于显示当前操作的相关信息。

8. 工作表标签

工作簿由工作表构成，不同的工作表用不同的标签标记。工作表标签位于工作簿窗口的底部，默认名称为 Sheet1、Sheet2 和 Sheet3。

子任务 3　退出 Excel 2003

【相应知识点】

退出 Excel 2003 有多种办法，常用的有如下 4 种。

（1）单击标题栏右侧的“关闭”按钮☒，可退出 Excel 2003 程序。

（2）选择“文件”→“退出”命令，可退出 Excel 2003 程序。

（3）按 Alt+F4 组合键，可关闭当前运行的 Excel 2003 程序。

（4）双击标题栏左侧的控制菜单按钮，或单击此按钮并在打开的菜单中选择“关闭”命令，可退出当前 Excel 2003 程序。

任务 2　认识与了解工作簿、工作表和单元格

【相应知识点】

1. 工作簿

一个 Excel 文件就是一个工作簿，启动 Excel 程序时系统将自动创建一个名为 Book1 的工作簿，其扩展名为“.xls”。一个工作簿最多可以包含 255 个工作表。新建一个工作簿

时，默认情况下将包含 3 个工作表（Sheet1、Sheet2 和 Sheet3），用户可根据需要插入新的工作表，其名称以工作表标签形式显示在工作簿窗口的底部，单击标签可以进行工作表切换。

2. 工作表

工作表是显示在工作簿窗口中由行和列构成的表格。其中，行号显示在工作簿窗口的左侧，依次用数字 1、2、3、…、65536 表示；列号显示在工作簿窗口的上方，依次用字母 A、B、…、IV 表示。工作表由单元格组成，可以在其中输入数字、汉字、日期等内容。

3. 单元格

单元格是 Excel 的基本操作单位，工作表编辑区中每一个长方形的小格就是一个单元格，每一个单元格都用其所在的单元格地址来标识，如 B3 单元格表示位于第 B 列第 3 行的单元格。当前所选定的一个或多个单元格称为活动单元格，其外边有个黑框，黑框的右下角有一个黑点，称为填充柄。当鼠标移动至填充柄时，鼠标光标形状由空心十字形变成实心十字形，按下鼠标左键不放并拖动，所经过的相邻单元格会被一组有规律的数据填充。

任务 3　工作表与单元格的环境设置及修改

工作表与单元格是 Excel 电子表格的最重要组成元素，因此，熟练掌握它们的操作方法就显得尤为重要。

子任务 1　单元格的环境设置与修改

创建工作簿后，可根据需要对工作表中的单元格进行操作，通过插入行和列及设置单元格的行高或列宽来改变工作表结构。

【相应知识点】

1. 插入单元格、行与列

（1）插入单元格

打开文档，单击要插入单元格的位置，选择“插入”→“单元格”命令（或右击要插入的单元格，在弹出的快捷菜单中选择“插入”命令），打开“插入”对话框，如图 4-7 所示，选择一种插入方式，单击“确定”按钮。

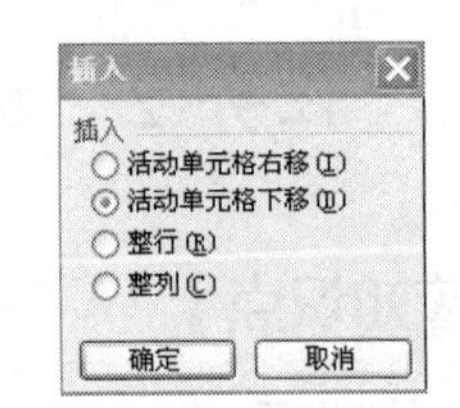

图 4-7　“插入”对话框

（2）插入行与列

打开文档，单击要插入行（或列）的位置，选择“插入”→“行”或“列”命令，即可在选定单元格的上方插入一行或左侧插入一列。

【提示】右击要插入行或列的位置，在弹出的快捷菜单中选择“插入”命令，打开“插入”对话框，选中“整行”或“整列”单选按钮，也可在所选单元格的上方插入一行或左侧插入一列。

2．删除单元格、行与列

（1）删除单元格

打开文档，选择要删除的单元格，选择“编辑”→“删除”命令（或右击要删除的单元格，在弹出的快捷菜单中选择“删除”命令），打开“删除”对话框，如图 4-8 所示，选择一种删除方式，单击“确定”按钮。

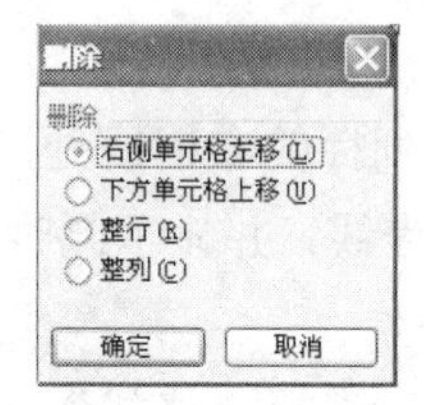

图 4-8　“删除”对话框

（2）删除行或列

选择要删除的行或列，选择“编辑”→“删除”命令（或右击要删除的行或列，在弹出的快捷菜单中选择“删除”命令），即可将所选行或列删除。

3．单元格命名

（1）快速定义名称

选中要命名的单元格区域，在“编辑栏”左侧的“名称框”中输入名称，按 Enter 键。

（2）利用菜单命令

选择“插入”→“名称”→“定义”命令，打开“定义名称”对话框，如图 4-9 所示，在“当前工作簿中的名称”文本框中输入单元格区域的名称，在“引用位置”文本框中输入要引用的单元格，或者单击折叠按钮然后利用鼠标在工作表中进行选定，单击“添加”按钮，即可将输入的名称添加到“在当前工作簿中的名称”列表中，单击“确定”按钮。

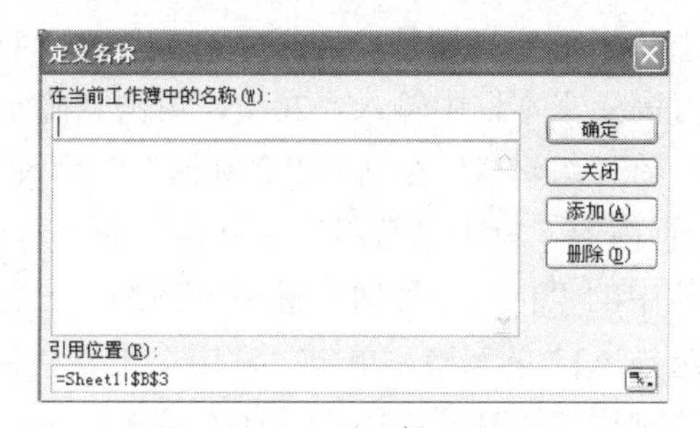

图 4-9　“定义名称”对话框

4．调整行高与列宽

默认情况下，Excel 中所有行的高度和所有列的宽度都是相等的，用户可以根据需要，利用鼠标拖动方式和菜单命令来调整行高和列宽。

（1）调整行高

方法一：用鼠标拖动

打开文档，将鼠标指针移到某行行号的下框线处，当鼠标指针变成上下双向箭头时拖动鼠标，此时在工作表中有一根横向虚线，并显示此时的行高值，到合适高度后释放鼠标。

方法二：用菜单设置

打开文档，选定要改变行高的行，选择“格式”→“行”→“行高”命令，打开“行高”对话框，如图 4-10 所示，在“行高”编辑框中输入行高值，单击“确定”按钮。

（2）调整列宽

方法一：用鼠标拖动

打开文档，将鼠标指针移到某列列标的右框线处，当鼠标指针变成左右双向箭头时拖动鼠标，此时在工作表中有一根纵向虚线，并显示此时的列宽值，到合适宽度后释放鼠标。

方法二：用菜单设置

打开文档，选定要改变列宽的列，选择“格式”→“列”→“列宽”命令，打开“列宽”对话框，如图 4-11 所示，在“列宽”编辑框中输入列宽值，单击“确定”按钮。

图 4-10 “行高”对话框

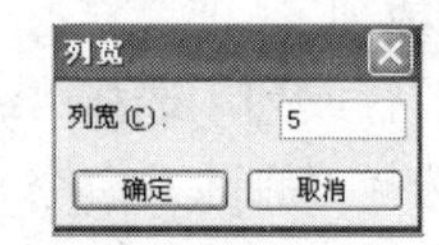

图 4-11 “列宽”对话框

【实操案例】

【案例 4-1】打开文档 YL4-1.xls，按照【样例 4-1A】所示，将标题行行高设为 20，将标题单元格名称定义为“成绩表”，将表格中“姓名”为“孙颖”的行与“姓名”为“孙平”的行对调，在 B10 单元格下面插入一行，并输入相应内容，将表格中“姓名”为“张明”行删除。

操作步骤如下：

（1）打开文档 YL4-1.xls，选定标题行，选择“格式”→“行”→“行高”命令，打开“行高”对话框，在“行高”文本框中输入“20”，单击“确定”按钮。

（2）单击标题单元格，在“编辑栏”左侧的“名称框”中输入“成绩单”，按 Enter 键。

（3）选中“孙平”一行内容，单击“常用”工具栏中的“剪切”按钮，选择 A14 单元格，单击“常用”工具栏中的“粘贴”按钮；选中“孙颖”一行内容，单击“常用”工具栏中的“剪切”按钮，选择 A12 单元格，单击“常用”工具栏中的“粘贴”按钮；选中“孙平”一行内容，单击“常用”工具栏中的“剪切”按钮，选择 A7 单元格，单击“常用”工具栏中的“粘贴”按钮。

（4）选中“张明”所在的一行，选择“插入”→“行”菜单项，按照【样例 4-1】所示输入内容；选中“张明”所在的一行，选择“编辑”→“删除”命令，删除该行内容。

【样例 4-1A】

成绩表　　f_x　期末成绩

	A	B	C	D	E	F
1			期末成绩			
2	学号	姓名	语文	数学	英语	
3	20121001	李丽	85	74	87	
4	20121002	于倩	89	87	87	
5	20121003	刘洪利	87	88	88	
6	20121004	赵建国	85	87	86	
7	20121010	孙平	82	80	85	
8	20121006	李刚	86	83	98	
9	20121007	周海华	87	80	89	
10	20121008	赵宏伟	87	87	89	
11	20121010	吴征	73	92	83	
12	20121005	孙颖	86	86	99	

Sheet1 / Sheet2 / Sheet3

子任务 2　工作表的环境设置与修改

在 Excel 中，一个工作簿可以包含多个工作表，用户可以根据需要插入、复制、移动、重命名和删除工作表。

【相应知识点】

1．插入工作表

（1）通过“插入”菜单实现

打开文档，单击要在其前面插入工作表的工作表标签，选择“插入”→“工作表”命令，即可在选中工作表的前面插入一个新的工作表，并自动命名为 Sheet4。

（2）通过右键快捷命令实现

打开文档，右击某工作表，在弹出的快捷菜单中选择“插入”命令，打开“插入”对话框，选择“常用”选项卡，如图 4-12 所示，单击“工作表”图标，单击“确定”按钮，即可在选中工作表的前面插入一个新的工作表，并自动命名为 Sheet4。

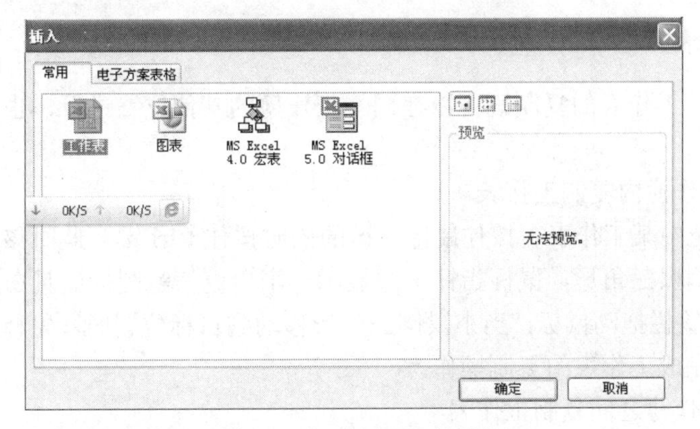

图 4-12　“插入”对话框

2. 重命名工作表

（1）通过双击实现

打开文档，双击工作表标签，此时，选中工作表标签呈黑底白字显示，并处于编辑状态，输入新工作表名称，按 Enter 键即可。

（2）通过“格式”菜单实现

打开文档，选中某工作表，选择“格式”→“工作表”→“重命名”命令，此时，选中工作表标签呈黑底白字显示，并处于编辑状态，输入新工作表名称，按 Enter 键即可。

（3）通过右键快捷命令实现

打开文档，右击某工作表，从弹出的快捷菜单中选择“重命名”命令，此时，选中工作表标签呈黑底白字显示，并处于编辑状态，输入新工作表名称，按 Enter 键即可。

3. 移动工作表

在 Excel 中，工作表的移动既可以在同一工作簿的其他位置进行，也可以在其他工作簿进行。

（1）同一工作簿内移动工作表

打开文档，选中某工作表，按住鼠标左键，此时该工作表标签左上角显示一个小的倒黑三角形，鼠标指针上方显示一个白色信笺图标，沿着标签栏拖动鼠标，当小黑倒三角形移动到目标位置时，释放鼠标左键，即可完成工作表的移动操作。

（2）不同工作簿之间移动工作表

打开两个不同的工作簿文件，选择要移动的工作表标签，选择“编辑”→“移动或复制工作表”命令（或右击要移动的工作表标签，从弹出的快捷菜单中选择“移动或复制工作表”命令），打开“移动或复制工作表”对话框，如图 4-13 所示，在“将选定工作表移至”下拉列表中选择要移动到的目标工作簿，在“下列选定工作表之前”列表中选择要将工作表移动到目标工作簿的位置，单击“确定”按钮。

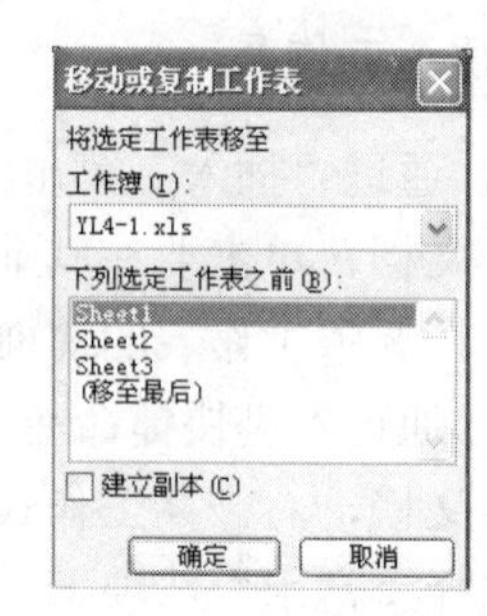

图 4-13 “移动或复制工作表”对话框

4. 复制工作表

在 Excel 中，工作表的复制既可以在同一工作簿的其他位置进行，也可以在其他工作簿进行。

（1）同一工作簿内复制工作表

打开文档，选中某工作表，按住鼠标左键的同时按住 Ctrl 键，此时该工作表标签左上角显示一个小的倒黑三角形，鼠标指针上方显示一个白色信笺图标而且白色信笺内有一个“+”号，沿着标签栏拖动鼠标，当小黑倒三角形移动到目标位置时，先释放鼠标左键再松开 Ctrl 键，即可完成工作表的复制操作。

（2）不同工作簿之间复制工作表

打开两个不同的工作簿文件，选择要复制的工作表标签，选择“编辑”→“移动或复制工作表”命令（或右击要移动的工作表标签，从弹出的快捷菜单中选择“移动或复制工作表”命令），打开“移动或复制工作表”对话框，选中“建立副本”复选框，在“将选定工作表移至”下拉列表中选择要复制到的目标工作簿，在“下列选定工作表之前”列表中选择要将工作表复制到目标工作簿的位置，单击“确定”按钮。

5. 删除工作表

（1）通过右键菜单命令

打开文档，右击要删除的工作表标签，从弹出的快捷菜单中选择“删除”命令，打开如图 4-14 所示的提示对话框，单击“删除”按钮则所选工作表将被删除。

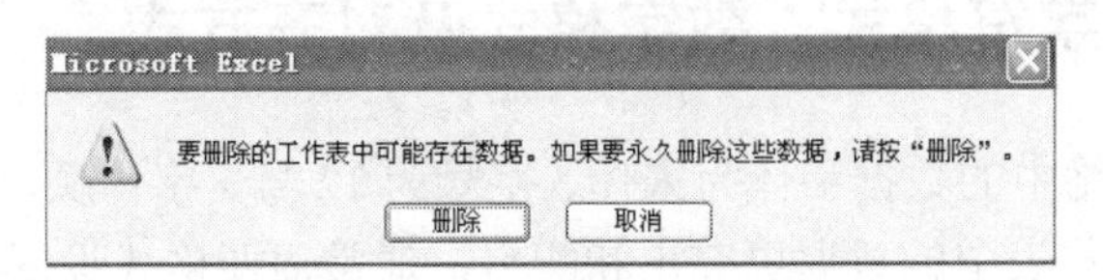

图 4-14　“删除工作表”提示框

（2）通过“编辑”菜单命令实现

打开文档，选中要删除的工作表标签，选择“编辑”→“删除工作表”命令，在随后打开的提示对话框中单击“删除”按钮，即可将所选工作表删除。

【实操案例】

【案例 4-2】打开文档 YL4-1-1.xls，在工作簿中插入 Sheet4 工作表，并把它移至 Sheet3 工作表之后，将 Sheet1 工作表重命名为“期末成绩”，将该文件另存到考生文件夹中，文件名为“期末成绩”文件，将“期末成绩”文件中的期末成绩工作表复制到新建文档 YL4-20.xls 中。

操作步骤如下：

（1）打开文档 YL4-1-1.xls，选择“插入”→“工作表”命令，即可在工作表 Sheet1 之前插入一个新的工作表 Sheet4。

（2）选中 Sheet4 工作表，按住鼠标左键，此时该工作表标签左上角显示一个小的倒黑三角形，鼠标指针上方显示一个白色信笺图标，沿着标签栏拖动鼠标，当小黑倒三角形移动 Sheet3 工作表后边时，释放鼠标左键即可。

（3）双击 Sheet1 工作表标签，此时选中工作表标签呈黑底白字显示，并处于编辑状态，输入“期末成绩”按 Enter 键；选择“文件”→“另存为”命令，打开“另存为”对话框，在“保存位置”下拉列表框中选择考生文件夹，在“文件名”文本框中输入“期末成绩”，在“保存类型”下拉列表框中选择“Microsoft Office Excel 工作簿（*.xls）”选项，单击“保存”按钮。

（4）新建一个新文件 YL4-2.xls，选中“期末成绩”文件中的期末成绩工作表，选择“编辑”→“移动或复制工作表”命令，打开“移动或复制工作表”对话框，选中“建立副本”复选框，在“将选定工作表移至工作簿”下拉列表中选择 YL4-20.xls，在“下列选定工作表之前”列表中选择 Sheet1 工作表，单击“确定”按钮。

任务 4　工作表与单元格的格式设置与美化

工作表建好之后，为了突出显示工作表中的数据以及使工作表更加美观，应该对其进行格式设置和美化，如设置单元格格式、为表格添加边框和底纹等，这样可以使工作表更加美观并且便于阅读。

子任务 1　设置字符格式、数字格式及对齐方式

默认情况下，表格中的数据字体为宋体、字号为 12 号、字体颜色为黑色、数字格式为“常规”，为了使工作表中的数据更突出和醒目，通常需要格式设置。

【相应知识点】

1. 设置字符格式

（1）利用“格式”工具栏设置

打开文档，选择单元格区域，单击“格式”工具栏中的相应按钮，对字符进行字体、字号、加粗、倾斜、下划线、边框、底纹、缩放等格式设置。

（2）利用“单元格格式”对话框设置

打开文档，选择单元格区域，选择“格式”→“单元格”命令，打开“单元格格式”对话框，单击“字体”选项卡，如图 4-15 所示，在该对话框中可以进行字体、字号、字形、字体颜色等设置。

2. 设置数字格式

Excel 中的数据类型有常规、数值、货币、日期、时间和文本等。

（1）利用“格式”工具栏设置

打开文档，选择单元格区域，单击“格式”工具栏中的“货币样式”按钮、“百分比样式”按钮%等。

（2）利用“单元格格式”对话框设置

打开文档，选择单元格区域，选择“格式”→“单元格”命令，打开“单元格格式”对话框，选择“数字”选项卡，如图 4-16 所示，在“分类”列表中选择数字类型，然后根据需要在对话框右侧设置其他选项，单击“确定”按钮。

【提示】当为单元格中的数值设置不同的数字格式时，更改的只是它的显示形式，而不是其实际值。

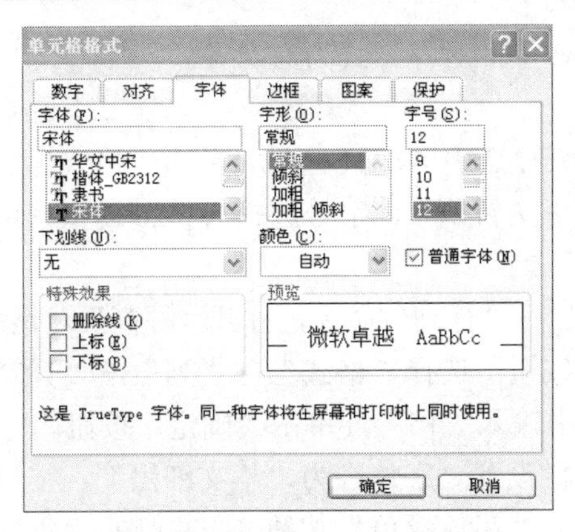

图 4-15　“单元格格式”对话框

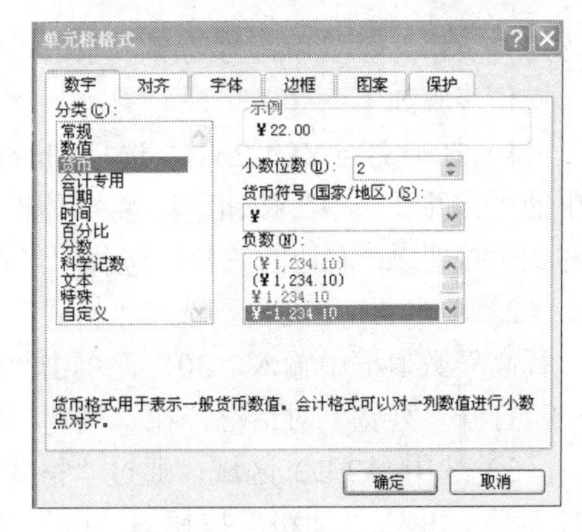

图 4-16　“数字”选项卡

3. 设置对齐方式

对齐是指单元格内容相对单元格上、下、左、右的位置。

（1）利用“格式”工具栏设置

打开文档，选择单元格区域，单击“格式”工具栏中的“左对齐”按钮、“居中”按钮 或“右对齐”按钮，可使文本按选定方式进行对齐。

（2）利用“单元格格式”对话框设置

打开文档，选择单元格区域，选择“格式”→“单元格”命令，打开“单元格格式”对话框，选择“对齐”选项卡，如图 4-17 所示，根据需要对“水平对齐”、“垂直对齐”、“缩进”、“合并单元格”等内容进行设置，即可使文本按选定方式进行对齐。

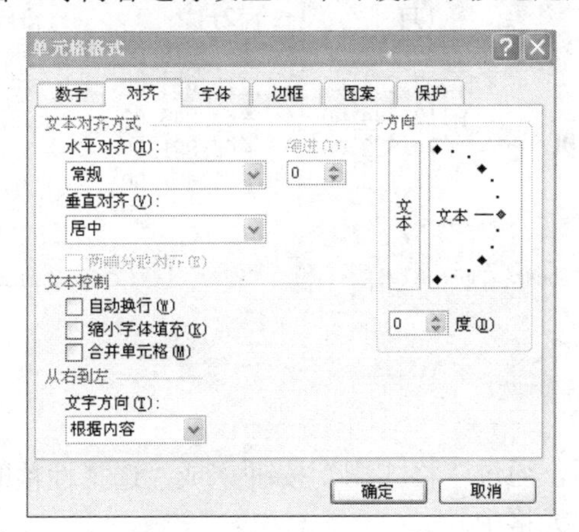

图 4-17　“对齐”选项卡

【实操案例】

【案例 4-3】打开文档 YL4-2.xls，按照【样例 4-2A】所示，在 Sheet1 工作表表格中将标题区域 A1:D1 合并居中，将标题字体设置为华文新魏，字号为 20 磅，颜色为红色；将标题行行高设置为 30，列宽设置为 15；将表头行字体设置为华文细黑，字形为加粗，字号为 12 磅，字体颜色为深蓝，对齐方式为水平居中；将表格的第 1 列加粗；将表格中的数据设置为“货币”，货币符号为￥，小数点位数为2位，对齐方式为右对齐。

操作步骤如下：

（1）打开文档YL4-2.xls，选择Sheet1工作表，选中A1:D1区域，单击“格式”工具栏中的“合并及居中”按钮，将字体设置为“华文新魏”，字号选择为“20磅”，单击字体颜色按钮右边的三角，选择“红色”。

（2）单击A1单元格，选择“格式”→“行”→“行高”命令，打开“行高”对话框，在“行高”数值框中输入“30”，单击“确定”按钮；选择“格式”→“列”→“列宽”命令，打开“列宽”对话框，在“列宽”数值框中输入“15”，单击“确定”按钮。

（3）选中A2:D2区域，通过“格式”工具栏设置“字体”为“华文细黑”，字号为“12磅”，单击“加粗”按钮 **B** 进行加粗，单击“字体颜色”按钮右侧的三角，选择“深蓝”，然后单击“居中”按钮；选中A3:A7区域，单击“加粗”按钮 **B** 进行加粗。

（4）选中B3:D7区域，选择“格式”→“单元格”命令，打开“单元格格式”对话框，选择“数字”选项卡，在“分类”列表中选择“货币”，并设置“货币符号”为￥，“小数位数”选择2，单击“确定”按钮退出，然后单击“格式”工具栏中的“右对齐”按钮，使所有金额右对齐显示。

【样例4-3A】

	A	B	C	D	E
1	红旗销售公司2012年1-3月份销售情况表				
2	名称	1月	2月	3月	
3	创维电视	￥6,543,111.00	￥3,211,678.00	￥1,198,888.00	
4	长虹电视	￥1,292,344.00	￥1,115,433.00	￥1,115,432.00	
5	美菱冰箱	￥112,344.00	￥63,843.00	￥92,433.00	
6	小天鹅洗衣机	￥74,322.00	￥65,881.00	￥55,387.00	
7	LG微波炉	￥98,112.00	￥72,451.00	￥99,223.00	
8					
9					

Sheet1 / Sheet2 / Sheet3

【知识拓展】

❖ 复制单元格格式

设置好单元格格式后，通过“格式刷”按钮或“选择性粘贴”命令，可将设置好的单元格格式复制到其他单元格中。

（1）利用“格式刷”按钮

打开文档，选择已设置好格式的单元格，单击“常用”工具栏中的“格式刷”按钮，此时移动鼠标指针到工作表，鼠标指针变为“刷子”形状，按下鼠标左键拖过要应用格式的单元格区域后释放鼠标即可。

【提示】当多处格式需要复制，可双击“格式刷”按钮，复制格式完成后再次单击“格式刷”按钮或按Esc键结束。

（2）利用“选择性粘贴”命令

打开文档，选择已设置好格式的单元格，单击“常用”工具栏中的“复制”按钮，然后选中要应用该格式的单元格区域，选择“编辑”→“选择性粘贴”命令，打开“选择性粘贴”对话框，如图 4-18 所示，选中“格式”单选按钮，单击“确定”按钮。

图 4-18　“选择性粘贴”对话框

子任务 2　设置边框和底纹

默认情况下，Excel 工作表中单元格是带有浅灰色的边框线，用户可以根据需要，设置表格和单元格的边框和底纹。

【相应知识点】

1. 设置表格边框线

（1）利用“边框”按钮

打开文档，选择要设置边框的单元格区域，单击“格式”工具栏中“边框”按钮右侧的三角，从展开的列表中进行选择即可。

（2）利用“格式”菜单

打开文档，选择要设置边框的单元格区域，选择“格式”→“单元格”命令，打开“单元格格式”对话框，选择“边框”选项卡，如图 4-19 所示。首先要设置外边框的样式：在“线条样式”列表中选择一种粗实线样式，在“颜色”下拉列表框中选择一种颜色，然后单击“外边框”按钮。设置内部框线的方式与此相同，差别在于设置完“线条样式”和“颜色”后应单击“内部”按钮。最后，单击“确定”按钮。

2. 设置表格底纹

（1）利用“填充颜色”按钮

打开文档，选择要设置底纹的单元格区域，单击“格式”工具栏中的“填充颜色”按钮右侧的三角，从展开的颜色列表中选择一种颜色即可。

（2）利用“格式”菜单

打开文档，选择要设置底纹的单元格区域，选择“格式”→“单元格”命令，打开“单元格格式”对话框，选择“图案”选项卡，如图 4-20 所示，通过设置“颜色”和“图案”

可为选定的单元格设置底色和底纹，最后单击“确定”按钮退出。

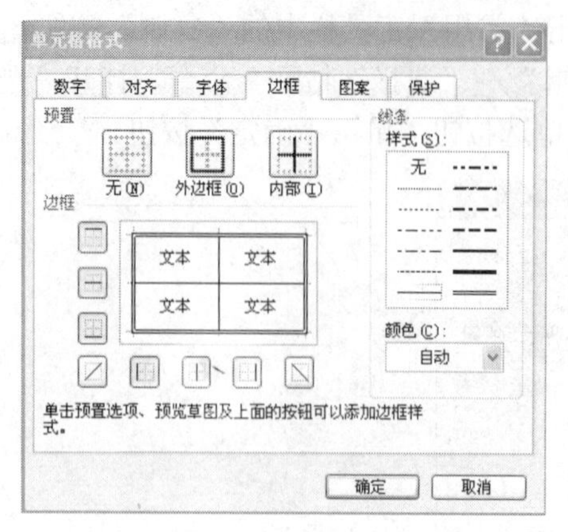

图 4-19 “边框”选项卡

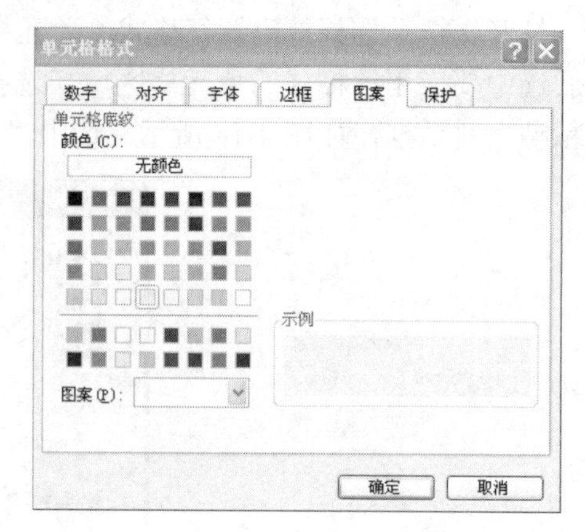

图 4-20 “图案”选项卡

【实操案例】

【案例 4-4】打开文档 YL4-3-1.xls，按照【样例 4-3B】如图 4-21 所示，在 Sheet1 工作表表格中将表格的外边框设置为双实线，将表格的内边框设置为虚线；将表格的标题添加淡紫色底纹；将表头一行和“名称”一列添加粉红色底纹；将表格其余部分添加黄色底纹。

操作步骤如下：

（1）打开文档 YL4-3-1.xls，选择 Sheet1 工作表，选中 A1:D7 单元格区域，选择“格式”→“单元格”命令，打开“单元格格式”对话框，选择“边框”选项卡，在“线条样式”列表中选择双实线，在“预置”选项区域单击“外边框”按钮；在“线条样式”列表中选择虚线，在“预置”选项区域单击“内部”按钮。

（2）单击 A1 标题行，选择“格式”→“单元格”命令，打开“单元格格式”对话框，选择“图案”选项卡，在“颜色”区域选择“淡紫”色，单击“确定”按钮。

（3）选中 A2:D2 表头区域，单击“格式”工具栏“填充颜色”按钮右侧的三角，从展开的颜色列表中选择粉红色；选中 A3:A7 一列区域，单击“填充颜色”按钮右侧的三角，从展开的颜色列表中选择粉红色；选中 B3:D7 区域，单击“填充颜色”按钮右侧的三角，从展开颜色的列表中选择黄色。

【样例 4-3B】

	A	B	C	D	E
1	红旗销售公司2012年1-3月份销售情况表				
2	名称	1月	2月	3月	
3	创维电视	￥6,543,111.00	￥3,211,678.00	￥1,198,888.00	
4	长虹电视	￥1,292,344.00	￥1,115,433.00	￥1,115,432.00	
5	美菱冰箱	￥112,344.00	￥63,843.00	￥92,433.00	
6	小天鹅洗衣机	￥74,322.00	￥65,881.00	￥55,387.00	
7	LG微波炉	￥98,112.00	￥72,451.00	￥99,223.00	
8					
9					

【知识拓展】

❖ **清除单元格的格式和内容**

（1）清除单元格格式

打开文档，选择要清除格式的单元格区域，选择“编辑”→“清除”→“格式”命令。

（2）清除单元格内容

打开文档，选择要清除内容的单元格区域后按 Delete 键，或选择“编辑”→“清除”→“内容”命令。

【提示】“编辑”→“清除”菜单项中，“全部”命令的作用是将单元格的格式、内容、批注全部清除；“批注”命令的作用是取消单元格的批注。

子任务 3　设置自动套用格式

Excel 2003 提供了许多预定义的表格格式，使用它们，用户可以迅速建立外观精美的工作表。

【相应知识点】

打开文档，选择要套用格式的单元格区域，选择“格式”→“自动套用格式”命令，打开“自动套用格式”对话框，如图 4-21 所示，选择要套用的表格格式，单击“确定”按钮。

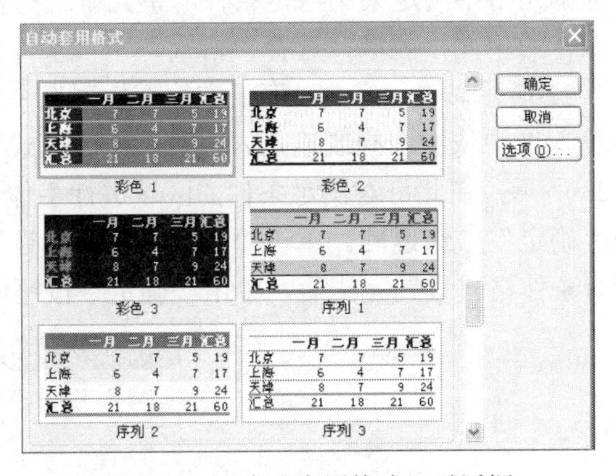

图 4-21　“自动套用格式”对话框

【提示】若要取消表格的自动套用格式，可在“自动套用格式”对话框的“样式”列表框中选择最下方的“无”选项，并单击“确定”按钮。

【实操案例】

【案例 4-5】打开文档 YL4-3.xls，按照【样例 4-3C】所示，将 Sheet2 工作表表格格式设置为“自动套用格式”彩色 2。

操作步骤如下：

打开文档 YL4-3.xls，单击 Sheet2 工作表，选择 A1:E10 单元格区域，选择“格式”→“自动套用格式”命令，打开“自动套用格式”对话框，选择“彩色 2”样式，单击“确定”按钮。

【样例 4-3C】

	A	B	C	D	E	F
1	天利公司运输1组职工工资表					
2	姓名	基本工资	岗位津贴	生活补贴	违纪扣除	
3	王小红	2890	340	150	20	
4	贾玉丽	2300	200	150	20	
5	田英	1890	100	150	15	
6	程丽	2500	100	150	15	
7	冯远红	2389	100	150	10	
8	杜鹏	1865	100	150	5	
9	周常明	3200	200	150	5	
10	李鸿利	3321	200	150	5	
11						

子任务 4　条件格式设置

在 Excel 中使用条件格式，可以让符合特定条件的单元格数据以醒目方式突出显示。

【相应知识点】

条件格式是指对所选单元格中满足某个特定条件的单元格进行格式设置。

打开文档，选中要操作的单元格区域，选择“格式”→“条件格式”命令，打开“条件格式”对话框，如图 4-22 所示。在“条件 1”下方的下拉列表中选择“单元格数值”选项，然后在右侧的 3 个输入框中依次选择或输入内容。单击“格式”按钮，打开“单元格格式”对话框，如图 4-23 所示，在此可对满足条件的区域进行字体、字形、边框及底纹等设置，设置完毕后单击“确定”按钮返回。单击“添加”按钮，设置下一个条件格式，最多可指定 3 个条件。所有条件格式设置完毕后，单击“确定”按钮退出。

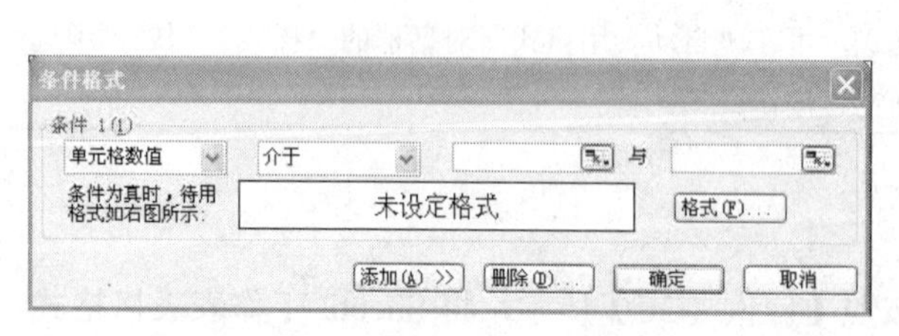

图 4-22　“条件格式”对话框

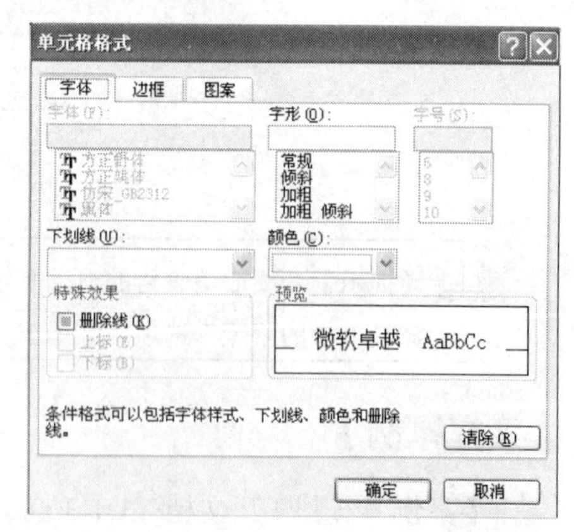

图 4-23　“单元格格式”对话框

【实操案例】

【案例 4-6】打开文档 YL4-1.xls，按照【样例 4-1B】所示，将 Sheet1 工作表表格中各科成绩介于 70 与 85 之间的数据设置为浅青绿色底纹。

操作步骤如下：

打开文档 YL4-1.xls，单击 Sheet1 工作表，选中 C3:E12 单元格区域，选择“格式”→“条件格式”命令，打开“条件格式”对话框，在“条件 1”下方依次选择“单元格数值”和“介于”选项，并在右侧两个数值框中输入“70”和“85”，然后单击“格式”按钮，打开“单元格格式”对话框，选择“图案”选项卡，在“颜色”区域单击“浅青绿”色，然后单击“确定”按钮返回，最后单击“确定”按钮退出。

【样例 4-2A】

	A	B	C	D	E	F
1			期末成绩			
2	学号	姓名	语文	数学	英语	
3	20121001	李丽	85	74	87	
4	20121002	于倩	89	87	87	
5	20121003	刘洪利	87	88	88	
6	20121004	赵建国	85	87	86	
7	20121005	孙颖	86	86	99	
8	20121006	李刚	86	83	98	
9	20121007	周海华	87	80	89	
10	20121008	赵宏伟	87	87	89	
11	20121009	张明	72	82	65	
12	20121010	孙平	82	80	85	
13						

【知识拓展】

❖ 修改或删除条件格式

（1）修改条件格式

打开文档，选中已设置条件格式的单元格区域，选择“格式”→“条件格式”命令，打开“条件格式”对话框，在该对话框中对所选单元格中的条件重新进行编辑、修改，最后单击“确定”按钮。

（2）删除条件格式

打开文档，选中已设置条件格式的单元格区域，选择“格式”→“条件格式”命令，打开“条件格式”对话框，单击“删除”按钮，打开“删除条件格式”对话框，如图 4-24 所示，选中要删除条件的复选框，单击“确定”按钮返回，最后单击“确定”按钮退出。

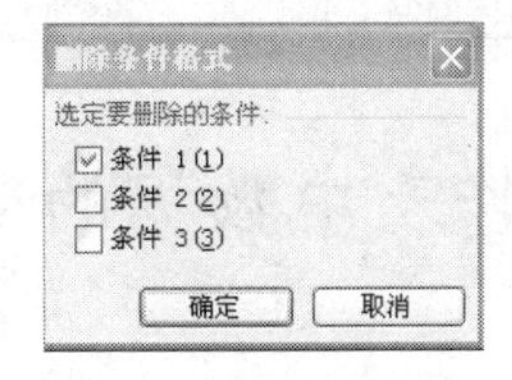

图 4-24　“删除条件格式”对话框

子任务 5 设置工作表背景

【相应知识点】

打开文档，选择“格式”→“工作表”→“背景”命令，打开“工作表背景”对话框，如图 4-25 所示，在“查找范围”下拉列表框中选择背景文件所在的文件夹，选择要作为背景的文件，单击“插入”按钮。

图 4-25 “工作表背景”对话框

【实操案例】

【案例 4-7】打开文档 YL4-3.xls，按照【样例 4-3D】所示，将 Sheet3 工作表背景设定为图片素材库中的 TP4-1.jpg。

操作步骤如下：

打开文档 YL4-3.xls，单击 Sheet3 工作表，选择“格式”→“工作表”→“背景”命令，打开“工作表背景”对话框，在“查找范围”下拉列表框中选择“图片素材库”文件夹，选择 TP4-1.jpg 文件，单击“插入”按钮。

【样例 4-3D】

	A	B	C	D	E	F	G
1	鹏飞公司六月工资表						
2	姓名	部门	月工资	津贴	奖金	扣款	实发工资
3	刘洪波	自动化	2535	800	580	108	3807
4	王宏伟	计算机	4576	600	626	110	5692
5	李智	计算机	3686	500	660	112	4734
6	李欣	自动化	3496	300	420	102	4114

任务 5 工作表中数据的管理与分析

在 Excel 中，除了利用公式和函数对表格中的数据进行各种计算和处理操作以外，还提供了数据排序、数据筛选及分类汇总、合并计算等功能，利用这些功能可以方便地管理、分析各类数据。

子任务 1　使用公式、函数完成计算

在 Excel 中，利用公式和函数完成计算，从而提高工作效率。

【相应知识点】

1. 输入公式

一个完整的公式通常由运算符和操作数组成，必须以等号“=”开头。

输入公式可通过以下两种方法实现。

（1）单击需输入公式的单元格，输入“=”，然后输入公式内容，最后单击编辑栏上的“输入”按钮✓或按 Enter 键。

（2）单击需输入公式的单元格，再单击编辑栏，在编辑栏中输入“=”，然后输入操作数和运算符（或单击要引用的单元格，然后输入运算符，再单击要引用的单元格），最后单击编辑栏上的“输入”按钮✓或按 Enter 键。

2. 复制公式

复制公式既可使用拖动填充柄也可使用复制、粘贴命令。在复制公式过程中，系统会自动地改变公式中引用的单元格地址。

（1）使用填充柄复制公式

将鼠标指针移到某单元格右下角的填充柄，此时鼠标指针形状由空心十字形变成实心十字形，按住鼠标左键不放向下（或向上、向左、向右）拖动到要复制公式的单元格，到达目标位置后释放鼠标。

（2）使用复制、粘贴命令复制公式

选中已使用公式完成计算的单元格，选择“编辑”→“复制”命令，再选择要应用公式的单元格区域，选择“编辑”→“粘贴”命令。

3. “自动求和”按钮

当对一行或一列数据求和时，在该行的右侧或该列的下方选定一个空白单元格，单击“常用”工具栏中的“自动求和”按钮Σ▾右侧的三角，从中选择要操作的项，最后按 Enter 键。

4. 使用函数

函数是预先定义好的表达式，它必须包含在公式中。每个函数都由函数名和参数组成，其中函数名表示将执行的操作，参数表示函数将作用的值的单元格地址。使用函数时，应首先确认已在单元格中输入了等号“=”，表示已进入公式编辑状态，接着输入函数名称，再紧跟一对圆括号，括号内为一个或多个参数，参数之间要用逗号来分隔，函数中参数的

个数不能超过 30 个，参数可为数字、字符串、逻辑值等常量及单元格或单元格区域地址。

（1）手工输入函数

打开文档，单击要输入函数的单元格，再输入“=”、函数名、左括号、各参数、右括号，最后单击编辑栏中的“输入”按钮✓或按 Enter 键即可。

（2）使用函数向导输入函数

打开文档，单击要完成函数计算的单元格，单击编辑栏中的“插入函数”按钮fx，或选择“插入”→“函数”命令，打开“插入函数”对话框，如图 4-26 所示。在“选择函数”列表框中选择函数，单击“确定”按钮，打开“函数参数”对话框，如图 4-27 所示。单击 Number1 编辑框右侧的按钮，在工作表中选择要参与计算的单元格区域，再单击按钮返回，最后单击“确定”按钮。

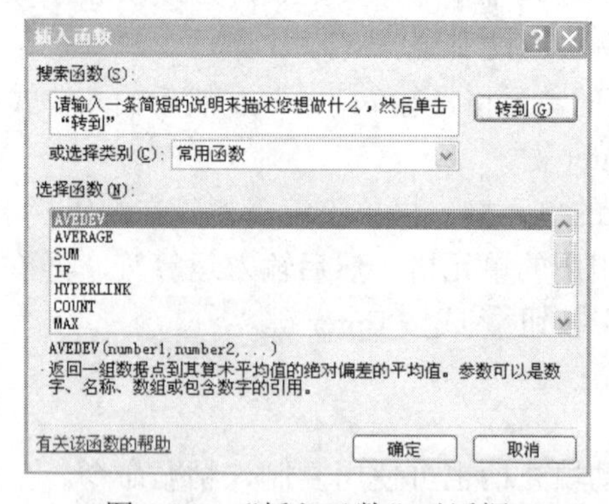

图 4-26 “插入函数”对话框

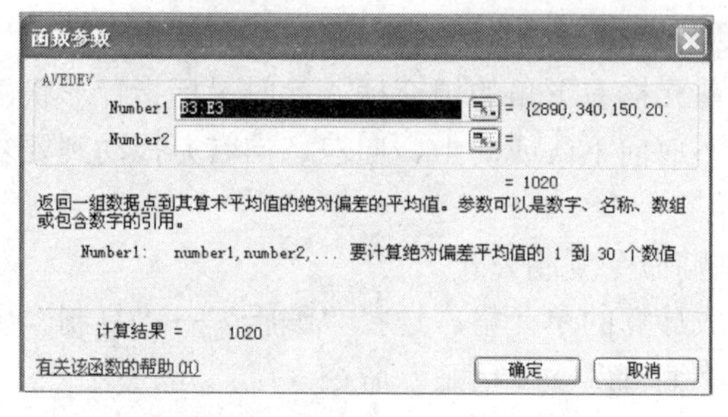

图 4-27 “函数参数”对话框

【实操案例】

【案例 4-8】打开文档 YL4-2.xls，按照【样例 4-2】所示，使用 Sheet2 工作表表格中的内容，利用公式计算出每个学生三门功课的总分。

操作步骤如下：

打开文档 YL4-2.xls，单击 Sheet2 工作表，单击 F3 单元格，再单击编辑栏，在编辑栏中输入等号“=”，单击要引用的单元格 C3，然后输入运算符“+”，再单击要引用的单元格 D3，输入运算符“+”，单击要引用的单元格 E3，最后单击编辑栏上的“输入”按钮✓或按 Enter 键；将鼠标指针移到 F3 右下角的填充柄，此时鼠标指针形状由空心十字形变成实心十字形，按住鼠标左键不放向下拖动到 F12 后释放鼠标。

【案例 4-9】打开文档 YL4-2.xls，按照【样例 4-2B】所示，在 Sheet2 工作表中分别计算出三门课程数值之和，并填入“合计”一行单元格中。

操作步骤如下：

打开文档 YL4-2.xls，单击 Sheet2 工作表，单击 C13 单元格，单击“常用”工具栏中的“自动求和”按钮Σ右侧的三角，从中选择“求和”项，最后按 Enter 键；单击 C13 单元格，选择“编辑”→“复制”命令，在 C13 单元格周围出现闪烁的边框，选中 D13:E13 单元格区域，选择“编辑”→“粘贴”命令。

【案例 4-10】打开文档 YL4-2.xls，按照【样例 4-2B】所示，使用 Sheet2 工作表表格中的内容，计算出每个学生成绩的平均分，结果保留 2 位小数。

操作步骤如下：

打开文档 YL4-2.xls，选择 Sheet2 工作表，单击 G3 单元格，单击编辑栏中的“插入函数”按钮fx或选择“插入”→“函数”命令，打开“插入函数”对话框，在“或选择类别”下拉列表框中选择“常用函数”项，在“选择函数”列表框中选择 AVERAGE 函数，单击“确定”按钮，打开“函数参数”对话框，单击 Number1 文本框右侧的按钮，在工作表中选择 C3:E3 单元格区域并单击按钮返回，单击“确定”按钮。

将鼠标指针移到 G3 右下角的填充柄，此时鼠标指针形状由空心十字形变成实心十字形，按住鼠标左键不放向下拖动到 G12 后释放鼠标。

选中 G3:G12 单元格区域，选择“格式”→“单元格”命令，打开“单元格格式”对话框，选择“数字”选项卡，在“分类”列表中选择“数值”，“小数位数”选择“2”，单击“确定”按钮。

【样例 4-2B】

	A	B	C	D	E	F	G	H
1				期末成绩				
2	学号	姓名	语文	数学	英语	总分	平均分	
3	20121001	李丽	85	74	87	246	82.00	
4	20121002	于倩	89	87	87	263	87.67	
5	20121003	刘洪利	87	88	88	263	87.67	
6	20121004	赵建国	85	87	86	258	86.00	
7	20121005	孙颖	86	86	99	271	90.33	
8	20121006	李刚	86	83	98	267	89.00	
9	20121007	周海华	87	80	89	256	85.33	
10	20121008	赵宏伟	87	87	89	263	87.67	
11	20121009	张明	72	82	65	219	73.00	
12	20121010	孙平	82	80	85	247	82.33	
13	合计		846	834	873			
14								

sheet1 / sheet2 / Sheet3

子任务 2　排序

排序是对工作表中的数据进行重新组织的一种形式。Excel 中，既可以对一列或多列数据进行排序，也可以按自定义序列进行排序。

【相应知识点】

1. 单列数据排序

打开文档，选中要进行排序的列，单击“常用”工具栏中的升序按钮或降序按钮。

2. 多个关键字排序

多个关键字排序是指对工作表中的数据按两个或两个以上的关键字进行排序。

打开文档，选择工作表中数据区域中的任一单元格，选择“数据”→“排序”命令，打开“排序”对话框，如图 4-35 所示，依次设置“主要关键字”、“次要关键字”和“第三关键字”后，单击“确定”按钮。

【提示】对多个关键字进行排序时，在主要关键字完全相同的情况下，会根据指定的次要关键字进行排序；在次要关键字完全相同的情况下，会根据指定的下一个次要关键字进行排序，依此类推。

“排序”对话框中，“我的数据区域”中各项内容解释如下。

- “有标题行”单选按钮：选定区域中的第一行作为标题行，不参与排序。
- “无标题行”单选按钮：选定区域中的第一行作为普通数看待，参与排序。

在图 4-28 中单击“选项”按钮，可打开“排序选项”对话框，如图 4-29 所示。按照条件要求进行设置后，单击“确定”按钮返回，再按有关步骤进行设置，最后单击“确定”按钮即可实现排序。

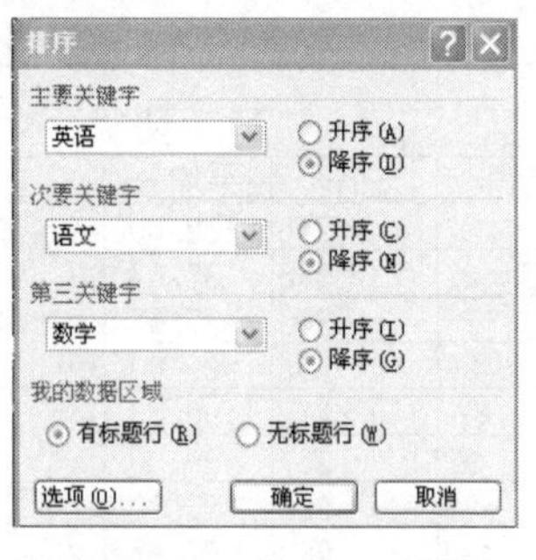

图 4-28 “排序”对话框

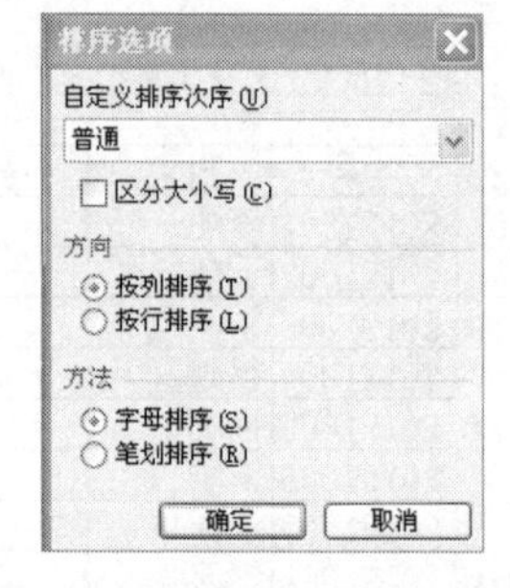

图 4-29 “排序选项”对话框

【案例 4-11】打开文档 YL4-4.xls，按照【样例 4-4A】所示，在 Sheet1 工作表中按“计算机”成绩降序排序。

操作步骤如下：

打开文档 YL4-4.xls，选择 Sheet1 工作表，单击 F 列中的任一单元格，然后单击“常用”工具栏中的降序按钮，即可按计算机成绩对整个表格进行降序排列。

【样例 4-4A】

	A	B	C	D	E	F	G
1	平时成绩						
2	学号	姓名	语文	数学	英语	计算机	
3	20121001	李丽	85	88	87	97	
4	20121005	何力	86	68	99	89	
5	20121004	马军	85	90	86	88	
6	20121009	张明	72	82	65	87	
7	20121010	孙平	82	80	86	85	
8	20121003	刘青	87	66	88	78	
9	20121008	赵宏伟	87	80	89	76	
10	20121006	宋平	86	85	98	72	
11	20121002	于倩	89	76	87	68	
12	20121007	周海华	87	67	89	56	
13							
14							

Sheet1 / Sheet2 / Sheet3

【案例 4-12】打开文档 YL4-4.xls，按照【样例 4-4B】所示，使用 Sheet2 工作表表格中的数据，以“英语”成绩为主要关键字，以“语文”成绩为次要关键字，以“数学”成绩为第三关键字，以降序排序。

操作步骤如下：

打开文档 YL4-4.xls，选择 Sheet2 工作表，选中数据区域中的任一单元格，选择“数据”→“排序”命令，打开“排序”对话框，在“主要关键字”下拉列表框中选择“英语”，选中其后的“降序”单选按钮；在“次要关键字”下拉列表框中选择“语文”，选中其后的“降序”单选按钮；在“第三关键字”下拉列表框中选择“数学”，选中其后的“降序”单选按钮。最后，单击“确定”按钮。

【样例 4-4B】

	A	B	C	D	E	F	G
1	平时成绩						
2	学号	姓名	语文	数学	英语	计算机	
3	20121005	何力	86	68	99	89	
4	20121006	宋平	86	85	98	72	
5	20121008	赵宏伟	87	80	89	76	
6	20121007	周海华	87	67	89	56	
7	20121003	刘青	87	66	88	78	
8	20121002	于倩	89	76	87	68	
9	20121001	李丽	85	88	87	97	
10	20121004	马军	85	90	86	88	
11	20121010	孙平	82	80	86	85	
12	20121009	张明	72	82	65	87	
13							
14							

Sheet1 / Sheet2 / Sheet3

【知识拓展】

❖ 自定义排序

如果已有的排序规则无法满足工作需要，用户可以用自定义排序规则来解决。方法是：

用户先自定义序列，然后再按自定义的序列排序。

打开文档，单击工作表中的任一单元格，选择“工具”→“选项”命令，打开“选项”对话框，如图4-30所示。选择“自定义序列”选项卡，在“自定义序列”列表中选择“新序列”选项，在“输入序列”编辑框中输入新序列，输入时要注意每输入一个序列就要按一次 Enter 键或每个序列之间要用英文逗号分隔，输入完序列后，单击“添加”按钮，然后单击“确定”按钮。单击要进行排序工作表中任一单元格，选择“数据”→“排序”命令，打开“排序”对话框，在该对话框中单击“选项”按钮，打开“排序选项”对话框，在“自定义排序次序”下拉列表中选择刚才自定义的序列，单击“确定”按钮，返回“排序”对话框，分别设置“主要关键字”、“次要关键字”和“第三关键字”条件，单击“确定”按钮。

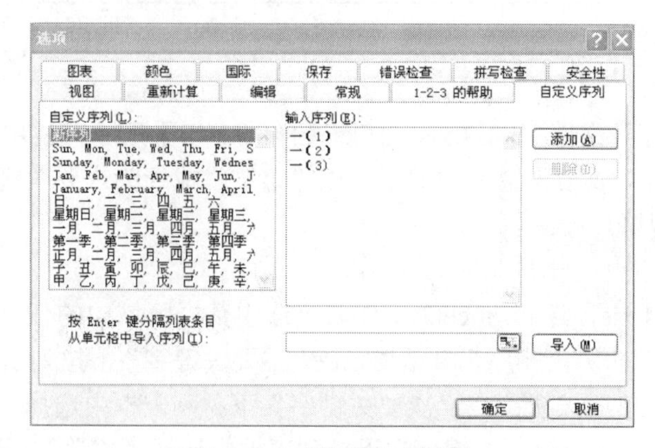

图 4-40 “选项”对话框

【提示】如果序列已经存在于工作表中，则可从“选项”对话框的“自定义序列”选项卡中，在“从单元格中导入序列”输入序列所在的单元格区域地址，单击“导入”按钮即可。

子任务 3 筛选

Excel 的数据筛选功能是将不符合条件的数据隐藏，只显示符合条件的数据。

【相应知识点】

1. 自动筛选

打开文档，单击要进行筛选的工作表数据中的任一单元格，选择“数据”→“筛选”→“自动筛选”命令，此时在每个字段的右边都出现一个倒三角按钮，单击某字段右边的倒三角按钮，从展开的下拉列表中进行选择即可。筛选后，凡是使用了自动筛选的字段名右边的倒三角颜色由黑色变成蓝色，并且行号也变成蓝色。

2. 自定义筛选

利用“自定义”筛选，可以限定一个或两个筛选条件，以便显示出所需要的数据。

打开文档，单击要进行筛选的工作表数据中的任一单元格，选择“数据”→“筛选”→“自动筛选”命令，此时在每个字段的右边都出现一个倒三角按钮，单击某字段右边的倒三角按钮，从展开的下拉列表中选择“自定义”选项，打开“自定义自动筛选方式”对话框，如图 4-31 所示，在该对话框中，根据需要对各项进行设置，最后单击“确定”按钮。

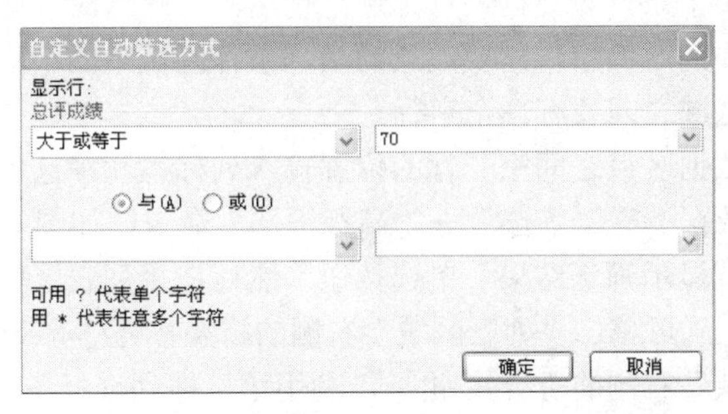

图 4-31　“自定义自动筛选方式”对话框

【提示】取消筛选的方法有如下 3 种。

（1）如果要取消某一列的筛选，则需单击该列字段右侧的倒三角按钮，从展开的列表中选择“全部”命令。

（2）如果要取消所有列的筛选，则选择“数据”→“筛选”→“全部显示”命令。

（3）如果要删除筛选倒三角按钮，则需选择“数据”→“筛选”→“自动筛选”命令。

【实操案例】

【案例 4-13】打开文档 YL4-5.xls，按照【样例 4-5A】所示，在 Sheet1 工作表表格中，筛选出“系别”为“电子系”，“总成绩”大于或等于 80 的值。

操作步骤如下：

打开文档 YL4-5.xls，单击 Sheet1 工作表，单击要进行筛选的数据中的任一单元格，选择“数据”→“筛选”→“自动筛选”命令，此时在每个字段的右边都出现一个倒三角按钮，单击“系别”右边的倒三角按钮，从展开的下拉列表中选择“电子系”；单击“总成绩”右边的倒三角按钮，从展开的下拉列表中选择“自定义”选项，打开“自定义自动筛选方式”对话框，在该对话框中左上部的比较操作符下拉列表中选择“大于或等于”选项，在其右边的文本框中输入“80”，单击“确定”按钮。

【样例 4-5A】

	A	B	C	D	E	F	G
1	“C语言程序设计”课程期末考试成绩						
2	学号	系别	姓名	笔试	机试	总成绩	
4	2012102	电子系	王红	90	94	92	
6	2012104	电子系	马军	88	90	89	
11							
12							

Sheet1 / Sheet2 / Sheet3

【知识拓展】

❖ 高级筛选

高级筛选是指用多个条件对数据进行筛选。使用高级筛选时，必须先建立一个条件区域，并输入筛选数据要满足的条件。要注意的是，条件区域中的字段必须是工作表中的字段，条件区域和数据区域之间要有一个空行。

打开文档，在与数据区域之间空一行的位置输入列标签和筛选条件，单击数据区域中任一单元格，选择“数据”→“筛选”→“高级筛选”命令，如图4-32所示，在“方式”栏中选中“在原有区域显示筛选结果”单选按钮，然后在“列表区域”编辑框中确认数据区域是否正确，若不正确可单击“列表区域”右侧的折叠按钮，利用鼠标拖动选择数据区域，单击“条件区域”右侧的折叠按钮，利用鼠标拖动选择条件区域，单击“确定”按钮。

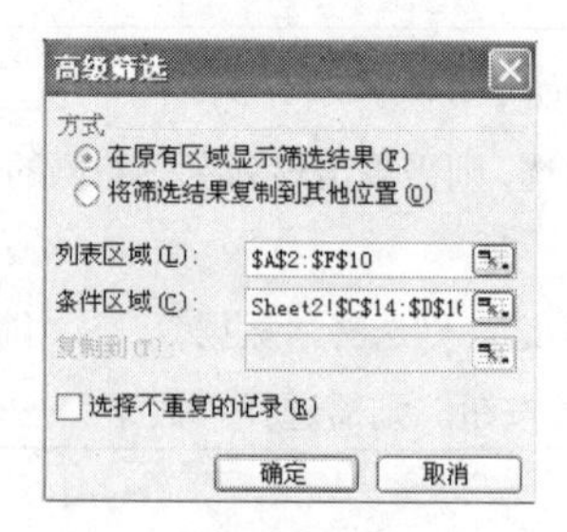

图4-32 “高级筛选”对话框

“高级筛选”对话框中，“方式”栏中各单选按钮的意义如下。

- 在原有区域显示筛选结果：将筛选结果放置在原数据处，不符合条件的行隐藏。
- 将筛选结果复制到其他位置：将筛选结果复制到工作表的其他位置。

子任务4 分类汇总

Excel 分类汇总是把工作表中的数据按照指定的关键字进行各种汇总，并且分级显示汇总结果。但应注意，“分类字段”必须是已经排序的字段。

【相应知识点】

1. 简单分类汇总

简单分类汇总是指对数据表中的某一列进行排序，然后进行分类汇总。

打开文档，对工作表中某一列数据进行排序（升序或降序），选择“数据”→“分类汇总”命令，打开“分类汇总”对话框，在“分类字段”下拉列表框中选择分类字段，在“汇总方式”下拉列表框中选择汇总方式，在“选定汇总项”列表中可以选中一个或多个复选框以对数据区域中的不同字段进行汇总，如图4-33所示，然后单击“确定”按钮。

【注意】在“选定汇总项”列表框中选择的汇总项，要与“汇总方式”下拉列表中选择的汇总方式相符合。

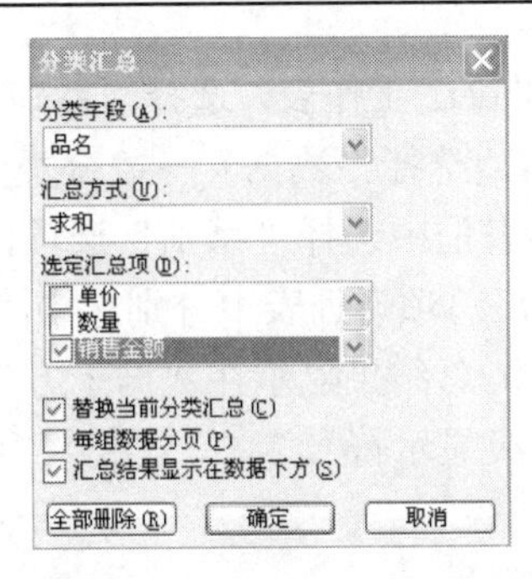

图 4-33　“分类汇总”对话框

在“分类汇总”对话框中，最下方 3 个复选框意义如下。

- 替换当前分类汇总：用最后一次的分类汇总取代以前的分类汇总。
- 每组数据分页：用分页保存各种不同的分类数据。
- 汇总结果显示在数据下方：在原工作表数据的下方会显示出汇总结果。

2. 嵌套分类汇总

嵌套分类汇总指在一个已经建立了分类汇总的工作表中再进行分类汇总，两次分类字段不相同。

打开文档，对工作表中的某列数据进行排序（升序或降序），然后选择“数据”→“分类汇总”命令，打开“分类汇总”对话框，在“分类字段”下拉列表框中选择分类字段，在“汇总方式”下拉列表框中选择汇总方式，在“选定汇总项”列表中选中一个或多个复选框以对数据区域中的不同字段进行汇总，该对话框下方的保存方式选默认，单击“确定”按钮退出。然后将光标定位于数据区域中，再次选择“数据”→“分类汇总”命令，在“分类汇总”对话框中设置第二个分类汇总字段（不同于第一次）。最后，选中“汇总结果显示在数据下方”复选框，取消选中“替换当前分类汇总”复选框，然后单击“确定”按钮。

【提示】分级显示或隐藏汇总结果方法。

（1）对工作表中的数据进行分类汇总后，在工作表行号的左侧会显示一些分级显示符号，单击所需级别的数字，较低级别的明细数据会隐藏起来，数值越大级别越高，显示的汇总结果越详细。

（2）要隐藏工作表中某组明细数据行，可以单击该组行号左侧的 - 按钮，此时 - 按钮变为 + 按钮，单击该按钮可重新显示本组中的明细数据。

【实操案例】

【案例 4-14】打开文档 YL4-5.xls，按照【样例 4-5B】所示，在 Sheet2 工作表表格中，

以“系别”为分类字段，以“笔试”、“机试”和“总成绩”为汇总项，进行求平均值的分类汇总。

操作步骤如下：

打开文档 YL4-5.xls，单击 Sheet2 工作表，选择“系别”列中的任一单元格，单击“常用”工具栏中的“降序”按钮，选择“数据”→“分类汇总”命令，打开“分类汇总”对话框，在“分类字段”下拉列表框中选择“系别”选项，在“汇总方式”下拉列表框中选择“平均值”选项，在“选定汇总项”列表中分别选中“笔试”、“机试”和“总成绩”复选框，在对话框最下方选中“汇总结果显示在数据下方”和“替换当前分类汇总”复选框，单击“确定”按钮，单击分级显示符号 2。

【样例 4-5B】

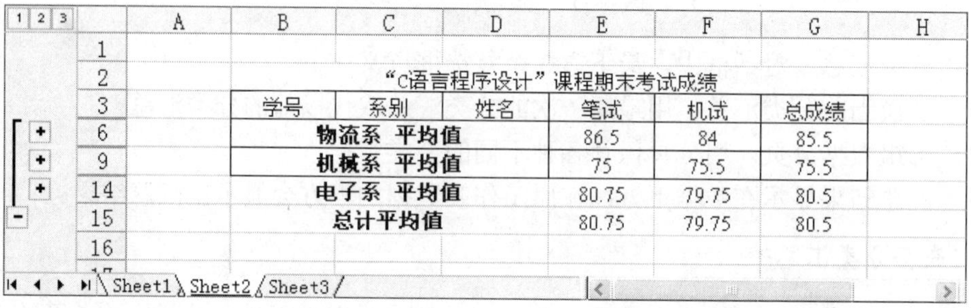

“C语言程序设计”课程期末考试成绩

学号	系别	姓名	笔试	机试	总成绩
物流系 平均值			86.5	84	85.5
机械系 平均值			75	75.5	75.5
电子系 平均值			80.75	79.75	80.5
总计平均值			80.75	79.75	80.5

Sheet1 Sheet2 Sheet3

【案例 4-15】打开文档 YL4-6.xls，按照【样例 4-6】所示，在 Sheet1 工作表表格中，以“部门”和“电器”分别为分类字段，以“销售金额”为汇总项，进行求平均值的嵌套分类汇总。

操作步骤如下：

打开文档 YL4-6.xls，选择 Sheet1 工作表，选中“部门”列中的任一单元格，然后单击“常用”工具栏中的“降序”按钮。选择“数据”→“分类汇总”命令，打开“分类汇总”对话框，在“分类字段”下拉列表框中选择“部门”选项，在“汇总方式”下拉列表框中选择“平均值”选项，在“选定汇总项”列表中选中“销售金额”复选框，在对话框最下方选中“汇总结果显示在数据下方”和“替换当前分类汇总”复选框，单击“确定”按钮退出。

再次选择“数据”→“分类汇总”命令，打开“分类汇总”对话框，在“分类字段”下拉列表框中选择“电器”选项，在“汇总方式”下拉列表框中选择“平均值”选项，在“选定汇总项”列表中选中“销售金额”复选框，在对话框最下方取消“替换当前分类汇总”复选框，单击“确定”按钮。单击工作表行号左侧的分级显示符号 4。

【知识拓展】

❖ 取消分类汇总

在分类汇总数据区域中选择任一单元格，选择“数据”→“分类汇总”命令，打开“分类汇总”对话框，单击“全部删除”按钮，即可取消分类汇总。此时，工作表中的数据将恢复到排序后、分类汇总前的状态，由分类汇总所产生的汇总结果也被一并清除。

【样例 4-6】

	A	B	C	D	E	F
1	晟鼎公司一月份各部门销售情况表					
2	部门	电器	单价	数量	销售金额	
3	部门一	电视机	2000	22	44000	
4	**电视机 平均值**				44000	
5	部门一	VCD机	416	12	4992	
6	**VCD机 平均值**				4992	
7	**部门一 平均值**				24496	
8	部门四	空调	1525	55	83875	
9	**空调 平均值**				83875	
10	部门四	电视机	2000	15	30000	
11	**电视机 平均值**				30000	
12	**部门四 平均值**				56937.5	
13	部门三	微波炉1	785	19	14915	
14	**微波炉1 平均值**				14915	
15	部门三	微波炉2	785	23	18055	
16	**微波炉2 平均值**				18055	
17	**部门三 平均值**				16485	
18	部门二	VCD机	416	21	8736	
19	**VCD机 平均值**				8736	
20	部门二	空调	1525	58	88450	
21	**空调 平均值**				88450	
22	**部门二 平均值**				48593	
23	**总计平均值**				36627.875	
24						

Sheet1 / Sheet2 / Sheet3

子任务 5　数据透视表

数据透视表是一种可对大量数据进行快速汇总和建立交叉列表的交互式表格。

Excel 2003 中的数据透视表由页字段、行字段、列字段、数据字段、数据区域等组成，用户可以旋转其行或列查看对源数据的不同汇总结果，还可以通过显示不同的行标签来筛选数据。

【相应知识点】

1. 创建数据透视表

打开文档，单击数据区域中任一单元格，选择“数据”→“数据透视表和数据透视图”命令，打开数据透视表和数据透视图向导，如图 4-34 所示。选中“Microsoft Office Excel 数据列表或数据库”和“数据透视表”单选按钮，单击“下一步”按钮，进行第二步设置，如图 4-35 所示。在“选定区域”文本框中输入要建立数据透视表的数据源区域，或单击折叠按钮，在工作表中重新选择区域并单击按钮返回，单击“下一步”按钮，进行第三步设置，如图 4-36 所示。在对话框中选择数据透视表的显示位置及设置工作表布局，其中，“新建工作表”表示将创建的数据透视表放置在系统新建的工作表中；“现有工作表”表示将创建的数据透视表放置在当前工作表中，可在其后的文本框中输入要放置数据透视表的单元格区域的第一个单元格。

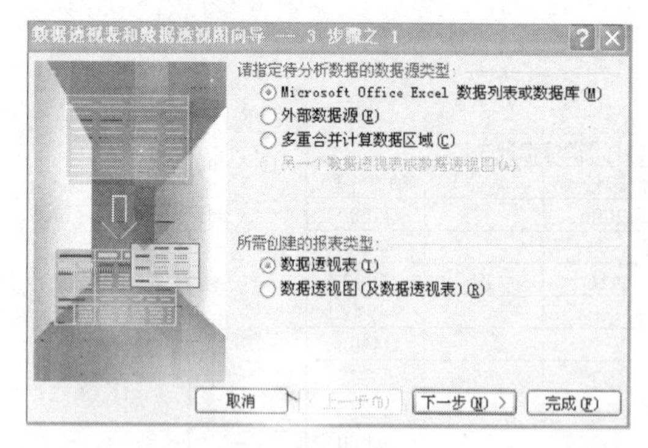

图 4-34　步骤 1

图 4-35　步骤 2

在图 4-36 中单击“布局”按钮，打开“数据透视表和数据透视图向导——布局”对话框，如图 4-37 所示，其上半部分是对布局的使用说明，下半部分是进行操作的区域。将右侧的字段按钮拖动到左边的布局中，此时，拖入到“行”区的字段中的每个数据项将占数据透视表的一行，拖入到“列”区的字段中的每个数据项将在数据透视表中各占一列，拖入到“页”区的字段中的数据项将对数据透视表进行分页，“数据”区域用来放置需要计算或汇总的字段。设置完毕后，单击“确定”按钮，系统自动返回到如图 4-36 所示对话框，单击“完成”按钮，此时数据透视表创建完成，工作表中自动显示出“数据透视表字段列表”和“数据透视表”工具栏。在数据透视表外单击，结束数据透视表的创建。

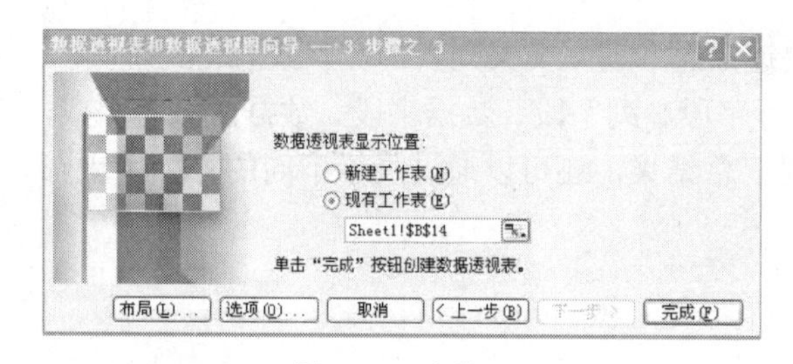

图 4-36　步骤 3

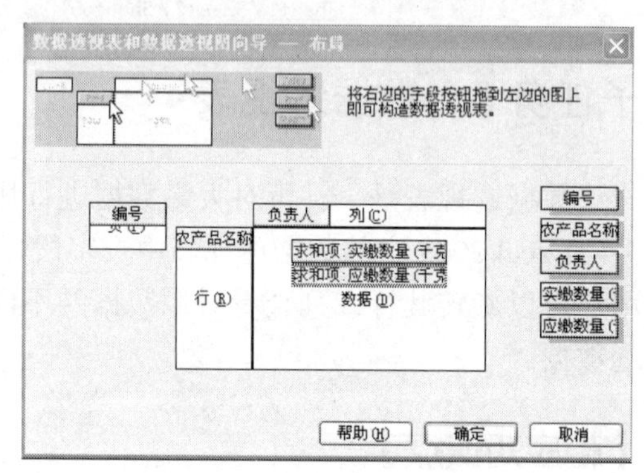

图 4-37　数据透视表和数据透视图向导——布局

2. 显示或隐藏数据

打开数据透视表，单击某项右侧的三角按钮，在展开的列表中取消选中要隐藏的复选框，单击“确定”按钮，即可显示被隐藏的数据。

【实操案例】

【案例 4-16】打开文档 YL4-7.xls，按照【样例 4-7】所示，在 Sheet1 工作表中，以“编号”为页字段，以“农产品名称”为行字段，以“负责人”为列字段，以“实缴数量”和“应缴数量”为求和项创建一个数据透视表。

操作步骤如下：

打开文档 YL4-7.xls，单击 Sheet1 工作表中数据区域任一单元格，选择“数据”→“数据透视表和数据透视图”命令，打开数据透视表和数据透视图向导。依次选中“Microsoft Office Excel 数据列表或数据库”和“数据透视表”单选按钮，单击“下一步”按钮，进行第二步设置。确认选定区域（即选中 A2:E7 数据区域），单击“下一步”按钮，进行第三步设置。选中“现有工作表”单选按钮，在其后的文本框中单击折叠按钮，在数据区域中单击 B14 单元格作为放置数据透视表单元格区域的第一个单元格，然后单击按钮返回。单击“布局”按钮，打开“数据透视表和数据透视图向导——布局”对话框，将“编号”字段按钮拖入到“页”区的字段中，将“农产品名称”字段按钮拖入到“行”区的字段中，将“负责人”字段按钮拖入到“列”区的字段中，分别将“实缴数量”和“应缴数量”字段拖入到“数据”区域中，然后单击“确定”按钮，再单击“完成”按钮退出数据透视表创建。

最后，单击“负责人”右侧的三角按钮，在展开的列表中取消选中“全部显示”复选框，再选中“付春丽”复选框，单击“确定”按钮。

【样例 4-7】

	A	B	C	D	E	F
10						
11						
12		编号	(全部)			
13						
14				负责人		
15		农产品名称	数据	付春丽	总计	
16		红小豆	求和项:实缴数量(千克)	16464	16464	
17			求和项:应缴数量(千克)	15124	15124	
18		求和项:实缴数量(千克)汇总		16464	16464	
19		求和项:应缴数量(千克)汇总		15124	15124	
20						
21						

Sheet1 / Sheet2 / Sheet3

【案例 4-17】打开文档 YL4-8.xls，按照【样例 4-8A】所示，使用 Sheet1 工作表表格中的数据，以“所在城市”为分页，以“公司”为列字段，以“7-9 月份”为求和项，从该表的 B14 单元格处建立数据透视表，在数据透视表中使用条件格式将石家庄几家公司中 7-9 月份利税大于 800 的数据单元格设置为梅红底纹。

操作步骤如下：

打开文档 YL4-8.xls，单击 Sheet1 工作表中任一单元格，然后选择“数据”→“数据透视表和数据透视图”命令，打开数据透视表和数据透视图向导。依次选中“Microsoft Office Excel 数据列表或数据库”和“数据透视表”单选按钮，单击“下一步”按钮，进行第二步设置。确认选定区域（即选中 A2:E9 数据区域），单击“下一步”按钮，进行第三步设置。选中“现有工作表”单选按钮，在其下的文本框中单击折叠按钮，在数据区域中单击 B14 单元格作为放置数据透视表单元格区域的第一个单元格，然后单击按钮返回。单击“布局”按钮，打开“数据透视表和数据透视图向导——布局”对话框，将“所在城市”

字段按钮拖入到“页”区的字段中，将“公司”字段按钮拖入到“列”区的字段中，分别将“7-9 月份”字段拖入到“数据”区域中，单击“确定”按钮返回，再单击“完成”按钮退出。单击“所在城市”右侧的三角按钮，在展开的列表中选择“石家庄”选项，单击“确定”按钮。

选中 C16:E18 单元格区域，选择“格式”→“条件格式”命令，打开“条件格式”对话框，在“条件 1”下方的下拉列表中分别选择“单元格数值”、“大于”选项，并在右侧数值框中输入“800”，单击“格式”按钮，打开“单元格格式”对话框，选择“图案”选项卡，在“颜色”栏选择“梅红”色，单击“确定”按钮返回，最后单击“确定”按钮退出。

【样例 4-8A】

	A	B	C	D	E	F	G
10							
11							
12		所在城市	石家庄				
13							
14			公司				
15		数据	和平搬运	佳苑房产	新图物业	总计	
16		求和项:7月份	875	985	487	2347	
17		求和项:8月份	687	875	785	2347	
18		求和项:9月份	658	578	659	1895	
19							
20							
21							
22							

Sheet1 / Sheet2 / Sheet3

【知识拓展】

❖ **移动数据透视表**

单击数据透视表中的任一单元格，单击“数据透视表”工具栏中“数据透视表”按钮右侧的三角，从弹出的菜单中选择“选定”→“整张表格”命令，然后单击“常用”工具栏中的剪切按钮，选择要放置数据透视表的位置，再单击粘贴按钮即可。

子任务 6　合并计算

合并计算是指用来汇总一个或多个源区域中数据的方法。Excel 提供了两种合并计算数据的方法：按位置合并计算和按分类合并计算。位置合并计算是指将源区域中相同位置的数据进行汇总，它要求源区域中的数据具有相同的行标签和列标签，并按相同的顺序排列在工作表中；分类合并计算是指源区域中的数据没有相同的组织结构，但具有相同的行标签或具有相同的列标签。

在完成“合并计算”任务之前，需要做好如下两项准备工作。

（1）选择需要合并计算的数据源（可以来自不同的工作表或工作簿）。

（2）定义一个目标区（可以在源数据的工作表中，也可以在另一个工作表中），用来显示合并后的信息。

【知识点及案例】

1. 位置合并计算

位置合同并计算常用于处理相同表格的合并，如将各分公司的报表合并为一个总报表。

【案例 4-18】打开文档 YL4-9.xls，按照【样例 4-9】所示，将甲、乙两部门的数据（如图 4-38 所示）进行求和合并计算。

	A	B	C	D
1	乙部门第3季度销售统计表			
2	名称	7月	8月	9月
3	LG空调	68574	47821	35481
4	美菱冰箱	65964	54712	25748
5	小天鹅洗衣机	587496	25412	36547
6	格兰士微波炉	85471	57481	45871
7	荣声冰箱	58749	32541	87410
8	创维电视	52471	15875	35412
9				

甲部 / 乙部 / 合计

	A	B	C	D
1	甲部门第3季度销售统计表			
2	名称	7月	8月	9月
3	LG空调	32541	35417	21470
4	美菱冰箱	587496	54712	32541
5	小天鹅洗衣机	54214	25412	15875
6	格兰士微波炉	57412	52414	58412
7	荣声冰箱	36547	87410	52471
8	创维电视	14758	35412	52478
9				

甲部 / 乙部 / 合计

图 4-38　甲部、乙部销售统计表

操作步骤如下：

打开工作簿 YL4-9.xls，选择新建的“合计”工作表，如图 4-39 所示。单击 B3 单元格，选择“数据”→“合并计算”命令，打开“合并计算”对话框，如图 4-40 所示，在“函数”下拉列表中选择“求和”函数，单击“引用位置”右侧的按钮，在“甲部”工作表中选择要引用的单元格区域 B3:D8 并单击按钮返回，单击“添加”按钮，将引用的区域添加到“所有引用位置”列表中。同样，将“乙部”工作表中要引用的单元格区域 B3:D8 也添加到“所有引用位置”列表中，最后单击“确定”按钮。

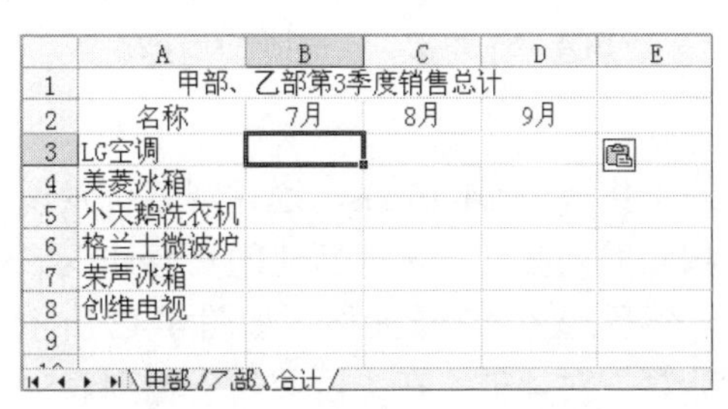

	A	B	C	D	E
1	甲部、乙部第3季度销售总计				
2	名称	7月	8月	9月	
3	LG空调				
4	美菱冰箱				
5	小天鹅洗衣机				
6	格兰士微波炉				
7	荣声冰箱				
8	创维电视				
9					

甲部 / 乙部 / 合计

图 4-39　甲部、乙部销售总计

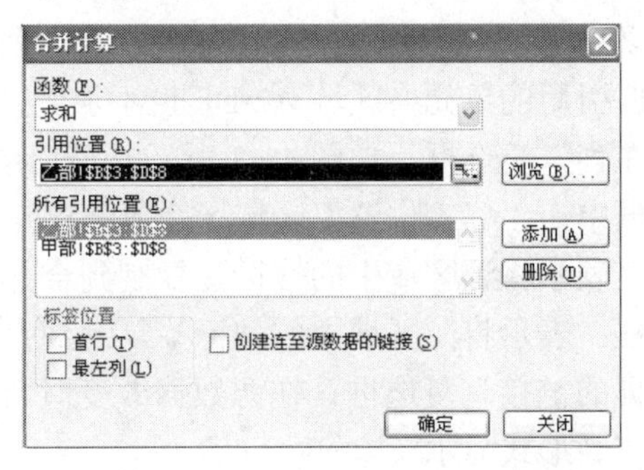

图 4-40　“合并计算”对话框

【样例 4-9】

	A	B	C	D
1	甲部、乙部第3季度销售总计			
2	名称	7月	8月	9月
3	LG空调	101115	83238	56951
4	美菱冰箱	653460	109424	58289
5	小天鹅洗衣机	641710	50824	52422
6	格兰士微波炉	142883	109895	104283
7	荣声冰箱	95296	119951	139881
8	创维电视	67229	51287	87890
9				

甲部 / 乙部 / 合计

2. 分类合并计算

Excel 分类合并计算时，将会自动按指定的标志进行汇总，要求包含行或列的标志，当分类标志在顶端时，应选中“首行”复选框；当分类标志在最左列时，应选中“最左列”复选框；若条件需要，也可同时选中两个复选框。

【案例 4-19】打开文档 YL4-10.xls，按照【样例 4-10】所示，将甲、乙两部门的数据（见图 4-41）进行求和合并计算。

	A	B	C	D
1	甲部门第2季度销售统计表			
2	名称	4月	5月	6月
3	LG空调	57481	45871	57412
4	长虹电视	32541	87410	36547
5	小天鹅洗衣	15875	35412	14758
6	LG微波炉	68574	47821	21470
7	荣声冰箱	65964	54712	32541
8	创维电视	587496	25412	15875
9				

甲部 / 乙部 / 合计

	A	B	C	D
1	乙部第2季度销售统计表			
2	名称	4月	5月	6月
3	美菱冰箱	21470	52471	87410
4	科隆空调	32541	52478	35412
5	小天鹅洗衣	54214	25412	15875
6	格兰士微波	57412	52414	58412
7	荣声冰箱	36547	32541	35417
8	夏普电视	14758	587496	54712
9				

甲部 / 乙部 / 合计

图 4-41　甲部、乙部销售统计表

操作步骤如下：

打开要进行合并计算的工作簿 YL4-10.xls，通过观察可发现：甲部、乙部两个工作表的数据各不相同，但却有相同的列标签。选择新建的“合计”工作表，输入标题“甲部、乙部第 2 季度销售总计”，然后选择 A2 单元格，如图 4-42 所示，选择“数据”→“合并计算”命令，打开“合并计算”对话框，在“函数”下拉列表中选择“求和”选项，单击“引用位置”右侧的按钮，在“甲部”工作表中选择要引用的单元格区域 A2:D8，然后单击按钮返回，单击“添加”按钮，将引用的区域添加到“所有引用位置”列表中。同样，将“乙部”工作表中要引用的单元格区域 A2:D8 也添加到“所有引用位置”列表中，然后选中“首行”和“最左列”复选框，如图 4-43 所示，最后单击“确定”按钮。

在“合并计算”对话框中，“标签位置”区域 3 个复选框意义解释如下。

- “首行”复选框：表示将源区域中的行标签复制到合并计算中。
- “最左列”复选框：表示将源区域中的列标签复制到合并计算中。
- “创建连至源数据的链接”复选框：在源数据改变时自动更新合并计算结果，合并计算结果将以分级形式显示。

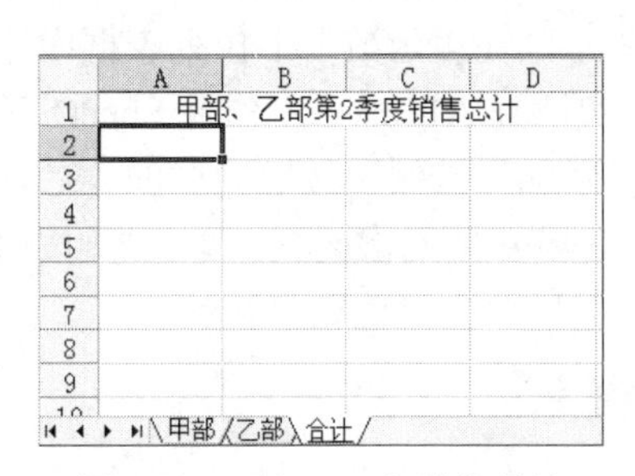

图 4-42 甲部、乙部销售总计

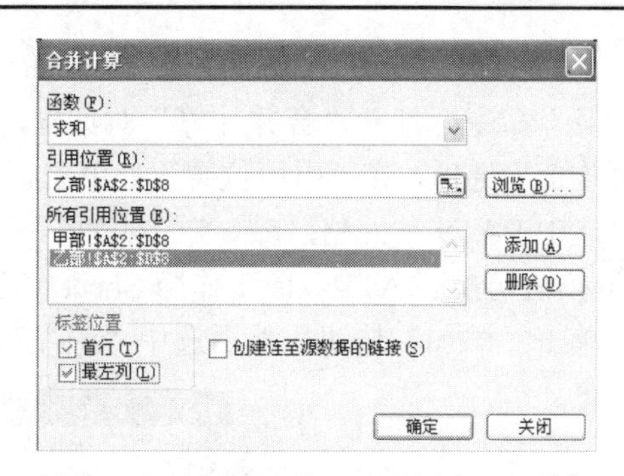

图 4-43 “合并计算”对话框中添加数据

【样例 4-10】

	A	B	C	D	E
1	甲部、乙部第2季度销售总计				
2		4月	5月	6月	
3	LG空调	57481	45871	57412	
4	长虹电视	32541	87410	36547	
5	美菱冰箱	21470	52471	87410	
6	科隆空调	32541	52478	35412	
7	小天鹅洗衣机	70089	60824	30633	
8	LG微波炉	68574	47821	21470	
9	格兰士微波炉	57412	52414	58412	
10	荣声冰箱	102511	87253	67958	
11	创维电视	587496	25412	15875	
12	夏普电视	14758	587496	54712	
13					
14					

甲部 乙部 合计

3. 工作簿链接

【案例 4-20】打开文档 YL4-11A.xls 工作簿，在 Sheet1 工作表中，定义单元格区域 B4:F9 的名称为“上半年”，将工作簿另存在考试文件夹中，命名为 A11a.xls；打开文档 YL4-11B.xls 工作簿，在 Sheet1 工作表中，定义单元格区域 B4:F9 的名称为“下半年”，将工作簿另存在考试文件夹中，命名为 A11b.xls；按照【样例 4-11】所示，将 A11a.xls 和 A11b.xls 工作簿中已定义的单元格区域“上半年”和“下半年”中的数据进行平均值合并计算，结果链接到 YL4-11.xls 工作簿 Sheet1 工作表的相应位置，整理数据区域保留 2 位小数。

操作步骤如下：

（1）打开 YL4-11A.xls 工作簿，在 Sheet1 工作表中选中 B4:F9 单元格区域，在编辑栏左侧的名称框中输入“上半年”，按 Enter 键；选择“文件”→“另存为”命令，打开“另存为”对话框，在“保存位置”下拉列表框中选择考生文件夹，在“文件名”文本框中输入“A11a”，单击“保存”按钮。

（2）打开 YL4-11B.xls 工作簿，在 Sheet1 工作表中选中 B4:F9 单元格区域，在编辑栏左侧的名称框中输入“下半年”，按 Enter 键；选择“文件”→“另存为”命令，打开“另存为”对话框，在“保存位置”下拉列表框中选择考生文件夹，在“文件名”文本框中输入“A11b”，单击“保存”按钮。

（3）打开 YL4-11.xls 工作簿，在 Sheet1 工作表中选中 B4 单元格，选择“数据”→“合并计算”命令，打开“合并计算”对话框，如图 4-44 所示，在“函数”下拉列表框中选择“平均值”选项，在“引用位置”处单击折叠按钮，切换到 A11a.xls 工作簿 Sheet1 工作表，选中 B4:F9 单元格区域，单击按钮返回，单击“添加”按钮。按照同样的方法，单击按钮切换到 A11b.xls 工作簿 Sheet1 工作表，选中 B4:F9 单元格区域，单击按钮返回，单击“添加”按钮，然后选中“最左列”复选框，最后单击“确定”按钮。

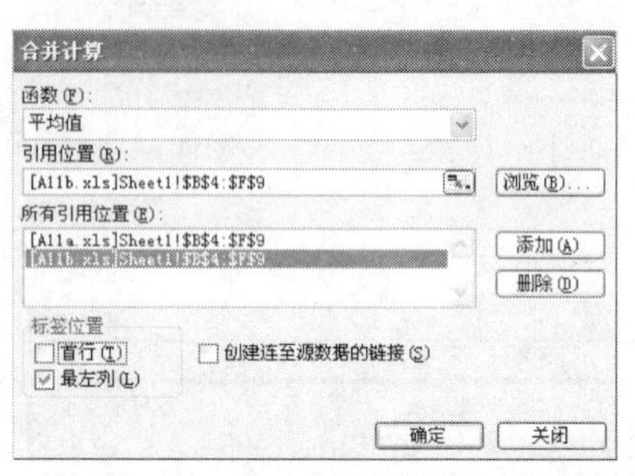

图 4-44　“合并计算”对话框

（4）在 YL4-11.xls 工作簿的 Sheet1 工作表中，选中 C4:F9 单元格区域，选择“格式”→“单元格”命令，打开“单元格格式”对话框，选择“数字”选项卡，在“分类”列表中选择“数值”选项，在“小数位数”数值框中输入“2”，最后单击“确定”按钮。

【样例 4-11】

	B	C	D	E	F	G
1						
2	2000年部分城市平均消费水平（最高为100）					
3	城市	日常生活用品	耐用消费品	副食	服装	
4	焦作	86.76	87.50	83.93	87.00	
5	郑州	81.18	89.18	84.53	93.00	
6	烟台	87.81	92.78	81.05	91.38	
7	衡水	92.47	94.83	87.19	89.20	
8	兰州	85.43	93.59	84.53	91.38	
9	洛阳	87.47	92.71	85.99	87.20	
10						

Sheet1 / Sheet2 / Sheet3

任务 6　打印工作表

工作表制作完毕，在打印之前还需进行一系列的设置，才能按要求打印出所需工作表。

子任务 1　页面设置

页面设置包括纸张大小、页边距、打印方向、页眉和页脚等。

【相应知识点】

1. 设置页面

打开文档，选择“文件”→“页面设置”命令，打开“页面设置”对话框，选择“页面”选项卡，如图 4-45 所示。其中，“方向”栏用于设置工作表的打印方向，当文件的高度大于宽度时，一般选择“纵向”打印；当文件的宽度大于高度时，一般选择“横向”打印。“缩放”栏用于设置打印时的缩放比例，如选中“缩放比例”单选按钮，在其后的数值框中输入 70%，则表示将文件按 70%的比例进行缩印；也可选中“调整为”单选按钮，在其后的“页宽”和“页高”数值框中指定数值，让打印区域自动缩小到适合纸张的大小。“纸张大小”下拉列表框中用于设置打印纸张的大小。所有参数设置完毕后，单击“确定”按钮。

2. 设置页边距

打开文档，选择“文件”→“页面设置”命令，打开“页面设置”对话框，选择“页边距”选项卡，如图 4-46 所示，在“上”、“下”、“左”、“右”数值框中依次输入数值或单击右侧的按钮调节数值。如果希望工作表打印在纸张的中心位置，可在“居中方式”栏中选中“水平”和“垂直”复选框。单击“打印预览”按钮，可看到设置后的效果，预览完毕单击“关闭”按钮返回，最后单击“确定”按钮。

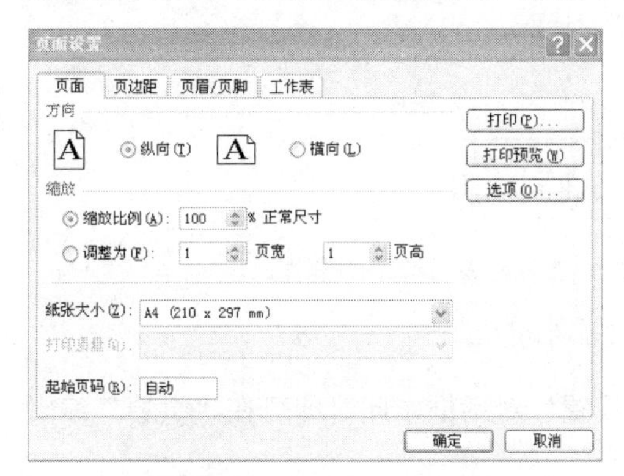

图 4-45　“页面”选项卡

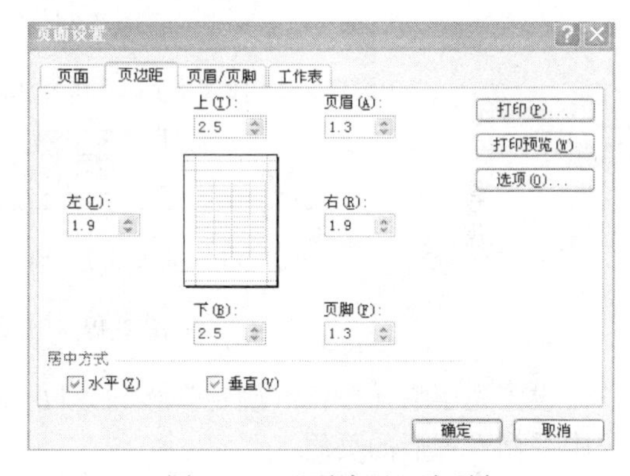

图 4-46　“页边距”选项卡

3. 设置页眉/页脚

打开文档，选择“文件”→“页面设置”命令，在“页面设置”对话框中选择“页眉/页脚”选项卡，如图 4-47 所示，在“页眉”、“页脚”下拉列表中可选择系统自带的页眉和页脚格式。

如果想设置出独具个性的页眉，可单击“自定义页眉”按钮，打开如图 4-48 所示的“页眉”对话框，在“左”、“中”、“右”编辑框中输入页眉内容。如在“中”编辑框中输入页眉内容，则页眉会显示在工作表的正上方。然后，利用中间的一排按钮（见图 4-49）设置所编辑内容的格式，如设置字体、插入页码、插入日期、插入图片等。

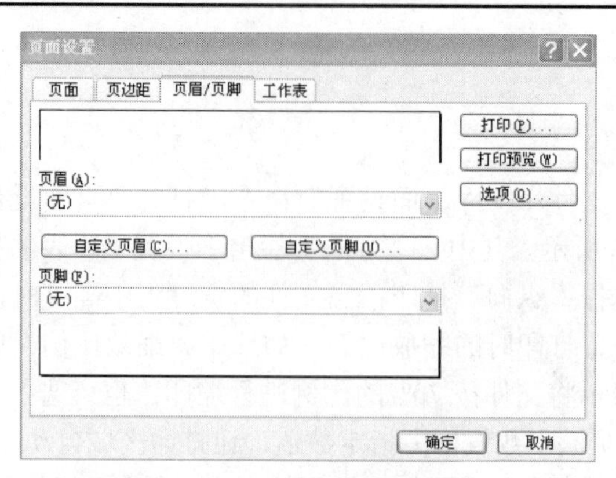

图 4-47 “页眉/页脚”选项卡

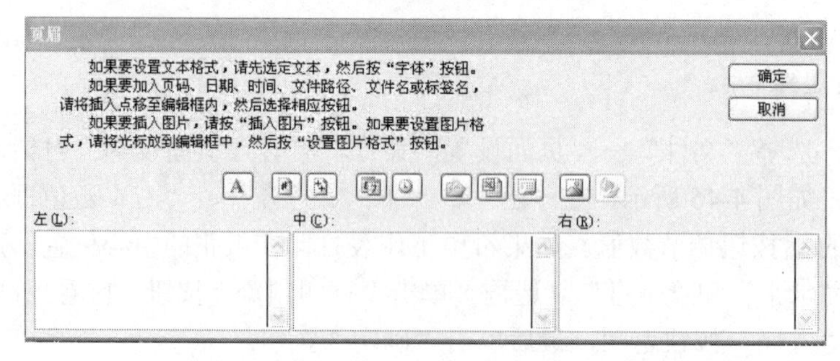

图 4-48 “页眉”对话框

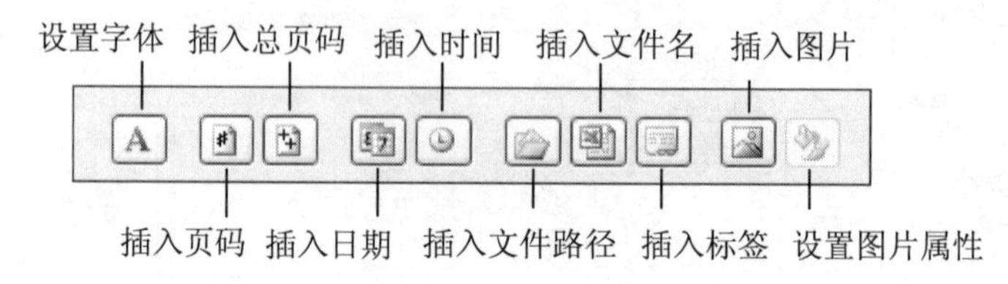

图 4-49 中间一排按钮的功能

设置完毕后，单击“确定”按钮返回“页面设置”对话框，此时即可在“页眉”编辑框中看到设置后的页眉。

“自定义页脚”的设置过程与此相似，这里不再赘述。

4. 设置工作表

打开文档，选择“文件”→“页面设置”命令，在“页面设置”对话框中选择“工作表”选项卡，如图 4-50 所示。

如不设置“打印区域”，则默认为打印整个工作表；若想仅打印工作表中某一区域的内容，可直接在“打印区域”文本框中输入要打印的区域，也可单击文本框右侧的按钮，选择要打印的单元格区域后再单击按钮返回。

在“打印标题”区域，可通过设置“顶端标题行”和“左端标题列”将工作表中的某行或某列设置为标题行或标题列，这样打印时每页顶端或左端将会打印出所设的标题内容，也可直接输入作为标题的行号或列标。

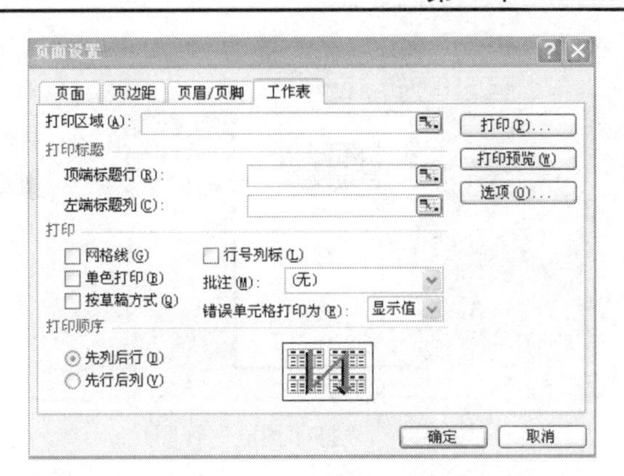

图 4-50　“工作表”选项卡

在“打印”区域，可通过选中各复选框设置一些特殊的打印效果。如要加快打印速度，可选中“单色打印”和“按草稿方式”复选框。

在“打印顺序”区域，可以选中“先列后行”或“先行后列”单选按钮。“先列后行”表示先打印每一页的左边部分，再打印每一页的右边部分；“先行后列”表示在打印下一页的左边部分之前，先打印本页的右边部分。

设置完毕后，单击“确定”按钮退出。

【知识拓展】

❖　设置打印区域

默认情况下，Excel 会将所有包含数据的单元格作为打印区域，在实际工作中，用户可按照需要，进行打印区域设置，将需要的部分打印出来。

打开文档，选择要打印的单元格区域，选择“文件”→“打印区域”→“设置打印区域”命令，此时所选区域出现虚线框，未被框选的部分不会被打印。如果要修改打印区域，选择“文件”→“打印区域”→“设置打印区域”命令，重新选择打印区域即可。

【提示】

(1) 如要取消已设置的打印区域，可选择任一单元格，选择“文件”→“打印区域”→“取消打印区域”命令；

(2) 若选择了不连续的打印区域，则最终打印时 Excel 会分页打印这些不连续的区域。

子任务 2　打印预览与打印

【相应知识点】

1. 分页预览

打开文档，选择“文件”→“打印预览”命令或单击“常用”工具栏中的“打印预览”按钮，进入“打印预览”视图，如图 4-51 所示。如果对所见效果不满意，可直接单击打印预览视图中的“设置”按钮，打开“页面设置”对话框，对页面重新设置。

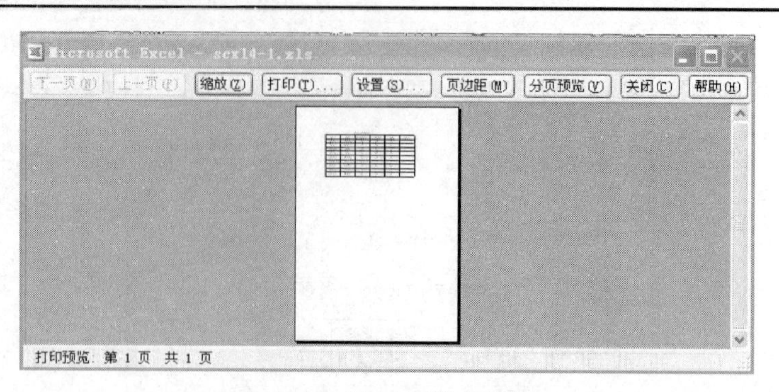

图 4-51 “打印预览”视图

在“打印预览”视图中，各按钮的功能如下。

- “下一页”按钮：显示下一页，若没有可显示页，该按钮呈灰色。
- “上一页”按钮：显示上一页，若没有可显示页，该按钮呈灰色。
- “缩放”按钮：可缩小或放大表格内容。
- “打印”按钮：可打开“打印内容”对话框。
- “设置”按钮：可打开“页面设置”对话框。
- “页边距”按钮：可显示或隐藏用于改变边界和列宽的控制柄。
- “分页预览”按钮：可分页预览打印内容。
- “关闭”按钮：可关闭窗口，并显示活动工作表。
- “帮助”按钮：可提供有关打印预览的帮助信息。

2. 打印工作表

打开文档，选择“文件”→“打印”命令或在“打印预览”视图中单击“打印”按钮，打开“打印内容”对话框，如图 4-52 所示。在“名称”下拉列表中选择要使用的打印机，在“打印范围”设置区中设置工作表的打印范围，如工作表由许多页组成，而用户只想打印其中的部分页，可选中“页”单选按钮，再在其后指定要打印的起止页，在“打印内容”设置区中选择要打印的内容，在“份数”设置区中设置要打印的份数，设置完毕，单击“确定”按钮。

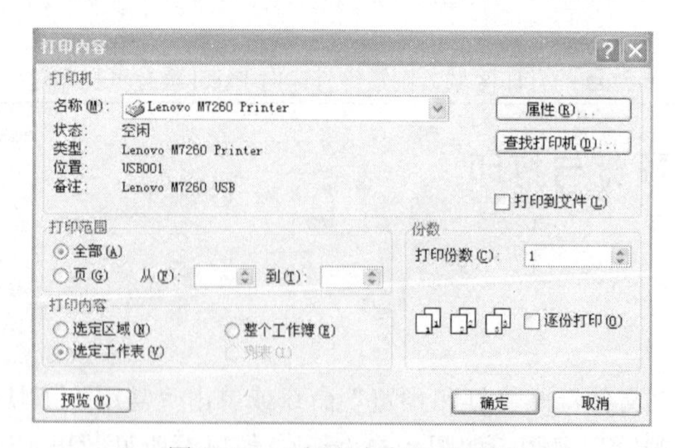

图 4-52 “打印内容”对话框

【提示】单击“常用”工具栏中的“打印”按钮，可按系统默认的方式一次性打印一份所选的内容。

任务 7　保护数据与共享数据

在 Excel 中创建好工作表后，为了防止重要数据被他人删、改，用户可以利用 Excel 提供的保护功能，对工作簿及工作表设置保护措施。

子任务 1　保护工作簿

【相应知识点】

保护工作簿包括保护工作簿的结构和窗口。其中“保护工作簿结构”可使工作簿结构保持不变，不能进行移动、删除、重命名、插入新的工作表等操作，“保护工作簿窗口”是指不能进行更改窗口大小和位置等操作。

打开要进行保护的工作簿，选择“工具”→“保护”→“保护工作簿”命令，打开“保护工作簿”对话框，如图 4-53 所示，选中“结构”和“窗口”两个复选框，在“密码”文本框中输入密码，单击“确定”按钮，打开“确认密码”对话框，如图 4-54 所示，重新输入刚才的密码，最后单击“确定”按钮。

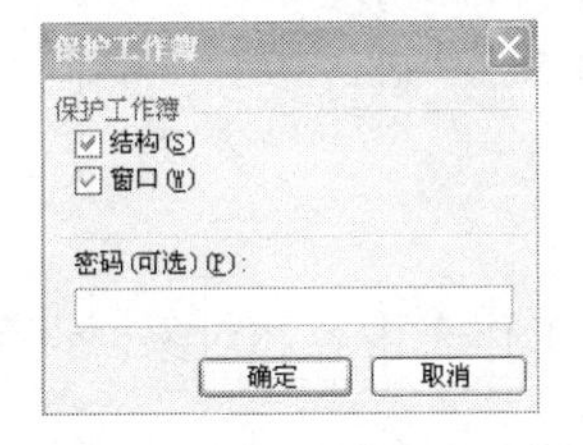

图 4-53　“保护工作簿”对话框

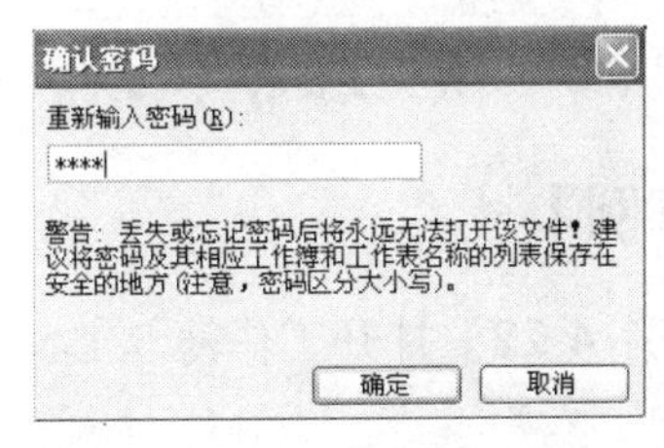

图 4-54　“确认密码”对话框

【提示】如需撤销对工作簿的保护，可以选择“工具”→“保护”→“撤销工作簿保护”命令。如果该工作簿设置了密码保护，系统会提示输入保护时的密码，输入密码后单击“确定”按钮即可撤销对工作簿的保护。

【案例 4-21】打开工作簿 YL4-5.xls，保护该工作簿结构和窗口，设置密码为 jsj1234。

操作步骤如下：

打开要保护的工作簿 YL4-5.xls，选择“工具”→“保护”→“保护工作簿”命令，打开“保护工作簿”对话框，选中保护工作簿中的“结构”和“窗口”的复选框，在“密码”文本框中单击，输入密码“jsj1234”，单击“确定”按钮，打开“确认密码”对话框，重新输入刚才的密码“jsj1234”，最后单击“确定”按钮。

子任务 2　保护工作表

保护工作表是指保护工作表中的数据不被他人删、改。

【相应知识点】

打开要保护的工作表，选择“工具”→“保护”→“保护工作表”命令，打开“保护工作表”对话框，在“取消工作表保护时使用的密码”文本框中输入密码，在“允许此工作表的所有用户进行”列表框中选中允许操作的选项复选框，如图 4-55 所示，然后单击“确定”按钮，打开“确认密码”对话框，如图 4-56 所示，重新输入刚才的密码，最后单击“确定”按钮。

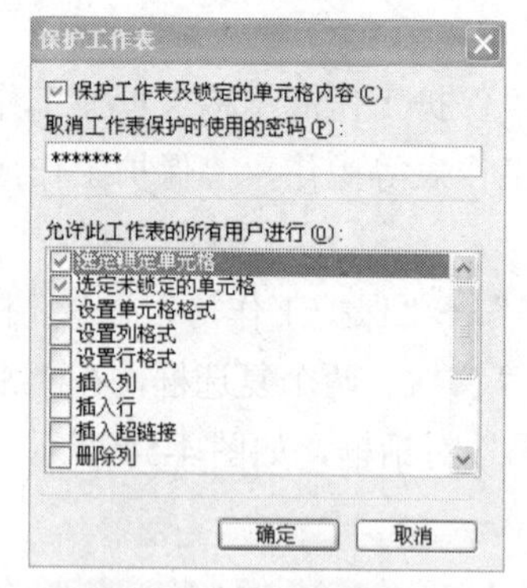

图 4-55　“保护工作表”对话框

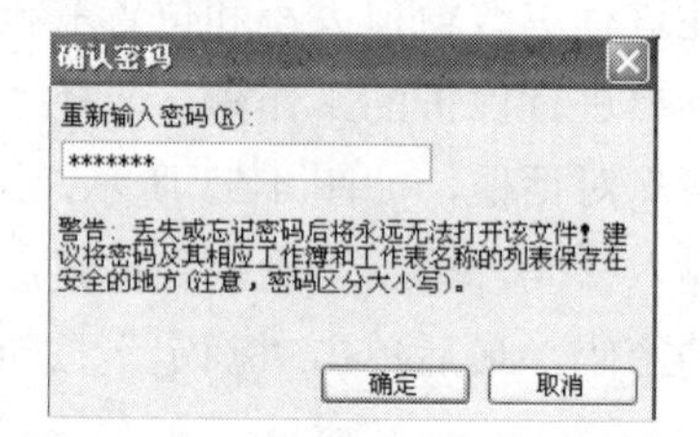

图 4-56　“确认密码”对话框

【实操案例】

【案例 4-22】打开工作簿 YL4-6.xls，保护 Sheet1 工作表内容和对象，设置密码为 jsj1234。

打开要保护的工作表 Sheet1，选择“工具”→“保护”→“保护工作表”命令，打开“保护工作表”对话框，在“取消工作表保护时使用的密码”文本框中输入密码“jsj1234”，在“允许此工作表的所有用户进行”列表框中确定默认选项，单击“确定”按钮，打开“确认密码”对话框，重新输入刚才的密码“jsj1234”，单击“确定”按钮。

【提示】如需撤销对工作表的保护，可以选择“工具”→“保护”→“撤销保护工作表”命令。如果设置了密码保护，会打开对话框要求输入保护时的密码，输入密码后单击“确定”按钮即可。

子任务 3　共享工作簿

如果需要多人同时编辑一个工作簿，可使用 Excel 2003 的共享工作簿功能，将工作簿文件保存到其他用户可以访问到的网络位置上，方便其他用户同时编辑和查看。

【相应知识点】

打开文档，选择“工具”→“共享工作簿”命令，打开“共享工作簿”对话框，选择“编辑”选项卡，选中“允许多用户同时编辑，同时允许工作簿合并”复选框，如图 4-57 所示，然后单击“确定”按钮。此时，系统会弹出提醒用户保存文档的提示框，如图 4-58 所示，单击“确定”按钮，完成共享工作簿的设置操作。此时，可看到工作簿名称的右侧显示了“共享”二字。

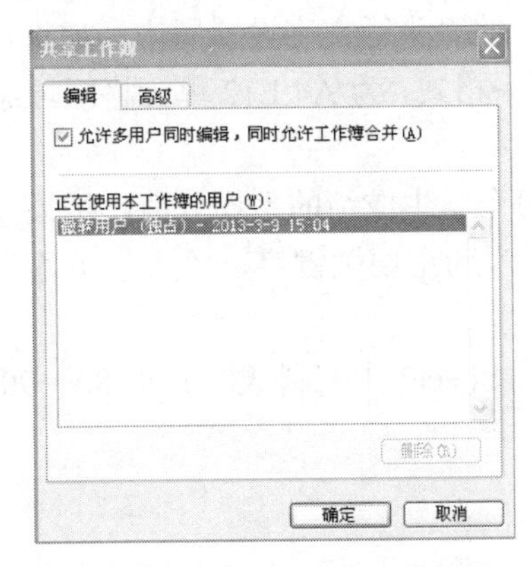

图 4-57　“共享工作簿”对话框

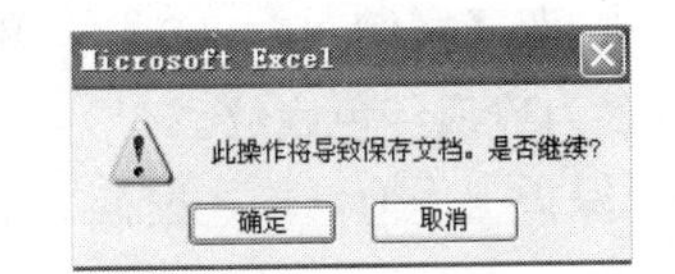

图 4-58　提示对话框

【案例 4-23】打开工作簿 YL4-8.xls，按照【样例 4-8B】所示，将该工作簿设置为允许多用户编辑共享。

操作步骤如下：

打开文档 YL4-8.xls，选择“工具”→“共享工作簿”命令，打开“共享工作簿”对话框，选择“编辑”选项卡，选中“允许多用户同时编辑，同时允许工作簿合并”复选框，单击“确定”按钮，在弹出的提示框中单击“确定”按钮。

【样例 4-8B】

Microsoft Excel - YL4-8.xls [共享]

	A	B	C	D	E	F	G	H
1	私营企业3季度利税抽样调查表（万元）							
2	公司	所在城市	7月份	8月份	9月份			
3	新图物业	石家庄	487	785	659			
4	豪胜广告	银川	950	876	781			
5	利好营销	广州	854	785	852			
6	佳苑房产	石家庄	985	875	578			
7	和平搬运	石家庄	875	687	658			
8	伊犁快递	北京	741	821	912			
9	憧憬广告	银川	963	598	851			
10								

Sheet1 / Sheet2 / Sheet3

就绪

【实操训练1】

打开文档scxl4-1.xls，按照【样例XL4-1】，完成如下操作。

（1）将Sheet1工作表表格的标题行行高设为25，并将标题行名称定义为“期末成绩”，在标题行下方插入一个空行，空行行高为6，将表格中的“赵刚”行与“张文”行对调。

（2）按照【样例XL4-1A】，将Sheet1表格的标题行A1:E1区域设置为：合并居中，垂直居中，字体为隶书，加粗，18磅，蓝色字体，灰色-25%底纹。

（3）按照【样例XL4-1A】，将Sheet1表格中的表头行文字设置居中、加粗，并添加浅黄色底纹，将表格中数据区域中的数据设置为居中格式，为A4:E12单元格区域添加浅绿色底纹。

（4）按照【样例XL4-1B】，计算Sheet2中每个学生成绩的平均分值，结果保留2位小数，设置为居中格式；并在该表中以“高等数学”为主要关键字，“大学英语”为次要关键字，“毛概”为第三关键字进行降序排序。

（5）按照【样例XL4-1B】，利用条件格式将Sheet2中三科成绩介于80～90分之间的数据设置为玫瑰红色底纹。

（6）保护工作簿结构，密码为jsj1234。

【实操训练2】

打开文档scxl4-2.xls，完成如下操作。

（1）在Sheet1工作表表格的标题行之前插入一空行，并在该表的A5单元格前删除一行，将Sheet1工作表重命名为“销售统计表”，插入Sheet4工作表，并把Sheet4移至Sheet3之后。

（2）按照【样例XL4-2A】，将“销售统计表”工作表中标题行行高设置为25，标题区域A1:E1区域合并居中，将表格的标题字体为方正姚体，字号为,18磅，将表格的表头行文字设置居中，加粗，倾斜，浅青绿色底纹，将表格中“单价”列和“销售金额”列的数值设置为“货币”（货币符号为￥），无小数位。

（3）按照【样例XL4-2A】，将“销售统计表”工作表背景设定为图片素材库中TP4-2.jpg。

（4）按照【样例XL4-2B】，在Sheet2的表格中，以“部门”和“家电”分别为分类字段，以“销售金额”为汇总项，进行求平均值的嵌套分类汇总。

（5）按照【样例XL4-2C】，在Sheet3的表格中，筛选出“单价”大于1000、“销售金额”大于50000的值。

（6）保护Sheet2工作表内容，密码为jsj1234。

【实操训练3】

打开文档scxl4-3.xls，完成如下操作。

（1）按照【样例 XL4-3A】，在 Sheet1 工作表表格的标题行下面插入一空行，行高设置为 6，将表格的左侧插入一列，列宽为 6。

（2）按照【样例 XL4-3A】，在 Sheet1 工作表表格中将标题区域 B1:G1 合并居中，将表格的标题字体设置为华文新魏，字号为 22 磅，并添加黄色底纹，将表格的表头行字体设置为黑体，加粗，字号为 14 磅，并添加茶色底纹；将表格中“单价”、“数量”、“总额”三列数字区域设置为水平居中格式，将 B4:G10 单元格区域添加浅青绿底纹。

（3）为 Sheet1 工作表表格添加细实线边框。

（4）将 Sheet1 工作表表格中的标题行和表头行设置为打印标题的顶端标题行。

（5）按照【样例 XL4-3B】，使用 Sheet2 工作表中的内容，以“日期”为页字段，以“型号”为行字段，以“名称”为列字段，以“单价”、“数量”、“总额”为求和项，在 Sheet2 工作表的 C17 单元格处创建一个数据透视表。

（6）保护工作簿的窗口，密码为 jsj1234。

【实操训练 4】

打开文档 scxl4-4.xls，完成如下操作。

（1）按照【样例 XL4-4A】，在 Sheet1 工作表的表格中将“性别”一列和“部门”一列对调，在“部门”一列的左侧插入一列“年龄”，并键入数据；删除“实际工资”、“奖金”两列数据。

（2）按照【样例 XL4-4A】，将表格中标题区域 A1:E1 合并居中；将表格的标题字体设置为隶书，字号为 22 磅，将表格的表头行字体设为华文新魏，字号为 14 磅，将表格中的全部内容设置为水平居中格式。

（3）按照【样例 XL4-4A】，为 Sheet1 工作表表格添加边框。

（4）按照【样例 XL4-4B】，使用 Sheet2 工作表中的内容，以“部门”为分类字段，以“奖金”、“实际工资”为汇总项，进行求平均值的分类汇总。

（5）保护 Sheet2 工作表对象和内容，密码为 jsj1234。

【实操训练 5】

打开文档 scxl4-5.xls，完成如下操作。

（1）按照【样例 XL4-5A】，在 Sheet1 工作表的 A5 单元格前删除一行，将表格中标题行行高设为 30，将标题行名称定义为“统计表”。

（2）按照【样例 XL4-5A】，将 Sheet1 工作表表格格式设置为自动套用格式“序列 2”。

（3）按照【样例 XL4-5A】，将 Sheet1 工作表表格的标题区域 A1:E1 合并居中，将表格的标题字体设置为华文楷体，字号 20 磅；将表格中“单价”和“金额”两列数据设置为“货币”符号为￥，无小数位。

（4）按照【样例 XL4-5B】，使用 Sheet2 工作表中的数据，将新飞公司两部门的数据求和进行合并计算，并将标题设置为“新飞公司第 4 季度销售总表”，设置标题合并居中。

（5）保护工作簿结构，密码为 jsj1234。

【实操训练 6】

打开文档 scxl4-6.xls，按照【样例 XL4-6】，完成如下操作。

（1）打开文档 scxl4-6A.xls 工作簿，在 Sheet1 工作表中，定义单元格区域 B4:E10 的名称为“第一季度”，将工作簿另存至考试文件夹中，命名为 XL6a.xls；打开文档 scxl4-6B.xls 工作簿，在 Sheet1 工作表中，定义单元格区域 B4:E10 的名称为“第二季度”，将工作簿另存至考试文件夹中，命名为 XL6b.xls。

（2）按照【样例 XL4-6】所示，将 XL6a.xls 和 XL6b.xls 工作簿中已定义的单元格区域“上半年”和“下半年”中的数据进行求和合并计算，结果链接到 scxl4-6.xls 工作簿 Sheet1 工作表的相应位置，将该文件保存到考生文件夹，文件名为 XL4-6.XLS。

（3）按照【样例 XL4-6】所示，将 XL4-6.xls 工作簿设置为允许多用户编辑共享。

【样例 XL4-1A】

	A	B	C	D	E	F
1	期末成绩单					
2						
3	学号	姓名	高等数学	大学英语	毛概	
4	201101	何琳琳	90	88	74	
5	201102	宋林佳	45	56	64	
6	201103	张文	73	95	77	
7	201104	李立	82	89	83	
8	201105	李宏伟	58	76	76	
9	201106	赵刚	84	96	82	
10	201107	杨柳明	91	89	84	
11	201108	孙松岩	56	57	82	
12	201109	康智利	81	89	80	
13						

Sheet1 / Sheet2 / Sheet3

【样例 XL4-1B】

	A	B	C	D	E	F	G	H
1								
2		期末成绩单						
3		学号	姓名	高等数学	大学英语	毛概	平均分	
4		201107	杨柳明	91	89	84	88.00	
5		201101	何琳琳	90	88	74	84.00	
6		201106	赵刚	84	96	82	87.33	
7		201104	李立	82	89	83	84.67	
8		201109	康智利	82	89	80	83.67	
9		201103	张文	73	95	77	81.67	
10		201102	宋林佳	73	56	64	64.33	
11		201105	李宏伟	58	76	76	70.00	
12		201108	孙松岩	56	57	82	65.00	
13								

Sheet1 / Sheet2 / Sheet3

【样例 XL4-2A】

	A	B	C	D	E
1					
2	利晟公司一季度销售情况统计表				
3	公司	家电	单价	数量	销售金额
4	部门二	空调	￥1,525	58	￥88,450
5	部门三	洗衣机	￥830	19	￥15,770
6	部门三	微波炉	￥785	23	￥18,055
7	部门四	空调	￥1,525	55	￥83,875
8	部门四	电视机	￥2,000	15	￥30,000
9	部门一	电视机	￥2,000	22	￥44,000
10	部门一	冰箱	￥916	12	￥10,992
11					

销售统计表 / Sheet2 / Sheet3 / Sheet4

【样例 XL4-2B】

	A	B	C	D	E	F	G
1							
2		利晟公司一季度销售情况统计表					
3		部门	家电	单价	数量	销售金额	
4		部门二	冰箱	916	21	19236	
5		冰箱 平均值				19236	
6		部门二	空调	1525	58	88450	
7		空调 平均值				88450	
8	部门二 平均值					53843	
9		部门三	洗衣机	830	19	15770	
10		洗衣机 平均值				15770	
11		部门三	微波炉	785	23	18055	
12		微波炉 平均值				18055	
13	部门三 平均值					16912.5	
14		部门四	空调	1525	55	83875	
15		空调 平均值				83875	
16		部门四	电视机	2000	15	30000	
17		电视机 平均值				30000	
18	部门四 平均值					56937.5	
19		部门一	电视机	2000	22	44000	
20		电视机 平均值				44000	
21		部门一	冰箱	916	12	10992	
22		冰箱 平均值				10992	
23	部门一 平均值					27496	
24	总计平均值					38797.25	

销售统计表 / Sheet2 / Sheet3 / Sheet4

【样例 XL4-2C】

	A	B	C	D	E	F
1	利晟公司一季度销售情况统计表					
2	部门	家电	单价	数量	销售金额	
4	部门二	空调	1525	58	88450	
7	部门四	空调	1525	55	83875	
11						

销售统计表 / Sheet2 / Sheet3 / Sheet4

【样例 XL4-3A】

	A	B	C	D	E	F	G	H
1		购进设备明细						
2								
3		名称	型号	日期	单价	数量	总额	
4		车床B	B	2011-2-5	5380	7	37660	
5		车床A	C	2011-2-5	4850	8	38800	
6		车床A	A	2011-2-5	6800	5	34000	
7		加工中心B	B	2011-7-15	9850	7	68950	
8		加工中心A	A	2011-7-15	8700	6	52200	
9		加工中心C	C	2011-7-15	9875	8	79000	
10		铣床B	B	2011-10-21	7890	5	39450	
11								

Sheet1 / Sheet2 / Sheet3

【样例 XL4-3B】

	A	B	C	D	E	F	G
13							
14							
15			日期	2011-10-21			
16							
17					名称		
18			型号	数据	铣床B	总计	
19			B	求和项:单价	7890	7890	
20				求和项:数量	5	5	
21				求和项:总额	39450	39450	
22			求和项:单价汇总		7890	7890	
23			求和项:数量汇总		5	5	
24			求和项:总额汇总		39450	39450	
25							

Sheet1 / Sheet2 / Sheet3

【样例 XL4-4A】

	A	B	C	D	E	F
1	顺畅公司职员情况表					
2	姓名	性别	年龄	部门	月薪	
3	林立	男	22	市场部	900	
4	于洪江	男	21	市场部	700	
5	韩丽丽	女	23	服务部	1000	
6	张红	女	25	服务部	1200	
7	张丽娜	女	22	销售部	1000	
8	王涛	男	22	销售部	1000	
9	李光	男	26	开发部	1200	
10	宋洪志	男	22	开发部	1500	

Sheet1 / Sheet2 / Sheet3

【样例 XL4-4B】

	A	B	C	D	E	F	G	H	I
1									
2									
3			顺畅公司职员情况表						
4			姓名	部门	性别	月薪	奖金	实际工资	
5			韩丽丽	服务部	女	1000	520	1520	
6			张红	服务部	女	1200	500	1700	
7			**服务部 平均值**				510	1610	
8			李光	开发部	男	1200	530	1730	
9			宋洪志	开发部	男	1500	535	2035	
10			**开发部 平均值**				532.5	1882.5	
11			林立	市场部	男	900	510	1410	
12			于洪江	市场部	男	700	510	1210	
13			**市场部 平均值**				510	1310	
14			张丽娜	销售部	女	1000	500	1500	
15			王涛	销售部	男	1000	520	1520	
16			**销售部 平均值**				510	1510	
17			**总计平均值**				515.625	1578.125	
18									
19									

Sheet1 Sheet2 Sheet3

【样例 XL4-5A】

	A	B	C	D	E
1	励昌计算机配件销售公司统计表				
2	公司	配件名	单价	数量	金额
3	一公司	主板	￥920	25	￥23,000
4	三公司	显示卡	￥260	20	￥5,200
5	四公司	内存条	￥320	56	￥17,920
6	三公司	显示器	￥1,500	23	￥34,500
7	四公司	显示卡	￥260	22	￥5,720
8	二公司	内存条	￥320	58	￥18,560
9	一公司	显示器	￥1,500	15	￥22,500

【样例 XL4-5B】

金飞公司第4季度销售总表			
名称	10月	11月	12月
新飞冷柜	4544	2944	6593
小鸭子洗衣机	48522	88424	62973
格力空调	70824	50824	31750
海信电视	143883	101115	92893
西门子冰箱	111220	653460	62295
美的微波炉	106656	96359	40172

【样例 XL4-6】

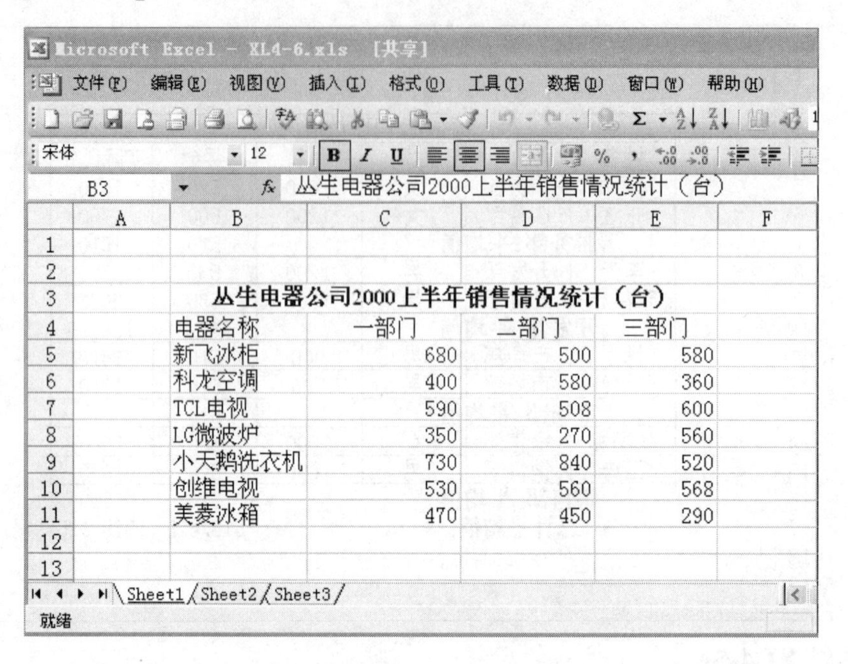
Microsoft Excel - XL4-6.xls [共享]
文件(F) 编辑(E) 视图(V) 插入(I) 格式(O) 工具(T) 数据(D) 窗口(W) 帮助(H)
宋体
12
B3
从生电器公司2000上半年销售情况统计（台）
从生电器公司2000上半年销售情况统计（台）
电器名称 一部门 二部门 三部门
新飞冰柜 680 500 580
科龙空调 400 580 360
TCL电视 590 508 600
LG微波炉 350 270 560
小天鹅洗衣机 730 840 520
创维电视 530 560 568
美菱冰箱 470 450 290
Sheet1
Sheet2
Sheet3
就绪

第5章

Excel 2003 综合应用

Excel 2003 不仅提供了多种对数据进行分析和管理的方法，而且为制作报表、数据运算等数据处理也提供了许多分析工具和实用函数，对金融分析和财政决算等方面发挥着巨大的作用。

学习目标：

- ❖ 能够熟练使用 Excel 2003 进行单变量和双变量分析，能够创建、编辑和总结方案。
- ❖ 掌握创建图表、设定图表格式、修改图表数据、添加外部数据、添加趋势线及误差线的操作方法。

重点难点：

- ❖ Excel 2003 文档的高级编排技术。

任务1　变 量 分 析

日常生活中，用户经常会遇到如下问题：投资一个项目，要求计算固定利率下该投资未来的收益；或贷款买房，要求计算固定利率下每月应偿付的还款额。要想解决这些问题就要用到 Excel 中的变量分析功能。

所谓变量分析，就是在一定的假定条件下，按照一定的算法求得一个或一组结果，可以假定变量值，求取结果；也可以假定结果，求取变量值。假设公式或函数中的一个或两个变量有一组替换值，将这些值分别代入公式或函数中取得一组结果，这组变量替换值和结果值构成的一个表称为模拟运算表。如果只有一个变量，称为单变量模拟运算表；如果有两个变量，称为双变量模拟运算表。

回到前面提出的两个问题中，要解决投资收益和买房还款问题，需要用到两个函数：PMT 函数和 FV 函数。

（1）PMT 函数

PMT 函数用于计算固定利率下每月应付的付款额。其语法形式为：PMT(Rate,Nper,Pv,Fv,Type)。

其中：Rate 表示贷款利率；Nper 表示该项贷款的付款总期数；Pv 表示贷款额，或一系列未来付款的当前值的累积和，也称为本金；Fv 表示最终存款额，或在最后一次付款后希望得到的现金余额，如果省略 Fv，则假设其值为零，也就是一笔贷款的未来值为零；Type 为数字 0 或 1，用以指定各期的付款时间是在期初还是期末，1 代表期初，不输入或输入 0 代表期末。

（2）FV 函数

FV 函数用于计算固定利率下返回某项投资的未来值。其语法形式为：FV(Rate,Nper,Pmt,Pv, Type)。其中各参数的含义与 PMT 函数相同。

需要注意的是，应确保 Rate 和 Nper 的单位是一致的。

子任务 1　单变量分析

【知识点及案例】

【案例 5-1】打开文档 YL5-1.xls，如图 5-1 所示，已知贷款额为 500000 元，年利率为 3.5%，贷款期限为 20 年，问：每月的偿还额是多少？若贷款年利率发生了变化，每月的偿还额又该是多少？（按照【样例 5-1】，完成操作）

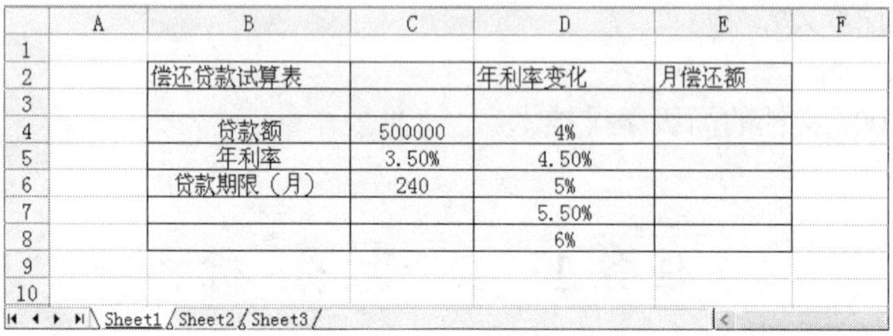

	A	B	C	D	E	F
1						
2		偿还贷款试算表		年利率变化	月偿还额	
3						
4		贷款额	500000	4%		
5		年利率	3.50%	4.50%		
6		贷款期限（月）	240	5%		
7				5.50%		
8				6%		
9						
10						

Sheet1 / Sheet2 / Sheet3

图 5-1　单变量分析-1

操作步骤如下：

（1）选择 E3 单元格，选择“插入”→“函数”命令（或单击编辑栏左侧的 fx 按钮），打开“插入函数”对话框，如图 5-2 所示。在“或选择类别”下拉列表中选择“财务”选项，在“选择函数”列表框中选择 PMT 选项，单击“确定”按钮，打开“函数参数”对话框，如图 5-3 所示。单击 Rate 文本框右侧的按钮，单击 C5 单元格并在文本框中输入“/12”后，单击按钮返回。按照同样的方法，在 Nper 文本框中输入或选择 C6 单元格，在 Pv 文本框中输入或选择 C4 单元格，并单击“确定”按钮求出结果。

（2）选中 D3:E8 单元格区域，选择“数据”→“模拟运算表”命令，打开“模拟运算表”对话框，如图 5-4 所示，在“输入引用列的单元格”文本框内单击，出现插入点，单击 C5 单元格，最后单击“确定”按钮。

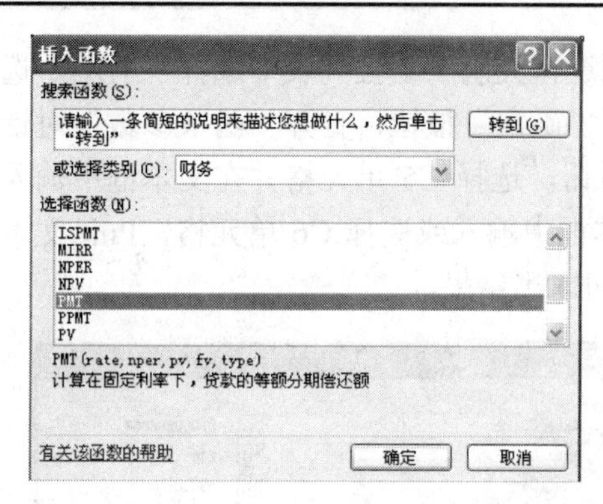

图 5-2　“插入函数”对话框

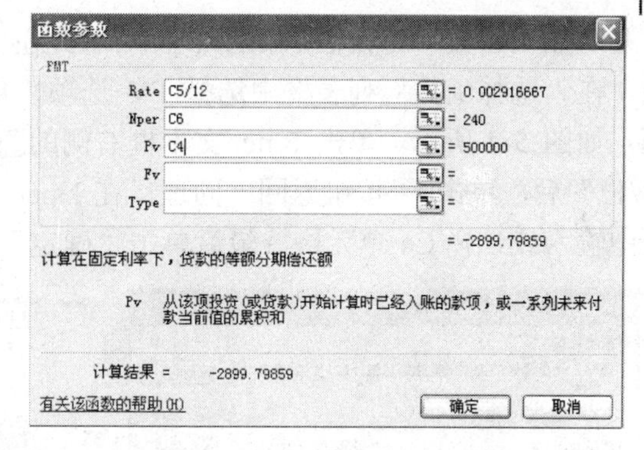

图 5-3　“函数参数”对话框

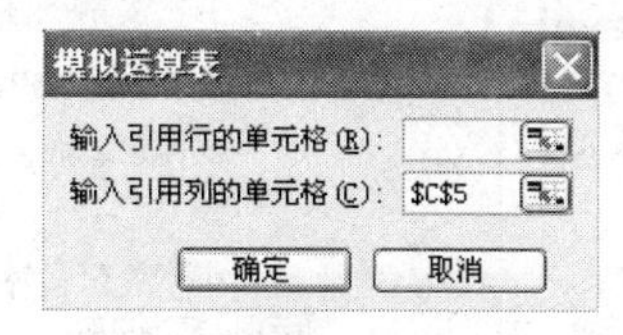

图 5-4　“模拟运算表”对话框

【样例 5-1】

	A	B	C	D	E	F
1						
2		偿还贷款试算表		年利率变化	月偿还额	
3					￥-2,899.80	
4		贷款额	500000	4%	￥-3,029.90	
5		年利率	3.50%	4.50%	￥-3,163.25	
6		贷款期限（月）	240	5%	￥-3,299.78	
7				5.50%	￥-3,439.44	
8				6%	￥-3,582.16	
9						
10						

Sheet1 / Sheet2 / Sheet3

【案例 5-2】 打开文档 YL5-2.xls，如图 5-5 所示，已知每月存款额为 3000 元，年利率为 0.80%，存款期限为 20 年，问：最终的存款额是多少？若每月的存款额发生变化，则最终的存款额又将是多少？（按照【样例 5-2】，完成操作）

	A	B	C	D	E	F
1						
2		最终存款额试算表		每月存款额变化	最终存款额	
3						
4		每月存款额	-3000	-3500		
5		年利率	0.80%	-4000		
6		存款期限（月）	240	-4500		
7				-5000		
8						
9						

Sheet1 / Sheet2 / Sheet3

图 5-5　单变量分析-2

操作步骤如下：

（1）选择 E3 单元格，再选择“插入”→“函数”命令（或单击编辑栏左侧的 *fx* 按钮），打开“插入函数”对话框，如图 5-6 所示。在“或选择类别”下拉列表中选择“财务”选项，在“选择函数”列表框中选择 FV 选项，单击“确定”按钮，打开“函数参数”对话框，如图 5-7 所示。单击 Rate 文本框右侧的按钮，选择 C5 单元格并在文本框中输入“/12”后，单击按钮返回。同理，在 Nper 文本框中输入或选择 C6 单元格，Pmt 文本框中输入或选择 C4 单元格，最后单击“确定”按钮求出结果。

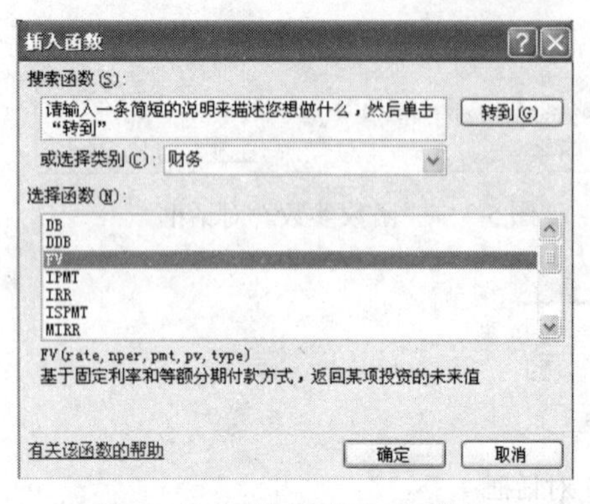

图 5-6 “插入函数”对话框

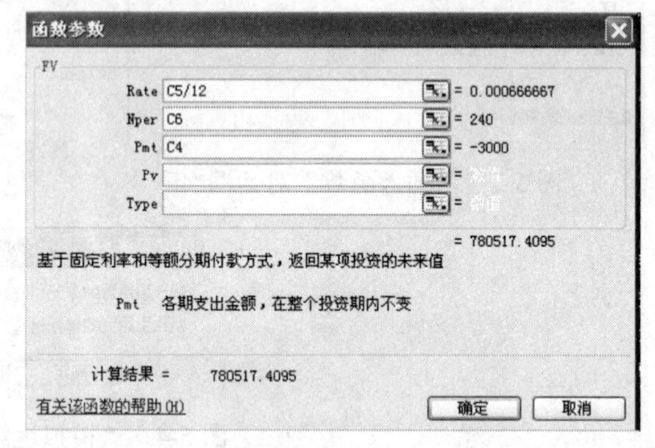

图 5-7 “函数参数——FV”对话框

（2）选中 D3:E7 单元格区域，选择“数据”→“模拟运算表”命令，打开“模拟运算表”对话框，如图 5-8 所示。在“输入引用列的单元格”文本框内单击，出现插入点，单击 C4 单元格，最后单击“确定”按钮。

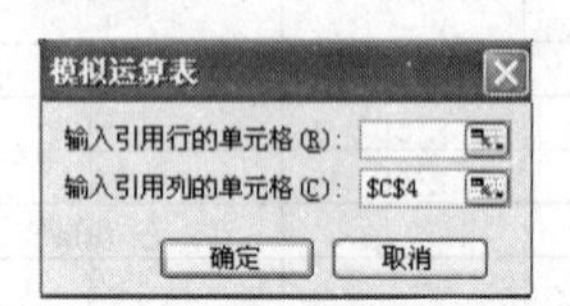

图 5-8 “模拟运算表”对话框

【样例 5-2】

	A	B	C	D	E	F
1						
2		最终存款额试算表		每月存款额变化	最终存款额	
3					￥780,517.41	
4		每月存款额	-3000	-3500	￥910,603.64	
5		年利率	0.80%	-4000	￥1,040,689.88	
6		存款期限（月）	240	-4500	￥1,170,776.11	
7				-5000	￥1,300,862.35	
8						
9						

Sheet1 / Sheet2 / Sheet3

子任务 2 双变量分析

【知识点及案例】

【案例 5-3】打开文档 YL5-3.xls，如图 5-9 所示，已知贷款期限 10 年，若贷款年利率

和贷款额都发生了变化，那么每月付款额又是多少？（按照【样例 5-3】，完成操作）

	A	B	C	D	E	F	G
1							
2		双变量分析-1					
3		根据贷款期限（120个月）以及贷款额、贷款年利率计算每月付款额					
4			6.50%	6.00%	5.50%	5.00%	
5		￥70,000.00					
6		￥60,000.00					
7		￥50,000.00					
8		￥40,000.00					
9		￥30,000.00					
10		￥20,000.00					
11							

Sheet1 / Sheet2 / Sheet3

图 5-9　双变量分析-1

操作步骤如下：

（1）单击 B4 单元格，选择“插入”→“函数”命令（或单击编辑栏左侧的 fx 按钮），打开“插入函数”对话框，如图 5-10 所示，在“或选择类别”下拉列表中选择“财务”选项，在“选择函数”列表框中选择 PMT 选项，单击“确定”按钮，打开“函数参数”对话框。单击 Rate 文本框右侧的文本框，出现插入点，单击 G4 单元格，再回到文本框中输入“/12”；单击“Nper”右侧的文本框输入“120”；单击“Pv”右侧的文本框，出现插入点，单击 B11 单元格，如图 5-11 所示，单击“确定”按钮。

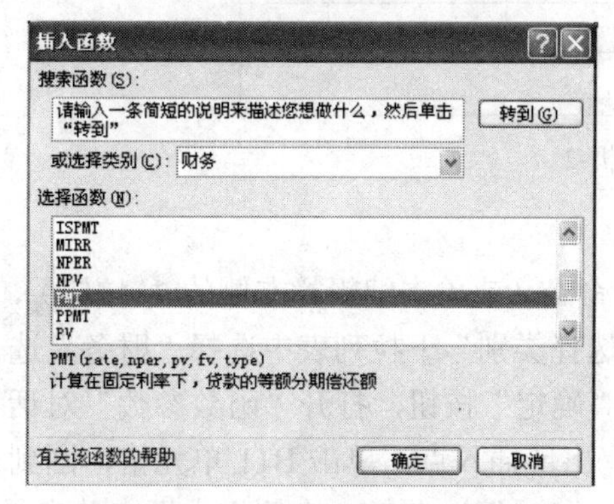

图 5-10　“插入函数”对话框

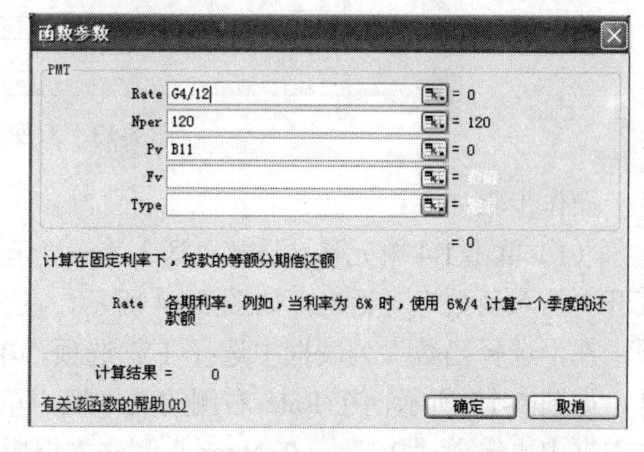

图 5-11　“函数参数——PMT”对话框

（2）选中 B4:F10 单元格区域，选择“数据”→“模拟运算表”命令，打开“模拟运算表”对话框，如图 5-12 所示。在“输入引用行的单元格”文本框内单击，出现插入点，单击 G4 单元格；在“输入引用列的单元格”文本框内单击，出现插入点，单击 B11 单元格；最后单击“确定”按钮。

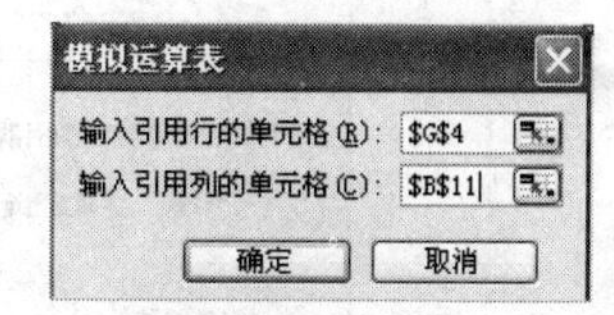

图 5-12　“模拟运算表”对话框

【样例 5-3】

	A	B	C	D	E	F	G
1							
2		双变量分析-1					
3		根据贷款期限（120个月）以及贷款额、贷款年利率计算每月付款额					
4		￥0.00	6.50%	6.00%	5.50%	5.00%	
5		￥70,000.00	￥-794.84	￥-777.14	￥-759.68	￥-742.46	
6		￥60,000.00	￥-681.29	￥-666.12	￥-651.16	￥-636.39	
7		￥50,000.00	￥-567.74	￥-555.10	￥-542.63	￥-530.33	
8		￥40,000.00	￥-454.19	￥-444.08	￥-434.11	￥-424.26	
9		￥30,000.00	￥-340.64	￥-333.06	￥-325.58	￥-318.20	
10		￥20,000.00	￥-227.10	￥-222.04	￥-217.05	￥-212.13	
11							
12							

Sheet1 / Sheet2 / Sheet3 /

【案例 5-4】打开文档 YL5-4.xls，如图 5-13 所示，已知存款期限 10 年，若存款年利率和存款额都发生了变化，那么最终存款额又是多少？（按照【样例 5-4】，完成操作）

	A	B	C	D	E	F	G
1							
2		双变量分析-2					
3		根据存款期限（120个月）以及每月存款额、存款年利率计算最终存款额					
4			-4500	-5000	-5500	-6000	
5		4.00%					
6		4.50%					
7		5.00%					
8		5.50%					
9		6.00%					
10		6.50%					
11							
12							

Sheet1 / Sheet2 / Sheet3 /

图 5-13　双变量分析-2

操作步骤如下：

（1）单击 B4 单元格，选择“插入”→“函数”命令（或单击编辑栏左侧的 *fx* 按钮），打开“插入函数”对话框，如图 5-14 所示，在“或选择类别”下拉列表中选择“财务”选项，在“选择函数”列表框中选择 FV 选项，单击“确定”按钮，打开“函数参数”对话框，如图 5-15 所示，在 Rate 右侧的文本框中单击，出现插入点，单击 B11 单元格，回到文本框中再输入“/12”，在 Nper 右侧文本框中输入“120”；在 Pmt 右侧文本框中单击，出现插入点，单击 G4 单元格，单击“确定”按钮。

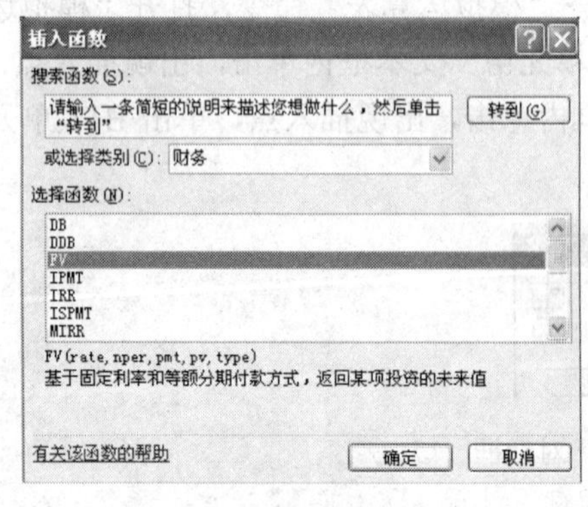

图 5-14　“插入函数”对话框

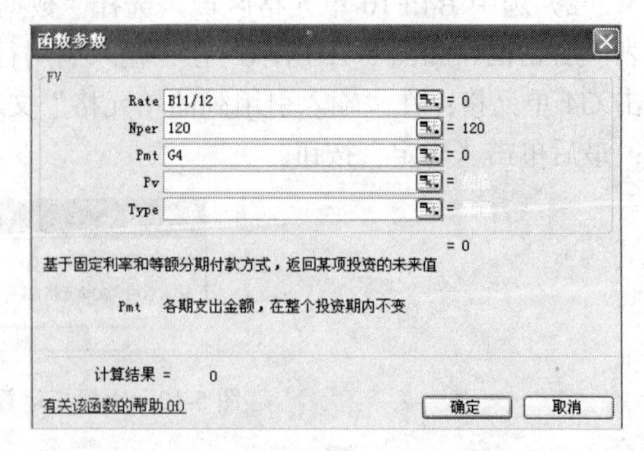

图 5-15　“函数参数——FV”对话框

（2）选中 B4:F10 单元格区域，选择"数据"→"模拟运算表"命令，打开"模拟运算表"对话框，如图 5-16 所示，在"输入引用行的单元格"右侧的文本框内单击，出现插入点，单击 G4 单元格；在"输入引用列的单元格"右侧的文本框内单击，出现插入点，单击 B11 单元格；最后单击"确定"按钮退出。

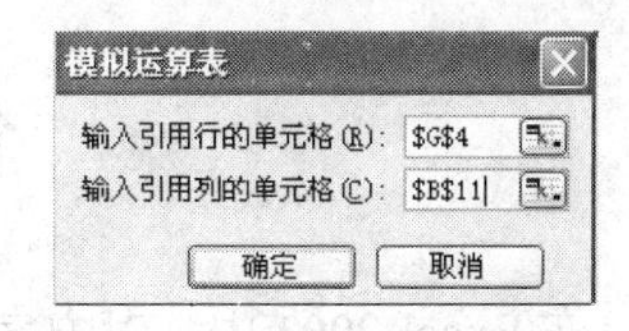

图 5-16　"模拟运算表"对话框

【样例 5-4】

	A	B	C	D	E	F	G
1							
2		双变量分析-2					
3		根据存款期限（120个月）以及每月存款额、存款年利率计算最终存款额					
4		￥0.00	-4500	-5000	-5500	-6000	
5		4.00%	￥662,624.12	￥736,249.02	￥809,873.93	￥883,498.83	
6		4.50%	￥680,391.33	￥755,990.37	￥831,589.41	￥907,188.44	
7		5.00%	￥698,770.26	￥776,411.40	￥854,052.54	￥931,693.68	
8		5.50%	￥717,784.12	￥797,537.91	￥877,291.70	￥957,045.49	
9		6.00%	￥737,457.06	￥819,396.73	￥901,336.41	￥983,276.08	
10		6.50%	￥757,814.19	￥842,015.77	￥926,217.35	￥1,010,418.93	
11							
12							

Sheet1 / Sheet2 / Sheet3

【知识拓展】

❖　利用模拟运算表，对比不同方案的运算结果

模拟运算表为对比不同方案的运算结果提供了便利。例如要查看同等利率下贷款额由 50 万元调至 100 万元时，每月还款金额的变化，只需把单元格 C4 中的贷款总额由 50 万元更改为 100 万元，然后按 Enter 键，Excel 会自动对模拟运算表中的数据进行重新计算，如图 5-17 所示。

	A	B	C	D	E	F
1						
2		偿还贷款试算表		年利率变化	月偿还额	
3					￥-2,899.80	
4		贷款额	500000	4%	￥-3,029.90	
5		年利率	3.50%	4.50%	￥-3,163.25	
6		贷款期限（月）	240	5%	￥-3,299.78	
7				5.50%	￥-3,439.44	
8				6%	￥-3,582.16	
9						
10						

Sheet1 / Sheet2 / Sheet3

	A	B	C	D	E	F
1						
2		偿还贷款试算表		年利率变化	月偿还额	
3					￥-5,799.60	
4		贷款额	1000000	4%	￥-6,059.80	
5		年利率	3.50%	4.50%	￥-6,326.49	
6		贷款期限（月）	240	5%	￥-6,599.56	
7				5.50%	￥-6,378.87	
8				6%	￥-7,164.31	
9						

Sheet1 / Sheet2 / Sheet3

图 5-17　案例 5-1 的对比运算结果

任务2 使 用 方 案

在 Excel 2003 中，对方案的管理是通过“方案管理器”实现的，它把当前工作表中的数量关系作为方案保存起来，并允许在保存的方案之间进行切换，还可以查看不同的方案结果，从而对数据进行分析。

【知识点及案例】

【案例 5-5】打开文档 YL5-1-1.xls，如图 5-18 所示，按照【样例 5-5】所示，在方案管理器中添加一个方案，命名为 FA5-2；设置“年利率”为可变单元格，输入一组可变单元格的值为 7%、8%、9%、10%、11%；设置“月偿还额”为结果单元格，报告类型为“方案摘要”。

	A	B	C	D	E	F
1						
2		偿还贷款试算表		年利率变化	月偿还额	
3						
4		贷款额	500000	4%		
5		年利率	3.50%	4.50%		
6		贷款期限（月）	240	5%		
7				5.50%		
8				6%		
9						
10						

Sheet1 / Sheet2 / Sheet3

图 5-18　YL5-1-1.xls

操作步骤如下：（接【案例 5-1】）

（1）选择“工具”→“方案”命令，打开“方案管理器”对话框，如图 5-19 所示。单击“添加”按钮，打开“编辑方案”对话框，如图 5-20 所示，在“方案名”文本框中输入“FA5-2”；在“可变单元格”文本框中单击，出现插入点，选择 D4:D8 单元格区域；然后选中“防止更改”复选框，单击“确定”按钮。

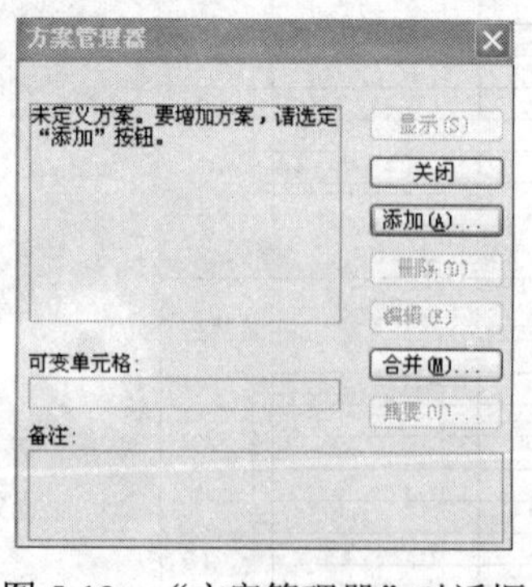

图 5-19　“方案管理器”对话框

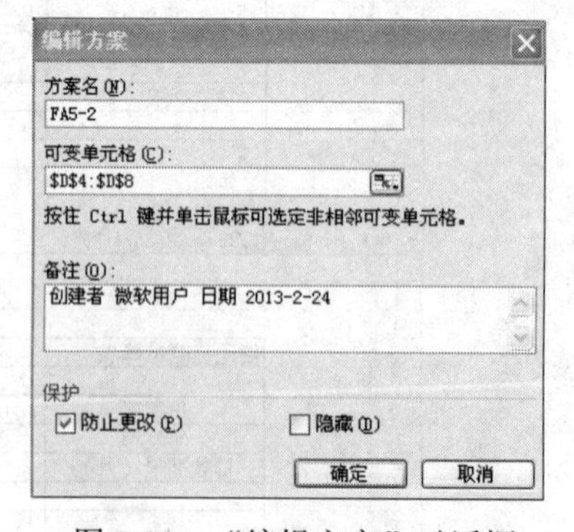

图 5-20　“编辑方案”对话框

（2）打开“方案变量值”对话框，在“请输入每个可变单元格的值”文本框中，分别输入“7%”、“8%”、“9%”、“10%”和“11%”，如图 5-21 所示，单击“确定”按钮，返回到“方案管理器”对话框，如图 5-22 所示。

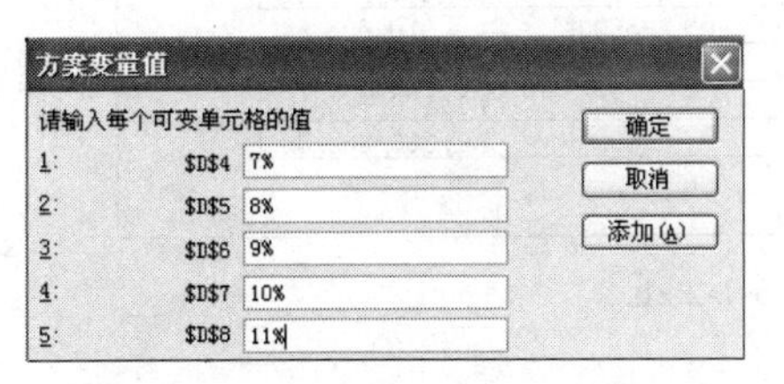

图 5-21　“方案变量值”对话框

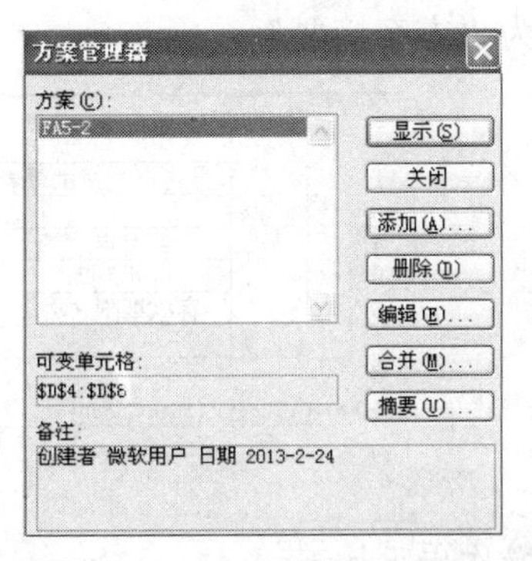

图 5-22　“方案管理器”对话框

（3）单击“摘要”按钮，打开“方案摘要”对话框，如图 5-23 所示，在“结果单元格”文本框中单击，出现插入点，选择 E4:E8 单元格区域，然后单击“确定”按钮退出。

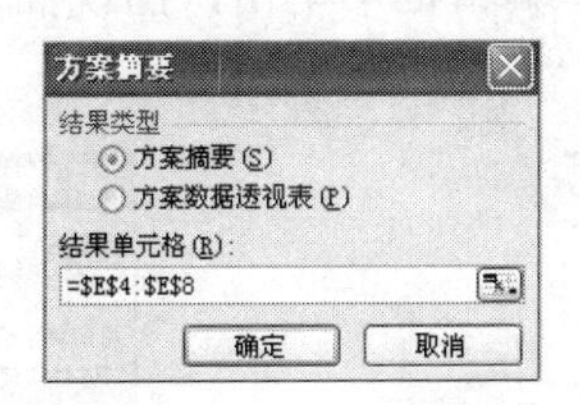

图 5-23　“方案摘要”对话框

【样例 5-5】

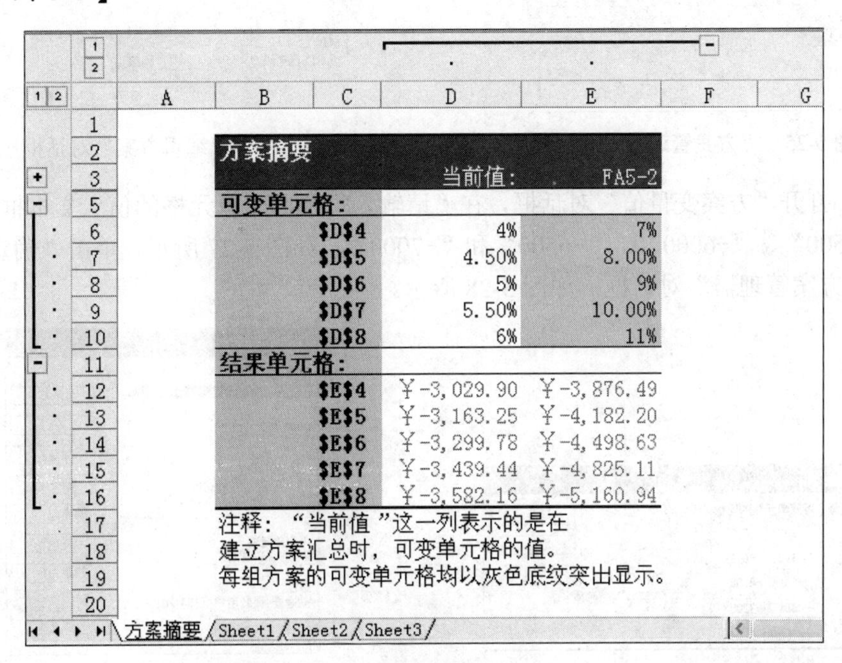

方案摘要	当前值:	FA5-2
可变单元格:		
D4	4%	7%
D5	4.50%	8.00%
D6	5%	9%
D7	5.50%	10.00%
D8	6%	11%
结果单元格:		
E4	￥-3,029.90	￥-3,876.49
E5	￥-3,163.25	￥-4,182.20
E6	￥-3,299.78	￥-4,498.63
E7	￥-3,439.44	￥-4,825.11
E8	￥-3,582.16	￥-5,160.94

注释：“当前值”这一列表示的是在
建立方案汇总时，可变单元格的值。
每组方案的可变单元格均以灰色底纹突出显示。

方案摘要 / Sheet1 / Sheet2 / Sheet3

【案例 5-6】打开文档 YL5-1-2.xls，如图 5-24 所示，按照【样例 5-6】所示，在方案管理器中添加一个方案，命名为 FA5-3；设置“每月存款额”为可变单元格，输入一组可变单元格的值为-5500、-6000、-6500、-7000；设置“最终存款额”为结果单元格，报告类型为“方案摘要”。

	A	B	C	D	E	F
1						
2		最终存款额试算表		每月存款额变化	最终存款额	
3					￥780,517.41	
4		每月存款额	-3000	-3500	￥910,603.64	
5		年利率	0.80%	-4000	￥1,040,689.88	
6		存款期限（月）	240	-4500	￥1,170,776.11	
7				-5000	￥1,300,862.35	
8						

Sheet1 / Sheet2 / Sheet3

图 5-24　YL5-1-2.xls

操作步骤如下：

（1）选择“工具”→“方案”命令，打开“方案管理器”对话框，如图 5-25 所示，单击“添加”按钮，打开“编辑方案”对话框，如图 5-26 所示，在“方案名”文本框中输入“FA5-3”；在“可变单元格”编辑框中单击，出现插入点，选择 D4:D7 单元格区域；选中“防止更改”复选框，单击“确定”按钮。

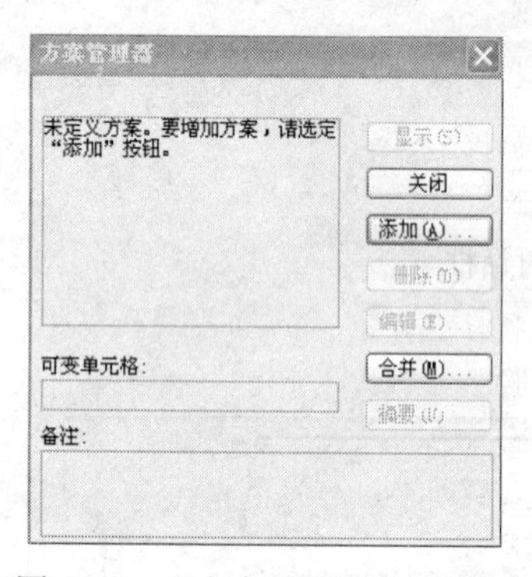

图 5-25　“方案管理器”对话框

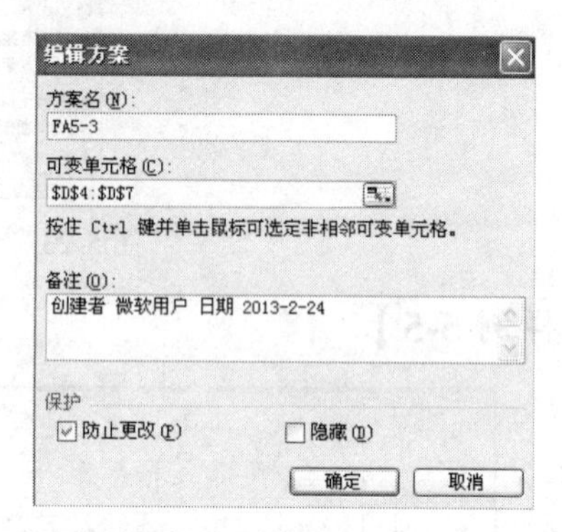

图 5-26　“编辑方案”对话框

（2）打开“方案变量值”对话框，在“请输入每个可变单元格的值”文本框中，分别输入“-5500”、“-6000”、“-6500”和“-7000”，如图 5-27 所示，单击“确定”按钮，返回到“方案管理器”对话框，如图 5-28 所示。

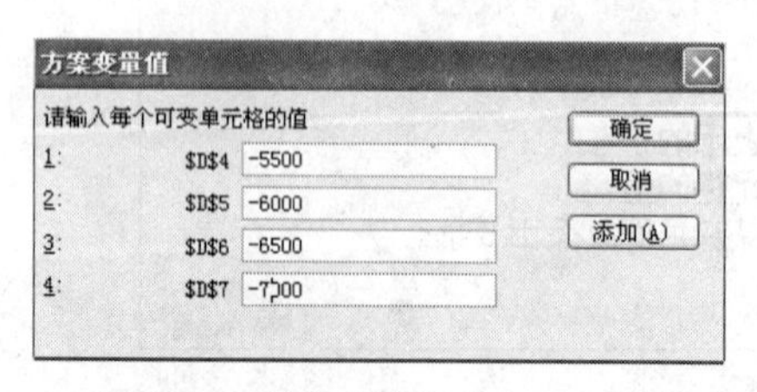

图 5-27　“方案变量值”对话框

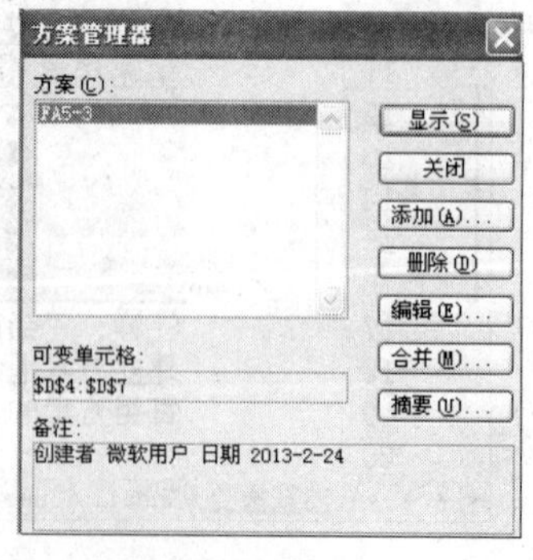

图 5-28　“方案管理器”对话框

（3）单击“摘要”按钮，打开“方案摘要”对话框，如图 5-29 所示，在“结果单元格”文本框中单击，出现插入点，选择 E4:E7 单元格区域，然后单击“确定”按钮。

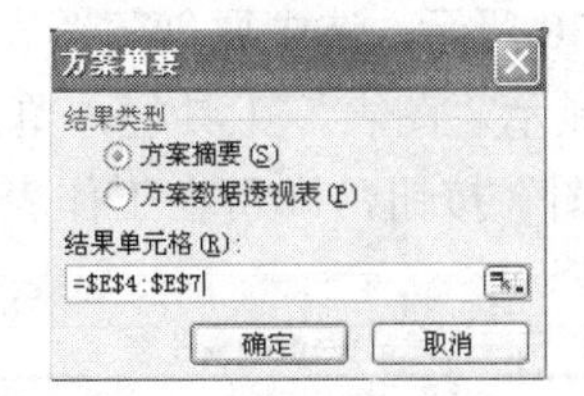

图 5-29　“方案摘要”对话框

【样例 5-6】

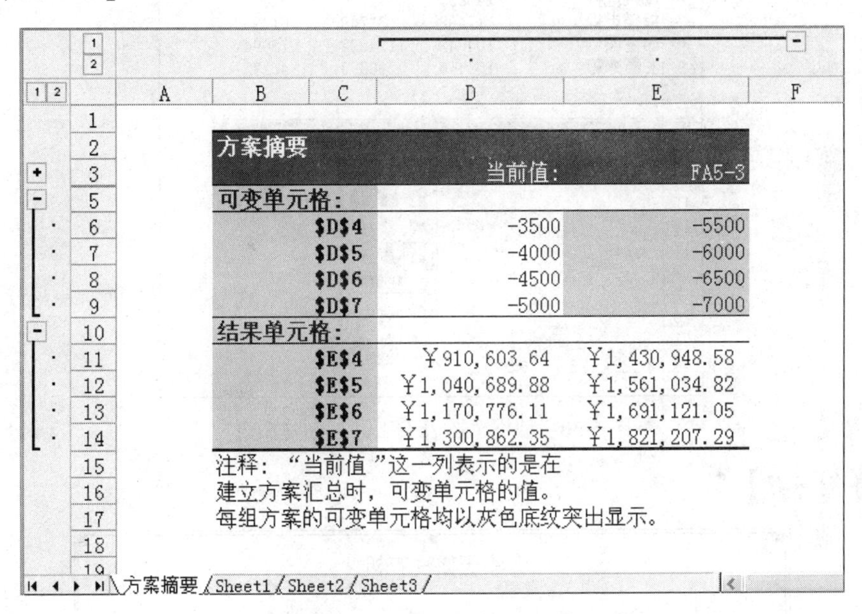

任务 3　图　表

图表以图形化方式表示工作表中的内容，使用图表可以让平面的数据立体化，抽象的数据直观化，使用户更加方便地查看数据的差异和预测趋势，并且图表会随着工作表中的数据变化而变化。

子任务 1　创建图表

【知识点及案例】

1. 创建图表

（1）使用“图表”工具栏创建图表

【案例 5-7】打开文档 YL5-7.xls，利用“图表”工具栏创建一个关于“小天鹅洗衣机”

3 个月销售情况的柱形图图表。（按照【样例 5-7】，完成操作）。

操作步骤如下：

打开文档 YL5-7.xls，如图 5-30 所示，选中要创建图表的数据区域 A2:D3，选择“视图”→“工具栏”→“图表”命令，显示“图表”工具栏，单击“图表类型”按钮右侧的三角，在展开的列表中单击“柱形图”按钮，即可在工作表中创建一个嵌入式图表。

	A	B	C	D	E
1	天源公司第1季度销售总表				
2	名称	1月	2月	3月	
3	小天鹅洗衣机	98285	83238	78951	
4	格兰士微波炉	174820	109424	65082	
5	荣声冰箱	70824	50824	31750	
6	创维电视	143883	101115	92893	
7	熊猫电视	117498	131748	51496	
8	LG空调	104942	1174992	73094	
9	美菱冰箱	106656	96359	40172	

图 5-30　使用“图表”工具栏创建图表

【样例 5-7】

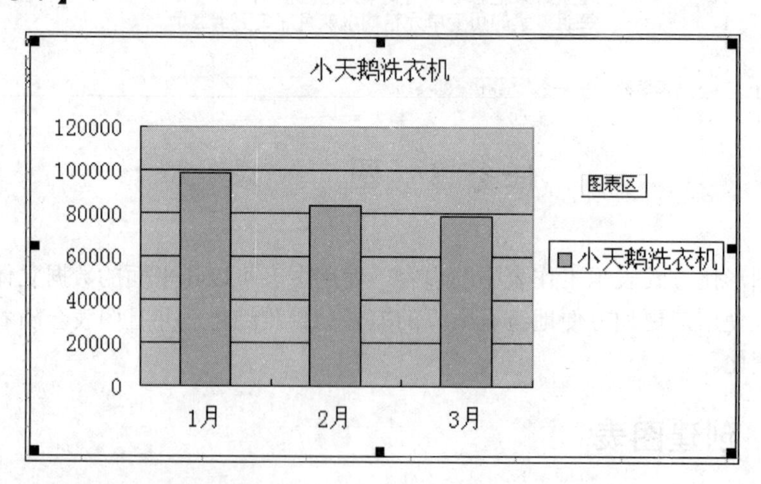

（2）使用图表向导创建图表

【案例 5-8】打开文档 YL5-8.xls，如图 5-31 所示，使用图表向导创建一个柱形图图表。（按照【样例 5-8】，完成操作）。

	A	B	C	D	E
1	甲部门1季度销售统计表				
2	名称	1月	2月	3月	
3	LG空调	481	567	412	
4	长虹电视	571	431	322	
5	小天鹅洗衣	623	543	581	
6	LG微波炉	562	451	470	
7	荣声冰箱	412	720	541	
8	创维电视	496	412	561	
9					

图 5-31　甲部门 1 季度销售统计表

操作步骤如下：

打开文档 YL5-8.xls，选中要创建图表的数据区域 A2:D8 单元格区域，单击“常用”工具栏上的“图表”按钮或选择“插入”→“图表”命令，打开图表向导。首先是设置图表类型，在“图表类型”列表框中选择“柱形图”选项，在“子图表类型”框中选择“簇状柱形图”，如图 5-32 所示，单击“下一步”按钮。接下来进行图表源数据设置，在“系列产生在”区选中“列”单选按钮，如图 5-33 所示，然后单击“下一步”按钮。接下来进行图表选项设置，在“图表标题”文本框中输入“甲部门 1 季度销售统计表”，在“分类 X 轴”文本框中输入“品名”，在“数值 Y 轴”文本框中输入“销售额”，如图 5-34 所示，然后单击“下一步”按钮。最后进行图标位置设置，选中“作为其中的对象插入”单选按钮，如图 5-35 所示，然后单击“完成”按钮退出。

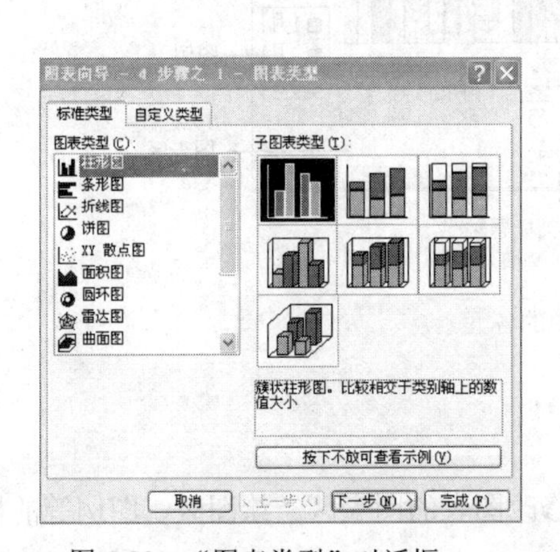

图 5-32　“图表类型”对话框

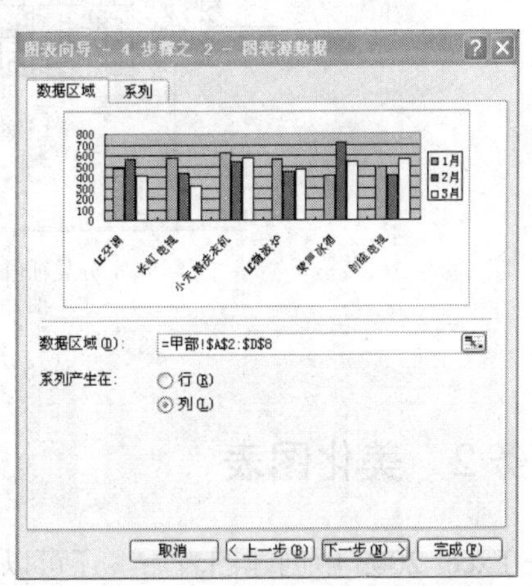

图 5-33　“图表源数据”对话框

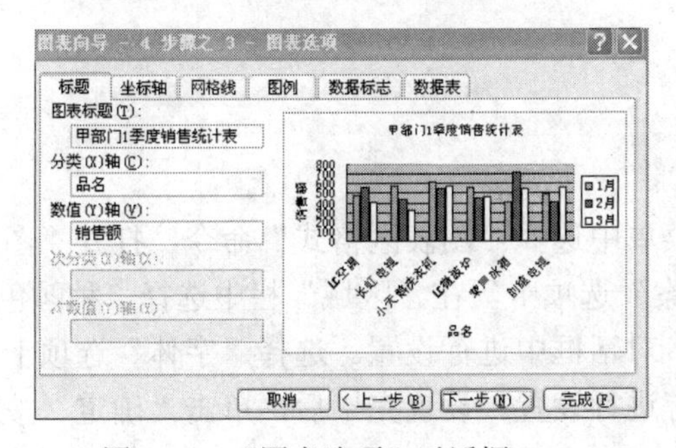

图 5-34　“图表选项”对话框

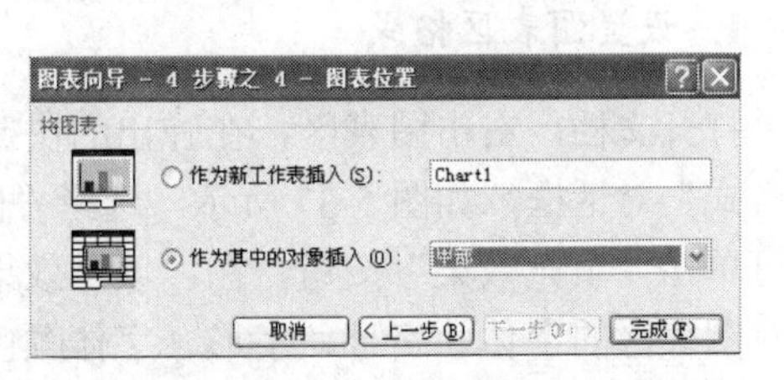

图 5-35　“图表位置”对话框

【样例 5-8】

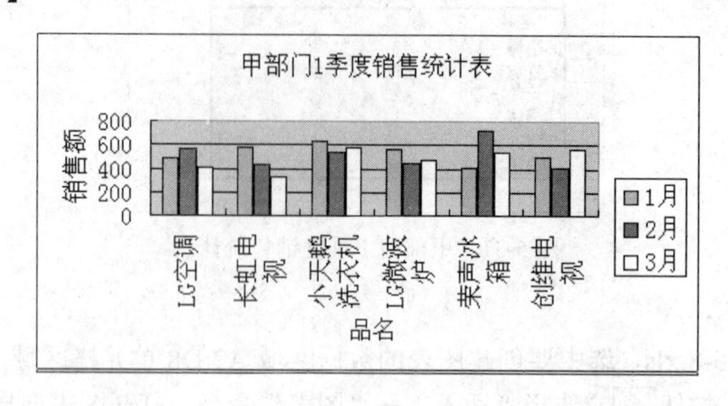

【知识拓展】

图表中的元素，包含标题、数值轴、分类轴、图例、数据系列等，其位置分别如图 5-36 所示。

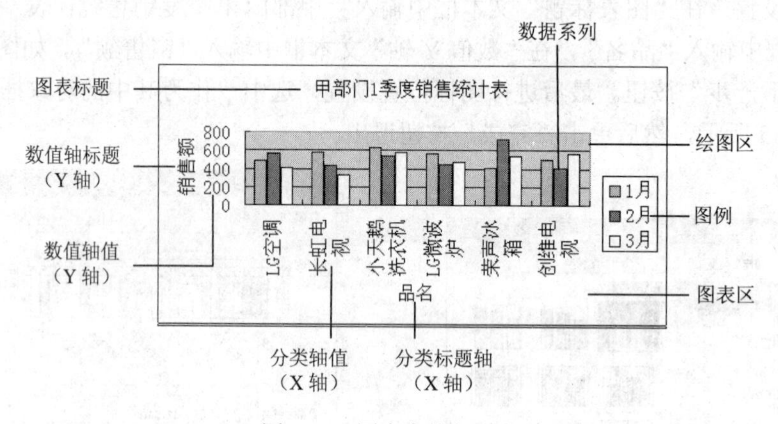

图 5-36　图表中的各元素

子任务 2　美化图表

在 Excel 2003 中创建图表后，还可以通过修改图表的图表区、绘图区、图例等的格式来美化图表。

【相应知识点】

1．设置图表区格式

打开文档，右击图表区，在弹出的快捷菜单中选择“图表区格式”命令，打开“图表区格式”对话框，如图 5-37 所示。选择“图案”选项卡，在“区域”栏中选择一种颜色，也可单击“填充效果”按钮，在“填充效果”对话框中进行设置。选择“字体”选项卡，可对图表区的字体、字号、字形、字体颜色等进行设置。设置完毕后，单击“确定”按钮退出。

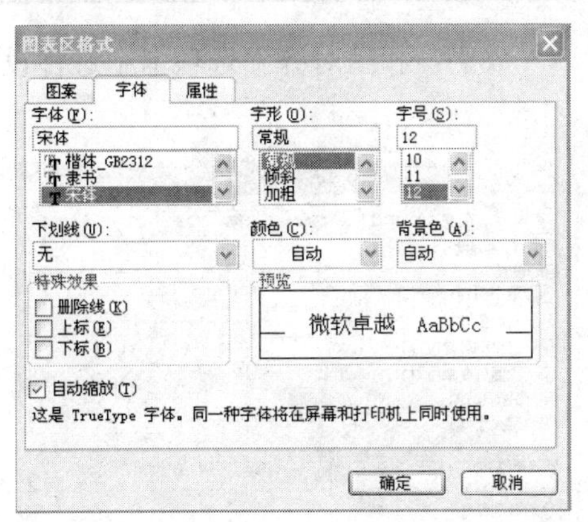

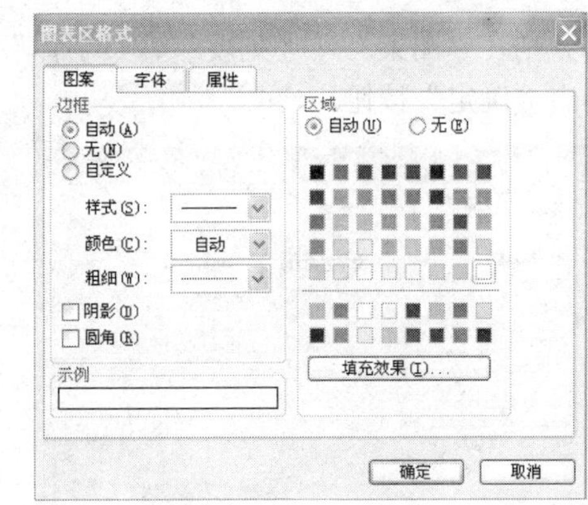

图 5-37　“图表区格式”对话框

2. 设置绘图区格式

打开文档，右击绘图区，在弹出的快捷菜单中选择“绘图区格式”命令，打开“绘图区格式”对话框，在此可对绘图区的边框样式、边框颜色、边框粗细和填充颜色等进行设置。设置完毕后，单击“确定”按钮退出。

3. 设置图例格式

打开文档，右击图例，在弹出的快捷菜单中选择“图例格式”命令，打开“图例格式”对话框，如图 5-38 所示。选择“图案”选项卡，单击“填充效果”按钮，打开“填充效果”对话框，如图 5-39 所示，选择一种纹理，然后单击“确定”按钮返回。选择“字体”选项卡，对图例项的字体、字号、字形、字体颜色等进行设置，最后单击“确定”按钮。

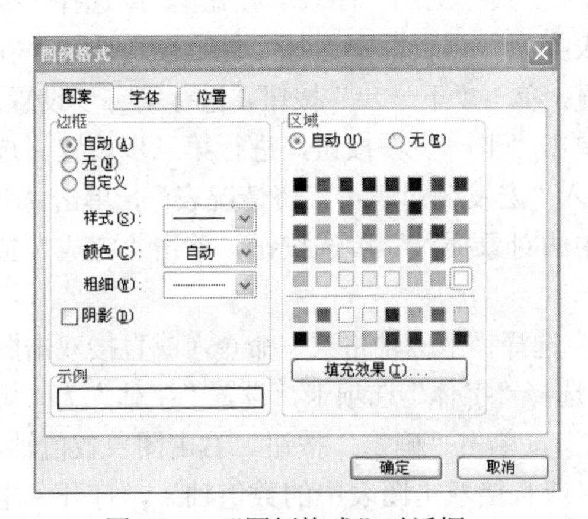

图 5-38　“图例格式”对话框

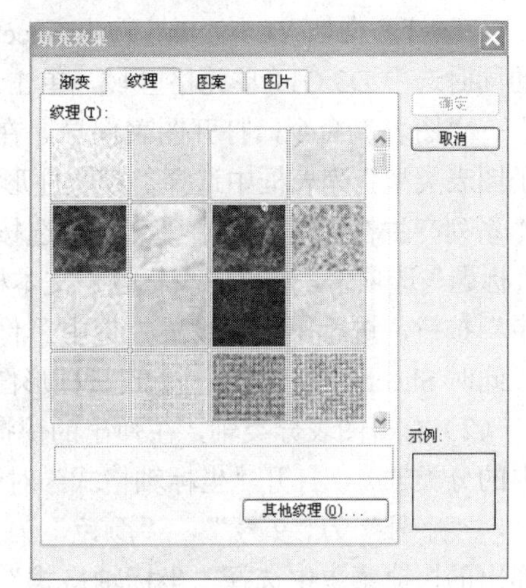

图 5-39　“填充效果”对话框

4. 设置坐标轴格式

打开文档，右击数值轴（或分类轴），在弹出的快捷菜单中选择“坐标轴格式”命令，或双击图表中的数值轴（或分类轴），可打开“坐标轴格式”对话框，如图 5-40 所示。根据需要分别在“图案”、“刻度”、“字体”、“数字”和“对齐”选项卡中进行设置，最后单击“确定”按钮。

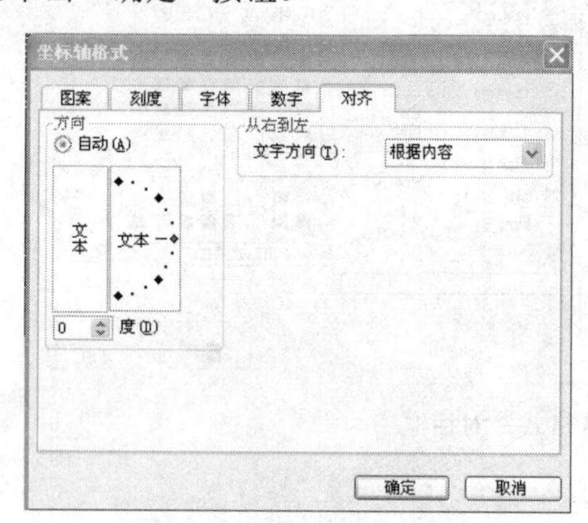

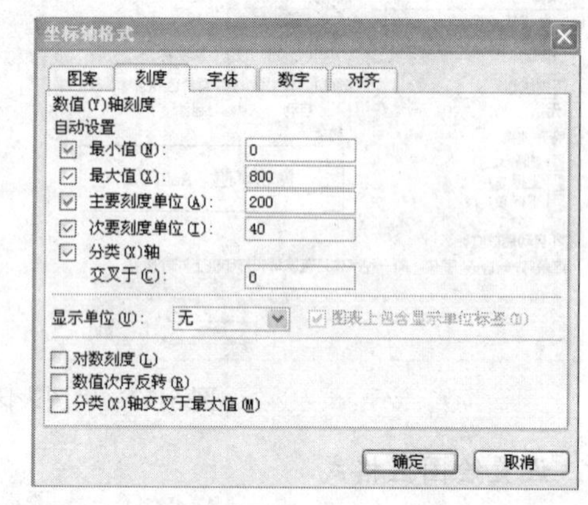

图 5-40 “坐标轴格式”对话框

【实操案例】

【案例 5-9】打开文档 YL5-9.xls，利用 Sheet1 工作表中的数据，在 Sheet1 工作表中创建一个簇状柱形图，并按照【样例 5-9】，将图表标题的字体格式设置为隶书，14 号，加粗，深蓝色；将图表区的格式设置为浅黄色和浅绿色渐变填充的效果；将图例中的文字设置为楷体，12 号，梅红色；将绘图区的格式设置为“白色大理石”的填充效果；将分类坐标轴的字体格式设置为黑体，10 号，红色。

操作步骤如下：

（1）打开文档 YL5-9.xls，选中 Sheet1 工作表中的 A3:A11 单元格区域，然后按住 Ctrl 键的同时选中 D3:G11 单元格区域，单击“常用”工具栏上的“图表”按钮 或选择“插入”→“图表”命令，打开图表向导。在“图表类型”列表框中选择“柱形图”选项，在“子图表类型”列表框中选择“簇状柱形图” ，单击“下一步”按钮，进行第二步设置。在“系列产生在”区域选中“列”单选按钮，单击“下一步”按钮，进行第三步设置。选择“标题”选项卡，在“图表标题”文本框中输入“宏发公司职员工资情况表”，单击“下一步”按钮，进行第四步设置。选中“作为其中的对象插入”单选按钮，单击“完成”按钮，此时 Sheet1 中已插入一个簇状柱形图。

（2）右击图表分类轴，在弹出的快捷菜单中选择“坐标轴格式”命令（或直接双击图表中的分类轴），打开“坐标轴格式”对话框，选择“字体”选项卡，设置“字体”为“黑体”，“字号”为“9 号”，“颜色”为“红色”，单击“确定”按钮。右击图表数值轴，在弹出的快捷菜单中选择“坐标轴格式”命令（或直接双击图表中的数值轴），打开“坐标轴格式”对话框，选择“刻度”选项卡，在“主要刻度单位”处输入“1000”（核对：最小值为 4，最大值为 4000），单击“确定”按钮。

（3）右击图表标题，在弹出的快捷菜单中选择“图表标题格式”命令，打开“图表标题格式”对话框，选择“字体”选项卡，设置“字体”为“隶书”，“字形”为“加粗”，

“字号”为“14 号”，“颜色”为“深蓝色”，单击“确定”按钮。

（4）右击图表区，在弹出的快捷菜单中选择“图表区格式”命令，打开“图表区格式”对话框。选择“图案”选项卡，在“区域”栏单击“填充效果”按钮，打开“填充效果”对话框，选择“渐变”选项卡，单击“双色”单选按钮，在“颜色 1”下拉列表中选择“浅黄”，在“颜色 2”下拉列表中选择“浅绿”单击“确定”按钮返回，再单击“确定”按钮退出。

（5）右击图例，在弹出的快捷菜单中选择“图例格式”命令，打开“图例格式”对话框。选择“字体”选项卡，设置“字体”为“楷体-GB2312”，“字号”为“12 号”，“颜色”为“梅红色”，单击“确定”按钮。

（6）右击绘图区，在弹出的快捷菜单中选择“绘图区格式”命令，打开“绘图区格式”对话框。选择“图案”选项卡，在“区域”栏单击“填充效果”按钮，打开“填充效果”对话框，在“纹理”选项卡中选择“白色大理石”纹理，单击“确定”按钮返回，再单击“确定”按钮退出。

【样例 5-9】

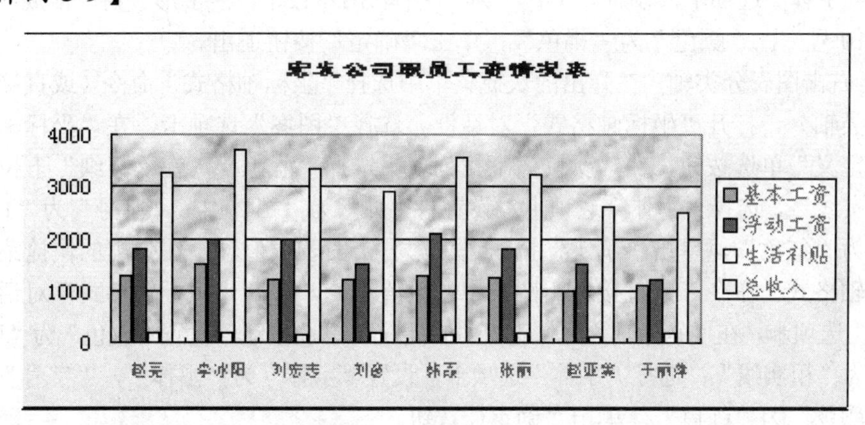

【案例 5-10】打开文档 YL5-10.xls，利用 Sheet1 工作表中相应的数据，在 Sheet1 工作表中创建一个“簇状柱形图”图表，按照【样例 5-10】所示，将图表标题的字体格式设置为华文细黑，14 号，加粗，蓝色；将图表的标题背景格式设置为“花束”纹理效果；将背景墙设置为“银波荡漾”的过渡填充效果；将图例的字体格式设置为楷体-GB2312，常规，10 号，褐色；将坐标轴格式设置为蓝色的粗实线，将坐标轴的字体格式设置为黑体，10 号，红色。

操作步骤如下：

（1）打开文档 YL5-10.xls，选中 Sheet1 工作表中的 B3:F10 单元格区域，单击“常用”工具栏上的“图表”按钮 或选择“插入”→“图表”命令，打开图表向导。在“图表类型”列表框中选择“柱形图”选项，在“子图表类型”框中选择“簇状柱形图” ，单击“下一步”按钮，进行第二步设置。在“系列产生在”区域选中“行”单选按钮，单击“下一步”按钮，进行第三步设置。选择“标题”选项卡，在“图表标题”文本框中输入“茂盛销售公司 2010 年销售统计”，单击“下一步”按钮，进行第四步设置。选中“作为其中的对象插入”单选按钮，单击“完成”按钮，此时 Sheet1 中已插入一个簇状柱形图。

（2）右击图表数值轴，在弹出的快捷菜单中选择“坐标轴格式”命令（或直接双击图表中的数值轴），打开“坐标轴格式”对话框。选择“刻度”选项卡，在“主要刻度单位”处输入“200”（核对：最大值为 0，最小值为 800），单击“确定”按钮退出。

（3）右击图表标题，在弹出的快捷菜单中选择“图表标题格式”命令，打开“图表标题格式”对话框。选择“字体”选项卡，设置“字体”为“华文细黑”，“字形”为“加粗”，“字号”为“14 号”，“颜色”为“蓝色”。选择“图案”选项卡，在“区域”栏单击“填充效果”按钮，打开“填充效果”对话框，在“纹理”选项卡中选择“花束”纹理，单击“确定”按钮返回，再单击“确定”按钮退出。

（4）右击绘图区，在弹出的快捷菜单中选择“绘图区格式”命令，打开“绘图区格式”对话框。选择“图案”选项卡，在“区域”栏单击“填充效果”按钮，打开“填充效果”对话框，选择“渐变”选项卡，在“颜色”栏选中“预设”单选按钮，在“预设颜色”下拉列表框中选择“银波荡漾”选项，单击“确定”按钮返回，再单击“确定”按钮退出。

（5）右击图例，在弹出的快捷菜单中选择“图例格式”命令，打开“图例格式”对话框。选择“字体”选项卡，设置“字体”为“楷体-GB2312”，“字形”为“常规”，“字号”为“10 号”，“颜色”为“褐色”，单击“确定”按钮退出。

（6）右击图表分类轴，在弹出的快捷菜单中选择“坐标轴格式”命令（或直接双击图表中的分类轴），打开“坐标轴格式”对话框。选择“图案”选项卡，在“坐标轴”区域选择“自定义”单选按钮，在“颜色”下拉列表中选择“蓝色”，在“粗细”下拉列表中选择“粗实线”。选择“字体”选项卡，设置“字体”为“黑体”，“字号”为“10 号”，“颜色”为“红色”，单击“确定”按钮退出。右击图表数值轴，在弹出的快捷菜单中选择“坐标轴格式”命令（或直接双击图表中的数值轴），打开“坐标轴格式”对话框，选择“图案”选项卡，在“坐标轴”区域选择“自定义”单选按钮，设置“颜色”为“蓝色”，“粗细”为“粗实线”；选择“字体”选项卡，设置“字体”为“黑体”，“字号”为“10 号”，“颜色”为“红色”，单击“确定”按钮。

【样例 5-10】

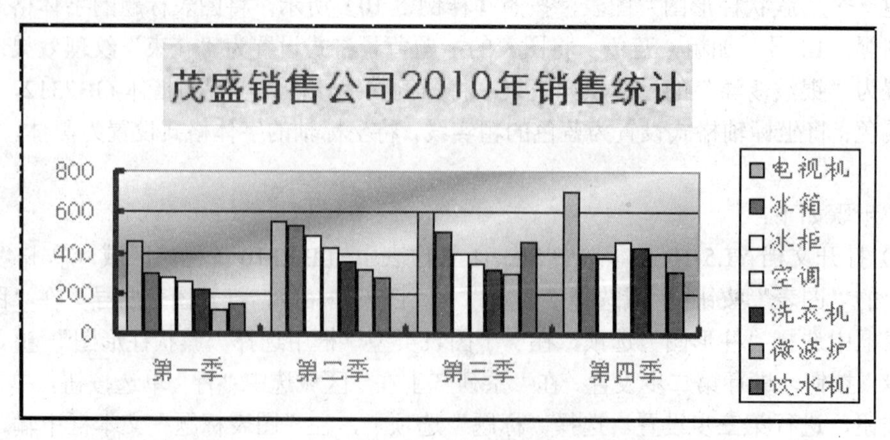

子任务 3　编辑图表

在 Excel 2003 中创建图表后，还可以根据需要对图表进行修改和调整，以使图表更符合要求。

【相应知识点】

1. 向图表中添加外部数据

向图表中添加数据时，嵌入式图表和图表工作表的添加方式有所不同。

如果向图表工作表添加数据，可将工作表中的数据复制并粘贴到图表中；如果要将数据添加到嵌入式图表中，一般情况下使用拖动方式；如果嵌入式图表是从非相邻选定区域生成的，则使用复制和粘贴命令。

2. 删除图表中的数据

在工作表中直接删除数据，则图表中的数据也会被删除；但删除图表中的某个数据，其对应工作表中的数据将会仍然保留。

删除系列数据的操作方法：选中图表中待删除数据系列中的任意一个，选择“编辑”→“清除”→“系列”命令，或直接按 Delete 键。

【提示】Excel 中，对图表中的数据进行添加、删除和修改操作时，其对应工作表中的数据不受影响。但对工作表中的数据进行添加、删除和修改等操作时，图表中的数据将会随之发生变化。

【实操案例】

【案例 5-11】打开文档 YL5-11.xls，按照【样例 5-11】选取 Sheet1 中适当的数据，在 Sheet1 中创建一个“堆积柱形图”图表；将第二季度的“凯越”销售量的数据标志改为 3000，并以加粗的蓝色 12 号字体在图中相应位置显示出来，从而改变工作表中的数据；将 Sheet2 中添加“宝来”和“途观”2011 年的销售量数据添加到 Sheet1 中的相应位置，并调整图表源数据。

操作步骤如下：

（1）打开文档 YL5-11.xls，选中 Sheet1 工作表中的 B3:F10 单元格区域，单击“常用”工具栏上的“图表”按钮或选择“插入”→“图表”命令，打开图表向导。在“图表类型”列表框中选择“柱形图”选项，在“子图表类型”列表框中选择“堆积柱形图”，单击“下一步”按钮，进行第二步设置。在“系列产生在”区域选择“行”单选项，单击“下一步”按钮，进行第三步设置。选择“标题”选项卡，在“图表标题”文本框中输入“洪顺车业有限公司 2011 年销售量统计”，单击“下一步”按钮，进行第四步设置。选择“作为其中的对象插入”单选按钮，单击“完成”按钮。

（2）右击图表分类轴，在弹出的快捷菜单中选择“坐标轴格式”命令（或直接双击图表中的分类轴），打开“坐标轴格式”对话框，在“对齐”选项卡的“方向”栏中输入或选择 90 度，单击“确定”按钮。右击图表数值轴，在弹出的快捷菜单中选择“坐标轴格式”命令（或直接双击图表中的数值轴），打开“坐标轴格式”对话框，选择“刻度”选项卡，在“主要刻度单位”数值框中输入“5000”（核对最小值为 0，最大值为 25000），单击“确定”按钮。

（3）在 Sheet1 工作表中选择 D6 单元格，输入新值“3000”，在改变值后的“凯越”数据系列上右击，在弹出的快捷菜单中选择“数据点格式”命令，打开“数据点格式”对话框。选择“数据标志”选项卡，如图 5-41 所示，选中“值”复选框，单击“确定”按钮。在显示数值的图标上右击，在弹出的快捷菜单中选择“数据标志格式”命令，打开“数据标志格式”对话框，选择“字体”选项卡，设置“字形”为“加粗”，“字号”为“12 号”，“颜色”为“蓝色”，如图 5-42 所示，单击“确定”按钮。切换到 Sheet2 工作表，选中 B11:F12 单元格区域，选择“编辑”→“复制”命令，切换到 Sheet1 工作表选中图表，选择“编辑”→“粘贴”命令。

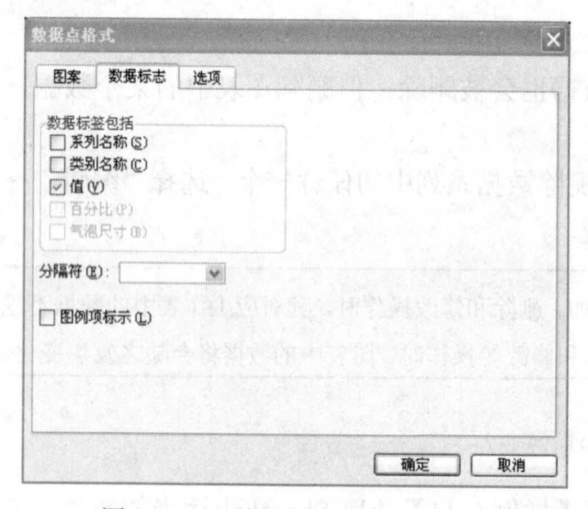

图 5-41　“数据点格式”对话框

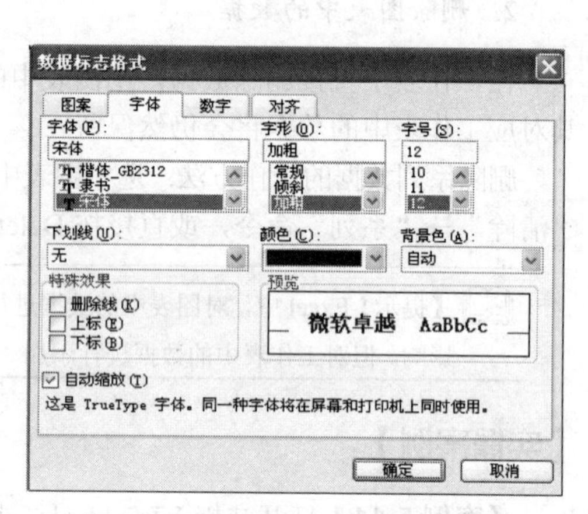

图 5-42　“数据标志格式”对话框

【样例 5-11】

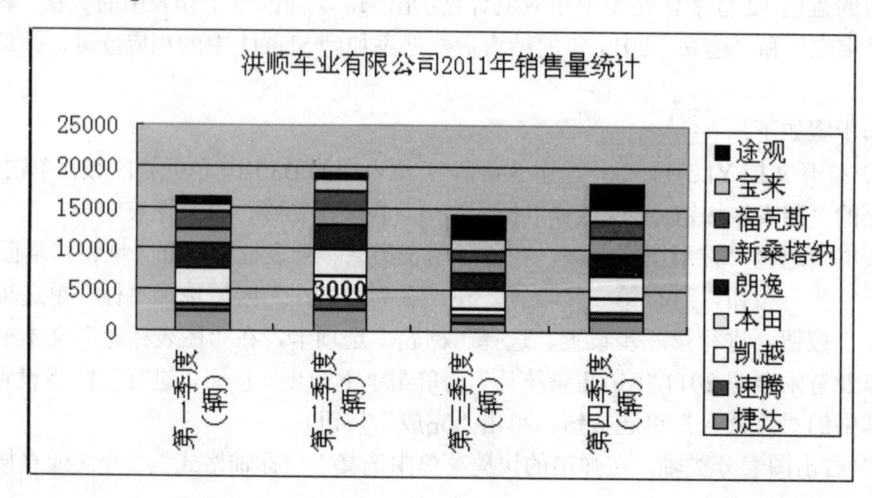

【知识拓展】

❖　移动图表

（1）图表在工作表内移动

将鼠标指针指向图表区的空白处，按下鼠标左键不放并进行拖动，此时鼠标指针变成十字箭头形状，将图表拖到工作表合适位置后释放鼠标左键。

（2）图表在工作表间移动

方法一：在图表处右击，在弹出快捷菜单中选择“位置”命令，打开“图表位置”对话框，如图 5-43 所示，选中“作为其中的对象插入”单选按钮，在其后的下拉列表中选择目标工作表，然后单击“确定”按钮。

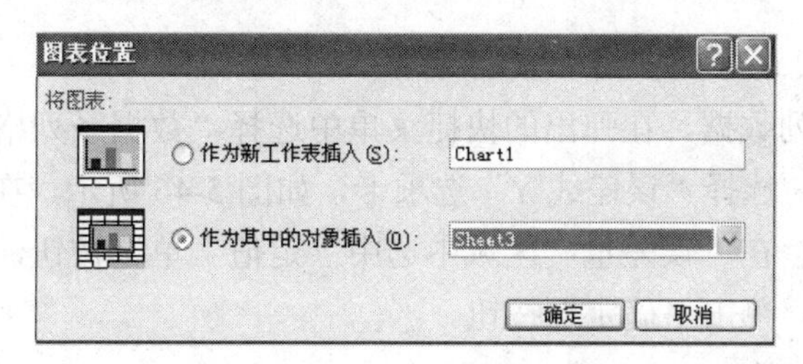

图 5-43　“图表位置”对话框

方法二：选中图表，单击“常用”工具栏上的“剪切”按钮；选择目标工作表，单击“常用”工具栏上的“粘贴”按钮。

子任务 4　添加趋势线和误差线

误差线通常用于统计数据，显示潜在的误差或相对于系列中每个数据标志的不确定程度。趋势线是指穿过数据点的直线或曲线，通过添加趋势线可以揭示数据背后的规律。

【相应知识点】

1. 添加趋势线

打开文档，单击图表中的系列数据，选择“图表”→“添加趋势线”命令；或右击图表中的系列数据，在弹出的快捷菜单中选择“添加趋势线”命令，打开“添加趋势线”对话框，如图 5-54 所示。选择“类型”选项卡，选择需要的趋势线类型，单击“确定”按钮。

2. 美化趋势线

右击添加的趋势线，在弹出的快捷菜单中选择“趋势线格式”命令，打开“趋势线格式”对话框，如图 5-55 所示。选择“图案”选项卡，选中“自定义”单选按钮，设置趋势线的样式、粗细及颜色，最后单击“确定”按钮。

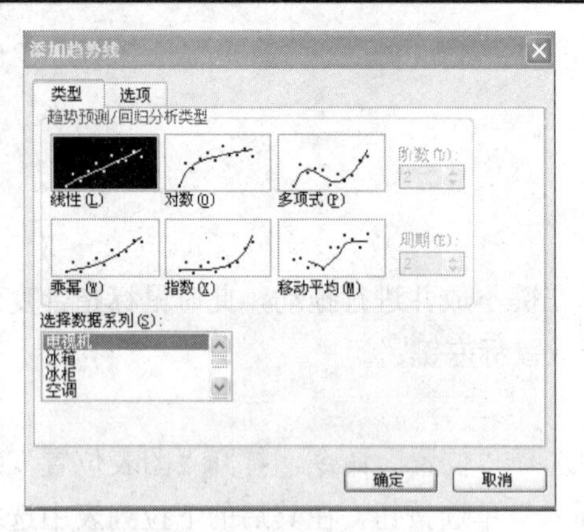

图 5-54 “添加趋势线”对话框

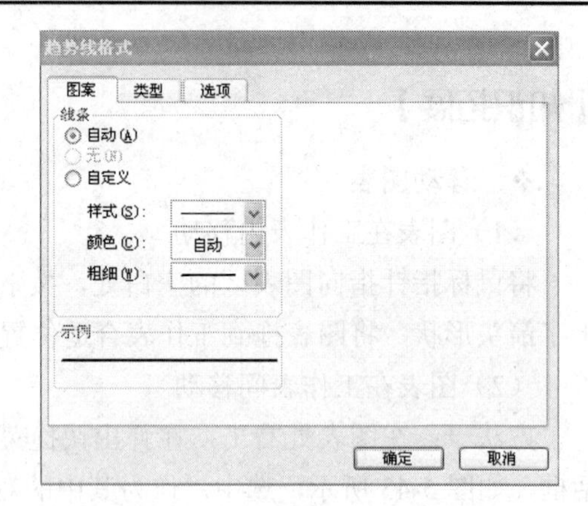

图 5-55 “趋势线格式”对话框

3. 添加误差线

右击图表中的系列数据，在弹出的快捷菜单中选择“数据系列格式”命令，打开“数据系列格式”对话框。选择“误差线 Y”选项卡，如图 5-46 所示，在“显示方式”区域中选择需要的显示方式，在“误差量”区域中选中“定值”单选按钮，并在其后的文本框中选择或输入相应的值，单击“确定”按钮。

4. 美化误差线

右击添加的误差线，在弹出的快捷菜单中选择“误差线格式”命令，打开“误差线格式”对话框，如图 5-47 所示。选择“图案”选项卡，选中“自定义”单选按钮，设置完误差线的样式、粗细及颜色后，单击“确定”按钮。

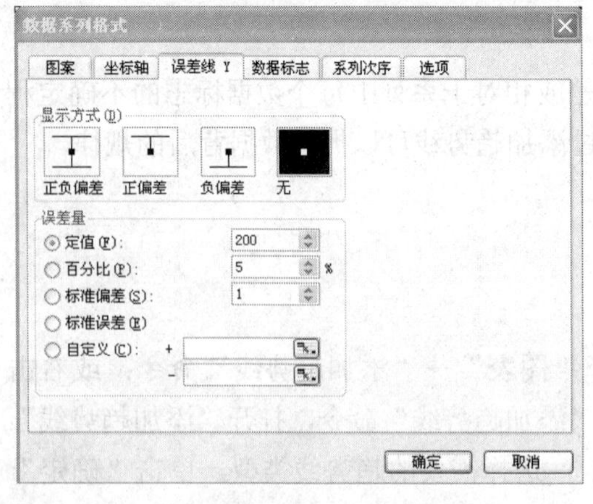

图 5-46 “数据系列格式”对话框

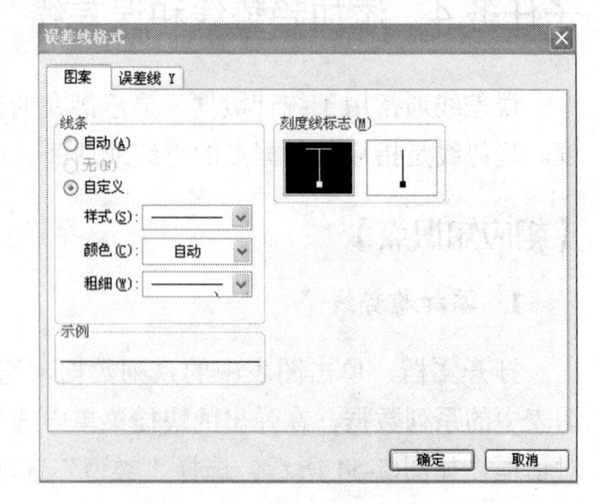

图 5-57 “误差线格式”对话框

【实操案例】

【案例 5-12】打开文档 YL5-12.xls，按照【样例 5-12】，使用 Sheet1 工作表中的数据创建折线图图表，图表标题为“林立公司 2010 年图书销售情况表”，并在图表中添加相应的深蓝色对数趋势线。

操作步骤如下：

（1）打开文档 YL5-12.xls，选中 Sheet1 工作表中的 B3:F9 单元格区域，单击“常用”工具栏上的“图表”按钮，或选择“插入”→“图表”命令，打开图表向导。在“图表类型”列表框中选择“折线图”选项，在“子图表类型”框中选择“折线图”，单击“下一步”按钮，进行第二步设置。在“系列产生在”区域选中“列”单选按钮，单击“下一步”按钮，进行第三步设置。选择“标题”选项卡，在“图表标题”文本框中输入“林立公司 2010 年图书销售情况表”，单击“下一步”按钮，进行第四步设置。选中“作为其中的对象插入”单选按钮，单击“完成”按钮。

（2）在图表区的“汽车类”折线图标上右击，在弹出快捷菜单中选择“添加趋势线”命令，打开“添加趋势线”对话框，选择“类型”选项卡，在“趋势预测/回归分析类型”列表框中选择“对数”类型，单击“确定”按钮。

（3）在添加的趋势线上右击，在弹出快捷菜单中选择“趋势线格式”命令，打开“趋势线格式”对话框，选择“图案”选项卡，选中“自定义”单选按钮，在“颜色”列表框中选择“深蓝”色，在“粗细”下拉列表框中选择细实线，单击“确定”按钮。

【样例 5-12】

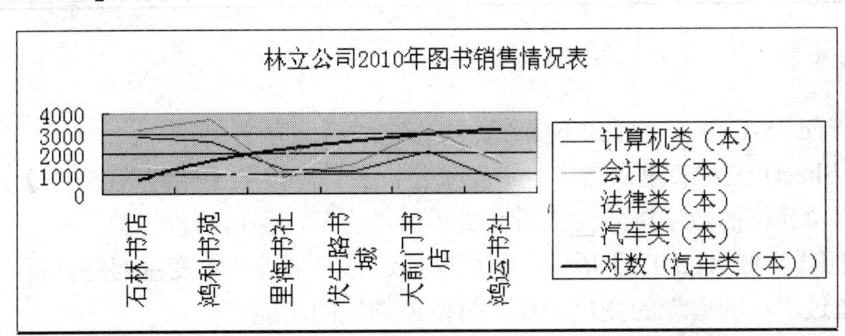

【案例 5-13】打开文档 YL5-13.xls，按照【样例 5-13】，使用 Sheet1 工作表中的数据创建一个簇状条形图的图表，选定图表中“科龙空调”系列，为图表添加一条黄色的正负偏差误差线，定值为 100 。

操作步骤如下：

（1）打开文档 YL5-13.xls，选中 Sheet1 工作表中的 B3:E10 单元格区域，单击“常用”工具栏上的“图表”按钮，或选择“插入”→“图表”命令，打开图表向导。在“图表类型”列表框中选择“条形图”选项，在“子图表类型”框中选择“簇状条形图”，单击“下一步”按钮，进行第二步设置。在“系列产生在”栏中选中“行”单选按钮，单击“下一步”按钮，进行第三步设置。选择“标题”选项卡，在“图表标题”文本框中输入“晟昌公司第二季度销售情况表”，单击“下一步”按钮，进行第四步设置。选中“作为其中的对象插入”单选按钮，然后单击“完成”按钮。

（2）在创建的图表“科龙空调”数据系列上右击，在弹出快捷菜单中选择“数据系列格式”命令中打开“数据系列格式”对话框，选择“误差线 Y”选项卡，在“显示方式”区域中选择“正负偏差”，在“误差量”区域中选中“定值”单选按钮，并在其后的文本框中选择或输入“100”，单击“确定”按钮。

（3）右击添加的误差线，在弹出的快捷菜单中选择“误差线格式”命令，打开“误差线格式”对话框。选择“图案”选项卡，在“线条”选项区域选中“自定义”单选按钮，在“颜色”列表框中选择“黄色”，最后单击“确定”按钮。

【样例 5-13】

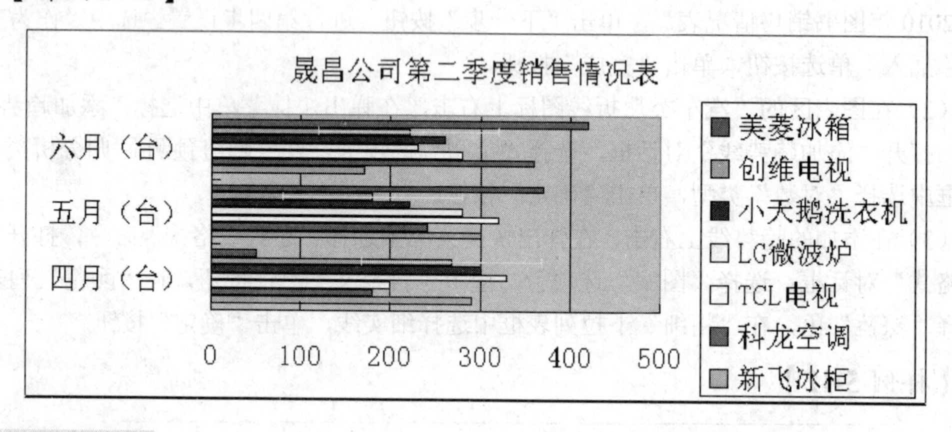

【实操训练 1】

打开文档 scxl5-1.xls，完成如下操作，操作完成后保存文档。

（1）将 Sheet1 工作表重命名为“单变量分析表”，按照【样例 XL5-1A】，设置“月偿还额”一列单元格的数字格式为货币，货币符号为￥，保留两位小数。

（2）按照【样例 XL5-1A】所示，利用模拟运算表来进行单变量问题分析，运用 PMT 函数，实现通过“年利率”的变化计算“月偿还额”的功能。

（3）按照【样例 XL5-1B】所示，在方案管理器中添加一个方案，命名为 FA5-4；设置“年利率”为可变单元格，输入一组可变单元格的值为 8%、9%、10%、11%、12%；设置“月偿还额”为结果单元格，报告类型为“方案摘要”。

【实操训练 2】

打开文档 scxl5-2.xls，完成如下操作，操作完成后保存文档。

（1）将 Sheet1 工作表重命名为“单变量分析表”，按照【样例 XL5-2A】所示，设置“最终存款额”一列单元格的数字格式为货币，货币符号为￥，保留两位小数。

（2）按照【样例 XL5-2A】所示，利用模拟运算表来进行单变量问题分析，运用 FV 函数，实现通过“每月存款额”的变化计算“最终存款额”的功能。

（3）按照【样例 XL5-2B】所示，在方案管理器中添加一个方案，命名为 FA5-5；设置“每月存款额”为可变单元格，输入一组可变单元格的值为-6500、-7000、-7500、-8000；设置“最终存款额”为结果单元格，报告类型为“方案摘要”。

【实操训练 3】

打开文档 scxl5-3.xls，完成如下操作，操作完成后保存文档。

（1）按照【样例 XL5-3A】所示，利用 PMT 函数计算出 Sheet1 工作表中的“每月应付款”。

（2）按照【样例 XL5-3B】所示，利用模拟运算表分析并计算出 Sheet2 工作表中“还款计算——2”为 120 个月时，“每月应付款”随“贷款额”和“年利率”的变化而相应变化的结果。

（3）按照【样例 XL5-3B】所示，设置 Sheet2 工作表“还款计算——2”中计算结果单元格的数字格式为货币，货币符号为￥，负数为红色，保留两位小数。

【实操训练 4】

打开文档 scxl5-4.xls，完成如下操作，操作完成后保存文档。

（1）按照【样例 XL5-4A】所示，利用 FV 函数计算出 Sheet1 工作表中的“最终存款额”。

（2）按照【样例 XL5-4B】所示，利用模拟运算表分析并计算出 Sheet2 工作表中“存款计算——2”为 240 个月时，“最终存款额”随“每月存款额”和“年利率”的变化而相应变化的结果。

（3）按照【样例 XL5-4B】所示，设置 Sheet2 工作表“存款计算——2”中计算结果单元格的数字格式为货币，货币符号为￥，保留两位小数。

【实操训练 5】

打开文档 scxl5-5.xls，按照【样例 XL5-5】，完成如下操作。

（1）选取 Sheet1 中的数据，在 Sheet1 中创建一个簇状柱形图图表。

（2）将图表的标题格式设置为华文行楷，字号为 12 号，颜色为橙色，将图例中的文字设置为隶书，12 号，梅红色，将绘图区的格式设置为“新闻纸”的填充效果，将图表区的格式设置为浅黄和浅绿渐变填充的效果，将分类轴和数值轴的文字颜色设置为深蓝，字号为 9 号。

（3）将中心小学水费数据标志改为 3500，字体颜色为橙色，加粗，在图中相应位置显示出来，从而改变工作表中的数据。

（4）选定图表中“物业费”系列，为图表添加一条红色的正负偏差误差线，定值为 2000。

【实操训练 6】

打开文档 scxl5-6.xls，按照【样例 XL5-6】，完成如下操作。

（1）选取 Sheet1 中的数据，在 Sheet1 中创建一个簇状柱形图。

（2）将图表标题格式的背景设置为“画布”纹理填充；将坐标轴的字体格式设置为黑体，10 号，红色；将图例的字体格式设置为楷体，常规，10 号，深红；将图表区的格式设置为极目远眺的填充效果。

（3）将 Sheet2 中的“市高教局”的各项费用添加到 Sheet1 中的相应位置，并调整图表源数据。

（4）在“沈阳市部分辖区各项费用统计”图表中添加“祥云公司”相应的线性趋势线。

【实操训练 7】

打开文档 scxl5-7.xls，完成如下操作。

（1）按照【样例 XL5-7A】所示，利用 Sheet1 中的数据，在 Sheet1 工作表中创建一个三维饼图图表，显示数值。

（2）按照【样例 XL5-7B】所示，利用 Sheet2 中的数据，在 Sheet2 工作表中创建一个复合饼图图表，显示百分比。

（3）按照【样例 XL5-7C】所示，利用 Sheet3 中的数据，在 Sheet3 工作表中创建一个数据点雷达图图表。

（4）按照【样例 XL5-7D】所示，利用 Sheet4 中的数据，在 Sheet4 工作表中创建一个簇状条形图图表。

（5）按照【样例 XL5-7E】所示，利用 Sheet5 中的数据，在 Sheet5 工作表中创建一个折线图图表。

【样例 XL5-1A】

	A	B	C	D	E	F
1						
2		偿还贷款试算表		年利率变化	月偿还额	
3					￥-5,181.92	
4		贷款额	500000	5%	￥-5,303.28	
5		年利率	4.50%	5.50%	￥-5,426.31	
6		贷款期限（月）	120	6%	￥-5,551.03	
7				6.50%	￥-5,677.40	
8				7%	￥-5,805.42	
9						

单变量分析表 / Sheet2 / Sheet3

【样例 XL5-1B】

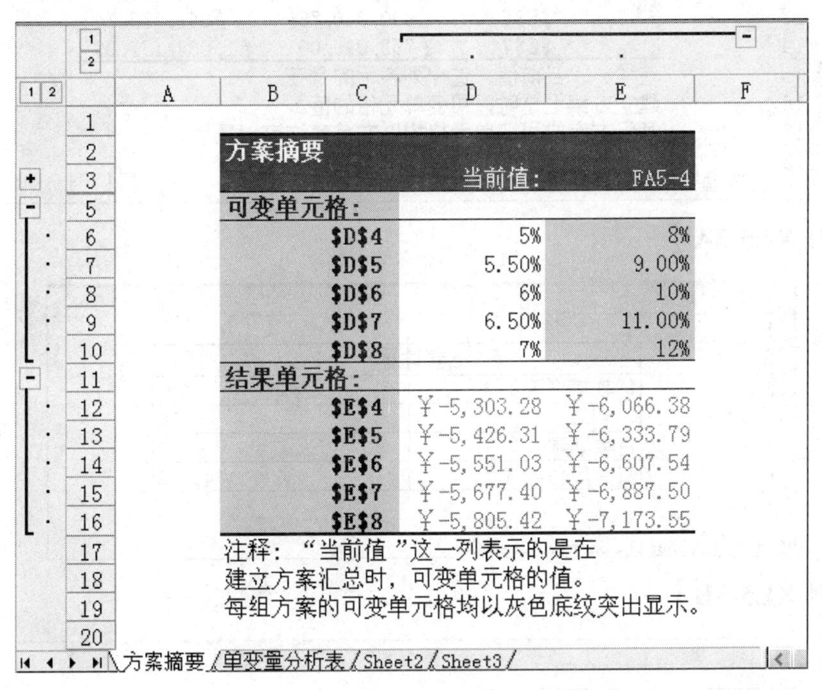

	A	B	C	D	E	F
1						
2		方案摘要				
3				当前值:	FA5-4	
5		可变单元格:				
6			D4	5%	8%	
7			D5	5.50%	9.00%	
8			D6	6%	10%	
9			D7	6.50%	11.00%	
10			D8	7%	12%	
11		结果单元格:				
12			E4	￥-5,303.28	￥-6,066.38	
13			E5	￥-5,426.31	￥-6,333.79	
14			E6	￥-5,551.03	￥-6,607.54	
15			E7	￥-5,677.40	￥-6,887.50	
16			E8	￥-5,805.42	￥-7,173.55	
17		注释：“当前值”这一列表示的是在				
18		建立方案汇总时，可变单元格的值。				
19		每组方案的可变单元格均以灰色底纹突出显示。				
20						

方案摘要 / 单变量分析表 / Sheet2 / Sheet3

【样例 XL5-2A】

	A	B	C	D	E	F
1						
2		最终存款额试算表		每月存款额变化	最终存款额	
3					￥502,066.00	
4		每月存款额	-4000	-4500	￥564,824.25	
5		年利率	0.90%	-5000	￥627,582.50	
6		存款期限（月）	120	-5500	￥690,340.75	
7				-6000	￥753,099.00	
8						

单变量分析表 / Sheet2 / Sheet3

【样例 XL5-2B】

	A	B	C	D	E	F
1						
2		方案摘要				
3				当前值:	FA4-5	
5		可变单元格:				
6			D4	-4500	-6500	
7			D5	-5000	-7000	
8			D6	-5500	-7500	
9			D7	-6000	-8000	
10		结果单元格:				
11			E4	￥564,824.25	￥815,857.24	
12			E5	￥627,582.50	￥878,615.49	
13			E6	￥690,340.75	￥941,373.74	
14			E7	￥753,099.00	￥1,004,131.99	
15		注释:"当前值"这一列表示的是在				
16		建立方案汇总时,可变单元格的值。				
17		每组方案的可变单元格均以灰色底纹突出显示。				
18						

方案摘要 / 单变量分析表 / Sheet2 / Sheet3

【样例 XL5-3A】

	A	B	C	D
1				
2		还款计算——1		
3		贷款额(元)	￥400,000.00	
4		年利率	25%	
5		贷款期限(月)	60	
6		每月应付款(元)	￥-11,740.53	
7				

Sheet1 / Sheet2 / Sheet3

【样例 XL5-3B】

	A	B	C	D	E	F	G
1							
2		还款计算——2					
3		根据贷款期限(120个月)以及贷款额、贷款年利率计算每月付款额					
4		￥0.00	4.50%	5.00%	5.50%	6.00%	
5		￥170,000.00	￥-1,761.85	￥-1,803.11	￥-1,844.95	￥-1,887.35	
6		￥160,000.00	￥-1,658.21	￥-1,697.05	￥-1,736.42	￥-1,776.33	
7		￥150,000.00	￥-1,554.58	￥-1,590.98	￥-1,627.89	￥-1,665.31	
8		￥140,000.00	￥-1,450.94	￥-1,484.92	￥-1,519.37	￥-1,554.29	
9		￥130,000.00	￥-1,347.30	￥-1,378.85	￥-1,410.84	￥-1,443.27	
10		￥120,000.00	￥-1,243.66	￥-1,272.79	￥-1,302.32	￥-1,332.25	
11		￥110,000.00	￥-1,140.02	￥-1,166.72	￥-1,193.79	￥-1,221.23	
12							
13							

Sheet1 / Sheet2 / Sheet3

【样例 XL5-4A】

	A	B	C	D
1				
2		存款计算——1		
3		每月存款额	-4000	
4		年利率	3.50%	
5		存款期限（月）	120	
6		最终存款额	￥573,730.04	
7				
8				

Sheet1 / Sheet2 / Sheet3

【样例 XL5-4B】

	A	B	C	D	E	F	G
1							
2		存款计算-2					
3		根据存款期限（240个月）以及每月存款额、存款年利率计算最终存款额					
4		￥0.00	-2500	-3000	-3500	-4000	
5		5.00%	￥1,027,584.17	￥1,233,101.01	￥1,438,617.84	￥1,644,134.67	
6		5.50%	￥1,089,068.49	￥1,306,882.19	￥1,524,695.88	￥1,742,509.58	
7		6.00%	￥1,155,102.24	￥1,386,122.69	￥1,617,143.13	￥1,848,163.58	
8		6.50%	￥1,226,052.32	￥1,471,262.79	￥1,716,473.25	￥1,961,683.72	
9		7.00%	￥1,302,316.65	￥1,562,779.98	￥1,823,243.31	￥2,083,706.64	
10		7.50%	￥1,384,326.81	￥1,661,192.18	￥1,938,057.54	￥2,214,922.90	
11							
12							

Sheet1 / Sheet2 / Sheet3

【样例 XL5-5】

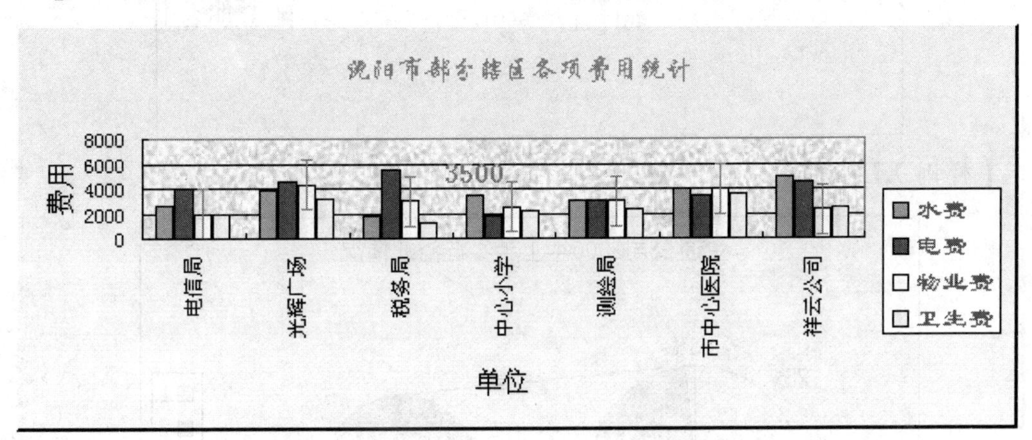

【样例 XL5-6】

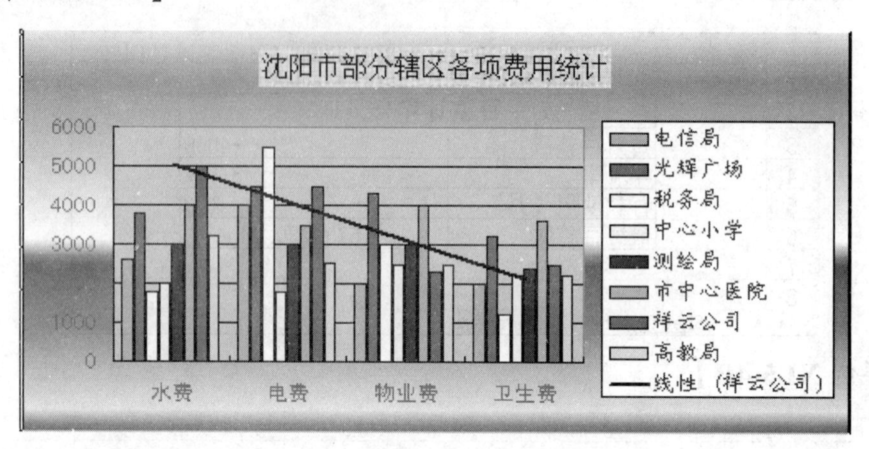

【样例 XL5-7A】

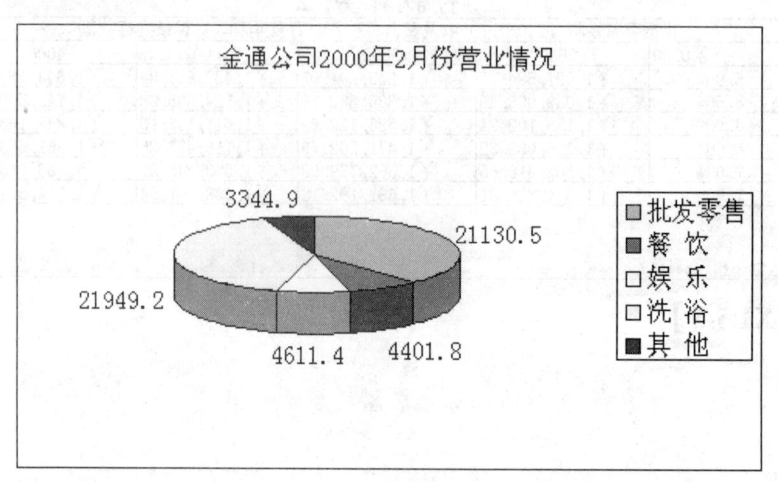

【样例 XL5-7B】

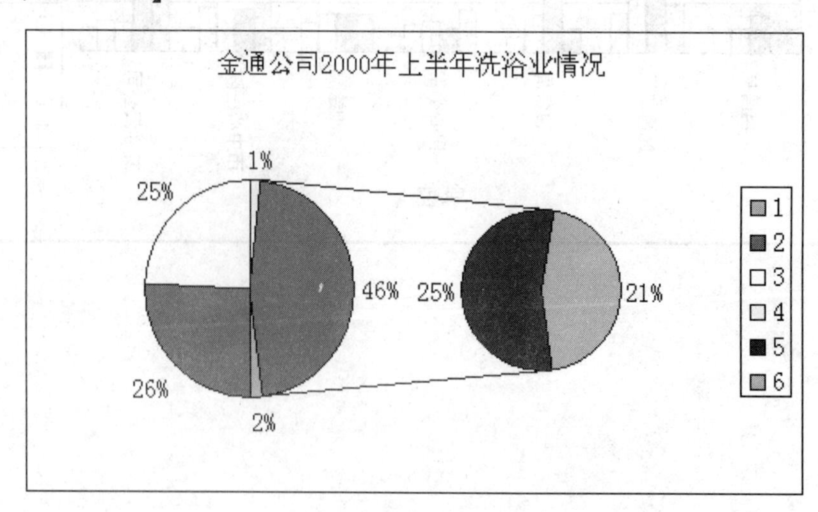

【样例 XL5-7C】

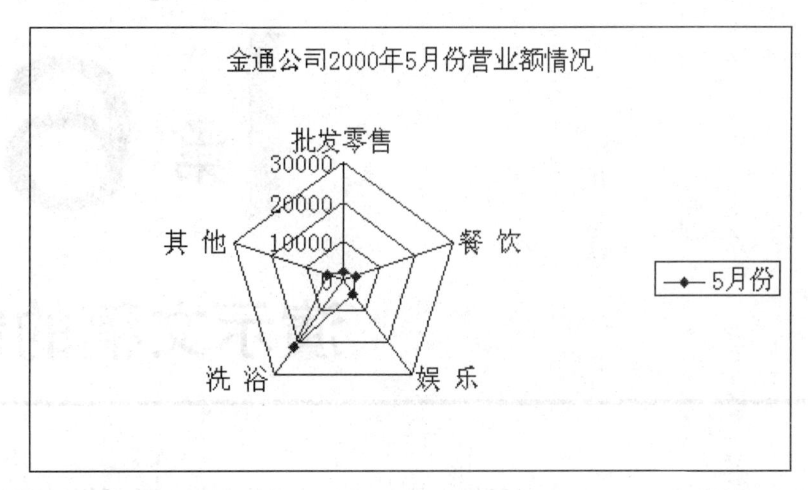

【样例 XL5-7D】

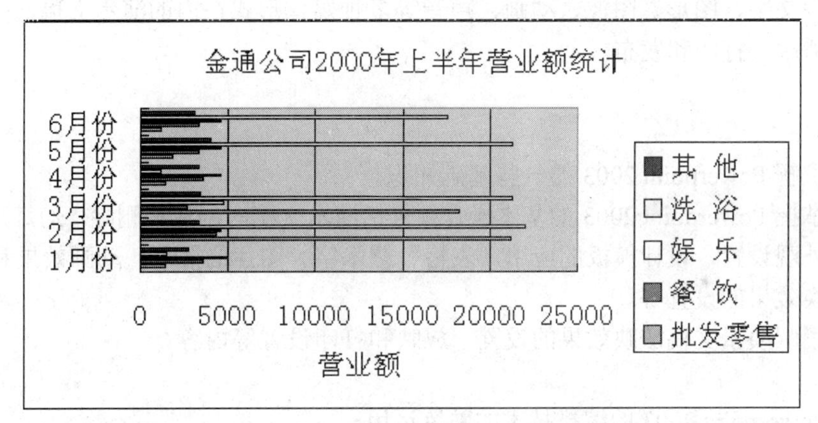

【样例 XL5-7E】

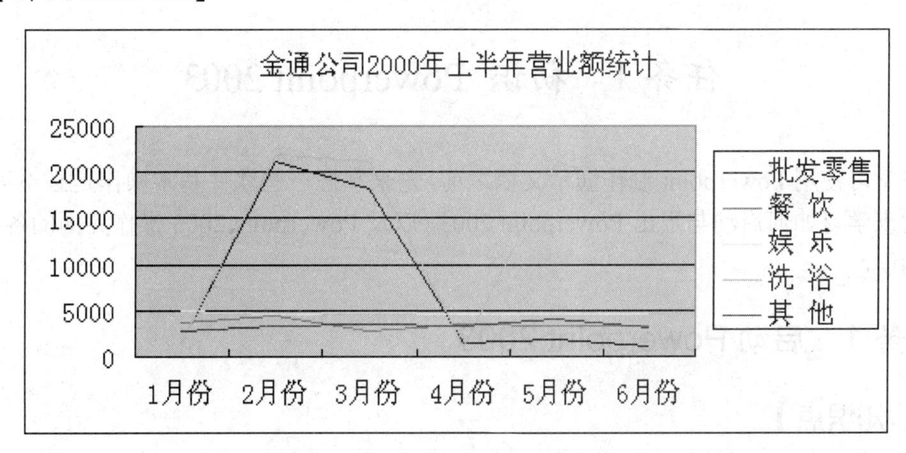

第6章 演示文稿的制作

PowerPoint 2003 是 Microsoft 公司推出的一款演示文稿制作工具，利用它可以非常方便地创建包含文字、图形、图像、动画、声音等多种媒体形式在内的演示文稿，并可对演示文稿进行播放、打印和发布。

学习目标：

❖ 了解 Powerpoint 2003 的一些基础知识。

❖ 掌握 Powerpoint 2003 的基本操作，包括演示文稿的创建和删除，幻灯片的修饰和外观设置，设计模板的应用，表格、艺术字、图片的插入，动画效果和幻灯片切换效果的设置等。

❖ 了解演示文稿放映效果的设置、放映和打印设置等内容。

重点难点：

❖ Powerpoint 2003 的编排技术的熟练运用。

任务 1　初识 Powerpoint 2003

在学习使用 Powerpoint 制作演示文稿之前，先来掌握一些软件基本操作是必不可少的。本节就来学习如何启动与退出 Powerpoint 2003，以及 Powerpoint 2003 操作界面的各组成部分及功能。

子任务 1　启动 Powerpoint 2003

【相应知识点】

安装好 Office 2003 软件后，就可以启动 Powerpoint 2003 程序了。启动 Powerpoint 2003

的常用方法有以下三种。

（1）单击任务栏中的“开始”按钮，选择“程序”→Microsoft Office→Microsoft Office Powerpoint 2003 命令，即可启动 Powerpoint 2003 程序，如图 6-1 所示。

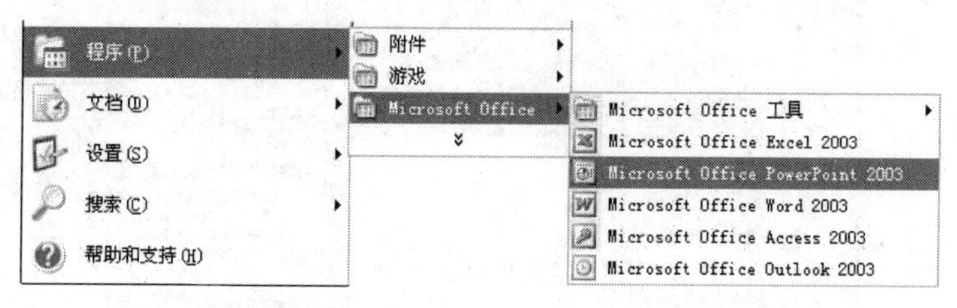

图 6-1 启动 Powerpoint 2003 程序

（2）如果桌面上有 Powerpoint 2003 的快捷图标，可双击该图标启动 Powerpoint。这也是启动 Powerpoint 2003 应用程序最快捷的方法。

【技巧】若桌面上没有 Powerpoint 2003 的快捷图标，可通过以下方法添加：选择“开始”→“程序”→Microsoft Office 菜单项，在展开的程序列表中右击 Microsoft Office Powerpoint 2003 选项，并在弹出的快捷菜单中选择“发送到”→“桌面快捷方式”命令，即可在桌面上生成 Powerpoint 2003 的快捷图标。

（3）通过已经创建的 Powerpoint 2003 文件来启动。方法是：在“我的电脑”或“资源管理器”中找到已经创建的 Powerpoint 2003 文件，双击它即可启动相应的 Powerpoint 2003 程序。

子任务 2　了解 Powerpoint 2003 的操作界面

【相应知识点】

启动 Powerpoint 2003 后将进入其操作界面，Powerpoint 2003 的操作界面主要由标题栏、菜单栏、工具栏、大纲窗格、幻灯片窗格、视图切换工具栏、任务窗格以及状态栏等组成。如图 6-2 所示。

1. 大纲窗格

大纲窗格位于 Powerpoint 2003 操作界面的最左端，其中显示一个演示文稿中所有幻灯片的标题，它是管理幻灯片的工具。

2. 幻灯片窗格

显示当前幻灯片的全部内容，在幻灯片窗格中完成幻灯片编辑操作。

3. 视图切换工具栏

通过单击不同的按钮，可以切换到其他视图模式。PowerPoint 2003 提供普通视图、幻灯片浏览视图、幻灯片放映视图和备注页视图等视图方式。可以方便的对演示文稿进行编辑和观看，单击工作窗口左下角视图按钮条上的视图按钮，可以在各视图之间切换。当然，也可以通过“视图”菜单来完成视图方式的切换。

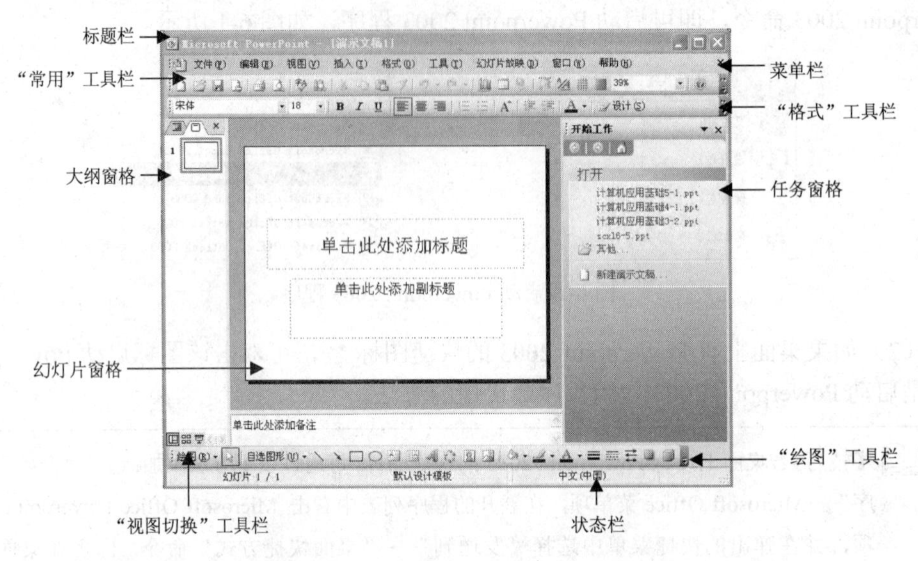

图 6-2　Powerpoint 2003 操作界面

（1）普通视图

在该视图中，可以查看每张幻灯片的主题，输入小标题以及备注，并且可以移动幻灯片图像和备注页方框，或改变它们的大小。如图 6-3 所示为普通视图效果。

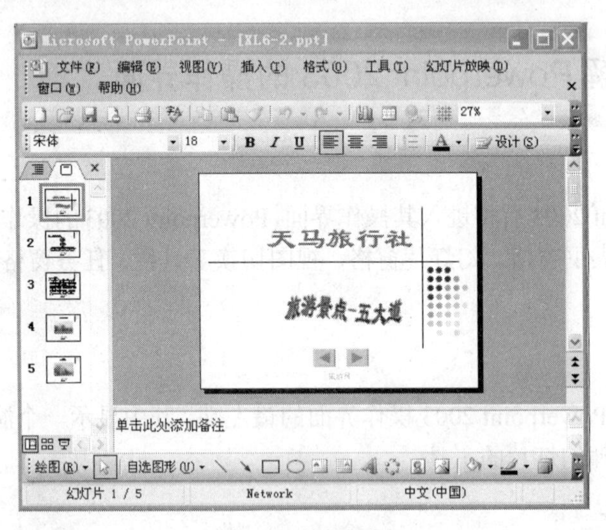

图 6-3　普通视图

（2）幻灯片浏览视图

在这个视图中可以同时显示多张幻灯片，也可以看到整个演示文稿，因此可以轻松地添加、删除、复制和移动幻灯片。此外，还可以使用“幻灯片浏览”工具栏中的按钮来设置幻灯片的放映时间，选择幻灯片的动画切换方式。如图 6-4 所示为幻灯片浏览视图效果。

（3）幻灯片放映视图

在该视图下，整张幻灯片的内容占满整个屏幕，这就是该幻灯片在计算机屏幕上演示的效果，也是将来制成胶片后用幻灯机放映出来的效果。如图 6-5 所示为幻灯片放映视图效果。

Microsoft PowerPoint - [XL6-2.ppt]
文件(F) 编辑(E) 视图(V) 插入(I) 格式(O) 工具(T) 幻灯片放映(D) 窗口(W)
帮助(H)
备注(N)... 切换(R) 设计(S) 新幻灯片(N)
50%
天马旅行社
幻灯片浏览
Network

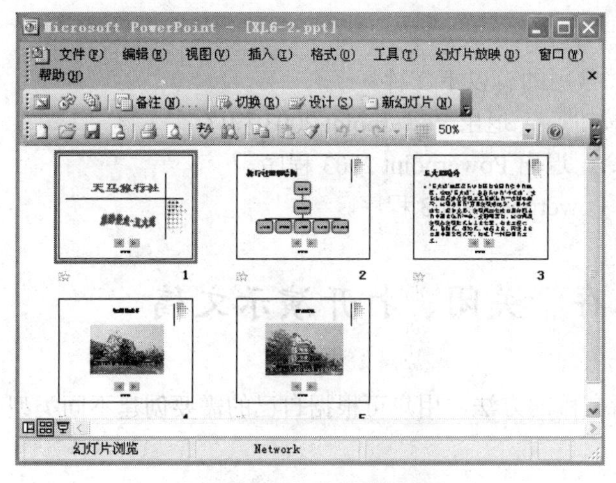

图 6-4　幻灯片浏览视图

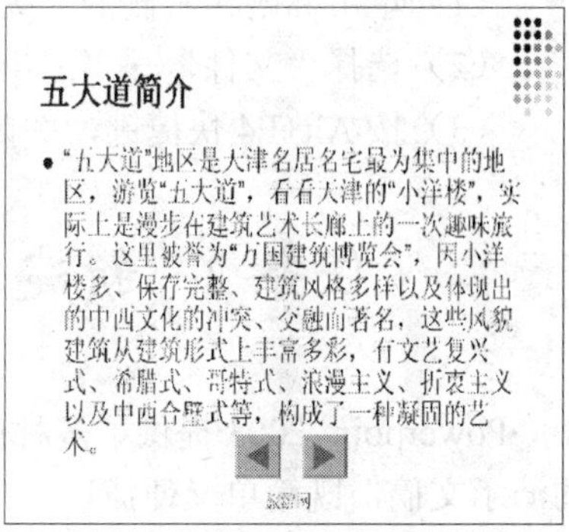

五大道简介
“五大道”地区是天津名居名宅最为集中的地区，游览“五大道”，看看天津的“小洋楼”，实际上是漫步在建筑艺术长廊上的一次趣味旅行。这里被誉为“万国建筑博览会”，因小洋楼多、保存完整、建筑风格多样以及体现出的中西文化的冲突、交融而著名，这些风貌建筑从建筑形式上丰富多彩，有文艺复兴式、希腊式、哥特式、浪漫主义、折衷主义以及中西合璧式等，构成了一种凝固的艺术。

图 6-5　幻灯片放映视图

（4）备注页视图

备注页视图没有对应的按钮，只能在菜单栏上选择“视图”中的“备注页”命令进行切换，备注页视图在屏幕上半部分显示幻灯片，下半部分显示添加的备注。如图 6-6 所示为备注页视图效果。

Microsoft PowerPoint - [XL6-2.ppt]
文件(F) 编辑(E) 视图(V) 插入(I) 格式(O) 工具(T) 幻灯片放映(D) 窗口(W) 帮助(H)
33%
宋体
18
设计(S)
五大道简介
绘图(R)
自选图形(U)
备注 3 / 5
Network
中文(中国)

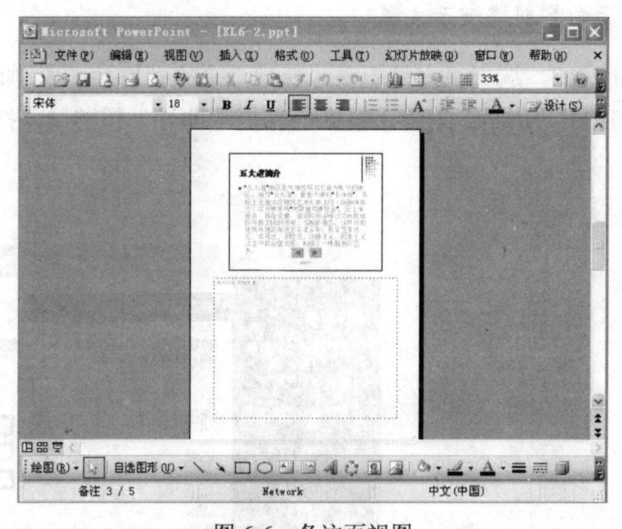

图 6-6　备注页视图

4. 任务窗格

在任务窗格中可以设置幻灯片的模板，给幻灯片添加动画效果及切换效果。

【技巧】任务窗格可以打开，也可以关闭。最简单的打开和关闭任务窗格的操作是按 Ctrl+F1 快捷键或选择“视图”→“任务窗格”命令。

子任务 3 退出 Powerpoint 2003

【相应知识点】

退出 Powerpoint 2003 有多种办法，常用的有以下 3 种。

（1）单击标题栏右侧的“关闭”按钮 ✕，退出 Powerpoint 2003 程序。

（2）选择“文件”→“退出”命令，退出 Powerpoint 2003 程序。

（3）按 Alt+F4 快捷键，关闭当前 Powerpoint 2003 程序。

任务 2 新建、保存、关闭、打开演示文稿

Powerpoint 2003 提供了多种创建新文稿的方法，用户可根据自己的需要创建不同类型的演示文稿，既简单又便捷。

子任务 1 新建演示文稿

【相应知识点】

在 Powerpoint 2003 中，常用的新建演示文稿的方法有以下 3 种。

1. 使用内容提示向导创建演示文稿

启动 Powerpoint 2003，选择“文件”→“新建”命令，在窗口右侧将出现“新建演示文稿”任务窗格，如图 6-7 所示。单击“根据内容提示向导”超链接，打开内容提示向导，如图 6-8 所示。

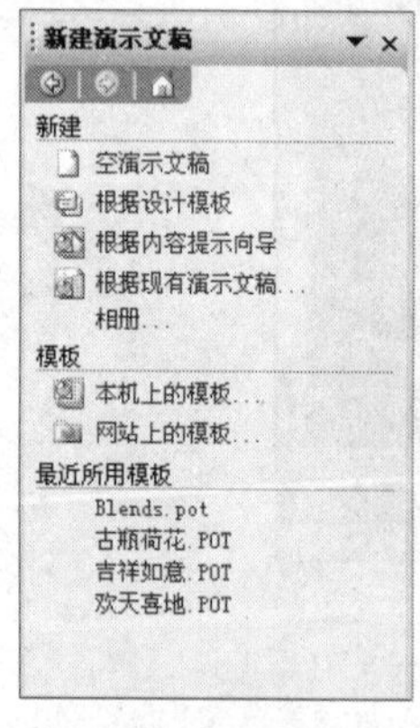

图 6-7 “新建演示文稿”任务窗格

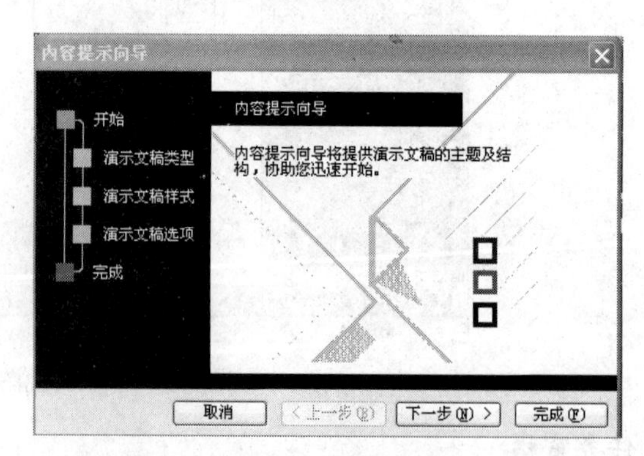

图 6-8 内容提示向导

单击“下一步”按钮，设置演示文稿的类型，如图 6-9 所示。单击“下一步”按钮，设置演示文稿的样式（即演示文稿的输出类型），如图 6-10 所示。

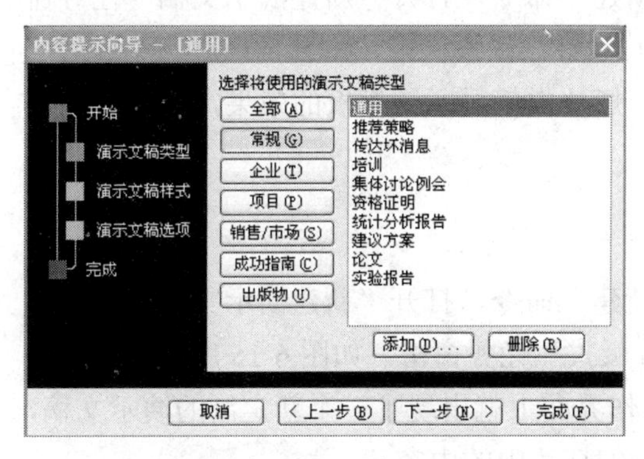

图 6-9　选择文稿类型

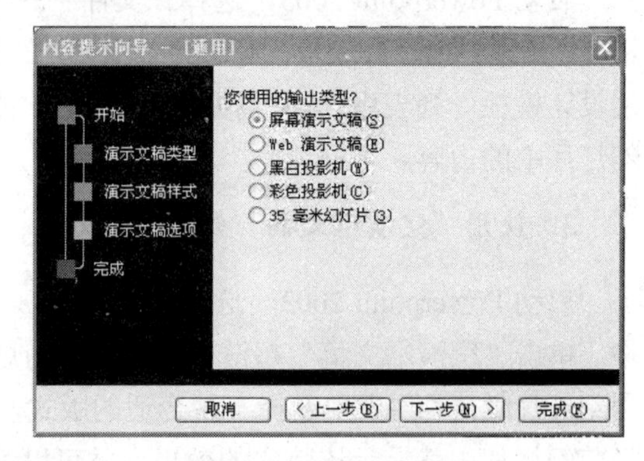

图 6-10　设置文稿样式

再次单击“下一步”按钮，设置演示文稿的标题、页脚、编号等选项，如图 6-11 所示。单击“下一步”按钮，提示向导设置完毕，如图 6-12 所示。单击“完成”按钮，退出向导，并生成一个演示文稿初稿，如图 6-13 所示。

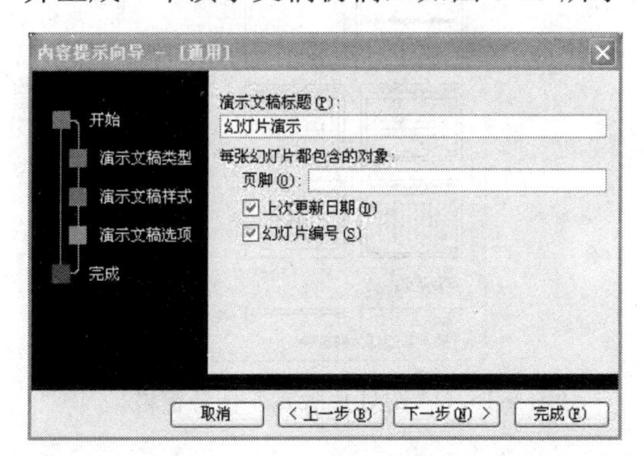

图 6-11　设置文稿选项

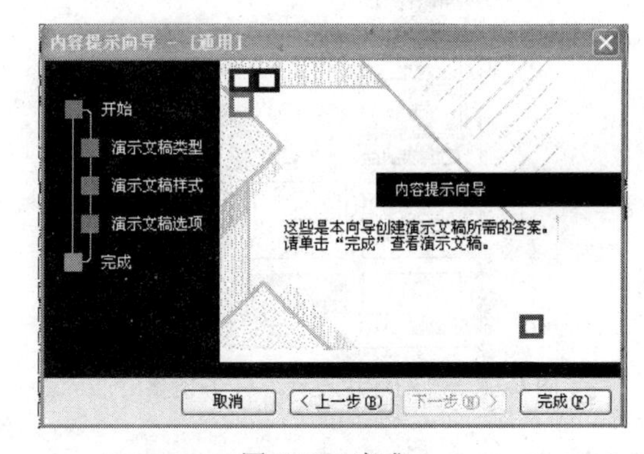

图 6-12　完成

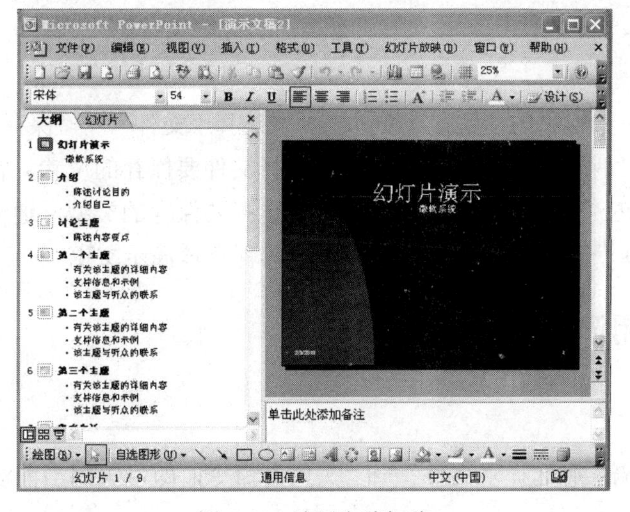

图 6-13　演示文稿初稿

2. 使用“设计模板”创建演示文稿

启动 Powerpoint 2003，选择“文件”→“新建”命令，打开“新建演示文稿”任务窗格。单击“根据设计模板”超链接，打开“幻灯片设计”任务窗格，如图 6-14 所示。在“应用设计模板”列表中选择一种合适的模板，则幻灯片中就显示该模板的效果，并可以编辑幻灯片中的内容。

3. 使用“空演示文稿”创建演示文稿

启动 Powerpoint 2003，选择“文件”→“新建”命令，打开“新建演示文稿”任务窗格。单击“空演示文稿”超链接，打开“幻灯片版式”任务窗格，如图 6-15 所示。在“应用幻灯片版式”列表中选择一种合适的版式，操作界面上就出现了一个新定制的演示文稿，当前幻灯片中就显示该版式的效果，并可以编辑幻灯片中的内容。

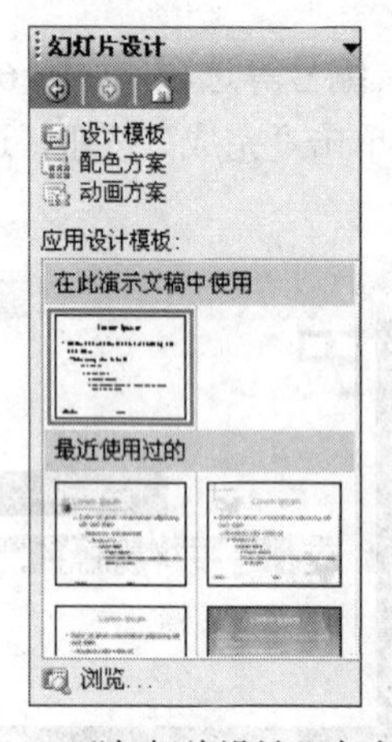

图 6-14 “幻灯片设计”任务窗格

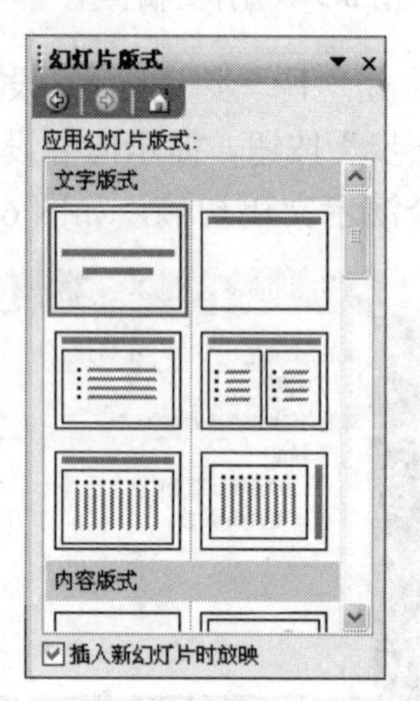

图 6-15 “幻灯片版式”任务窗格

子任务 2　保存演示文稿

【相应知识点】

单击“常用”工具栏中的“保存”按钮，或选择“文件”→“保存”命令，打开“另存为”对话框，在“保存位置”下拉列表框中选择文件要保存的位置，在“文件名”文本框中输入文件名，在“保存类型”下拉列表框中选择要保存的类型，通常选择默认即选择“演示文稿（*.ppt）”，单击“保存”按钮，即可保存该演示文稿。

子任务 3　关闭演示文稿

【相应知识点】

要关闭演示文稿，可选择“文件”→“关闭”命令，即可关闭当前演示文稿。

【提示】若文件尚未保存，此时关闭文档，系统会弹出提示信息对话框，提醒用户保存演示文稿。用户单击“是”按钮，即可对演示文稿进行保存；单击“否”按钮，表示不保存演示文稿；单击“取消”按钮，表示取消当前操作。

子任务4 打开演示文稿

【相应知识点】

单击“常用”工具栏中的“打开”按钮，或选择“文件”→“打开”命令，弹出“打开”对话框，在“查找范围”下拉列表框中选择文件所在的位置，然后选择要打开的文件，在“保存类型”下拉列表框中选择保存的类型，通常选择默认（即选择“演示文稿（*.ppt）”选项，单击“打开”按钮，即可打开所选演示文稿。

【技巧】若要打开最近打开过的演示文稿，可选择“文件”菜单，在其列表中查找近期打开过的文件。也可选择“开始”→“文档”命令，在展开的“文档”列表中查找最近打开过的演示文稿，将其打开。其中文件名左侧显示图标的，是 Powerpoint 演示文稿。

任务3 演示文稿的编辑

子任务1 改变幻灯片的顺序

【相应知识点】

要改变幻灯片的顺序，可以切换到幻灯片浏览视图，单击选定的幻灯片将其拖动到新的位置即可。也可以在普通视图中将选定的幻灯片图标拖动到新的位置。

子任务2 删除幻灯片

【相应知识点】

若要删除幻灯片，可先选定所要删除的幻灯片，然后选择“编辑”→“删除幻灯片”命令，或者按 Del 键。

子任务3 复制幻灯片

【相应知识点】

选定幻灯片，选择“编辑”→“复制”命令，或者单击“常用”工具栏中的“复制”按钮，或者右击从快捷菜单中选择“复制”命令，将幻灯片复制到剪切板，在需要位置使用“粘贴”命令就可以完成幻灯片的复制。

任务 4　设置幻灯片的页面格式

子任务 1　设置幻灯片文本的格式

幻灯片文本格式的设置包括设置文本的字体、字号、颜色、加粗和阴影效果；设置占位符的填充效果及设置文本的对齐方式。

【相应知识点】

1. 设置文本字体、字号、颜色、加粗和阴影

选中文本，选择“格式”→“字体”命令，打开“字体”对话框，如图 6-16 所示，选择需要的字体、字号、颜色、加粗、倾斜、阴影等效果后，单击“确定”按钮即可。也可以选中文本，再单击“格式”工具栏上相应的按钮来设置文本的字体、字号、加粗、倾斜和颜色。

2. 设置占位符的填充效果

在选择了某种版式的新建空白幻灯片上，可以看到一些带有提示信息的虚线框，这是为标题、文本、图表、剪切画等内容预留的位置，称为占位符。

单击选中占位符，选择“格式”→“占位符”命令，进入“设置占位符格式”对话框，如图 6-17 所示，在“填充”栏的“颜色”下拉列表框中选中指定的填充颜色，单击“确定”按钮。或者右击占位符，在弹出的快捷菜单中选择“设置占位符格式”命令，进入“设置占位符格式”对话框，选择指定的填充颜色，单击“确定”按钮。

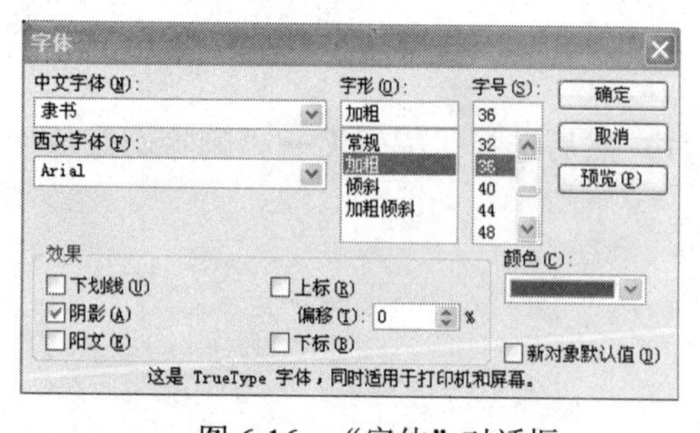

图 6-16　“字体”对话框

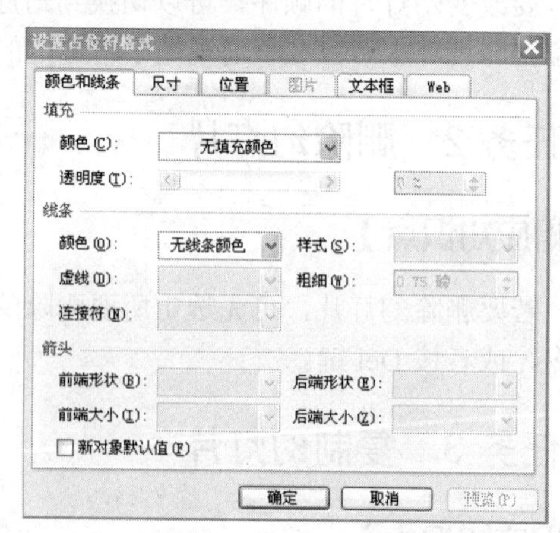

图 6-17　“设置占位符格式”对话框的“颜色”

3. 设置文本对齐方式

文本的对齐方式有：左对齐、居中、右对齐、两端对齐和分散对齐。

选中文本，选择“格式”→“对齐方式”命令，选择一种文本对齐方式。或者选中文本，单击“格式”工具栏上相应的按钮，如图 6-18 所示，来设置文本的对齐方式。

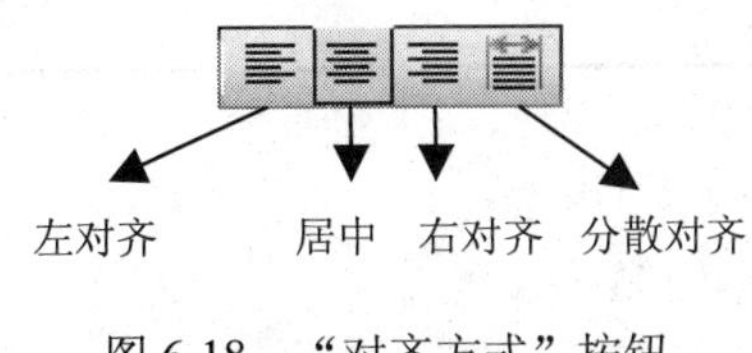

图 6-18　“对齐方式”按钮

【实操案例】

【案例 6-1】打开文档 YL6-1.ppt，按【样例 6-1】，将第一张幻灯片中标题文字设置为字体隶书、字号 50、加粗、黄色、阴影。

操作步骤如下：

打开文档，选中第一张幻灯片中标题，选择“格式”→“字体”命令，进入“字体”对话框，在“字体”对话框中选择隶书、50 号、加粗、蓝色、阴影等效果，单击“确定”按钮。

【样例 6-1】

【案例 6-2】打开文档 YL6-2.ppt，按【样例 6-2】，将第一张幻灯片中标题占位符设置为浅黄色填充效果。

操作步骤如下：

打开文档，选中第一张幻灯片中标题，选择“格式”→“占位符”命令，进入“设置占位符格式”对话框，在“填充”栏的“颜色”下拉列表框中选中浅黄色，单击“确定”按钮。

【案例 6-3】打开文档 YL6-3.ppt，按【样例 6-3】，将第一张幻灯片中的副标题字体设置为隶书，字号设置为 45，对齐方式设置为居中。

操作步骤如下：

打开文档，选中第一张幻灯片中的副标题，选择“格式”→“字体”命令，进入“字体”对话框，选择隶书、45 号，单击“确定”按钮。再选中文本，选择“格式”→“对齐方式”→“居中对齐”命令。

【样例 6-2】

足球之夜

【样例 6-3】

【知识拓展】

❖ 设置占位符的尺寸

单击选中占位符，选择“格式”→“占位符”命令，或右击占位符，在弹出的快捷菜单中选择“设置占位符格式”命令，进入“设置自选图形格式”对话框，如图 6-19 所示，选择“尺寸”选项卡，在“尺寸和旋转”栏中设置占位符的尺寸大小，然后单击“确定”按钮退出即可。

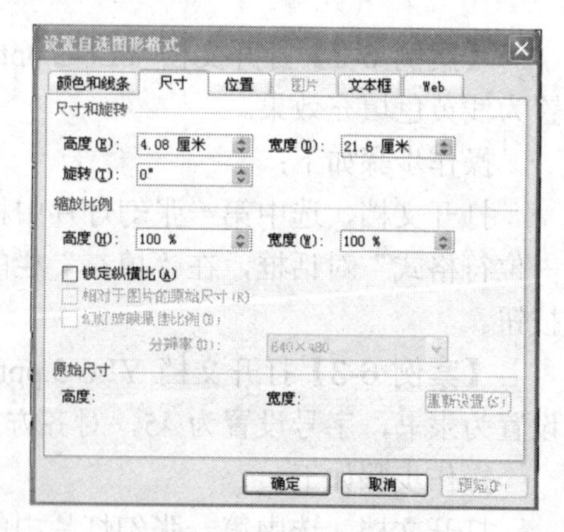

图 6-19　尺寸选项卡

子任务 2　设置幻灯片的背景

背景是幻灯片的一个重要组成部分，改变幻灯片的背景可以使幻灯片的整体面貌发生变化，较大程度地改变放映效果。用户可以通过设置改变幻灯片背景的颜色、过渡、图案、纹理、图像等。

【相应知识点】

选择“格式”→“背景”命令，打开“背景”对话框，如图 6-20 所示，单击“背景填充”下拉按钮，在下拉列表中选择需要使用的背景颜色。如果没有合适的颜色，可以选择“其他颜色”命令，在弹出的“颜色”对话框中进行详细设置。选择好颜色后，单击“确定”按钮，返回“背景”对话框，单击“应用”或“全部应用”按钮，完成背景颜色的设置。

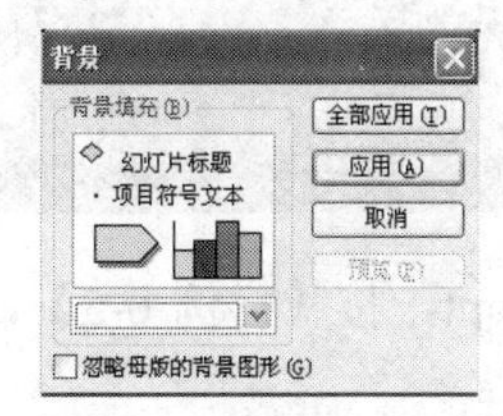

图 6-20　“背景”对话框

【提示】“应用”与“全部应用”按钮的区别：“应用”是指把新设置的背景颜色应用到当前所选择的幻灯片中；“全部应用”是指把新设置的背景颜色应用到该文件所有的幻灯片中。

【实操案例】

【案例 6-4】打开文档 YL6-4.ppt，按【样例 6-4】，将幻灯片的背景全部用图片 KSWJ6-1.jpg 填充。

操作步骤如下：

选择“格式”→“背景”命令，打开“背景”对话框，单击“背景填充”下拉按钮，在下拉列表中选择“填充效果”命令，打开“填充效果”对话框，如图 6-21 所示。在“图片”选项卡中单击“选择图片”按钮，找到图片文件 KSWJ6-1.jpg，单击“确定”按钮，返回“背景”对话框，单击“全部应用”按钮，完成背景颜色的设置。

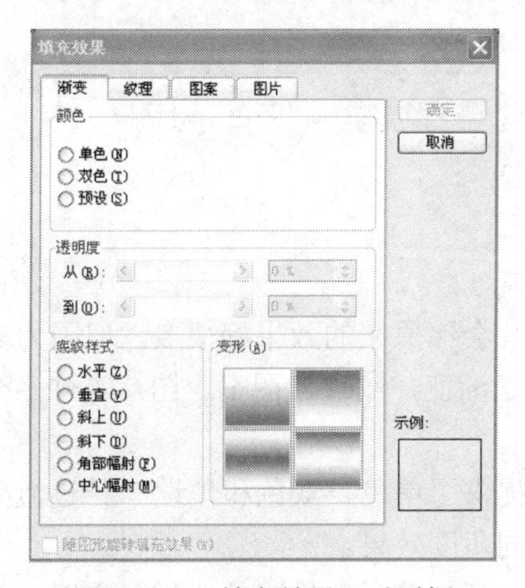

图 6-21　“填充效果”对话框

【样例 6-4】

【案例 6-5】打开文档 YL6-5.ppt，按【样例 6-5】，将第 3 张幻灯片的背景用浅绿色填充。

操作步骤如下：

打开文件，选中第 3 张幻灯片，选择“格式”→“背景”命令，打开“背景”对话框，单击“背景填充”下拉按钮，在下拉列表中选择“其他颜色”命令，打开“颜色”对话框，如图 6-22 所示，在“颜色”对话框中选择浅绿色，单击“确定”按钮，返回“背景”对话框，单击“应用”按钮，完成背景颜色的设置。

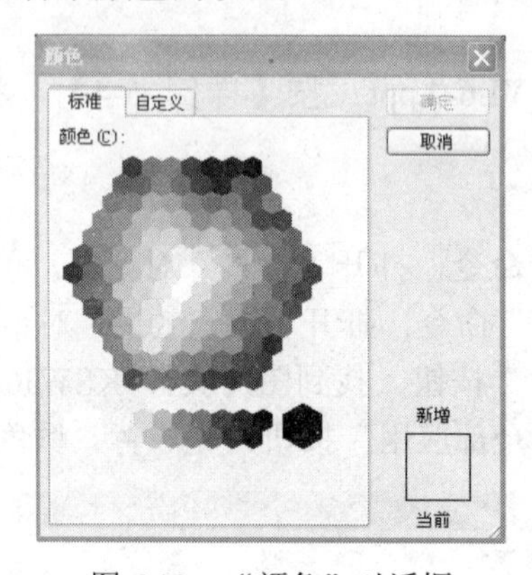

图 6-22 “颜色”对话框

【知识拓展】

❖ 其他背景效果的设置

设置完背景效果，幻灯片会比原来的效果好很多，但因为颜色单一，整个幻灯片仍然比较单调。PowerPoint 提供了渐变、纹理、图案、图片等许多个性化的设计，以满足用户的各项需要。

- ❑ “渐变”选项卡：提供了单色、双色和预设 3 种过渡效果，还可以通过底纹样式设置颜色过渡的不同角度效果。
- ❑ “纹理”选项卡：包括一些质感较强的背景，应用后会使幻灯片具有特殊材料的质感。

- “图案”选项卡：即一系列网格状的底纹图形，由背景色和前景色构成，其形状多是线条形和点状形。
- “图片”选项卡：使用此选项卡可以添加任意图片作为幻灯片的背景。

【样例 6-5】

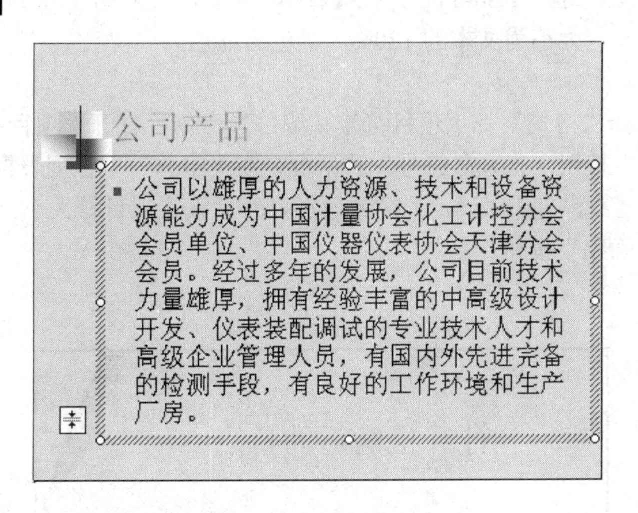

子任务 3　设置文本的项目符号和编号

PowerPoint 2003 提供了项目符号和编号的功能。利用它可以在文本中快速地添加项目符号和编号，使文本更有层次感。

【相应知识点】

1．设置文本项目符号和编号

选定文本，选择“格式”→“项目符号和编号”命令，打开“项目符号和编号”对话框，如图 6-23 所示，选择需要的项目符号或编号后，单击“确定”按钮。

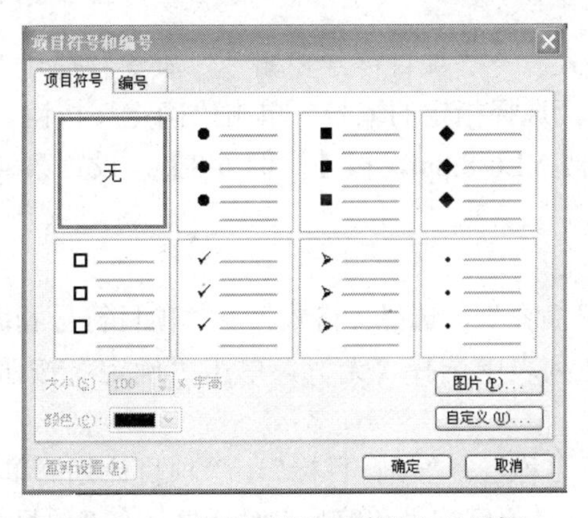

图 6-23　“项目符号和编号”对话框

- 大小：项目符号或编号所占文本的百分比。
- 颜色：项目符号或编号的颜色。

【实操案例】

【案例 6-6】打开文档 YL6-6.ppt，按【样例 6-6】，设置第 1 张幻灯片文本占位符中内容的项目符号为❖，大小为文本的 120%，颜色为红色。

操作步骤如下：

选定文本，选择"格式"→"项目符号和编号"命令，打开"项目符号和编号"对话框，单击"自定义"按钮，打开"符号"对话框，在"字体"下拉列表框中选择 wingdings 选项，找到项目符号❖，单击"确定"按钮返回，然后设置项目符大小为文本的 120%，颜色为红色，单击"确定"按钮。

【样例 6-6】

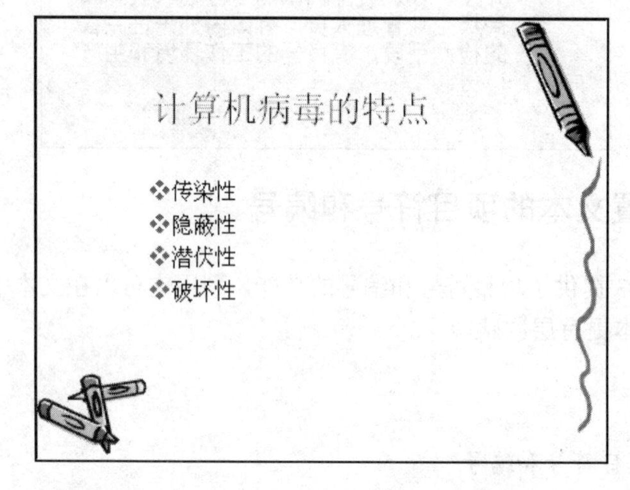

【案例 6-7】打开文档 YL6-7.ppt，按【样例 6-7】，设置第 3 张幻灯片文本占位符中段落的编号。

操作步骤如下：

选定文本，选择"格式"→"项目符号和编号"命令，打开"项目符号和编号"对话框，选择"编号"选项卡，选择指定的编号，单击"确定"按钮。

【案例 6-8】打开文档 YL6-8.ppt，按【样例 6-8】，设置第 4 张幻灯片的项目符号和编号。

操作步骤如下：

（1）选定文本"项目简介"，选择"格式"→"项目符号和编号"命令，打开"项目符号和编号"对话框，在列表中选择"无"，单击"确定"按钮退出，然后在文本前输入"一、"。

（2）选定文本"项目名称"、"项目目标"、"项目计划清单"，选择"格式"→"项目符号和编号"命令，打开"项目符号和编号"对话框，在"项目符号"选项卡上选择【样例 6-8】中的项目符号，单击“确定”按钮退出。

（3）重复步骤（1）、（2），设置下面的段落。

【样例 6-7】

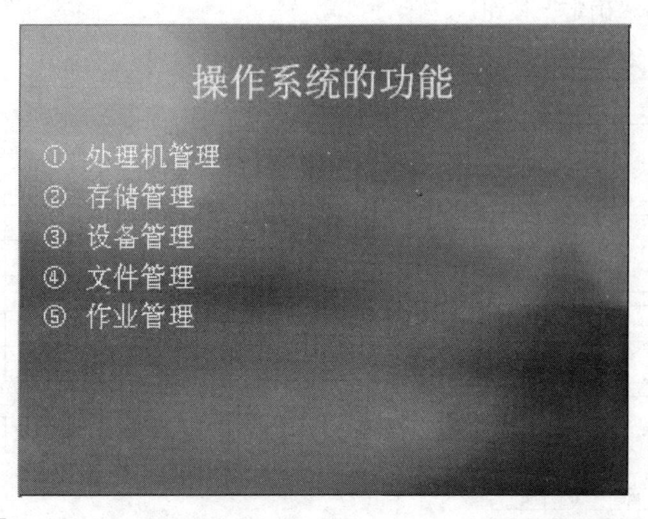

【样例 6-8】

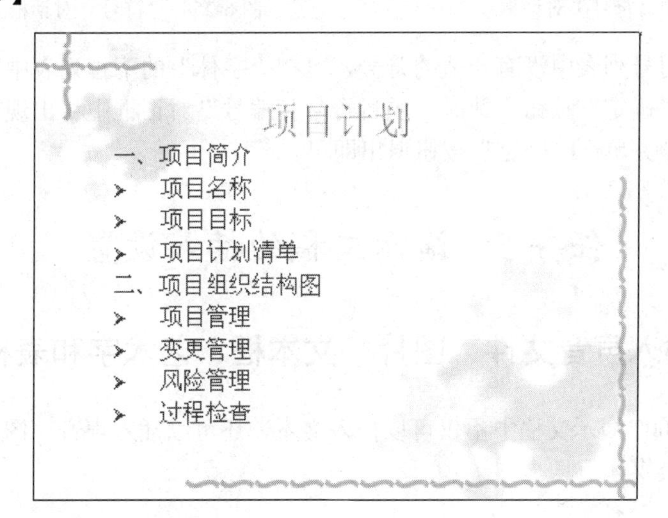

【知识拓展】

❖ 将图片文件用作项目符号

选择要添加项目符号的文本行，执行“格式”→“项目符号和编号”命令，打开“项目符号和编号”对话框，单击“图片”按钮，打开“图片项目符号”对话框，如图 6-24 所示。选择一张图片（图中的符号是剪辑管理器中的图片项目符号），单击“确定”按钮，或双击该图片，即可将其设置为项目符号。

若要将自己的图片添加到“图片项目符号”对话框中，可单击“导入”按钮，找到目标文件后单击“添加”按钮，即可将其添加到图片项目符号列表中。

❖ 自定义项目符号

选择要添加项目符号的文本行，执行“格式”→“项目符号和编号”命令，打开“项目符号和编号”对话框，单击“自定义”按钮，打开“符号”对话框，如图 6-25 所示。选择一个符号，单击“确定”按钮。

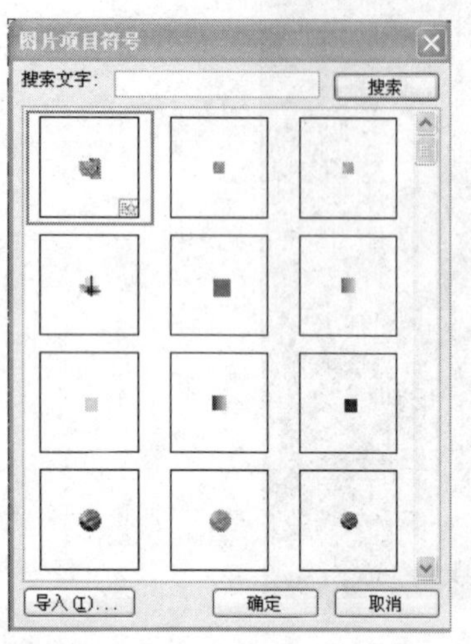

图 6-24 “图片项目符号”对话框

图 6-25 “符号”对话框

如果当前的符号列表中没有合适的符号，可在“字体”的下拉列表中选择一个项目符号样式，再单击“确定”按钮，此时“项目符号和编号”对话框中将出现前面定义过的符号标志，选定一个并单击“确定”按钮退出即可。

任务 5 演示文稿的插入设置

子任务 1 插入声音文件、图片、文本框、艺术字和表格

PowerPoint 2003 演示文稿中不仅可以插入文本，还可以插入声音、图片、文本框、艺术字、表格等各类媒体信息。

【相应知识点】

1. 插入声音文件

切换到需要插入声音的幻灯片，选择“插入”→“影片和声音”→“文件中的声音”命令，打开“插入声音”对话框，如图 6-26 所示，在“查找范围”中选择声音文件所在的位置，选中指定的声音文件，单击“插入”按钮，可打开如图 6-27 所示的提示框，单击“自动”按钮或“在单击时”按钮，即可在当前幻灯片中插入一个声音图标。需要注意的是：单击“自动”按钮插入的声音，将在浏览到该幻灯片时自动播放；而单击“在单击时”插入的声音，需要浏览到该幻灯片并单击时才播放。

如需设置声音循环进行播放，可右击声音图标，在快捷菜单中选择“编辑声音对象”命令，打开“声音选项”对话框，如图 6-28 所示，选中“循环播放，直到停止”复选框，单击“确定”按钮。

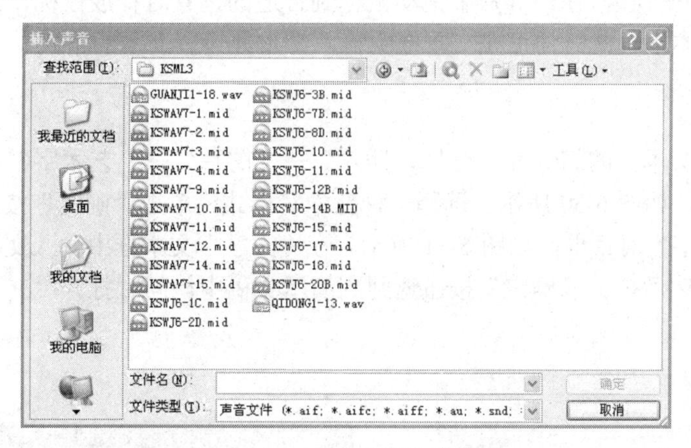

图 6-26　“插入声音”对话框

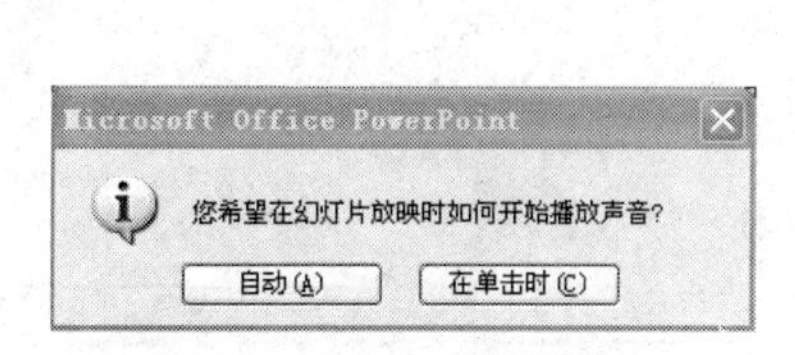

图 6-27　是否自动播放对话框

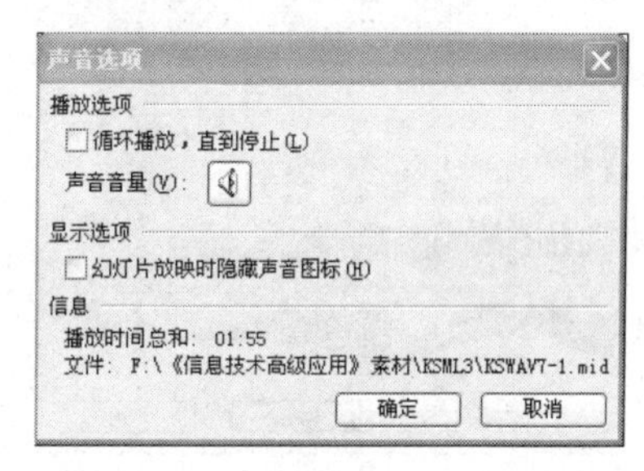

图 6-28　“声音选项”对话框

2. 插入图片

切换到需要插入图片的幻灯片，选择“插入”→“图片”→“来自文件”命令，打开“插入图片”对话框，如图 6-29 所示，在“查找范围”中选择图片文件所在的位置，选中指定的图片文件，单击“插入”按钮，然后再将插入的图片拖到相应的位置即可。

图 6-29　插入图片对话框

3. 插入文本框

切换到插入文本框的幻灯片，选择“插入”→“文本框”→“水平”或“垂直”命令，此时的鼠标变成 ＋ 状，在幻灯片中拖动鼠标到合适的位置时释放鼠标，即可绘制出一个水平或垂直的文本框，此时便可在文本框中输入文本并设置文本的格式。

4. 插入艺术字

切换到插入文本框的幻灯片，选择“插入”→“图片”→“艺术字”命令，打开“艺术字库”对话框，如图 6-30 所示。选择一种艺术字样式，单击“确定”按钮，可打开“编辑‘艺术字’文字”对话框，如图 6-31 所示。在“文字”文本框中输入文字，并设置文字的字体和字号，然后单击“确定”按钮返回到演示文稿中，同时打开“艺术字”工具栏，如图 6-32 所示。

图 6-30 “艺术字库”对话框

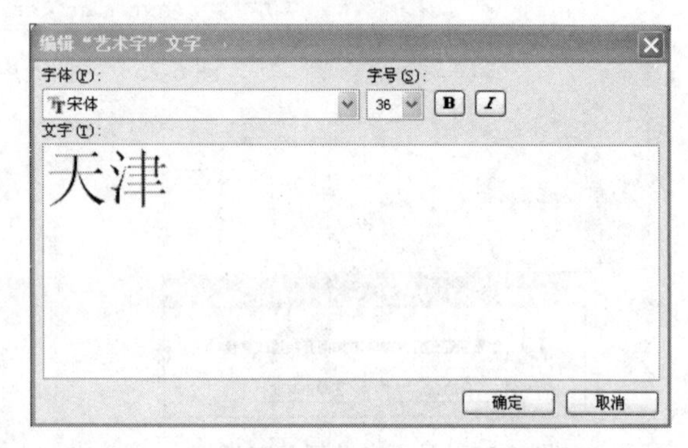

图 6-31 “编辑‘艺术字’文字”对话框

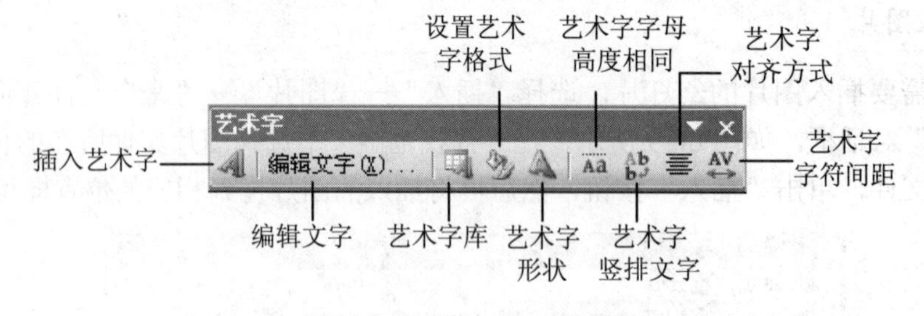

图 6-32 “艺术字”工具栏

5. 插入表格

切换到插入表格的幻灯片，选择“插入”→“表格”命令，打开“插入表格”对话框，如图 6-33 所示，选择表格的行数和列数，单击“确定”按钮。

如需修改表格边框线的粗细和颜色，可选中表格，选择“格式”→“设置表格格式”命令，打开“设置表格格式”对话框，选择“边框”选项卡，如图 6-34 所示，在“颜色”下拉列表中选择一种颜色，在“宽度”下拉列表中选择需要的宽度。

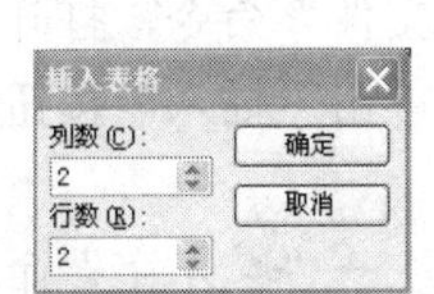

图 6-33 “插入表格”对话框

图 6-34 “设置表格格式”对话框

【实操案例】

【案例 6-9】打开文档 YL6-9.ppt，按【样例 6-9】，在第一张幻灯片中插入声音文件 KSWJ6-1.mid，循环播放。在第一张幻灯片标题下添加文本“制作人：刘鑫”，并设置字体为宋体，字号为 40，颜色为红色.

操作步骤如下：

切换到第一张幻灯片，选择“插入”→“影片和声音”→“文件中的声音”命令，打开“插入声音”对话框，在“查找范围”中选择声音文件 KSWJ6-1.mid，单击“插入”按钮， 然后单击“自动”按钮，并用鼠标将插入的声音图标拖到幻灯片的指定位置。右击声音图标，在弹出的快捷菜单中选择“编辑声音对象”命令，打开“声音选项”对话框，选中“循环播放，直到停止”复选框，单击“确定”按钮。

切换到第一张幻灯片，选择“插入”→“文本框”→“水平”命令，此时的鼠标变成 + 状，在幻灯片中拖动鼠标到合适的位置时释放鼠标，即可绘制出一个水平的文本框，在文本框中输入文本“制作人：刘鑫”，并选中文本，在“格式”工具栏的“字体”下拉框选择“宋体”，在“字号”下拉框中选择 40，颜色选择红色。

【样例 6-9】

【案例 6-10】打开文档 YL6-10.ppt，按【样例 6-10】，在第二张幻灯片中插入图片 KSWJ6-2.jpg。将第二张幻灯片的标题“首批受到护航的中国船只名单”设置为艺术字库中第 4 行第 4 列样式，字体为楷体_GB2312，字号为 44，形状为前近后远，填充颜色为橙色。

操作步骤如下：

切换到第二张幻灯片，选择“插入”→“图片”→“来自文件”命令，打开“插入图片”对话框，在“查找范围”中选择图片文件 KSWJ6-2.jpg，单击“插入”按钮，并用鼠标将图片拖到相应的位置。

切换到第二张幻灯片，选中文字，选择“插入”→“图片”→“艺术字”命令，打开“艺术字库”对话框。选择艺术字库中第 4 行第 4 列样式，单击“确定”按钮，打开“编辑艺术字文字”对话框，设置“字体”为“楷体_GB2312”，“字号”为 44，单击“确定”按钮，返回到演示文稿中。单击“艺术字”工具栏中的“艺术字形状”按钮，选择形状为前近后远，单击“设置艺术字格式”按钮，选择填充颜色为橙色，单击“确定”按钮。

【样例 6-10】

【案例 6-11】打开文档 YL6-11.ppt，按【样例 6-11】，在第二张幻灯片中插入 5 行 4 列的表格，输入相应的内容，表内文字水平垂直居中，并设置表格的外边框 3 磅，内边框宽度 1.5 磅，颜色为蓝色。

操作步骤如下：

切换到第二张幻灯片，选择“插入”→“表格”命令，打开“插入表格”对话框，设置行数为 5，列数为 4，单击“确定”按钮。在表格中输入相应的内容，然后选中表格，单击“格式”工具栏中的居中按钮，设置文本水平居中；单击“表格和边框”工具栏中的垂直居中按钮，设置文本垂直居中。选中表格，选择“格式”→“设置表格格式”命令，打开“设置表格格式”对话框，选择“边框”选项卡，在“颜色”下拉列表中选择蓝色，在“宽度”下拉列表中选择 3 磅，在预览区域单击上、下、左、右按钮。在“宽度”下拉列表中选择 1.5 磅，在预览区域单击内部横、竖边线按钮，如图 6-35 所示。

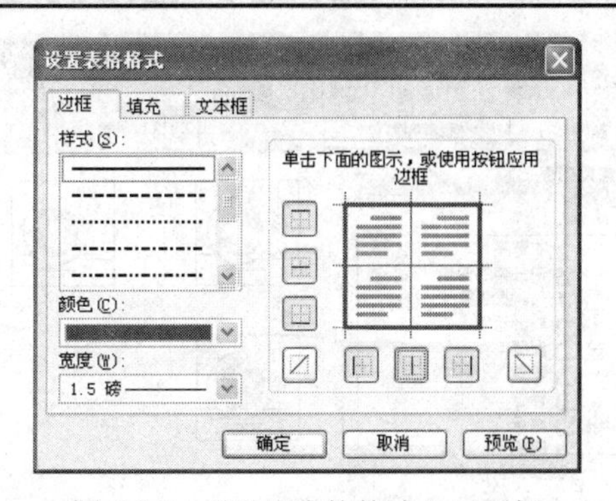

图 6-35　“设置表格格式”对话框

【样例 6-11】

成绩

姓名	高等数学	大学英语	计算机基础
王志平	88	90	80
张静	75	60	73
李天培	65	89	78
曾天	80	87	85

【知识拓展】

❖　插入剪切画

切换到插入剪切画的幻灯片，选择“插入”→“图片”→“剪切画”命令，打开“剪切画”任务窗格，如图 6-36 所示。单击“管理编辑”超链接，打开如图 6-37 所示的剪辑管理器，展开 office 收藏集，选择某种类型的剪切画，如地点中的地标，右击剪切画，在弹出的快捷菜单中选择“复制”命令，再在需要插入剪切画的幻灯片中右击，选择“粘贴”命令，剪切画就被插入到了幻灯片中。

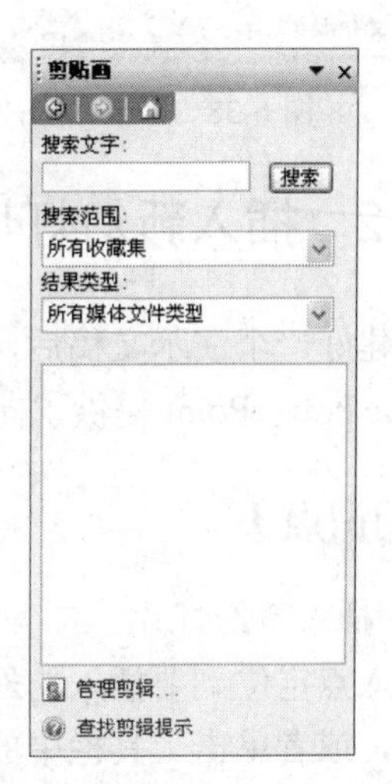

图 6-36　“剪切画”任务窗格

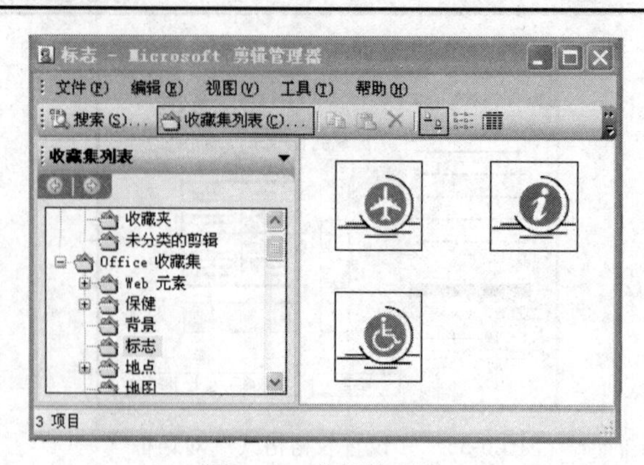

图 6-37　剪辑管理器

❖　插入影片

切换到插入影片的幻灯片，选择“插入”→“影片和声音”→“文件中的影片”命令，打开如图 6-38 所示“插入影片”对话框，在“查找范围”中选择影片文件所在的位置，选中指定的影片文件，单击“插入”按钮，打开如图 6-39 所示的提示框， 单击“自动”按钮，即可插入一段影片。

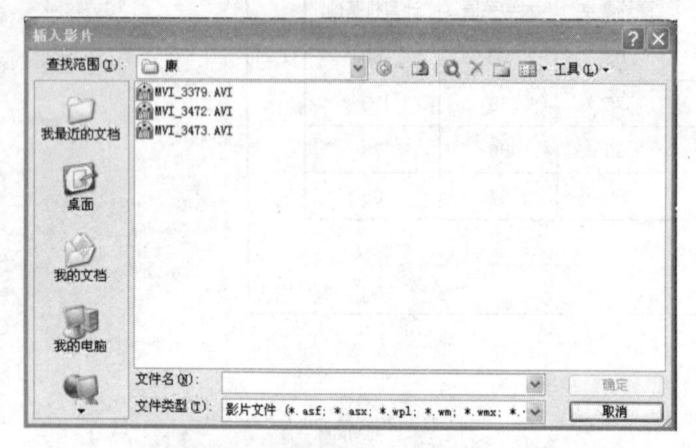

图 6-38　“插入影片”对话框

图 6-39　是否自动播放影片对话框

子任务 2　插入新幻灯片、摘要幻灯片

在创建好一个演示文稿后，用户可能需要继续增加一些幻灯片或者添加一个简介、议程或小结。PowerPoint 提供了向现有演示文稿快速添加幻灯片及摘要幻灯片的方法。

【相应知识点】

（1）插入新幻灯片

将插入点定位到要插入的幻灯片上，使其成为当前幻灯片，选择“插入”→“新幻灯片”命令，或者单击工具栏中的“新幻灯片”按钮，在右侧“幻灯片”任务窗格中，单击需要应用的版式图，系统将自动在当前幻灯片之后插入一个新的幻灯片。

（2）插入摘要幻灯片

选择“视图”→“幻灯片浏览”命令，进入幻灯片浏览视图，并打开“幻灯片浏览”工具栏，如图 6-40 所示。选中第 2 张和第 3 张幻灯片，在“幻灯片浏览”工具栏中单击“摘要幻灯片”按钮，即可在第 1 张幻灯片的后面插入一张新的摘要幻灯片。

备注(N)...　切换(R)　设计(S)　新幻灯片(N)

图 6-40　“幻灯片”浏览工具栏

【实操案例】

【案例 6-12】 打开文档 YL6-12.ppt，按【样例 6-12】，在第 1 张幻灯片和第 2 张幻灯片之间插入一张新幻灯片。

操作步骤如下：

选择第 1 张幻灯片，使其成为当前幻灯片。选择“插入”→“新幻灯片”命令，或者单击工具栏中的“新幻灯片”按钮，并在右侧的“幻灯片”任务窗格中选择合适的幻灯片版式，如图 6-41 所示，系统将自动在第 1 张幻灯片之后插入一张新的幻灯片。

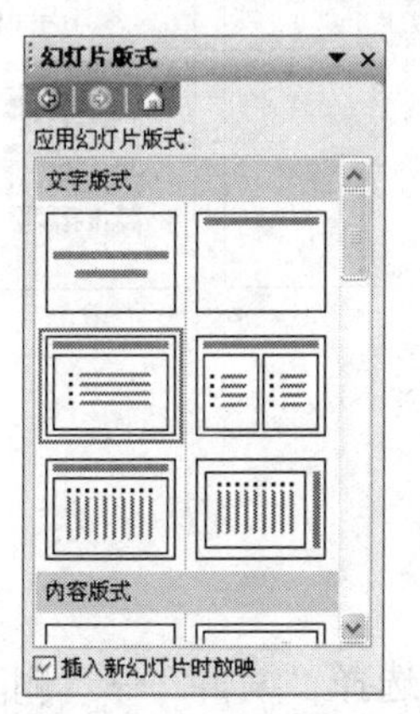

图 6-41　“幻灯片版式”任务窗格

【样例 6-12】

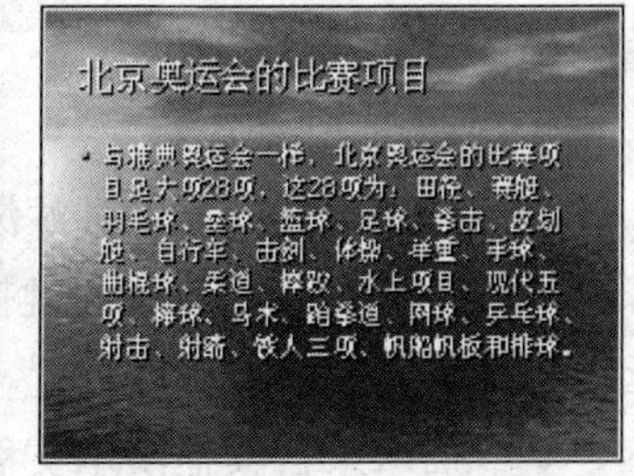

【案例 6-13】 打开文档 YL6-13.ppt，按【样例 6-13】，在第 1 张幻灯片的下方插入一张摘要幻灯片。

操作步骤如下：

选择“视图”→“幻灯片浏览”命令，进入幻灯片浏览视图，打开“幻灯片浏览”工具栏，如图 6-42 所示。选中第 2 张和第 3 张幻灯片，单击“摘要幻灯片”按钮，即可在第 1 张幻灯片的后面插入一张新的摘要幻灯片。

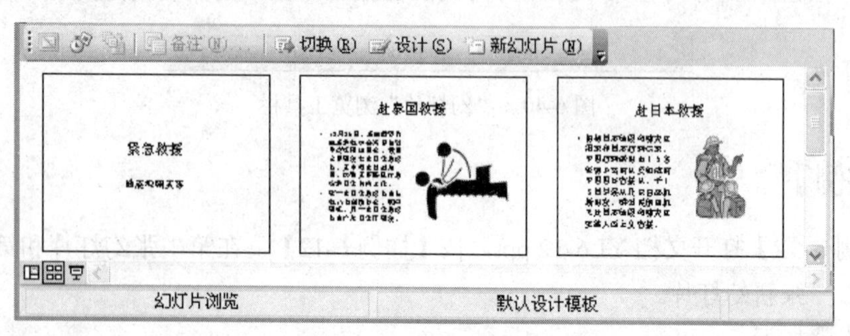

图 6-42　幻灯片浏览视图

【样例 6-13】

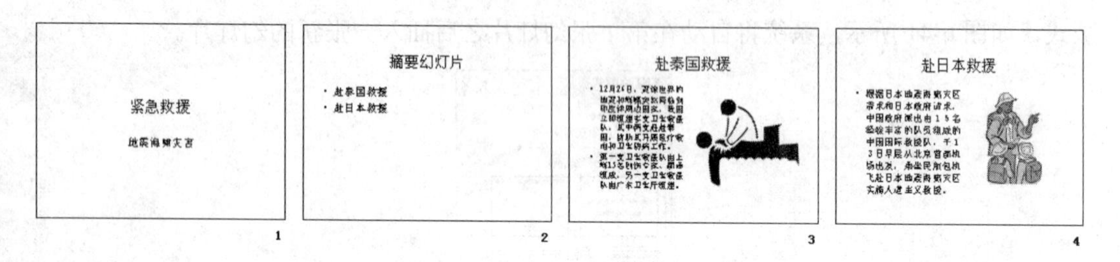

【知识拓展】

❖　删除、移动和复制幻灯片

（1）删除幻灯片

选定所需要删除的幻灯片后，选择“编辑”→“删除幻灯片”命令或按 Delete 键。

（2）移动幻灯片

选择“视图”→“幻灯片浏览”命令，进入幻灯片浏览视图，选择要移动的幻灯片，按住鼠标左键拖动幻灯片到目标位置，当出现一条竖线时，释放左键，所选的幻灯片即被移动到该位置。

（3）复制幻灯片

选择“视图”→“幻灯片浏览”命令，进入幻灯片浏览视图。选择要移动的幻灯片，按 Ctrl 键的同时按住鼠标左键拖动幻灯片到目标位置，当出现一条竖线时，释放左键，所选的幻灯片即被复制到该位置。

❖　插入来自其他演示文稿的幻灯片

打开源演示文稿和目标演示文稿，并均转换到幻灯片浏览视图。选择“窗口”→“全部重排”命令，则两个演示文稿窗口将并排排列，如图 6-43 所示。在源演示文稿中选择要插入的一张或多张幻灯片缩略图，按住 Ctrl 键将其拖动到目标演示文稿的插入位置，则该位置出现源演示文稿文件中所选的幻灯片缩略图。

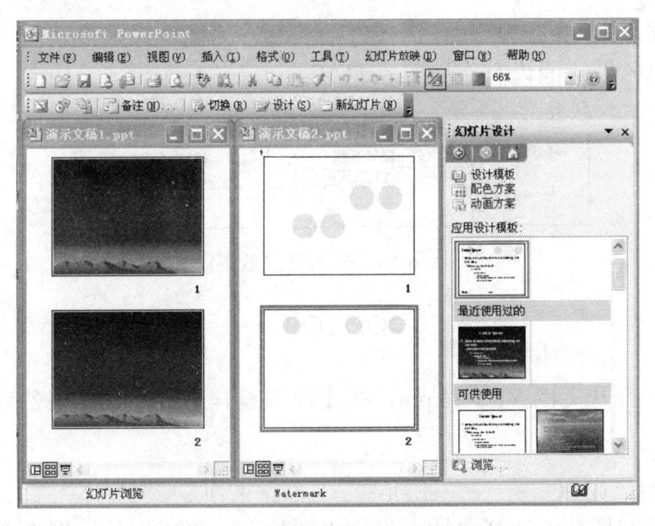

图 6-43　并列显示两个演示文稿

子任务 3　插入组织结构图、批注

组织结构图是一种展示单位组织管理结构，表现各种上、下级之间管理、监督和协调关系的专用图形，它被广泛运用于各种报告、分析之类的公文中。PowerPoint 提供了插入组织结构图的功能。审查他人的演示文稿时，可以利用批注功能提出自己的修改意见，批注内容并不会在放映过程中显示出来。

【相应知识点】

1. 插入组织结构图

切换到需要插入组织结构图的幻灯片，选择“插入”→“图片”→“组织结构图”命令，打开“组织结构图”工具栏，如图 6-44 所示，在组织结构图中输入文本即可。单击“插入形状”按钮，可以选择插入下属、同事或助手。

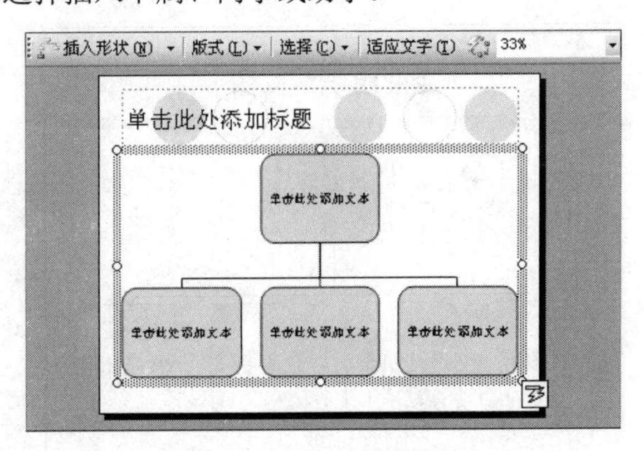

图 6-44　组织结构图工具栏

2. 插入批注

切换到需要插入批注的幻灯片，选择“插入”→“批注”命令，打开一个黄色的批注框，在批注框中输入批注的内容，如图 6-45 所示。

图 6-45 插入批注效果

【实操案例】

【案例 6-14】打开文档 YL6-14.ppt，按【样例 6-14】，在第 2 张幻灯片中插入组织结构图。

操作步骤如下：

切换到第 2 张幻灯片，选择“插入”→“图片”→“组织结构图”命令，打开“组织结构图”工具栏，在组织结构图中输入文本，选中“企划部”，单击“插入形状”按钮中的同事，输入“营销部”，如图 6-46 所示。

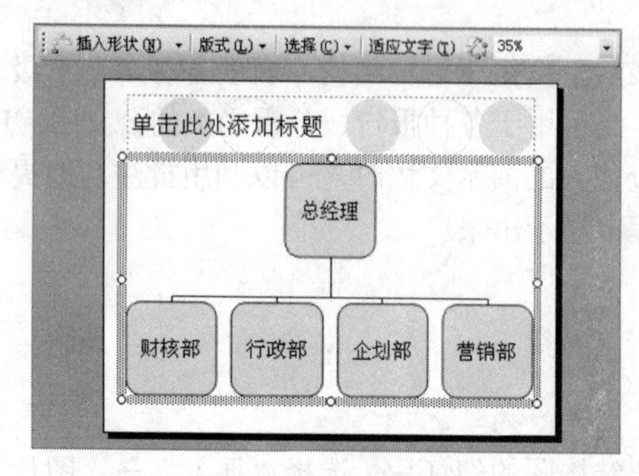

图 6-46 组织结构图

【样例 6-14】

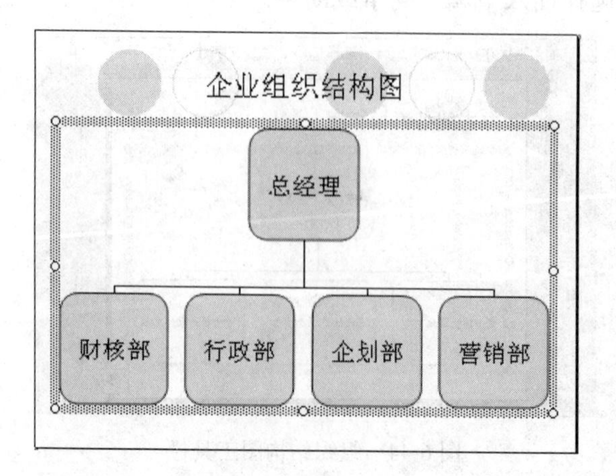

【案例 6-15】打开文档 YL6-15.ppt，按【样例 6-15】（见图 6-61），在第 1 张幻灯片中插入批注“2012 年 6 月 2 日修改”。

操作步骤如下：

切换到第 1 张幻灯片，选择“插入”→“批注”命令，打开一个黄色的批注框，在批注框中输入批注的内容“2012 年 6 月 2 日修改”。

【样例 6-15】

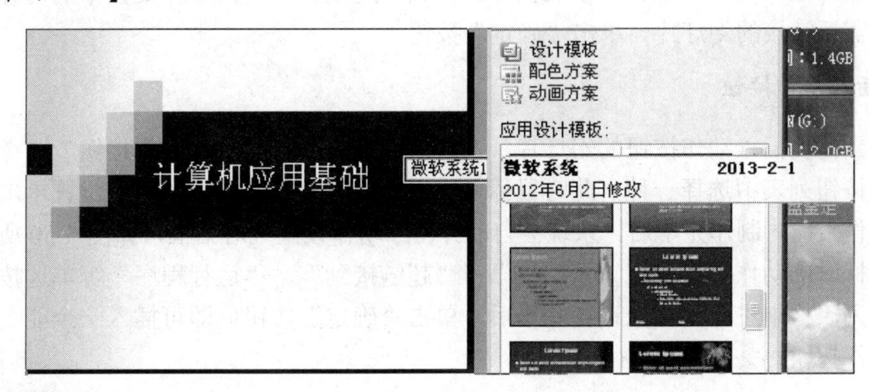

【知识拓展】

❖　插入图示

在当前幻灯片中选择“插入”→“图示”命令，打开“图示库”对话框，如图 6-47 所示，其中包括组织结构图、循环图、射线图、棱锥图、维恩图和目标图 6 种类型。射线图的效果如图 6-48 所示。

图 6-47　“图示库”对话框

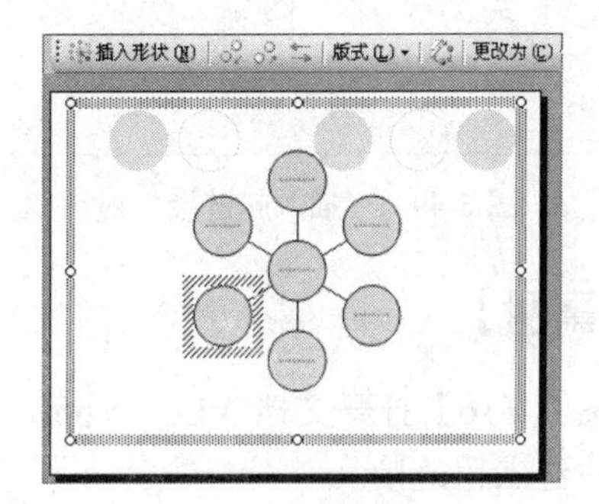

图 6-48　射线图效果

子任务 4　插入超链接和动作按钮

设置超链接是指把对象链接到其他幻灯片、文件或程序上。用户可以通过幻灯片中的文本、图表等对象创建超链接，这样可以快速的跳转到另一个幻灯片。超链接的对象很多，包括文本、自选图形、表格、图表等。此外，还可以利用动作按钮来创建超链接。

【相应知识点】

1. 插入超链接

切换到需要插入超链接的幻灯片，选中需要超链接的文本，选择“插入”→“超链接”命令或单击工具栏中的“超链接”按钮，打开“插入超链接”对话框，如图6-49所示，在左侧“链接到”列表中选择“本文档中的位置”选项，在“请选择文档中的位置”列表框中选择需要链接的幻灯片，单击“确定”按钮。

2. 插入动作按钮

切换到需要插入动作按钮的幻灯片，选择“幻灯片放映”→“动作按钮”命令，在展开的动作按钮列表中选择一种，此时鼠标变成“十”状，在幻灯片的适当位置单击即可制作一个动作按钮。制作完毕后，系统会自动弹出“动作设置”对话框，如图6-50所示，在“单击鼠标时的动作”栏中有“无动作”、“超链接到”、“运行程序”等单选按钮，并可在下拉列表框中进行设置，设置完毕后，单击“确定”按钮，即可插入一个能实现某种目的的动作按钮。

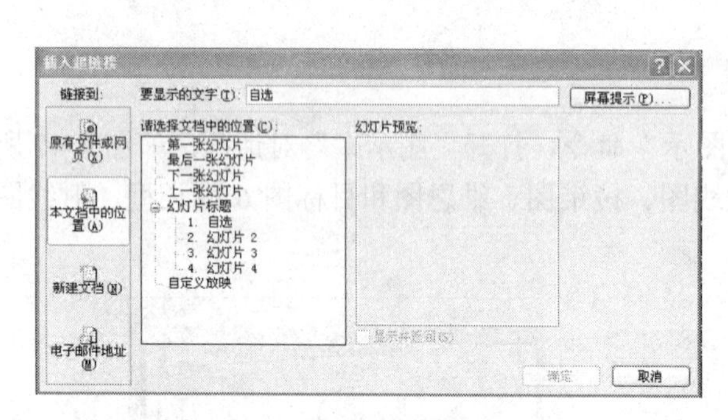

图6-49 “插入超链接”对话框

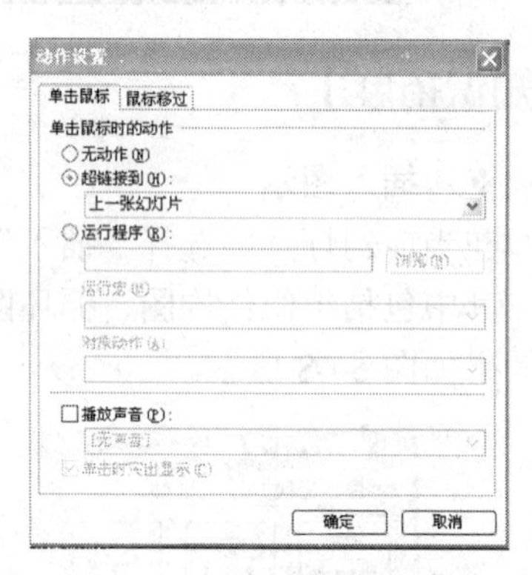

图6-50 “动作设置”对话框

【实操案例】

【案例616】打开文档YL6-16.ppt，按【样例6-16】将第二张幻灯片中的文本与相应的幻灯片建立超链接。

操作步骤如下：

切换到第二张幻灯片，选中需要超链接的文本，选择“插入”→“超链接”命令，或者单击工具栏中“超链接”按钮，打开“插入超链接”对话框，在左侧“链接到”列表中单击“本文档中的位置”选项，在“请选择文档中的位置”列表框中选择需要链接的幻灯片，单击“确定”按钮。按照相同的方法将第二张幻灯片中的其他文本链接到相应的幻灯片。

【样例 6-16】

【案例 6-17】打开文档 YL6-17.ppt，按【样例 6-17】在第二张幻灯片中插入链接到第一张幻灯片和下一张幻灯片的动作按钮。

操作步骤如下：

（1）切换到第二张幻灯片，选择“幻灯片放映”→“动作按钮”命令，在展开的动作按钮列表中单击“第一张”按钮，此时鼠标变成“十”状，在幻灯片的适当位置单击鼠标即可制作一个动作按钮。制作完毕后，自动弹出“动作设置”对话框，在“单击鼠标时的动作”栏选中“超链接到”单选按钮，并在其下的列表框中选择“第一张幻灯片”选项，单击“确定”按钮。

（2）切换到第二张幻灯片，选择“幻灯片放映”→“动作按钮”命令，在展开的动作按钮列表中单击“前进或下一项”按钮，此时鼠标变成“十”状，在幻灯片的适当位置单击鼠标即可制作一个动作按钮。制作完毕后，自动弹出“动作设置”对话框，在“单击鼠标时的动作”栏选中“超链接到”单选按钮，并在其下的列表框中选择“下一张幻灯片”选项，最后单击“确定”按钮退出。

【样例 6-17】

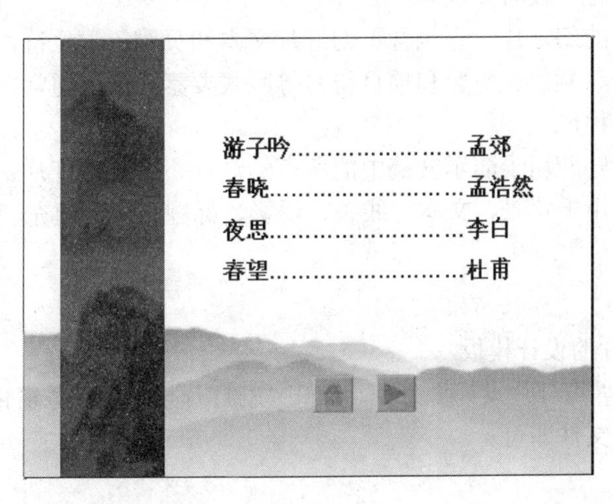

【知识拓展】

❖ 改变超链接文本的颜色

设置超链接后的文本下面将出现下划线，同时文本的颜色也会改变。改变超链接文本颜色的操作如下：

选择“格式”→“幻灯片设计”命令，打开“幻灯片设计”任务窗格，单击“配色方案”超链接，再单击“编辑配色方案”超链接，打开“编辑配色方案”对话框，在“自定义”选项卡上更改“强调文字和超链接”和“强调文字和已访问的超链接”的颜色，单击“应用”按钮，即可修改超链接文本的颜色，如图 6-51 所示。

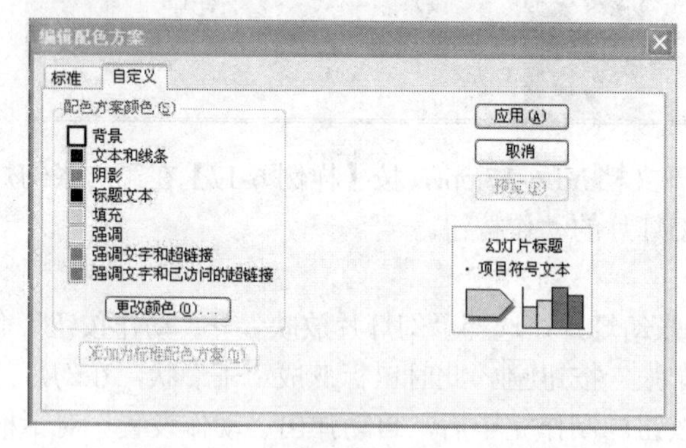

图 6-51 “编辑配色方案”对话框

任务 6 设置幻灯片的页面格式

子任务 1 应用幻灯片的设计模板、母版、配色方案

模板是控制演示文稿统一外观最容易、最快捷的方法。使用模板，用户可以使演示文稿中的所有幻灯片具有一致的外观。

母版是一种特殊的幻灯片，它包含了幻灯片文本和页脚等占位符，这些占位符控制了幻灯片的字体、字号、颜色、阴影和项目符号等版式要素。母版通常包括幻灯片母版、讲义母版和备注母版 3 种形式。

配色方案是指能够应用于演示文稿中的所有幻灯片、个别幻灯片、备注页或听众讲义等 8 种均衡颜色，可用于背景、文本、线条、阴影、标题文本、填充、强调和超链接。

【相应知识点】

（1）应用幻灯片的设计模板

选择“格式”→“幻灯片设计”命令，打开“幻灯片设计”任务窗格，如图 6-52 所示，从中选择合适的模板文件即可。

（2）应用幻灯片的母版

单击“视图”→“母版”→“幻灯片母版”命令，打开演示文稿的幻灯片母版视图，“幻灯片母版”工具条也被打开，如图 6-53 所示。

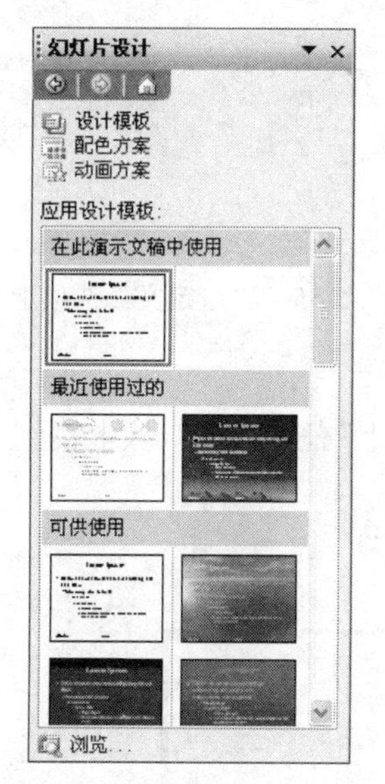

图 6-52　“幻灯片设计”任务窗格

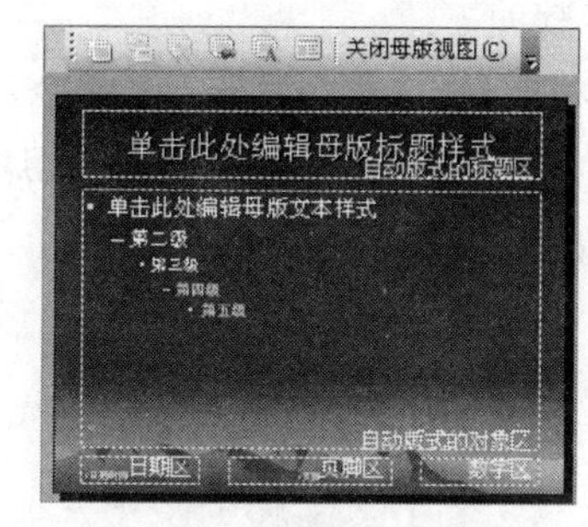

图 6-53　幻灯片母版视图

打开幻灯片母版之后，右击“单击此处编辑母版标题样式”字符，在弹出的快捷菜单中选择“字体”命令，打开“字体”对话框，设置好相应的选项后，单击“确定”按钮返回。按照同样的办法依次设置“单击此处编辑母版文本样式”、“第二级”、“第三级”等字符的格式。

分别选中“单击此处编辑母版文本样式”、“第二级”、“第三级”等字符前的项目符号，然后选择“格式”→“项目符号和编号”命令，为其设置相应的项目符号。

选择“视图”→“页眉和页脚”命令，打开“页眉和页脚”对话框，在“幻灯片”选项卡中对日期区和时间区进行格式设置。

（3）应用幻灯片的配色方案

选择“格式”→“幻灯片设计”命令，打开“幻灯片设计”任务窗格，单击“配色方案”超链接，再单击“编辑配色方案”超链接，打开“编辑配色方案”对话框，在“标准”选项卡中选择一种配色方案，单击“应用”按钮，如图 6-54 所示。

选择“自定义”选项卡，更改背景、文本和线条、阴影、标题文本、填充、强调、强调文字和超链接及强调文字和已访问的超链接的颜色，单击“应用”按钮，如图 6-55 所示。

【实操案例】

【案例 6-18】打开文档 YL6-18.ppt，按**【样例 6-18】**，为所有的幻灯片应用设计模板 blends.pot。

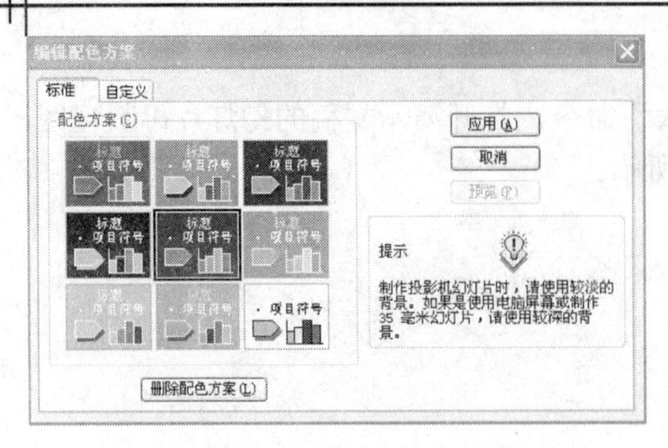

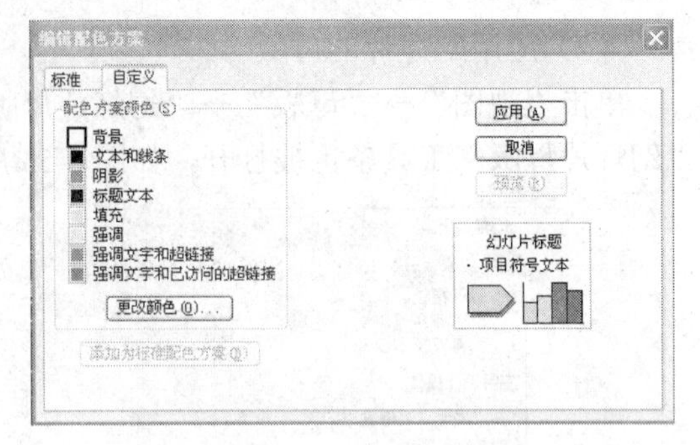

图 6-54 “标准”选项卡　　　　图 6-55 “自定义”选项卡

操作步骤如下：

选择“格式”→“幻灯片设计”命令，打开“幻灯片设计”任务窗格，从中找到 blends.pot 模板文件，单击即可将其应用到所选幻灯片中。

【样例 6-18】

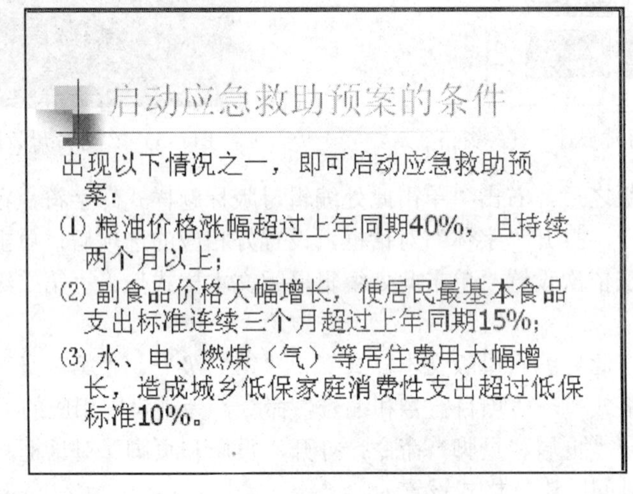

【案例 6-19】打开文档 YL6-19.ppt，按【样例 6-19】（见图 6-74）在幻灯片母版中使用“配色方案”，将整个演示文稿的标题文本样式设置为华文行楷，字号 40，红色。

操作步骤如下：

（1）单击“视图”→“母版”→“幻灯片母版”命令，打开演示文稿的幻灯片母版视图及“幻灯片母版”工具栏。选中“单击此处编辑母版标题样式”文本框，设置“字体”为“华文行楷”，“字号”为 40。

（2）选择“格式”→“幻灯片设计”命令，打开“幻灯片设计”任务窗格，单击“配色方案”超链接，再单击“编辑配色方案”超链接，打开“编辑配色方案”对话框，选择“自定义”选项卡，单击“标题文本”前面的色块，再单击“更改颜色”按钮，选择红色，最后单击“应用”按钮退出。

【样例 6-19】

新型的服务

• 有些人把我们的未来称为"新型的服务性经济"。但是，"制造"和"服务"这两个术语正逐渐过时。制造业将越来越多地与服务业交织在一起，即按照个人的具体要求进行制造，这种方式就像现在电脑硬件体现着电脑公司所提供全部服务中的一小部分一样。从大范围来说，最大的范围部分则为专家咨询，即按照顾客的具体要求设计软件系统和进行培训。

【知识拓展】

（1）更换设计模板时，应注意以下几点：

- 更换幻灯片设计模板后，幻灯片中的内容不会改变。
- 如果只选定一张幻灯片，则更换的是所有幻灯片的设计模板；如果同时选定多张幻灯片，则更换的是选定幻灯片的设计模板。
- 如果更换了所有幻灯片的设计模板，则标题版式幻灯片的设置与其他版式幻灯片的设置会稍有不同。

（2）更改母版时，应注意以下几点：

- 更改母版时，可更改幻灯片中的字体格式、项目符号、占位符位置和大小、背景颜色、背景填充效果和背景图片，并可插入新对象。
- 更改母版后，幻灯片中的内容不会改变。
- 母版中的更改会影响到所有基于母版的幻灯片。
- 如果先前幻灯片更改的项目与母版更改的项目相同，则保留先前的更改。

子任务 2　设置幻灯片的页眉页脚

页眉和页脚通常用于显示文档的附加信息，常用来插入时间、日期、页码、单位名称、徽标等。其中，页眉在页面的顶部，页脚在页面的底部。

【相应知识点】

1. 设置幻灯片的页眉和页脚

选择"视图"→"页眉和页脚"命令，打开"页眉和页脚"对话框，如图 6-56 所示。在"幻灯片包含内容"栏选中"日期和时间"复选框，单击"自动更新"单选按钮，然后在其下方选择一种时间格式，再选中"页脚"复选框，并在其下的文本框中输入页脚内容，最后单击"全部应用"或"应用"按钮返回即可。

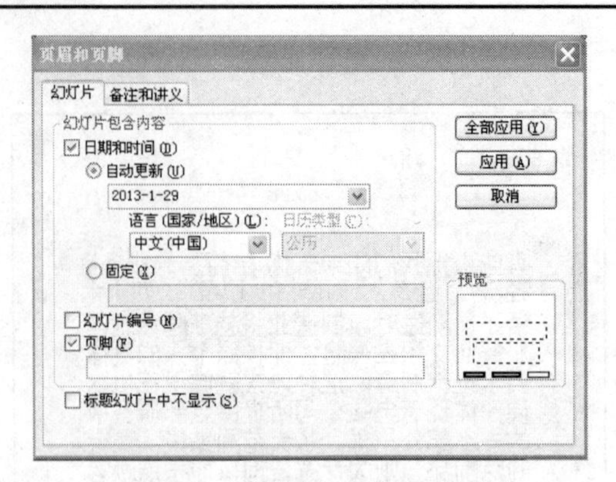

图 6-56 “页眉和页脚”对话框

【注意】在“页眉和页脚”对话框中，选中“幻灯片编号”复选框，可为幻灯片添加编号。如果在母版中设置了页眉和页脚，则页眉页脚可在每页幻灯片中显示。

【实操案例】

【案例 6-20】打开文档 YL6-18.ppt，按【样例 6-20】在标题幻灯片中设置页脚，选择日期和时间自动更新，页脚文字为“应急救助”。

操作步骤如下：

选择“视图”→“页眉和页脚”命令，打开“页眉和页脚”对话框。在“幻灯片包含内容”栏选中“日期和时间”复选框，单击“自动更新”单选按钮，然后按其下方选择时间格式“2012-12-15”；选中“页脚”复选框，并在其下的文本框中输入“应急救助”，最后单击“应用”按钮返回。

【样例 6-20】

启动应急救助预案的条件

出现以下情况之一，即可启动应急救助预案：

(1) 粮油价格涨幅超过上年同期40%，且持续两个月以上；

(2) 副食品价格大幅增长，使居民最基本食品支出标准连续三个月超过上年同期15%；

(3) 水、电、燃煤（气）等居住费用大幅增长，造成城乡低保家庭消费性支出超过低保标准10%。

【案例 6-21】打开文档 YL6-16.ppt，按【样例 6-21】将所有幻灯片的页脚设置为“中国古诗”。

操作步骤如下：

选择“视图”→“母版”→“幻灯片母版”命令，打开“幻灯片母版视图”工具栏，如图 6-57 所示。在标题母版幻灯片“页脚区”输入文本“中国古诗”，复制“中国古诗”文本框到正文幻灯片母版中，单击“母版”工具栏中的“关闭母版视图”按钮。

图 6-57 “母版”工具栏

【样例 6-21】

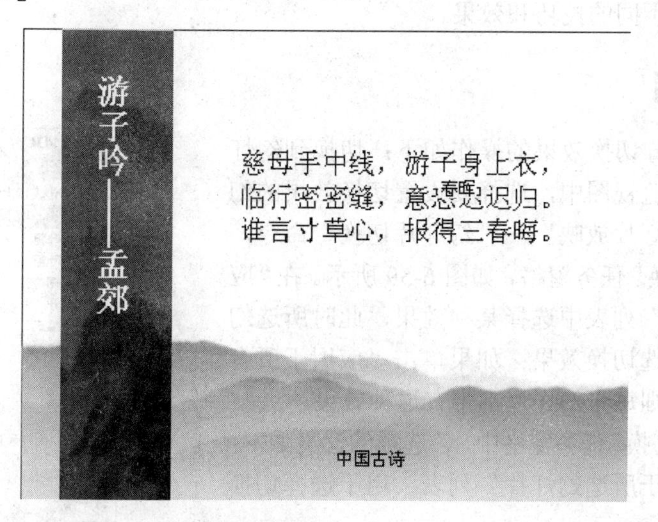

2. 设置幻灯片备注讲义的页眉和页脚

选择“视图”→“页眉和页脚”命令，打开“页眉和页脚”对话框，选择“备注和讲义”选项卡，如图 6-58 所示，在“页眉”、“页脚”处输入相应的内容，然后单击“全部应用”按钮退出，即可为幻灯片备注讲义设置页眉和页脚。

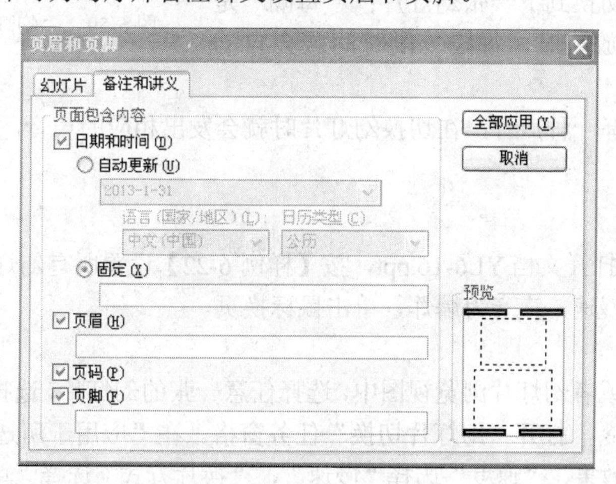

图 6-58 “备注和讲义”选项卡

任务 7　设置幻灯片的放映

子任务 1　设置幻灯片的切换效果

幻灯片的切换方式是指演示文稿播放过程中幻灯片进入和退出屏幕时产生的视觉效果，也就是幻灯片以动画方式放映时的特殊效果。为了使幻灯片更具有趣味性，在幻灯片切换时可以使用不同的技巧和效果。

【相应知识点】

为幻灯片设置切换效果的操作如下：切换到幻灯片或者幻灯片浏览视图中，选择要设置切换效果的幻灯片，选择“幻灯片放映”→“幻灯片切换”命令，打开“幻灯片切换”任务窗格，如图 6-59 所示。在“应用于所选幻灯片”列表中选择某种效果，此时所选幻灯片就带有了所选切换效果；如果单击“应用于所有幻灯片”按钮，则每张幻灯片都带有这种效果。

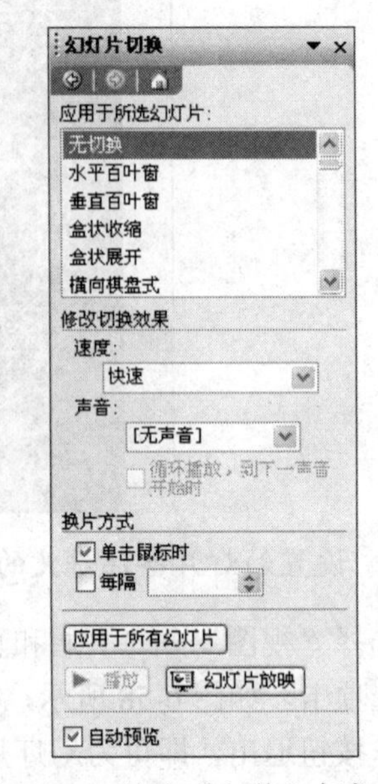

图 6-59　“幻灯片切换”任务窗格

在“幻灯片切换”任务窗格中，各选项的含义如下：

- “应用于所选幻灯片”列表：用于选择切换效果。
- 速度：设置切换的速度，有慢速、中速、快速三种。
- 换片方式：“单击鼠标时”是指放映时，单击一次可切换到下一张幻灯片；“每隔”是指幻灯片放映时，每隔一段时间就会自动换页。
- 声音：选择一种声音，在切换幻灯片时就会发出相应的声音。

【实操案例】

【案例 6-22】打开文档 YL6-16.ppt，按【样例 6-22】设置所有幻灯片的切换效果为水平百叶窗，速度为慢速，声音为爆炸，单击鼠标换页。

操作步骤如下：

切换到幻灯片或者幻灯片浏览视图中，选择任意一张的幻灯片，选择“幻灯片放映”→“幻灯片切换”命令，打开“幻灯片切换”任务窗格。在“应用于所选幻灯片”列表中选择“水平百叶窗”效果，“速度”选择“慢速”，“换片方式”选择“单击鼠标时”，“声音”选择“爆炸”，最后单击“应用于所有幻灯片”按钮。

【样例 6-22】

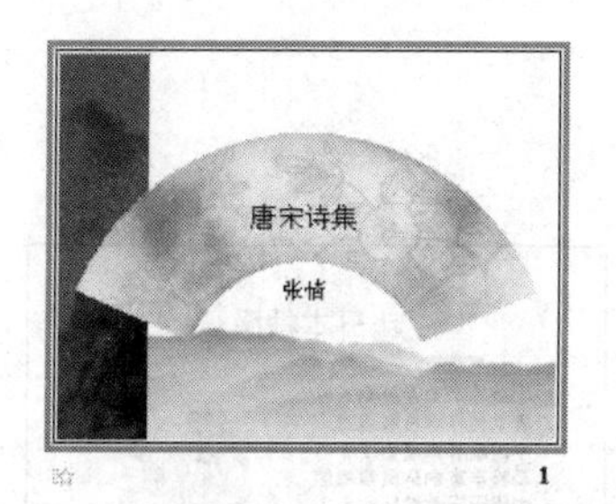

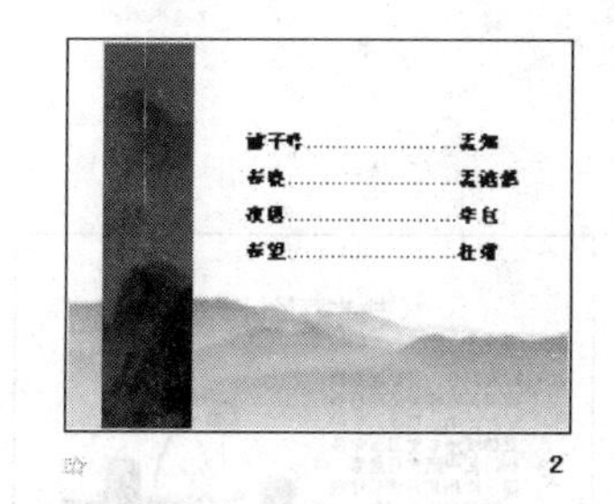

【案例 6-23】打开文档 YL6-10.ppt，按【样例 6-23】设置第一张幻灯片的切换效果为盒状收缩，速度为中速，声音为疾驰，在前一事件后 1 秒启动动画；设置第二张幻灯片的切换效果为随机，速度为慢速，单击鼠标换页。

操作步骤如下：

切换到幻灯片或者幻灯片浏览视图中，选择第 1 张幻灯片，选择“幻灯片放映”→“幻灯片切换”命令，打开“幻灯片切换”任务窗格。在“应用于所选幻灯片”列表中选择“盒状收缩”效果，“速度”选择“慢速”，“换片方式”选择“每隔 1 秒时”☑每隔 00:01，“声音”选择“疾驰”。

切换到幻灯片或者幻灯片浏览视图中，选择第 2 张幻灯片，选择“幻灯片放映”→“幻灯片切换”命令，打开“幻灯片切换”任务窗格。在“应用于所选幻灯片”列表中选择“随机”效果，“速度”选择“慢速”，“换片方式”选择“单击鼠标时”。

【样例 6-23】

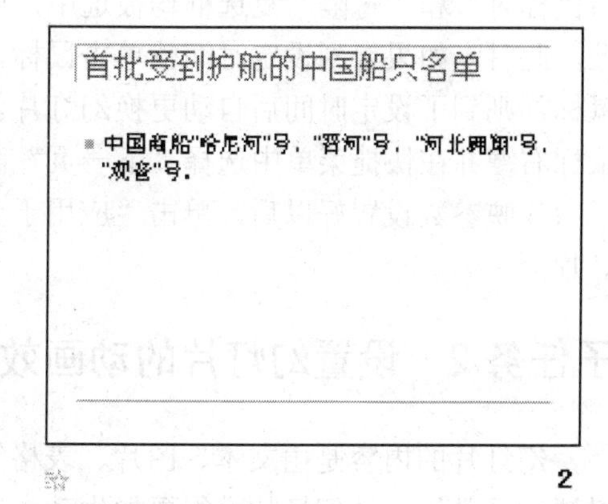

【案例 6-24】打开文档 YL6-13.ppt，按【样例 6-24】设置所有幻灯片的切换效果为中央向上下展开，速度为慢速，声音为风铃，循环播放到下一声音开始时，单击鼠标换页。

操作步骤如下：

切换到幻灯片或者幻灯片浏览视图中，选择任意一张幻灯片，选择“幻灯片放映”→“幻灯片切换”命令，打开“幻灯片切换”任务窗格。在“应用于所选幻灯片”列表中选择“中央向上下展开”效果，“速度”选择“慢速”，“声音”选择“风铃”，并选中“循环播放，到下一个声音开始时”复选框，“换片方式”选择“单击鼠标时”。最后，单击“应用于所有幻灯片”按钮。

【样例 6-24】

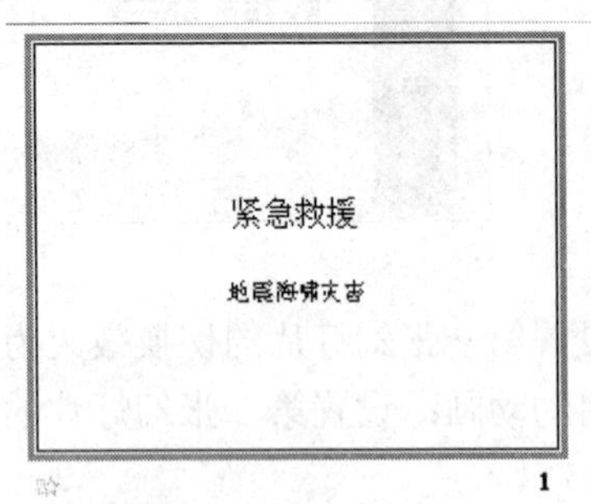

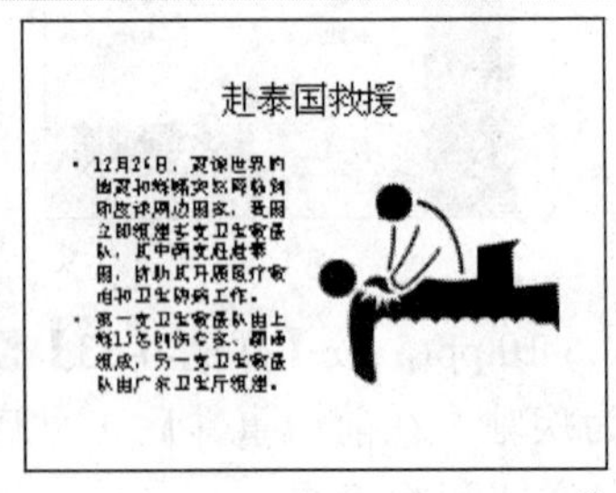

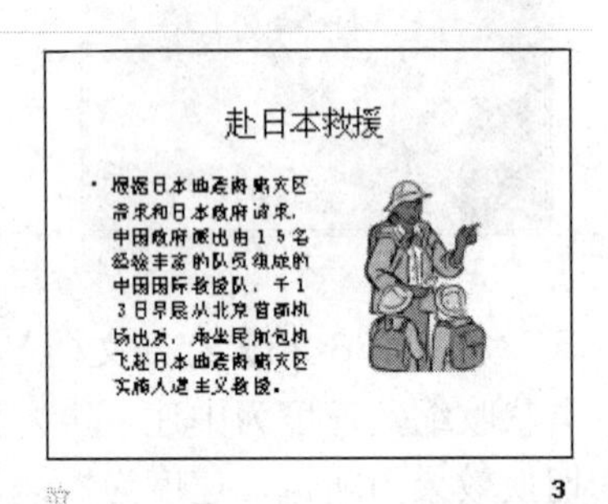

【知识拓展】

❖ 人工设置幻灯片放映时间

幻灯片的放映方式包括人工放映和自动放映两种。人工放映时，需要通过键盘和鼠标的各种操作来控制幻灯片的放映进度；自动放映时，系统会按照设置的时间自动地一张张放映幻灯片，直到结束。

在“幻灯片切换”任务窗格的“换片方式”栏中，显示了两种更换幻灯片的方式，一种是单击鼠标换页，另一种是按设定时间自动换页。选中“每隔”复选框，并在其后的数值框中输入希望幻灯片在屏幕上停留的秒数，即可让幻灯片按既定时间自动播放。如果“单击鼠标时”和“每隔”复选框均被选中，则两种换片方式都有效，且以发生较早的方式为准。此时，如果未到设定时间就单击鼠标，则单击后更换幻灯片；反之，如果迟迟不单击鼠标，则到了设定时间后自动更换幻灯片。如果两个复选框均未选中，则放映时只有单击鼠标右键并在快捷菜单中选择“下一页”命令，才可以更换幻灯片。

放映参数设置好以后，单击“应用于全部幻灯片”按钮，可将切换效果应用到所有幻灯片上。

子任务 2　设置幻灯片的动画效果

幻灯片的内容是由文本、图片、表格等要素组成的，设置动画实际上就是为这些要素设置动画效果，让幻灯片变得更加生动。

【相应知识点】

在普通视图中选择一张幻灯片，选定要应用动画效果的要素，然后选择“幻灯片放映”→“自定义动画”命令，打开“自定义动画”任务窗格，如图 6-60 所示。在“添加效果”下拉列表框中包含 4 个选项，分别是“进入”、“强调”、“退出”和“动作路径”，选择一种动画效果，如“进入”，然后在其展开列表中选择一种进入效果，如“飞入”，即可在显示指定元素时显示飞入的动画效果。

如果对“进入”列表中的效果不满意，还可选择“其他效果”命令，打开“添加进入效果”对话框，如图 6-61 所示，这里列示了更多的进入效果，用户根据需要选择一种，并单击“确定”按钮退出，即可为指定元素应用设定的动画效果。

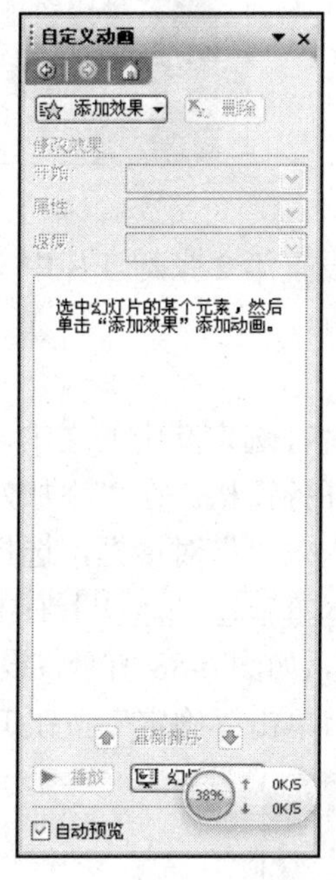

图 6-60　“自定义动画”任务窗格

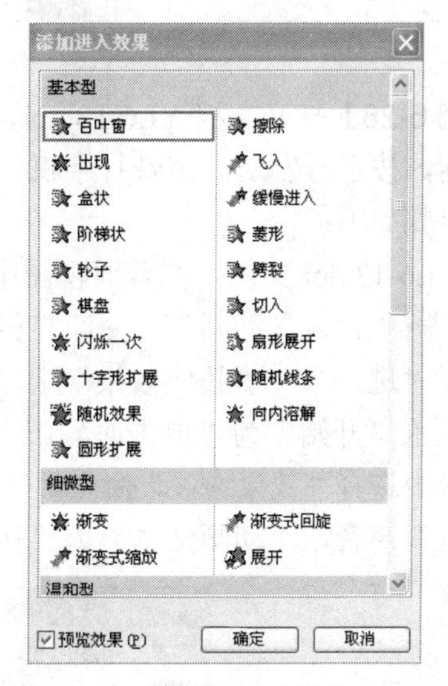

图 6-61　“添加进入效果”对话框

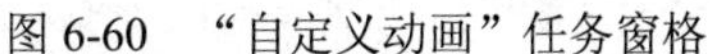

此时，“自定义动画”任务窗格的“开始”、“方向”和“速度”下拉列表框变为可用状态，在此可设置动画的开始方式、出现方向和播放速度。

- 开始：用于选择开始动画的方式，有“单击时”、“之前”、“之后”三种选择。
- 方向：由于选择动画进入的方向。
- 速度：用于选择动画进入的速度。

设置完成后，可选择下一个要素进行动画设置。

【实操案例】

【案例 6-25】打开文档 YL6-16.PPT，按【样例 6-25】设置第一张幻灯片中标题的动画效果为飞入，方向为自左上部，速度为中速，单击鼠标启动动画。

操作步骤如下：

打开 YL6-1.ppt 文档，在普通视图中选择第一张幻灯片，选定标题文本，再选择“幻灯片放映”→“自定义动画”命令，打开“自定义动画”任务窗格。在“添加效果”下拉菜单中选择“进入”→“飞入”选项，设置“开始”为“单击时”，“方向”为“自左上部”，“速度”为“中速”，如图 6-86 所示。

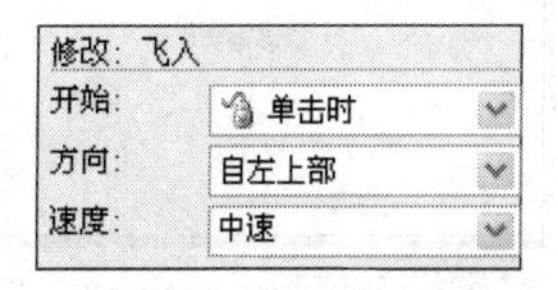

图 6-86　设置动画参数

【样例 6-25】

【案例 6-26】打开文档 YL6-13.ppt，按【样例 6-26】设置第 2 张幻灯片中文本的动画效果为回旋，按字母发送，声音打字机，单击鼠标启动动画。

操作步骤如下：

打开 YL6-13.ppt 文档，在普通视图中选择第 2 张幻灯片，选定其中的文本，选择“幻灯片放映”→“自定义动画”命令，打开“自定义动画”任务窗格。在“添加效果”下拉菜单中选择“进入”→“其他效果”选项，打开“添加进入效果”对话框，选择“回旋”选项，并设置“开始”为“单击时”。在设置好的动画 [1 5.4.4 设置...] 上右击，在弹出的快捷菜单中选择“效果选项”命令，打开“回旋”对话框，如图 6-88 所示，设置“声音”为“打字机”声音，“动画文本”为“按字母”发送，然后单击“确定”按钮退出。

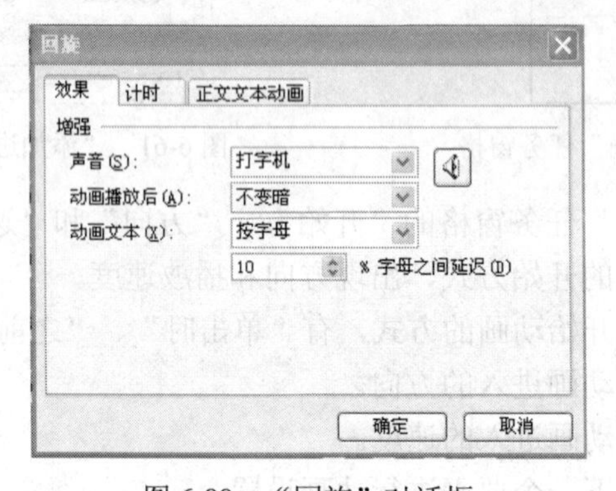

图 6-88 “回旋”对话框

【样例 6-26】

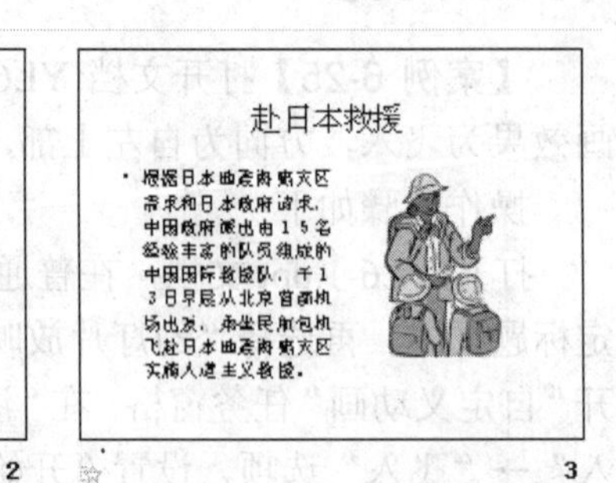

【知识拓展】

❖ 调整动画效果的播放顺序

当为幻灯片中的不同对象设置好动画效果后，幻灯片对象旁边会多出几个数字标记。这些标记用来指示动画的播放顺序。另外，这些幻灯片对象还会出现在“自定义动画”任务窗格的动画列表中，如图 6-90 所示。

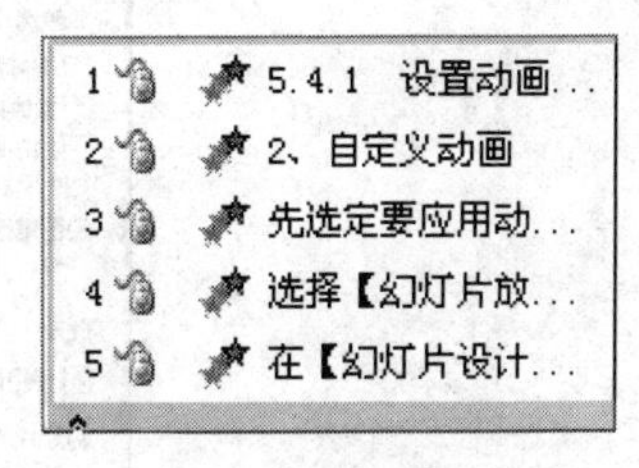

图 6-90　动画列表

如果用户想改变某个动画的显示顺序，可选中它，然后单击“重新排序”两侧的方向箭头进行顺序调整。如果不再需要某个动画，可先在列表中选中它，然后单击“删除”按钮。

❖ 设置动画的动作路径

如果想为某个对象指定一条动作路径，应先选中它，再选择“幻灯片放映”→“自定义动画”命令，打开“自定义动画”任务窗格，单击“添加效果”按钮，在弹出的下拉菜单中选择“动作路径”命令，然后再选择一种预定义的动作路径，如“对角线向右上”或“对角线向右下”。如果不喜欢系统预置的 6 种动作路径，还可以选择“更多动作路径”命令，打开“添加动作路径”对话框。选中“预览效果”复选框，然后选择不同的路径效果进行预览，直到找到满意的动作路径后，单击“确定”按钮退出。

❖ 添加动画的强调效果

为了突出显示幻灯片中的某个内容，可为其添加强调动画，简单来说，就是为幻灯片上已经显示的文本或对象添加动画效果，起到强调作用。具体方法如下：在幻灯片中，选择需要设置强调动画的文本对象，在“自定义动画”任务窗格中单击“添加效果”按钮，在下拉列表中选择“强调”选项，然后再选择一种预定义的强调效果，如“陀螺旋”效果，则在文本对象旁边将出现数字 1，表示添加了 1 个动画效果。

任务 8　幻灯片放映和打印

子任务 1　设置放映方式、放映时间

【相应知识点】

1. 设置放映方式

选择“幻灯片放映”→“设置放映方式”命令，打开“设置放映方式”对话框，如图 6-91 所示。用户可以在该对话框中选择放映的类型和需要放映的幻灯片。

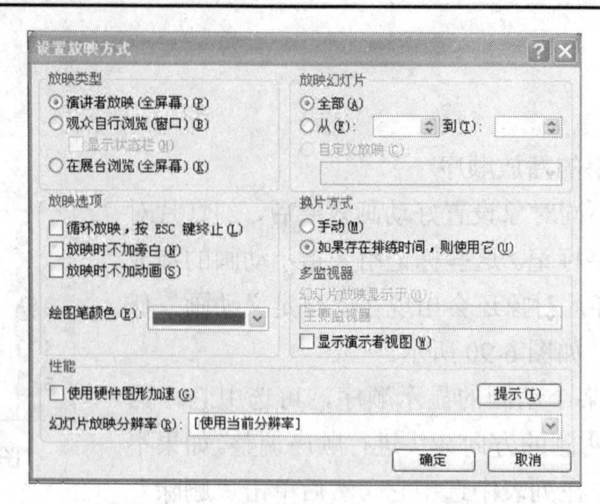

图 6-91 “设置放映方式”对话框

（1）演讲者放映

“演讲者放映（全屏幕）”是常规的放映方式。放映过程中，可以人工控制幻灯片的放映进度和动画出现效果。

（2）观众自行浏览

如果演示文稿在小范围内放映，同时又允许观众动手操作，可以选择“观众自行浏览（窗口）”方式。在这种放映方式下，演示文稿将出现在一个小窗口内，并提供在放映时移动、编辑、复制和打印幻灯片的命令，移动滚动条可以从一张幻灯片移到另一张幻灯片。

（3）在展台浏览

如果演示文稿在展台、摊位等无人看管的地方放映，可以选择“在展台浏览(全屏幕)”方式。该放映方式下，大多数菜单命令将不可使用，并且在每次放映完毕后，如 5 分钟观众没有进行干预，幻灯片会自动重新播放。当选中“在展台浏览（全屏幕）”复选框时，系统会自动选中“循环放映，按 Esc 键停止”的复选框。

【提示】可以在“设置放映方式”对话框的“放映幻灯片”栏中输入幻灯片的编号，以放映演示文稿中的部分幻灯片。

2. 设置放映时间

选择“幻灯片放映”→“排练计时”命令，PPT 即可开始放映，同时左上角会出现一个计时器，如图 6-66 所示。计时器会自动记录每一页的放映时间，全部放映完后，会弹出一个提示对话框，如图 6-67 所示，提醒用户 幻灯片放映共需要多少时间，以及是否保留新的排练时间，单击“是”按钮退出即可。

图 6-66 计时器

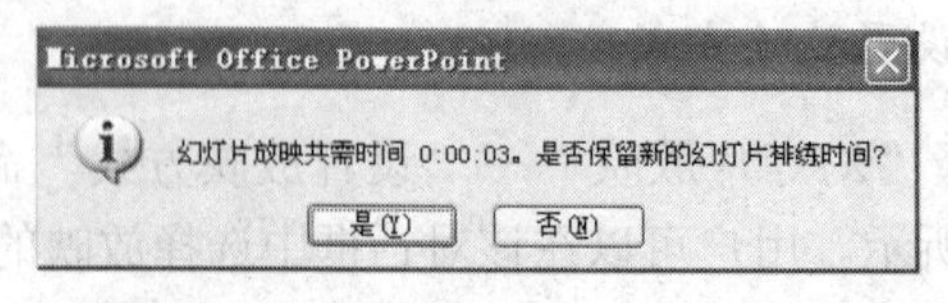

图 6-67 “幻灯片放映时间”对话框

【提示】在“设置放映方式”对话框的“换片方式”栏中，可选中“如果存在排练时间，则使用它”单选按钮，这样，在放映时就会按照用户排练时设定的时间依次放映每一页。

子任务 2　演示文稿的播放

编辑完演示文稿后，需要通过放映来观看演示效果。

【相应知识点】

1. 演示文稿的放映

演示文稿放映的方法有如下 3 种。

（1）单击演示文稿窗口左下角的“幻灯片放映”视图按钮。

（2）选择“幻灯片放映”→“观看放映”命令。

（3）选择“视图”→“幻灯片放映”命令。

2. 用“显示”命令放映

在“我的电脑”或“资源管理器”中找到保存为.ppt 格式的演示文稿，右击该文件，在弹出的快捷菜单中选择“显示”命令，如图 6-68 所示，也可进行幻灯片的放映。

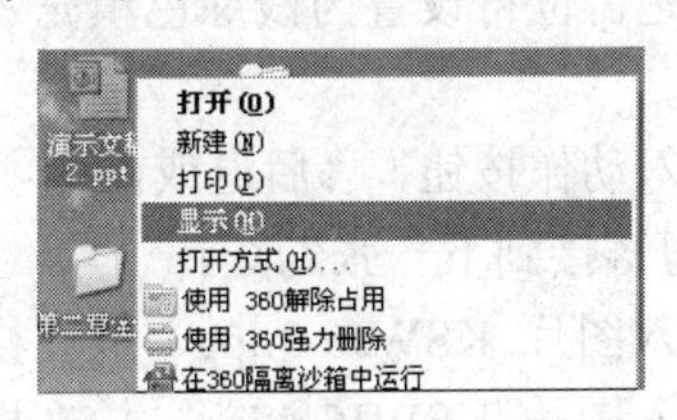

图 6-68　快捷菜单中“显示”命令

3. 设置自动放映模式

打开演示文稿，选择“文件”→“另存为”命令，弹出“另存为”对话框，在“保存类型”下拉列表框中选择“PowerPoint 放映（.pps）”选项，单击“确定”按钮，就可以将演示文稿保存为自动放映类型。此后，双击该文件即可放映演示文稿。

子任务 3　演示文稿的打印

【相应知识点】

单击“文件”→“打印”命令，打开“打印”对话框，如图 6-69 所示，在此可进行各类打印参数的设置。

按“讲义”打印演示文稿的操作方法如下：在“打印内容”下拉列表框中选择“讲义”选项，在“讲义”栏的“每页幻灯片数”数值框中选择一页 A4 纸上所要显示的幻灯片数量。选择“水平”或“垂直”排列顺序。进行其他设置后，单击“确定”按钮开始打印。

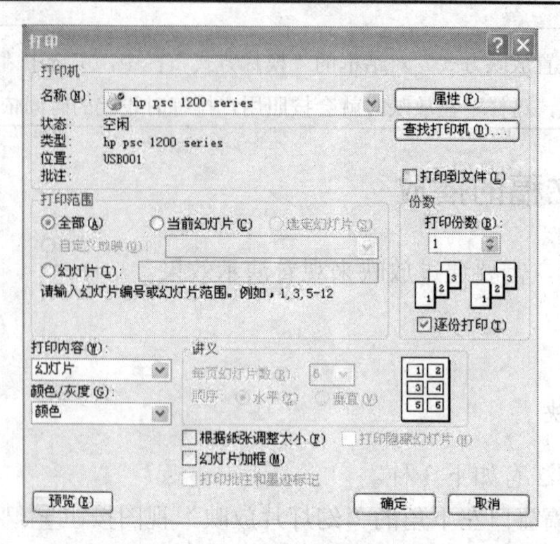

图 6-69 “打印”对话框

【实操训练 1】

打开文档 scxl6-1.ppt，并按照【样例 XL6-1】，完成如下操作。

（1）将所有幻灯片应用设计模板 watermark.pot。

（2）将第 1 张幻灯片中标题占位符设置为浅绿色填充效果；将文本“动物世界”设置为加粗、倾斜、蓝色。

（3）在第 2 张幻灯片中插入动作按钮，“后退或前一项”动作按钮链接到前一张幻灯片，“前进或下一项”动作按钮链接到下一张幻灯片。

（4）在第 3 张幻灯片中插入图片 KSWJ6-3.jpg，放在样例中指定的位置。

（5）在第 4 张幻灯片中插入图片 KSWJ6-4.jpg，放在样例中指定的位置。

（6）在第 1 张幻灯片中插入声音文件 KSWJ6-2.mid，循环播放。

（7）设置全部幻灯片的切换效果为盒装展开，速度为慢速，换页方式为单击鼠标换页。

（8）设置第 3 张和第 4 张幻灯片中的图片动画效果为飞入，声音为风铃，单击鼠标启动动画效果。

【实操训练 2】

打开文档 scxl6-2.ppt，并按照【样例 XL6-2】，完成如下操作。

（1）将所有幻灯片应用设计模板 Network.pot。

（2）将第 1 张幻灯片中标题字体设置为隶书，70 磅，红色。

（3）将第 1 张幻灯片的副标题“旅游景点-五大道”设置艺术字的字库为第 2 行第 1 列样式，字体为隶书，字号为 40，形状为波形 1，填充颜色为深蓝色，线条色为红色。

（4）将所有幻灯片的页脚设置为“旅游网”。

（5）在第 2 张幻灯片中插入组织结构图。

（6）在所有幻灯片中插入动作按钮，“后退或前一项”动作按钮链接到前一张幻灯片，

“前进或下一项”动作按钮链接到下一张幻灯片。

（7）设置全部幻灯片切换效果为中央向上下展开，速度为慢速，声音为爆炸，换页方式为单击鼠标换页。

（8）设置第 1 张幻灯片中的标题文本动画效果为回旋，按字母发送，声音为激光，单击鼠标启动动画效果。

（9）设置第 3 张幻灯片中的标题和正文文本动画效果为从右侧飞入，按字母发送，声音为打字机，在前一事件后 1 秒启动动画效果。

【实操训练 3】

打开文档 scxl6-3.ppt，并按照【样例 XL6-3】，完成如下操作。

（1）将第 1 张幻灯片的背景填充图片 KSWJ6-5.jpg。

（2）将第 1 张幻灯片标题的字体设置为隶书，字号为 80，字体颜色为红色。

（3）将第 1 张幻灯片中标题下面的文本的字体颜色设置为蓝色。

（4）在第 1 张幻灯片后插入摘要幻灯片，并将摘要幻灯片中的文本与相应的幻灯片建立超链接。

（5）将第 2 张幻灯片的背景填充为图片 KSWJ6-6.jpg；将第 2 张幻灯片的标题文字设置为华文行楷，字号为 45，字体颜色为蓝色。

（6）将第 3～6 张幻灯片的背景填充为图片 KSWJ6-7.jpg。

（7）在第 1 张幻灯片中插入声音文件 KSWJ6-3.mid，循环播放。

（8）在第 3 张幻灯片中插入动作按钮，“后退或前一项”动作按钮链接到上一张幻灯片，“前进或下一项”动作按钮链接到下一张幻灯片。

（9）在第 5 张幻灯片中插入 5 行 6 列表格，并输入表格内容。

（10）设置全部幻灯片切换效果为左右向中央收缩，速度为慢速，声音为鼓掌，循环播放到下一声音开始时，换页方式为单击鼠标换页。

（11）设置第 1 张张幻灯片中的标题文本动画效果为菱形，方向为内，声音为抽气，单击鼠标启动动画效果。

（12）设置第 3～4 张幻灯片中文本的动画效果为弹跳，按字母发送，声音为打字机，在前一事件后 1 秒启动动画效果。

【实操训练 4】

打开文档 scxl6-4.ppt，并按照【样例 XL6-4】，完成如下操作。

（1）设置第 1 张幻灯片文本占位符中内容的项目符号 ⌘，大小为文本的 120%，颜色为桔黄色。

（2）设置第 3 张幻灯片表格的外边框线为 3 磅的蓝色实线，内边框为 3 磅的绿色虚线。

（3）将第 4 张幻灯片图表边框线设置为 5.13 磅的红颜色。

（4）在第 2 张幻灯片中插入动作按钮，其中，“第一张”动作按钮用于链接到第 1 张幻灯片，“前进或下一项”动作按钮用于链接到下一张幻灯片。

（5）在幻灯片母版中使用“配色方案”，将整个演示文稿的标题文本样式设置为隶书，字号 35，红色。

（6）设置全部幻灯片的切换效果为随机水平线条，速度为慢速，声音为爆炸，换页方式为单击鼠标换页。

（7）将所有幻灯片中标题的动画效果设置为从右侧飞入，按字母发送，声音为激光，单击鼠标启动动画效果。

（8）设置第 5 张幻灯片中的组织结构图动画效果为从右侧飞入，声音为鼓掌，在前一事件后 1 秒启动动画效果。

【实操训练 5】

打开文档 scxl6-5.ppt，并按照【样例 XL6-5】，完成如下操作。

（1）将第 1 张幻灯片的标题字体设置为黑体，48 磅，蓝色。

（2）在第 1 张幻灯片中添加批注“制作人：李开”。

（3）将第 2 张幻灯片的标题设置为艺术字，并设置艺术字的字体为黑体，字号为 44，形状为右牛角形，填充颜色为黄色，线条色为绿色。

（4）在幻灯片母版中使用“配色方案”，将整个演示文稿的文本和线条设置为红色。

（5）在除第 1 张幻灯片之外的其他幻灯片中插入动作按钮，其中，“后退或前一项”动作按钮用于链接到上一张幻灯片，“前进或下一项”动作按钮用于链接到下一张幻灯片。

（6）在第 1 张幻灯片中插入声音文件 KSWJ6-4.mid，循环播放。

（7）设置全部幻灯片的切换效果为随机，速度为慢速，声音为风铃，换页方式为单击鼠标换页。

（8）设置所有幻灯片中的标题文本动画效果为玩具风车，按字母发送，声音为疾驰，单击鼠标启动动画效果。

【样例 XL6-1】

斑马

斑马为非洲特产。南非洲产山斑马，除腹部外，全身密布较宽的黑条纹，雄体喉部有垂肉。非洲东部、中部和南部产普通斑马，由腿至蹄具条纹或腿部无条纹。

老虎

老虎（tiger），猫科动物，也是亚洲陆地上最强大的食肉动物之一，是当今亚洲现存的处于食物链顶端的食肉动物之一，老虎拥有猫科动物中最长的犬齿、最大号的爪子，集速度力量敏捷于一身，前肢一次挥击力量达1000kg，爪刺入深度达11厘米，一次跳跃平均可达6米，擅长捕食。

猫

猫头圆、颜面部短。前肢五指，后肢四趾，趾端具锐利而弯曲的爪，爪能伸缩。趾行性。以伏击的方式猎捕其它动物，大多能攀缘上树。猫的趾底有脂肪质肉垫捕鼠时不会惊跑鼠，猫在休息和行走时爪缩进去，捕鼠时伸出来，以免在行走时发出声响，防止爪被磨钝。

【样例 XL6-2】

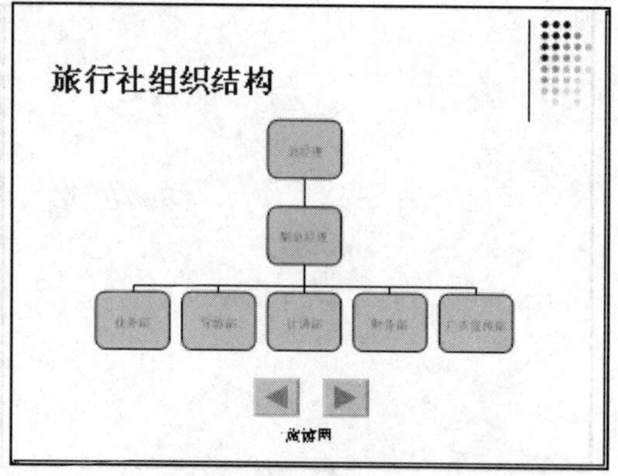

五大道简介

- "五大道"地区是天津名居名宅最为集中的地区，游览"五大道"，看看天津的"小洋楼"，实际上是漫步在建筑艺术长廊上的一次趣味旅行。这里被誉为"万国建筑博览会"，因小洋楼多、保存完整、建筑风格多样以及体现出的中西文化的冲突、交融而著名，这些风貌建筑从建筑形式上丰富多彩，有文艺复兴式、希腊式、哥特式、浪漫主义、折衷主义以及中西合璧式等，构成了一种凝固的艺术。

【样例 XL6-3】

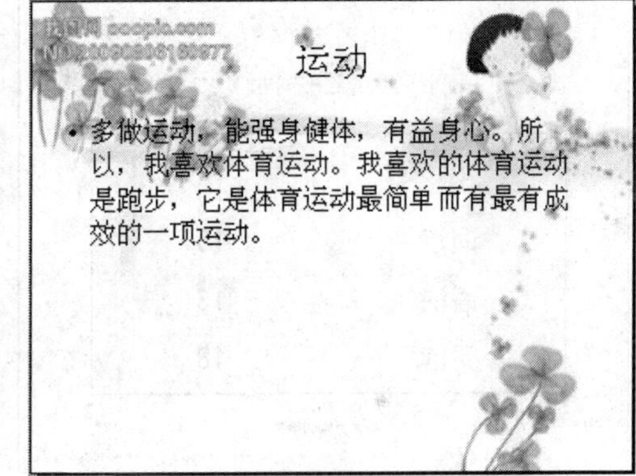

	一	二	三	四	五
1	数学	英语	数学	体育	语文
2	专业课	语文	专业课	英语	数学
3	音乐	数学	美术	数学	自习
4	劳动	自习		自习	班会

【样例 XL6-4】

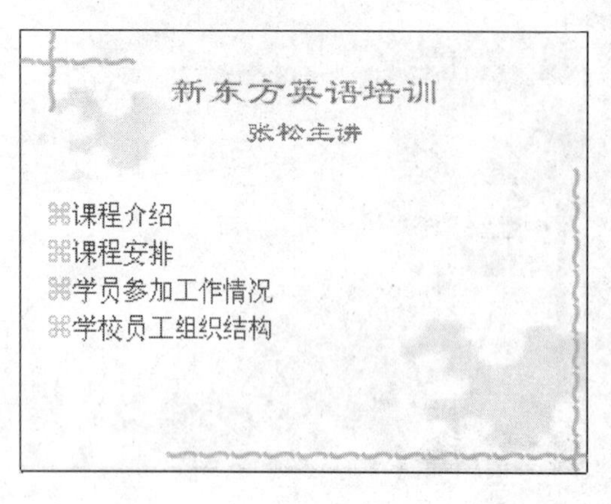
新东方英语培训
张松主讲
课程介绍
课程安排
学员参加工作情况
学校员工组织结构

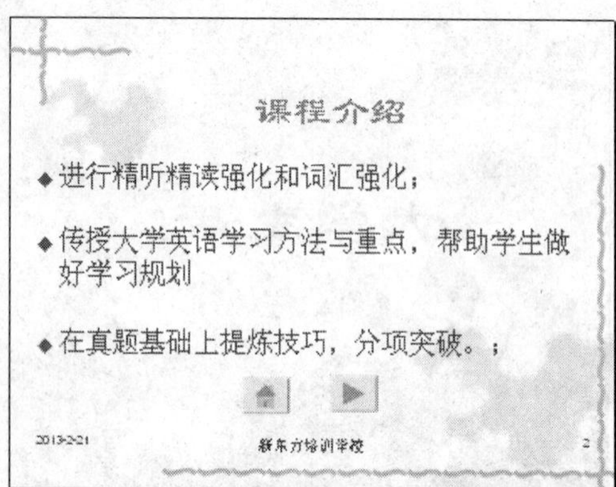
课程介绍
进行精听精读强化和词汇强化；
传授大学英语学习方法与重点，帮助学生做好学习规划
在真题基础上提炼技巧，分项突破。；
2013-2-21
新东方培训学校
2

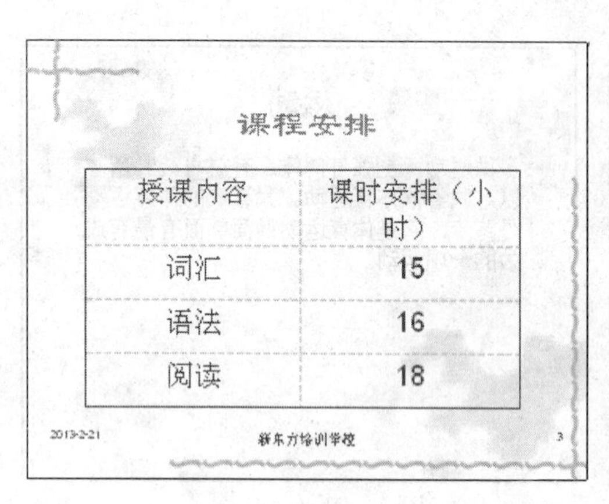
课程安排
授课内容
课时安排（小时）
词汇
15
语法
16
阅读
18
2013-2-21
新东方培训学校
3

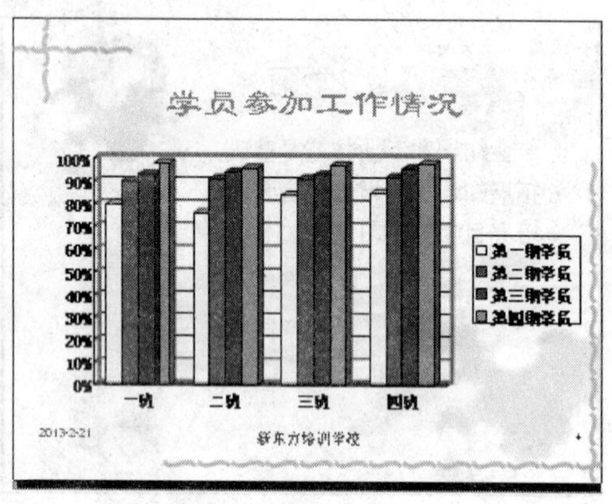
学员参加工作情况
100%
90%
80%
70%
60%
50%
40%
30%
20%
10%
0%
一班
二班
三班
四班
第一期学员
第二期学员
第三期学员
第四期学员
2013-2-21
新东方培训学校

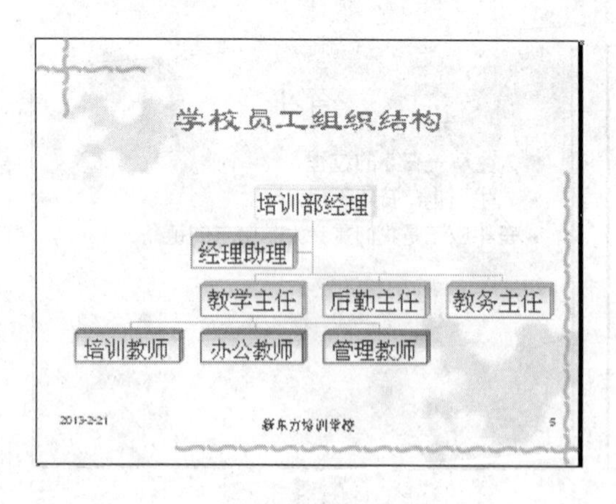
学校员工组织结构
培训部经理
经理助理
教学主任
后勤主任
教务主任
培训教师
办公教师
管理教师
2013-2-21
新东方培训学校
5

【样例 XL6-5】

我国女航天员

中国新闻网　微软系统1

我国首批女航天员

- 中国首批22名女战斗机飞行学员7月5日在沈空某飞行学院正式开训。
- 　　这批女飞行学员，不仅将成为国家首批战斗机女飞行员，还将产生我国首批女航天员。

我国首批女航天员

我军第八批女飞行员在完成50多天的座舱实习、飞行模拟训练等6项内容的地面准备后，19日7时在空军某飞行学院首次驾机飞上蓝天。

中国第二批航天员

- 我国第二批航天员选拔工作日前结束，共选出5名男航天员、2名女航天员。5月7日，总装备部在北京航天城举行第二批航天员宣布命令大会，7名航天员成为我国航天员队伍新成员。

第7章

办公软件的联合应用

办公软件的联合应用是指Word、Excel、PowerPoint之间的联合操作。

学习目标：

- ❖ 掌握Word、Excel、PowerPoint等办公软件的联合应用；能实现不同软件之间的信息共享；能使用外部文件和数据；办公事务处理的程序化运行（宏的综合应用）。
- ❖ 了解在Word文档中发送邮件、插入水印、设置大纲级别和生成目录，利用快捷键录制宏等内容。

重点难点：

- ❖ 利用文档大纲创建演示文稿；在演示文稿中插入文档或文档表格；在演示文稿中插入数据表格或图表；在文档中插入声音和视频文件；各种办公软件中转换文件格式；在文档中录制、编辑、修改、复制、删除和运行宏。

任务1　Word与其他应用软件的联合操作

子任务1　使用宏提高编辑效率

【相应知识点】

使用Word进行文档编辑与处理时，有些操作需要反复进行，既费时又单调，这时就可以用宏来进行这一系列重复而复杂的Word操作。

准确地说，宏就是一系列组合在一起的Word命令和指令，是一个批处理程序命令，用以实现任务的自动化（宏实际上是一条自定义的命令）。宏通过录制、编辑后，可以自动完成修改、复制、删除等任务，正确地运用宏可以提高工作效率。

1. 在文档中录制、编辑、修改、复制、删除和运行宏

Word 提供了两种方法来创建宏：宏录制器和 Visual Basic 编辑器，本节主要介绍使用宏录制器创建宏的方法。

将光标定位在文档中，选择“工具”→“宏”命令，展开“宏”子菜单，如图 7-1 所示，其中各项命令的含义如下。

- 宏：用于打开如图 7-2 所示的“宏”对话框，在此可以创建、编辑、修改、删除和运行一个宏。
- 录制新宏：录制宏和停止宏操作。
- 安全性：安全级和可靠发行商。
- Visual Basic 编辑器：进行代码编辑。

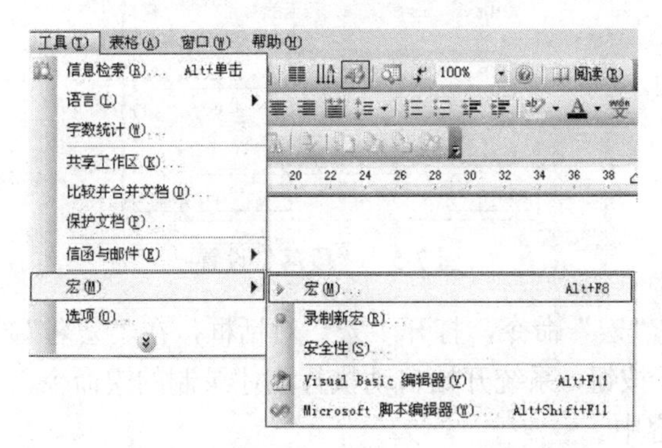

图 7-1　选择“工具”→“宏”命令

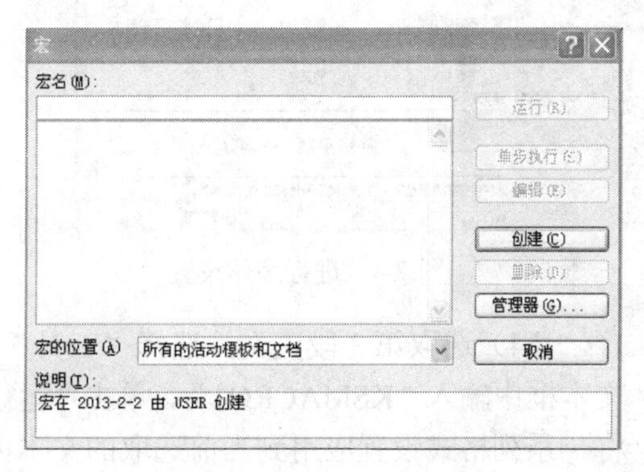

图 7-2　“宏”对话框

【实操案例】

【案例 7-1】打开文档 YL7-1.doc，按照【样例 7-1】以 KSMACRO1 为宏名录制宏，将宏保存在当前文档中。格式要求：设置字体格式为宋体，字形为加粗，字号为四号，字体颜色为红色，行距为 1.5 倍行距，并应用于第 3 段中。

操作步骤如下：

（1）打开 YL7-1.doc 文档，将光标定位在文档第 3 段中，选择“工具”→“宏”→“录制新宏”命令，打开“录制宏”对话框，在“宏名”文本框中输入“KSMACRO1”，在“将宏保存在”下拉列表框中选择“YL7-1.doc（文档）”选项，单击“确定”按钮，如图 7-3 所示。

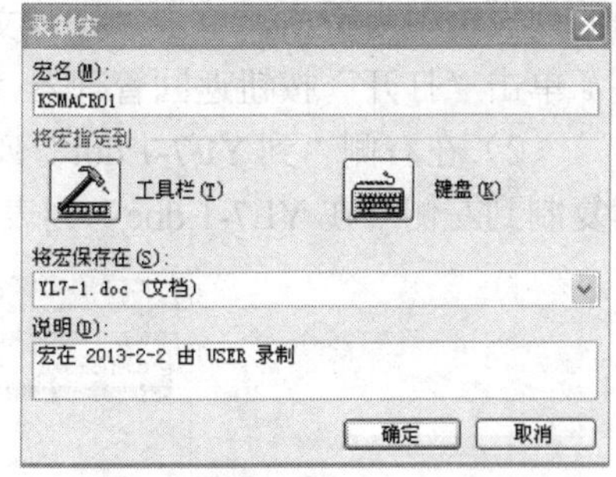

图 7-3　“录制宏”对话框

【提示】宏名最多为 256 个字符，可用的字符包括字母、数字和下划线，但必须以字母开始，宏的名称中不能有空格（通常用下划线代表空格）。

（2）文档中出现“录制宏”工具栏，表示现在开始录制宏。选择“格式”→“字

体”命令，打开“字体”对话框，设置“中文字体”为“宋体”，“字形”为“加粗”，“字号”为“四号”，“颜色”为“红色”，如图 7-4 所示，然后单击“确定”按钮退出。

（3）选择“格式”→“段落”命令，打开“段落”对话框，选择“缩进和间距”选项卡，在“间距”栏中设置“行距”为“1.5 倍行距”，如图 7-5 所示，然后单击“确定”按钮退出。单击“录制宏”工具栏，停止宏的录制。

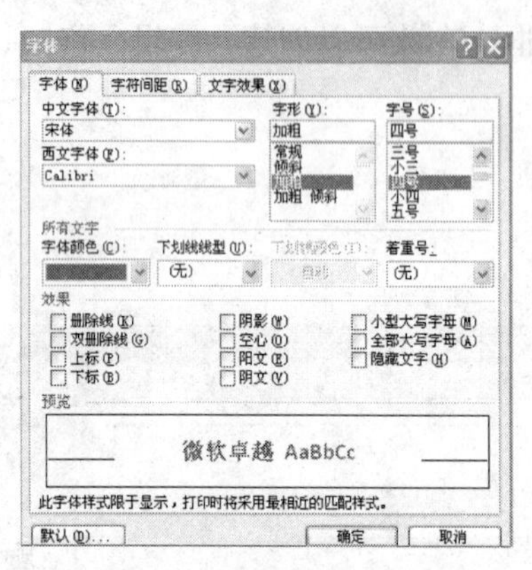

图 7-4　进行字体设置

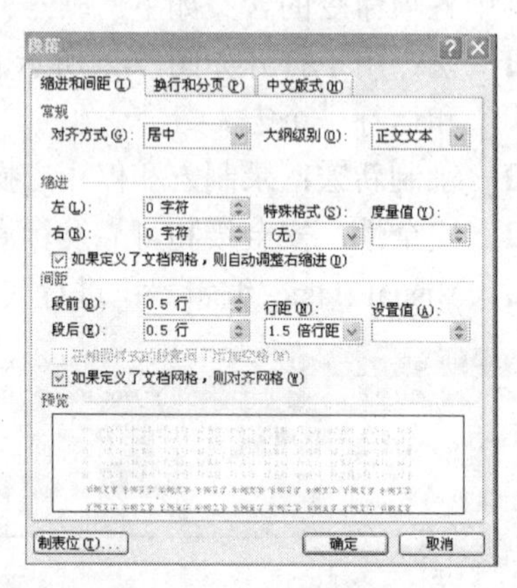

图 7-5　“段落”设置

（4）选取第 3 段正文，选择“工具”→“宏”命令，打开“宏”对话框，在“宏名”文本框中输入“KSMACRO1”，单击“运行”按钮，系统开始自动执行刚才录制的宏命令，将一系列格式设置应用到当前选取的文本内容中。

【案例 7-2】打开文档 YL7-1.doc，按照【样例 7-1】将 YL7-1.dot 模板文件中的宏方案 NewMacros 复制到当前 YL7-1.doc 文档中，并将宏 KSMACRO2 应用在第 4 段。

操作步骤如下：

（1）打开 YL7-1.doc 文档，选择“工具”→“宏”→“宏”命令，在“宏”对话框中单击“管理器”按钮，打开“管理器”对话框，单击右下方的“关闭文件”按钮，此时右侧的列表框中为空白，单击“打开文件”按钮，在“查找范围”列表中找到 YL7-1.dot 文件，单击“打开”按钮返回管理器，此时右侧列表框中将多出一个 NewMacros 选项。

（2）在右侧“到 YL7-1.dot”列表框中选择 NewMacros 选项，单击“复制”按钮，将其复制到左侧“在 YL7-1.doc”列表框中，如图 7-6 所示。然后关闭管理器退出。

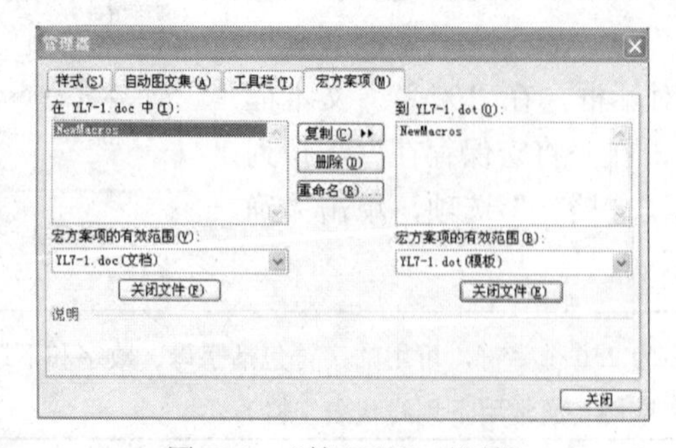

图 7-6　“管理器”对话框

【提示】 如果左侧列表框中已经包含有 NewMacros 选项，则应先选中它，单击“删除”按钮将其删除，然后再添加右侧模板中的宏。

（3）选取第 4 段正文，选择“工具”→“宏”→“宏”命令，打开“宏”对话框，在“宏名”文本框中输入“KSMACRO2”，单击“运行”按钮，系统将自动执行刚才录制的宏命令，将一系列格式设置应用到当前选取的文本内容中。

【样例 7-1】

假如没有灰尘

灰尘是人人讨厌的东西，它有碍环境卫生，危害人类健康。因此，古往今来，人们总是“时时勤拂拭，勿使染尘埃”。然而你可曾想到，人类的生息离不开灰尘。

假如自然界真的同有灰尘，我们将面临怎样的情形呢？

灰尘颗粒的直径一般在万分之一到百万分之一毫米之间。人眼能看到的灰尘，是灰尘是的庞然大物，细小的灰尘只有在高倍显微镜下才能看见。灰尘的主要来源是土壤和岩石。它们经过风化作用后，分裂成细小的颗粒。这些颗粒和其他有机物颗粒一起在空中飘浮。

灰尘在吸收太阳部分光线的同时向四周反射光线，如同无数个点光源。阳光经过灰尘的反射，强度大大削弱，因而变得柔和。假如大气中没有灰尘，强烈的阳光将使人无法睁开眼睛。

有趣的是，灰尘还有个“怪脾气”，容易反射光波较短的紫、蓝、青三色光，而“喜欢”吸收光波较长的其他色光。由于下层大气中的灰尘含量较高，我们在地面上看到的天空才是蔚蓝色的，假如大气中没有灰尘，天空将变成白茫茫的一片。

灰尘大多具有吸湿性能。空气中的水蒸气必须依附在灰尘上，才能凝结成小水滴。这样，当空气中的水蒸气达到饱和时，分散的水汽便依附着灰尘而形成稳定的水滴，可以在空中长时间地漂浮。假如空中没有灰尘，地面上的万物都将是湿漉漉的。更严重的是，天空不可能有云雾，也不可能形成雨、雪来调节气候，从地面上蒸发到上空的水也就不可能再回到地面上来。假如地球上的水越来越少，最后完全干涸，生物就不能生存。此外，由于这些小水滴对阳光的折射作用，才会有晚霞朝晖、闲云迷雾、彩虹日晕等气象万千的自然景色。假如空中没有灰尘，大自然将多么单调啊！

【知识拓展】

❖ 利用快捷键运行录制的宏

打开一个 Word 文档，选择“工具”→“宏”→“录制新宏”命令，打开“录制宏”对话框，单击“键盘”按钮，打开“自定义键盘”对话框，在“请按新快捷键”文本框内输入想设定的快捷键，如 Ctrl+1 键，再单击“指定”按钮及“关闭”按钮，即可开始录制宏。对当前打开文档中的文本进行各种格式设置，设置完毕后单击“录制宏”工具栏上的“停止录制”按钮，可停止宏录制。此时，如果打开另一篇 Word 文档，并按下快捷键 Ctrl+I，将开始自动执行刚才录制的宏，对当前选取内容进行同样的格式设置。

【提示】快捷键为组合键，在“+”号后面必须是字母。

【注意】宏录制时，可接受所有的键盘命令，但只接受部分鼠标操作（如选择菜单和对话框）。移动选择文本时必须使用键盘；不记录退格键删除的文本。一般在录制前先选择对象。

子任务 2 在文档中插入对象

【相应知识点】

文档中除可以直接插入图片之外，还可以添加外部文件中的声音、视频、演示文稿等对象。添加后，文档上会出现相应的图标，用户单击图标即可播放指定的声音、视频、演示文稿等，给人一种既能读其文，又可听其声的美妙感觉，使文档的效果更加震撼。

例如，要在文档中插入一个 PPT 演示文稿，可进行如下操作：定位插入点到文档中，选择“插入”→“对象”命令，打开“对象”对话框，如图 7-7 所示。选择“由文件创建”选项卡，单击“浏览”按钮，找到要插入的演示文稿，单击“插入”按钮返回，再单击“确定”按钮退出，即可将演示文稿文件插入当前文档中，如图 7-8 所示。此时，双击演示文稿，幻灯片即可进行自动放映。

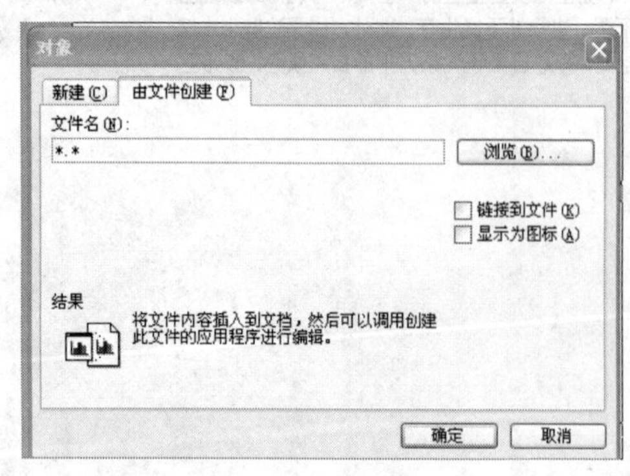

图 7-7 “对象”对话框

图 7-8 插入对象后

如果在“对象”对话框中选中“显示为图标”复选框，可将所插入的对象以图标的形式插入到当前文档中。

文档中，可以插入的对象类型如图 7-9 所示。

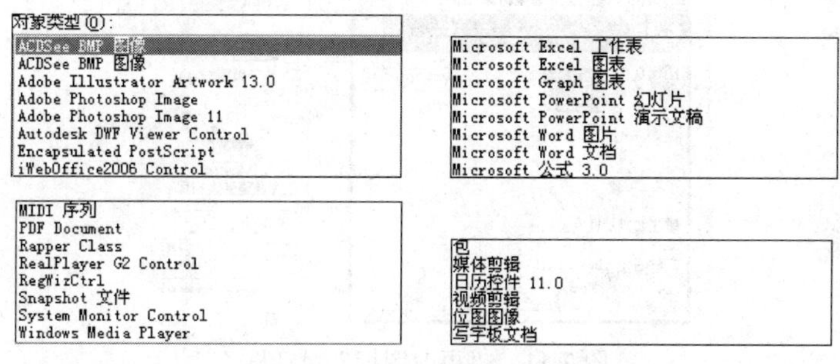

图 7-9　文档中可以插入的类型

【实操案例】

【案例 7-3】打开文档 YL7-2.doc，按【样例 7-2】，在文件的末尾处插入声音文件 YL7-2.mid，替换图标为 YL7-2.ICO，设置对象格式为高 3 厘米，宽 4 厘米，浮于文字上方，激活插入到文档中的声音对象。

操作步骤如下：

（1）打开文档 YL7-2.doc，将光标定位在文件末尾，选择“插入”→“对象”命令，打开“对象”对话框，选择“由文件创建”选项卡，单击“浏览”按钮，打开“浏览”对话框，在“查找范围”中选择声音文件 YL7-2.mid，单击“插入”按钮，如图 7-10 所示。

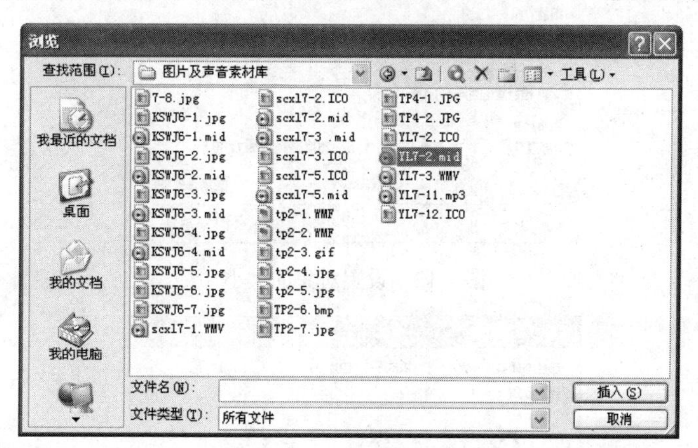

图 7-10　“浏览”对话框

（2）返回到“对象”对话框，选中“显示为图标”复选框，单击“更改图标”按钮，打开“更改图标”对话框。单击“浏览”按钮，打开“浏览”对话框，在“文件类型”下拉框中选择“图标文件(*.ICO)”类型文件，选择 YL7-2.ICO 文件，单击“打开”按钮，返回到“更改图标”对话框，在“题注”文本框中输入“YL-2.mid”，如图 7-11 所示，然后单击“确定”按钮退出。此时，在文档下面显示了声音图标。

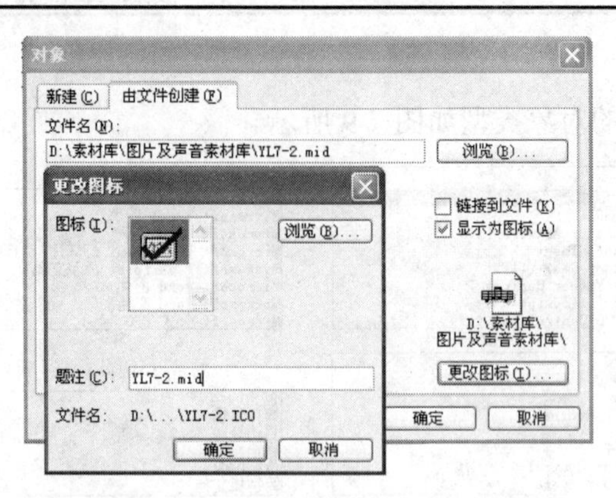

图 7-11 “更改图标”对话框

（3）右击声音图标，在弹出的快捷菜单中选择“设置对象格式”命令，打开“设置对象格式”对话框。选择“大小”选项卡，取消选中“锁定纵横比”复选框，在“尺寸和旋转”栏设置“高度”为“3 厘米”，“宽度”为“4 厘米”，如图 7-12 所示；选择“版式”选项卡，在“环绕方式”栏选择“浮于文字上方”，单击“确定”按钮，如图 7-13 所示。

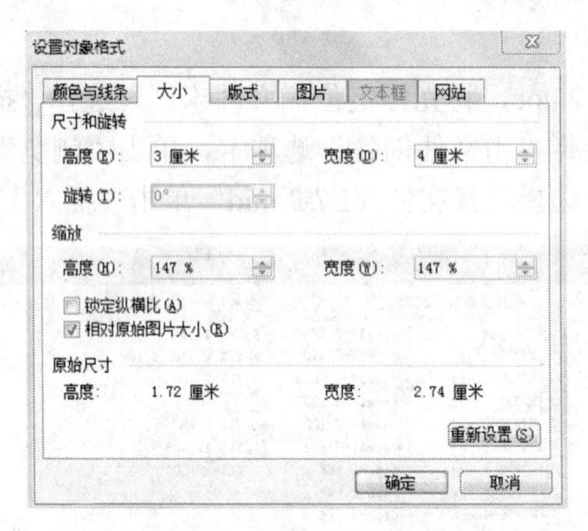

图 7-12 设置对象的大小

图 7-13 设置对象版式

（4）返回文档，双击插入的声音图标，即可打开声音播放软件，说明对象已经被激活，关闭退出即可。

【样例 7-2】

我爱这土地有感

学习真是一件快乐的事情，我时时彷徨是如何走到 25 岁的，为何我到现在才感悟到学习的重要性，挖掘到学习的乐趣。我感伤那流逝的年华，在今后的日子里，我要紧握手中那寸寸光阴，不再让它轻易逃跑。在品读那一篇篇真挚感人的文章，我的心也在字里行间游走，我的灵魂为之一震，真真切切地感受到作家、诗人手中的不是笔，留下的不是那书本上冰冷的文字，而是他们内心的直泄、情感的真实告白。

《我爱这土地》让我读懂了深藏艾青心中那份对祖国的爱是如此深沉，那份真挚的情感让我感同身受，好像我就是艾青。或许我贫瘠的语言难以表达我内心热切的想法，可我要说的这就是语言的魅力，诗人的语言魅力。这种魅力像一块巨大的磁石，深深地牵动着我全身的神经末梢，让我忍不住浅吟低唱，让我忍不住忘情地朗诵，更让我忍不住泪眼婆娑。

这真挚的情啊！为何我手中的笔表达不出我内心沸腾不止的万千思绪呢？我也许成不了作家、诗人，可我愿意成为他们忠实的读者，与他们通过文本进行情感的交流，通过我的声音、他们的文字来宣泄我那心中无法表达的思绪，是他们让我有机会看到自己想说的话，想表达的情在他们手中变成真挚的文字让世人阅读。我真想能和他们一样能透过文字让别人看到一个真实的自己。是他们让我爱上了阅读，爱上了写作，感受到华夏文字的魅力，让我热切地爱上了中国文字，心中从未有如此强烈的感觉，那对语言的热爱。于是我疯狂地书写着，贪婪地汲取着中国博大精深的文化，放声地歌唱着那一页页发自内心感人肺腑的文字。

我的心，哦！我那贫乏的语言，让我痛苦，让我压抑，让我不知如何去表达、释放心中所想、所思。我那禁锢的笔如何才能毫无保留地释放我的思想，我的呐喊？我真的想喊，我真的想唱，我真的想写……我那草草而过的年华，我那碌碌无为的时光。现在你该觉醒了吧！你的心、你的灵魂都在喊：我们找到了归宿—阅读！忘情地读，忘情地写吧！你一定会冲破那天资愚笨的笼子，不是有说笨鸟先飞，勤能补拙嘛！以前总是为了学习而去学习，现在我真切地感受到是为了兴趣，为了需要而去学习，就像吃饭、睡觉一样的简单自然。

YL7-2.mid

【案例 7-4】打开文档 YL7-3.doc，按照【样例 7-3】在当前文档中第二自然段末尾插入视频文件 YL7-3.WMV，设置对象格式为高 3 厘米，宽 5 厘米，版式为四周型。

操作步骤如下：

（1）打开文档 YL7-3.doc，将光标定位在文档中第二自然段末尾，选择“插入”→“对象”命令，打开“对象”对话框。选择“由文件创建”选项卡，单击“浏览”按钮，打开“浏览”对话框，在“查找范围”中选择视频文件 YL7-3.WMV，单击“插入”按钮，返回到“对象”对话框，选中“显示为图标”复选框，单击“确定”按钮。此时在文档下面显示视频图标。

（2）右击插入的视频图标，在弹出的快捷菜单中选择“设置对象格式”命令，打开“设置对象格式”对话框。选择“大小”选项卡，在取消选中“锁定纵横比”复选框，在“尺寸和旋转”栏设置“高度”为“3 厘米”，“宽度”为“5 厘米”；选择“版式”选项卡，在“环绕方式”栏选择“四周型”，单击“确定”按钮退出。

【样例 7-3】

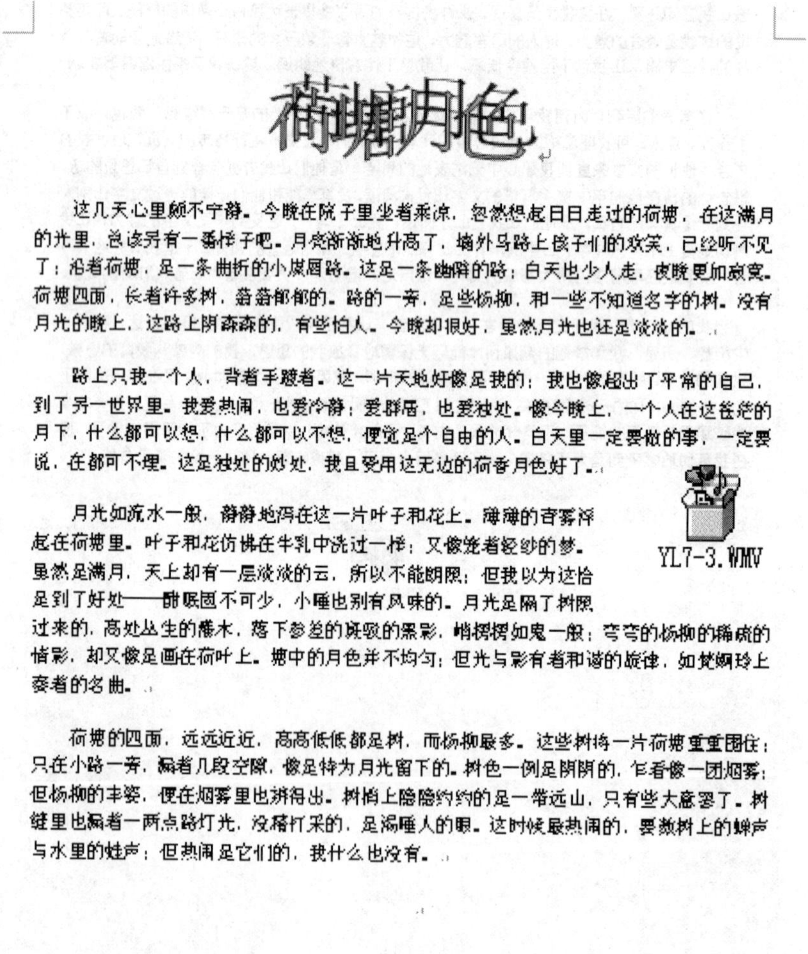

荷塘月色

这几天心里颇不宁静。今晚在院子里坐着乘凉，忽然想起日日走过的荷塘，在这满月的光里，总该另有一番样子吧。月亮渐渐地升高了，墙外马路上孩子们的欢笑，已经听不见了；沿着荷塘，是一条曲折的小煤屑路。这是一条幽僻的路；白天也少人走，夜晚更加寂寞。荷塘四面，长着许多树，蓊蓊郁郁的。路的一旁，是些杨柳，和一些不知道名字的树。没有月光的晚上，这路上阴森森的，有些怕人。今晚却很好，虽然月光也还是淡淡的。

路上只我一个人，背着手踱着。这一片天地好像是我的；我也像超出了平常的自己，到了另一世界里。我爱热闹，也爱冷静；爱群居，也爱独处。像今晚上，一个人在这苍茫的月下，什么都可以想，什么都可以不想，便觉是个自由的人。白天里一定要做的事，一定要说，在都可不理。这是独处的妙处，我且受用这无边的荷香月色好了。

YL7-3.WMV

月光如流水一般，静静地泻在这一片叶子和花上。薄薄的青雾浮起在荷塘里。叶子和花仿佛在牛乳中洗过一样；又像笼着轻纱的梦。虽然是满月，天上却有一层淡淡的云，所以不能朗照；但我以为这恰是到了好处——酣眠固不可少，小睡也别有风味的。月光是隔了树照过来的，高处丛生的灌木，落下参差的斑驳的黑影，峭楞楞如鬼一般；弯弯的杨柳的稀疏的倩影，却又像是画在荷叶上。塘中的月色并不均匀；但光与影有着和谐的旋律，如梵婀玲上奏着的名曲。

荷塘的四面，远远近近，高高低低都是树，而杨柳最多。这些树将一片荷塘重重围住；只在小路一旁，漏着几段空隙，像是特为月光留下的。树色一例是阴阴的，乍看像一团烟雾；但杨柳的丰姿，便在烟雾里也辨得出。树梢上隐隐约约的是一带远山，只有些大意罢了。树缝里也漏着一两点路灯光，没精打采的，是渴睡人的眼。这时候最热闹的，要数树上的蝉声与水里的蛙声；但热闹是它们的，我什么也没有。

【案例 7-5】打开文档 YL7-4.doc，按照【样例 7-4】将演示文稿 YL7-4.ppt 插入 YL7-4.doc 文档的“课程介绍”文本后面，对象格式为高度 2 厘米，宽度 4 厘米，浮于文字上方。

操作步骤如下：

（1）打开文档 YL7-4.doc，将光标定位在文件末尾，选择“插入”→“对象”命令，打开“对象”对话框。选择“由文件创建”选项卡，单击“浏览”按钮，在“查找范围”中选择幻灯片文件 YL7-4.ppt 插入，选中“显示为图标”复选框，单击“确定”按钮。此时在文档下面显示演示文稿图标。

（2）右击演示文稿图标，在弹出的快捷菜单中选择“设置对象格式”命令，打开“设置对象格式”对话框。选择“大小”选项卡，取消选中“锁定纵横比”复选框，在“尺寸和旋转”栏设置“高度”为“2 厘米”，“宽度”为“4 厘米”；选择“版式”选项卡，设置“环绕方式”为“浮于文字上方”，单击“确定”按钮退出。

【样例 7-4】

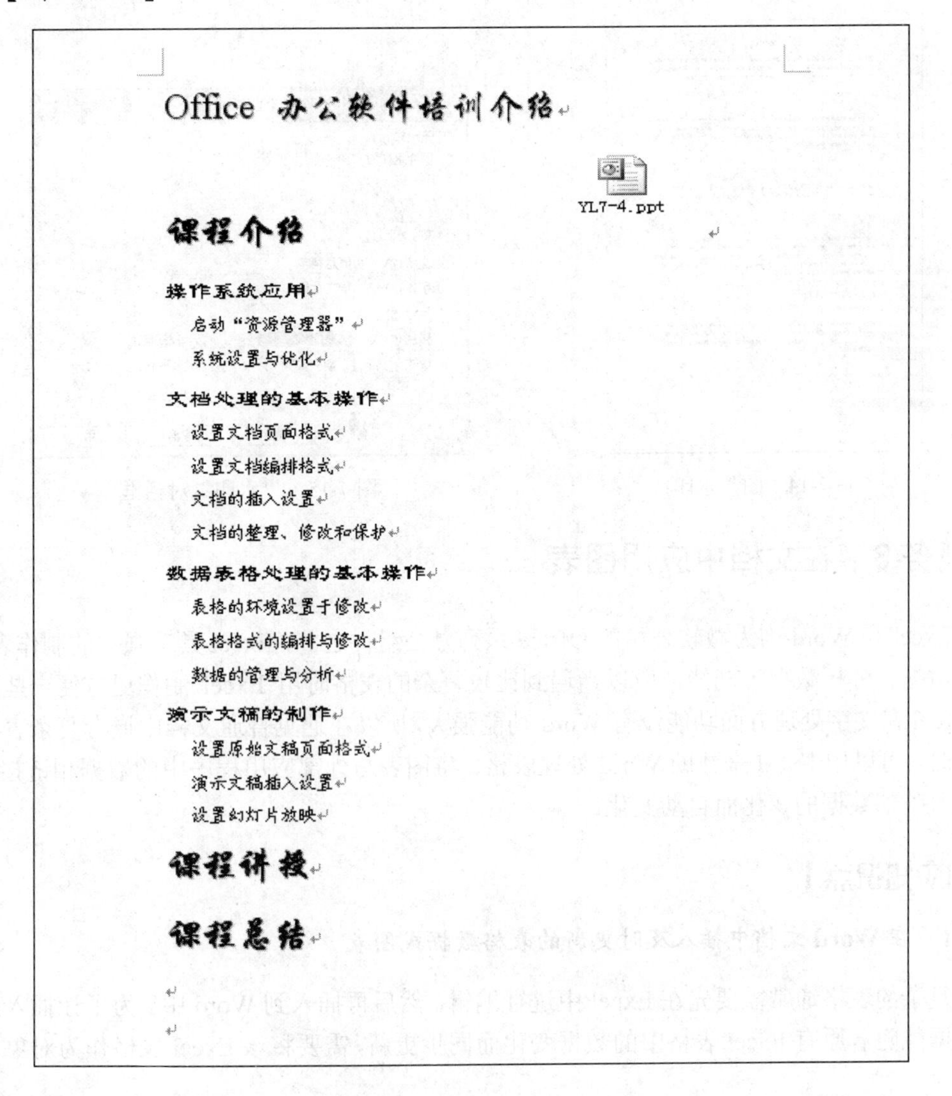

【知识拓展】

❖ 在文档中插入水印

水印是一种浅浅的背景，水印的内容可以是文本，也可以是一幅图像（见图 7-14）。可以把公司标记、产品 LOGO 等文字或图片以水印形式表现出来，既可以美化文档，又可以突出品牌形象。

将光标定位在文档中，选择“格式”→“背景”→“水印”命令，打开“水印”对话框，如图 7-15 所示。如要为文档添加图片水印，可先选中“图片水印”单选按钮，然后单击“选择图片”按钮，插入一张图片；如要为文档添加文字水印，可先选中“文字水印”单选按钮，然后在下方设置水印文字的内容及字体、尺寸、颜色和版式等信息。如果不再需要水印，可选中“无水印”单选按钮，删除之前设置的水印效果。

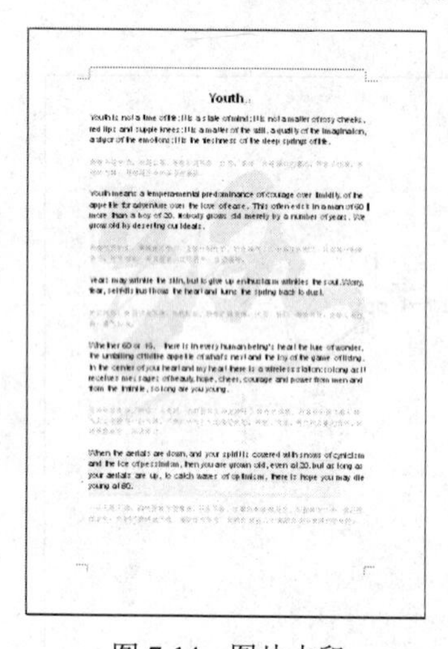
Youth

图 7-14 图片水印

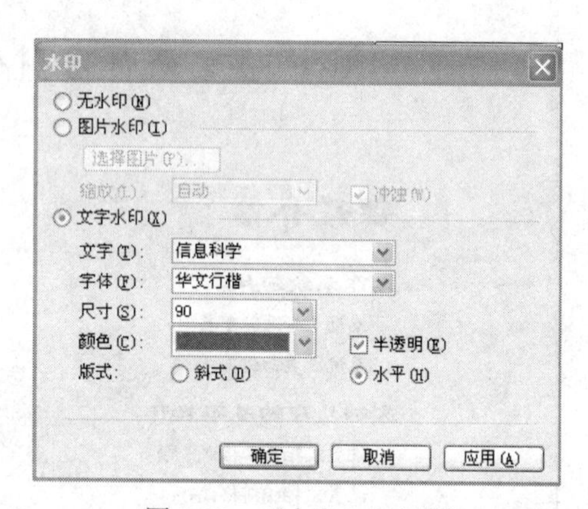

图 7-15 “水印”对话框

子任务 3 在文档中应用图表

Excel 和 Word 均为微软公司的 Office 系列办公组件之一，Excel 具有强大的制作表格、处理数据、分析数据等功能，所以当遇到比较复杂的表格时用 Excel 制作更方便一些。但是 Excel 在文字处理方面功能没有 Word 功能强大，所以在遇见普通文档中嵌套复杂表格的情况时，可以用 Excel 来帮助 Word 处理表格。将图表与外部应用程序中的数据相链接，使其随着外部数据的变化而自动变化。

【相应知识点】

1. 在 Word 文档中插入及时更新的表格数据或图表

复杂的表格通常需要先在 Excel 中进行编辑，然后再插入到 Word 中。为了让插入的表格数据能随着原有 Excel 表格中的数据变化而同步更新，需要将该 Excel 表格作为对象插入

Word 文档中。

打开一个文档，定位插入点，选择“插入”→“对象”命令，打开“对象”对话框。选择“由文件创建”选项卡，单击“浏览”按钮，打开“浏览”对话框，在“查找范围”下拉列表中选择一个表格文件，单击“插入”按钮返回，再单击“确定”按钮退出，如图 7-16 所示。

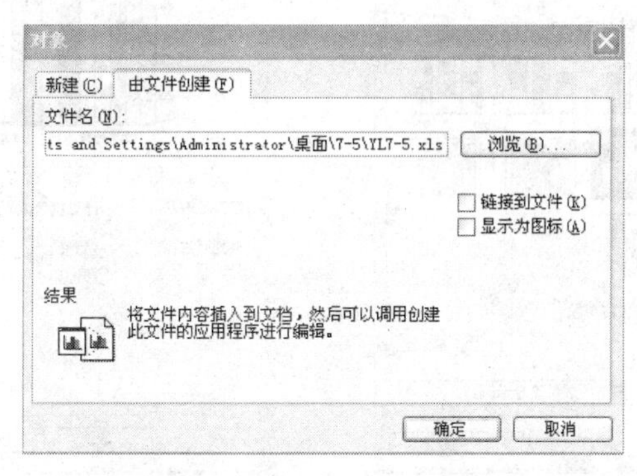

图 7-16　“对象”对话框

【实操案例】

【案例 7-6】打开文档 YL7-5.doc，按照【样例 7-5】在当前文档下方插入 YL7-5.xls，将“计算机考试成绩单”工作表中的数据生成“三维簇状柱形图”图表工作表，再以 Excel 对象的形式粘贴至当前文档的第二页。将第二页对象中的图表类型更改为“柱形”中簇状柱形图，并为图表添加标题。

操作步骤如下：

（1）打开 YL7-5.doc 文档，将光标定位当前文档下方，执行“插入”→“对象”命令，打开“对象”对话框，选择“由文件创建”选项卡，单击“浏览”按钮，打开“浏览”对话框，在“查找范围”下拉列表中选择 YL7-5.xls 文件，单击“插入”按钮返回，再单击“确定”按钮退出。此时，文档中将会显示插入的工作表，如图 7-17 所示。

计算机考试成绩单				
学号	姓名	文字处理	表格	幻灯片
200401	王红	88	89	74
200402	刘佳	56	59	64
200403	赵刚	36	92	82
200404	李立	89	90	83
200405	刘伟	76	94	76

图 7-17　文档中显示的一个工作表

（2）双击插入的工作簿，将其激活，然后选中 B2:E7 单元格区域，执行“插入”→“图表”命令，打开“图表向导-4 步骤之 1-图表类型”对话框，在“图表类型”列表框中选择“柱形图”选项，在“子图表类型”列表中选择“三维簇状柱形图”，单击“下一步”按钮，打开“图表向导-4 步骤之 2-图表源数据”对话框，在“系列产生在”选项区域选中“行”单选按钮，单击“下一步”按钮，打开“图表向导-4 步骤之 3-图表选项”对话框，单击“下一步”按钮，打开“图表向导-4 步骤之 4-图表位置”对话框，选中“作为新工作表插入”单选按钮，单击“完成”按钮，如图 7-18～图 7-21 所示，返回到文档中。

图 7-18 设置图表类型

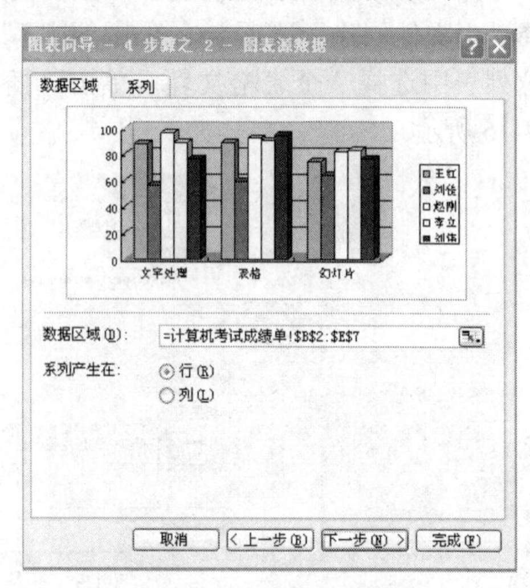

图 7-19 设置数据区域

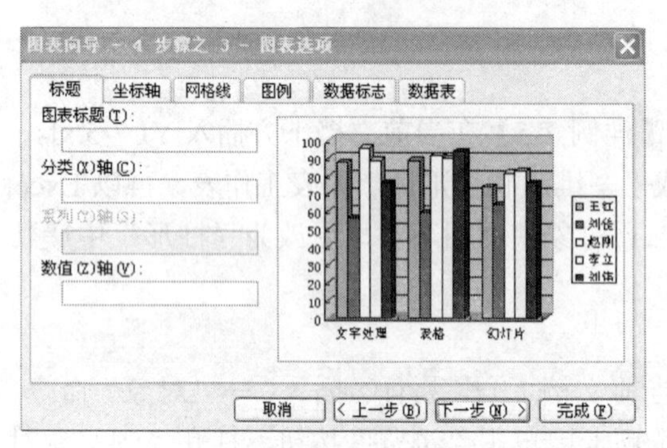

图 7-20 设置图表选项

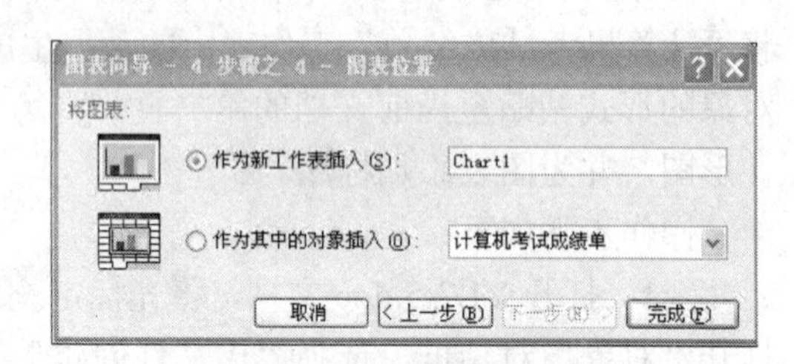

图 7-21 设置图表位置

（3）在文档中选中图表，执行“编辑”→“复制”命令，将光标定位到 Word 文档中，在第 2 页起始处单击，选择“编辑”→“选择性粘贴”命令，打开“选择性粘贴”对话框，选中“粘贴”单选按钮，在“形式”列表框中选择“Microsoft Excel 工作表对象”选项，单击“确定”按钮，如图 7-22 所示，返回到文档中。

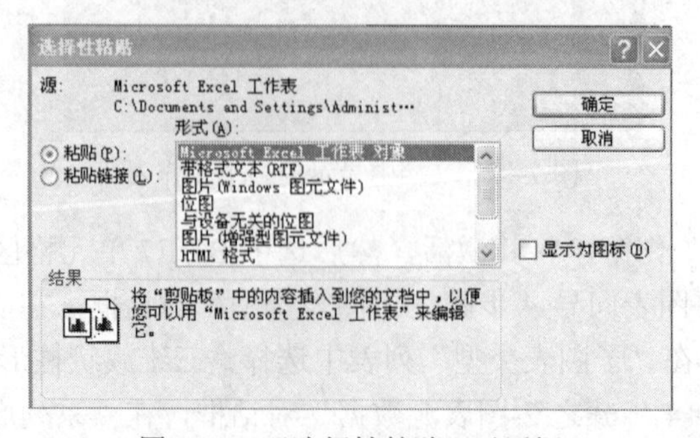

图 7-22 “选择性粘贴”对话框

（4）双击复制后的图表，将其激活，在选中的图表上右击，在弹出的快捷菜单中选择“图表类型”命令，打开“图表类型”对话框。在弹出的“图表向导”对话框中，按照前面的方法，设置“图表类型”为“柱形图”中簇状柱形图，单击“确定”按钮。

（5）双击复制后的图表，右击图表在出现的快捷菜单中选择“图表选项”命令，“标题”文本框中输入“答辩成绩”，“X 轴”文本框输入“科目”，单击“确定”按钮。

【样例 7-5】

计算机基础课程考试成绩总结

在讲课的过程中我特别突出考试中的重点和难点，以便学生有目的的学习。对于重点要多次重复强调，加深学生们的记忆。同时注重教学方法的改革和创新，能根据教学的需要和学生的实际情况灵活使用不同的教学方法，调动学生的学习积极性，提高同学们的自主学习能力。

计算机课程教学始终围绕一个中心：统考。在授课过程中我主要以练习为主，边讲边练、讲练结合、精讲多练；从学生实际出发，授课时以大部分学生为主进行讲解，课外重点辅导基础较为薄弱的学生。在上课过程中，多观察每个学生的操作水平，并做好记录。对于操作能力强的学生，重在引导他提高专业技能水平，培养他们的自学能力；对于操作能力差的学生，注重基础知识的学习和掌握，并采取一帮一或一帮多的教学方式，全面提高本班的整体水平。

计算机知识更新速度之快，需要我们抱有强烈的学习愿望，不断进取。今后，我会更加努力去面对新的挑战，以更大的热情投入到工作中去，争取取得更大的成绩。

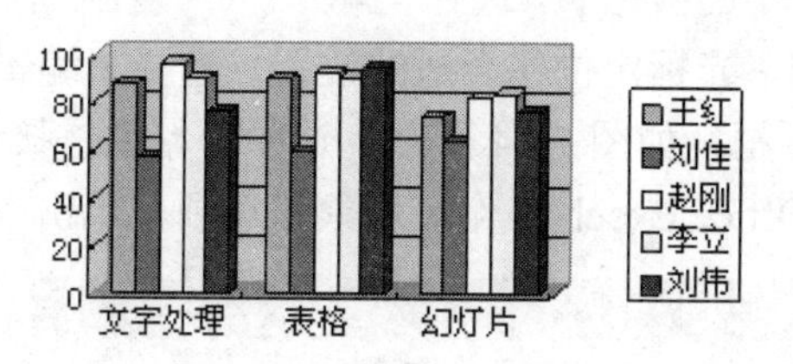

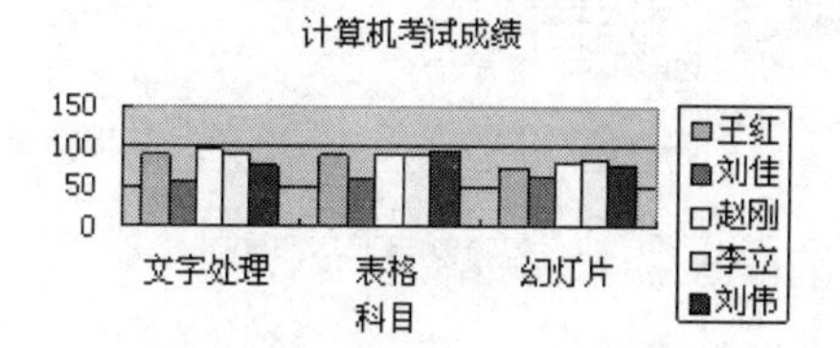

【知识拓展】

❖ 文档中插入的表格仅提取 Excel 工作表中的数值

先在 Excel 中制作好表格，选中表格，选择“编辑”→“复制”命令，不关闭当前窗口，在打开 Word 文档中要插入表格的位置定位光标，然后选择“编辑”→“粘贴”命令（或按 Ctrl+v 快捷键），表格右下角会有一个“粘贴选项”图标，单击该图标，选中“保留源格式并链接到 Excel(E)”或“匹配目标区域表格样式并链接到 Excel(L)”单选按钮，其实这两个单选按钮的结果基本相同。这样表格就从 Excel 中粘贴至 Word 文档中，而且表格的格式不会随着 Excel 文件格式的改变而变动，Word 里的表格仅提取 Excel 文件的数值，如图 7-23 所示。

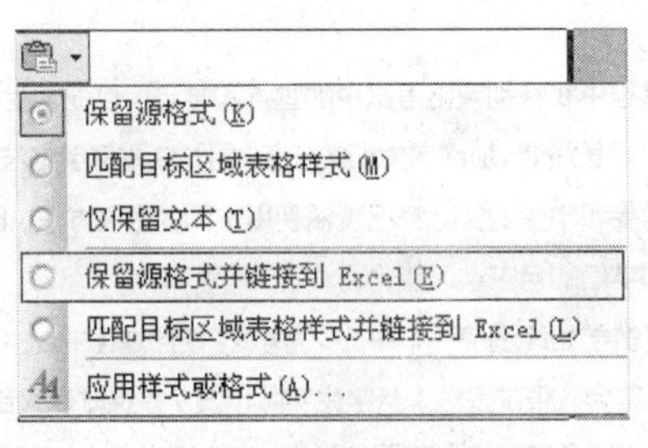

图 7-23 “粘贴”的图标下拉框

❖ Word 文档中断开链接

文档中断开链接是指在 Word 文档中断开该文档指向其他对象之间的链接。例如：Word 文档中可以含有指向 Excel 文件、PowerPoint 文件、Access 文件等 Office 其他软件对象的链接，用户可以根据实际工作需要将这些链接断开。

打开一个 Excel 文件中的数据表，选择“编辑”→“复制”命令（或按 Ctrl +C 快捷键），然后打开一个 Word 文档，光标定位在合适的位置，选择“编辑”→“选择性粘贴”命令，打开“选择性粘贴”对话框，如图 7-24 所示。选中“粘贴链接”单选按钮，并在“形式”列表中选中“Microsoft Office Excel 工作表对象”选项，单击“确定”按钮退出。

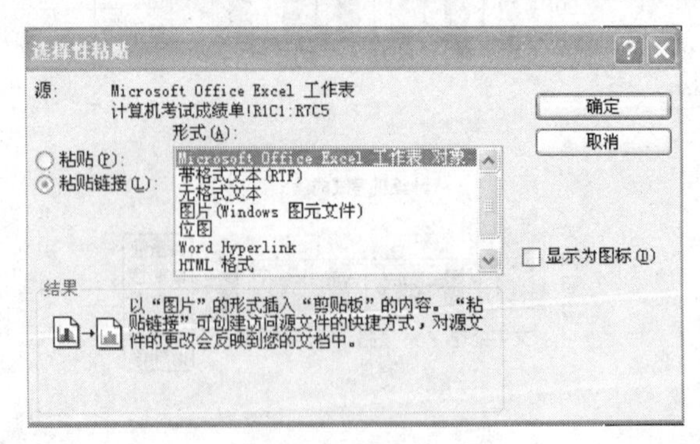

图 7-24 “选择性粘贴”对话框

右键单击需要断开链接的对象，在弹出菜单中选择“链接的工作表对象”→“链接”

命令，打开“链接”对话框，如图 7-25 所示。选中需要断开的链接，并单击“断开链接”按钮，然后在弹出的提示框中单击“是”按钮，确认断开链接。

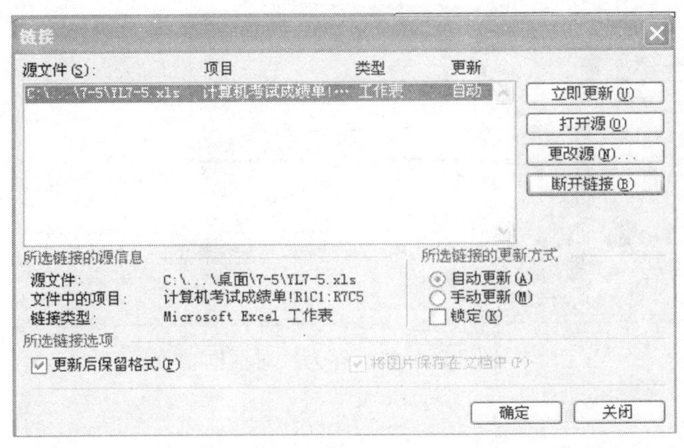

图 7-25　“链接”对话框

【提示】如果链接列表中只有一个链接，“链接”对话框将自动关闭。如果还存在其他链接，则在“链接”对话框中单击“确定”按钮即可。

子任务 4　在各种办公软件中转换文件格式

【相应知识点】

办公文件格式转换是指将编辑好的 Word 文档保存为其他文本格式。如果下载的 PDF 格式无法编辑，也可以在 Word 中用“另存为”命令，将其储存为.txt、.doc、.html 等格式。

保存文件，选择“文件”→“另保存”命令，打开“另存为”对话框，在“保存类型”下拉列表框中可看到如下格式选项：Word 文档（*.doc）、XML 文件（*.xml）、单个文件网页（*.mht; *.mhtml）、网页（*.htm; *.html）、文档模板（*.dot）、RTF 格式（*.rtf）和纯文本（*.txt）。

【实操案例】

【案例 7-7】打开文档 YL7-6.doc，按照【样例 7-6】（见图 7-30），保存当前文档，并重新以 Web 文件类型另存文档，页面标题为“荷塘月色”。

操作步骤如下：

打开文档，选择“文件”→“保存”命令，保存文档。再选择“文件”→“另保存”命令，打开“另存为”对话框，设置“保存类型”为“网页”，然后单击“更改标题”按钮，打开“输入文字”对话框，在“页标题”文本框中输入“荷塘月色”，单击“确定”按钮退出，再单击“保存”按钮保存，如图 7-26 所示。

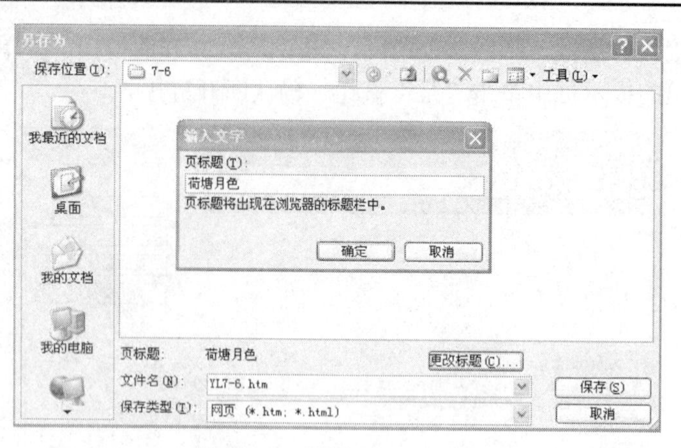

图 7-26 “另存为”对话框

【样例 7-6】

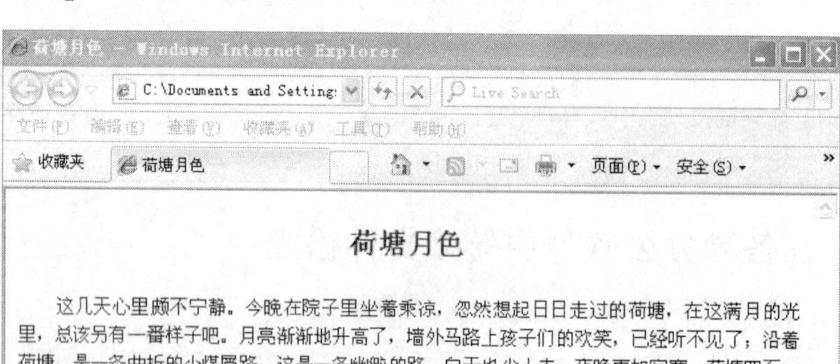

荷塘月色

这几天心里颇不宁静。今晚在院子里坐着乘凉，忽然想起日日走过的荷塘，在这满月的光里，总该另有一番样子吧。月亮渐渐地升高了，墙外马路上孩子们的欢笑，已经听不见了；沿着荷塘，是一条曲折的小煤屑路。这是一条幽僻的路；白天也少人走，夜晚更加寂寞。荷塘四面，长着许多树，蓊蓊郁郁的。路的一旁，是些杨柳，和一些不知道名字的树。没有月光的晚上，这路上阴森森的，有些怕人。今晚却很好，虽然月光也还是淡淡的。

路上只我一个人，背着手踱着。这一片天地好像是我的；我也像超出了平常的自己，到了另一世界里。我爱热闹，也爱冷静；爱群居，也爱独处。像今晚上，一个人在这苍茫的月下，什么都可以想，什么都可以不想，便觉是个自由的人。白天里一定要做的事，一定要说，在都可不理。这是独处的妙处，我且受用这无边的荷香月色好了。

月光如流水一般，静静地泻在这一片叶子和花上。薄薄的青雾浮起在荷塘里。叶子和花仿佛在牛乳中洗过一样；又像笼着轻纱的梦。虽然是满月，天上却有一层淡淡的云，所以不能朗照；但我以为这恰是到了好处——酣眠固不可少，小睡也别有风味的。月光是隔了树照过来的，高处丛生的灌木，落下参差的斑驳的黑影，峭楞楞如鬼一般；弯弯的杨柳的稀疏的倩影，却又像是画在荷叶上。塘中的月色并不均匀；但光与影有着和谐的旋律，如梵婀玲上奏着的名曲。

荷塘的四面，远远近近，高高低低都是树，而杨柳最多。这些树将一片荷塘重重围住；只在小路一旁，漏着几段空隙，像是特为月光留下的。树色一例是阴阴的，乍看像一团烟雾；但杨柳的丰姿，便在烟雾里也辨得出。树梢上隐隐约约的是一带远山，只有些大意罢了。树缝里也漏着一两点路灯光，没精打采的，是渴睡人的眼。这时候最热闹的，要数树上的蝉声与水里的蛙声；但热闹是它们的，我什么也没有。

完成　我的电脑　100%

【知识拓展】

❖　.doc 文档与.dot 文档的区别

Word 文档的扩展名为.doc，Word 文档模板的扩展名为.dot，两者的区别在于：模板文件是带有系列个性化设置的文档，其字体格式、段落样式等已进行过设置。如果保存模板文件时用 Normal.dot 作为文件名，就会把默认的模板文件替换掉。因此，保存文件时要注意选取其他名字，尽量不要改变系统默认的文件模板。

❖　网页文件和单个文件网页的区别

Word 文件存为网页文件后，可直接用 IE 浏览器打开。网页文件包括两部分：网页和此网页链接的所有文件在内的文件夹。单个文件网页保存时，不包括网页链接的所有文件在内的文件夹，因为网页中已包含了所有用到的图片和文字内容。

任务 2　Excel 与其他应用软件的联合操作

子任务 1　Excel 的宏操作

【相应知识点】

宏可以理解为自定义的一些程序。比如说要实现某些 Excel 运算（如相对复杂的加减乘除运算），而运算过程本身太过复杂，这时就可以自定义一个函数，专门用来存放这个运算。这样以后重复多次用到的时候就可以直接调用这个函数了。

运用单元格的绝对引用和相对引用录制宏，操作如下：定位光标在工作表中，选择“工具”→“宏”→“录制新宏”命令，打开“录制新宏”对话框，输入宏名，在“保存在”下拉列表框中选择“当前工作簿”选项，如图 7-27 所示，单击“确定”按钮，即可开始录制新宏。

工作表中出现“录制宏”工具栏，如图 7-28 所示，其中的按钮在未按下时表示绝对引用录制宏，按下后表示相对引用录制宏。默认情况下使用相对引用。录制完毕后，单击按钮，停止宏录制即可。

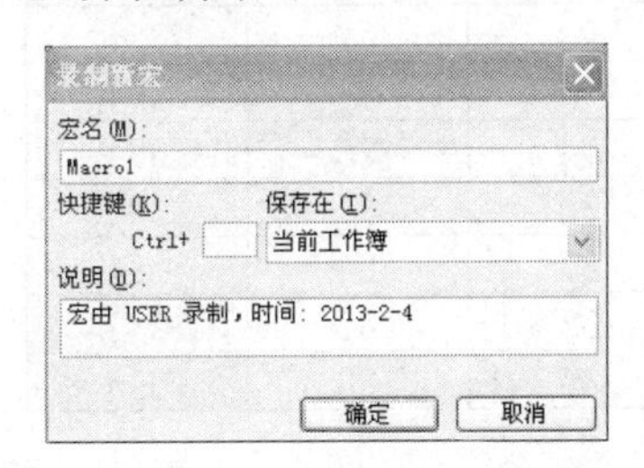

图 7-27　“录制新宏”对话框

图 7-28　“录制宏”工具栏

【案例 7-8】打开文档 YL7-7.xls，按照【样例 7-7】在 Sheet1 中运用单元格的相对引用，以 Hong3 为宏名录制宏，将宏保存在当前工作簿中，要求设置单元格区域 A2:G12 的字体为“黑体”，字号为“10”，颜色为“蓝色”，添加内外表格线。

操作步骤如下：

（1）打开文档 YL7-7.xls，在 Sheet1 工作表中，选中单元格区域 A2:G12，选择“工具”→“宏”→“录制新宏”命令，打开“录制新宏”对话框，在“宏名”文本框中输入“Hong3”，在“保存在”下拉列表框中选择“当前工作簿”，然后单击“确定”按钮。

（2）工作表中出现“录制宏”工具栏，表示正式开始录制宏。选择“格式”→“单元格”命令，打开“单元格格式”对话框，选择“字体”选项卡，设置“字体”为“黑体”，“字号”为 10，“颜色”为“蓝色”；选择“边框”选项卡，在“预置”栏中添加“外边框”和“内部”表格线，如图 7-29 和图 7-30 所示；单击“确定”按钮退出。单击“录制宏”工具栏中的按钮，停止宏录制。

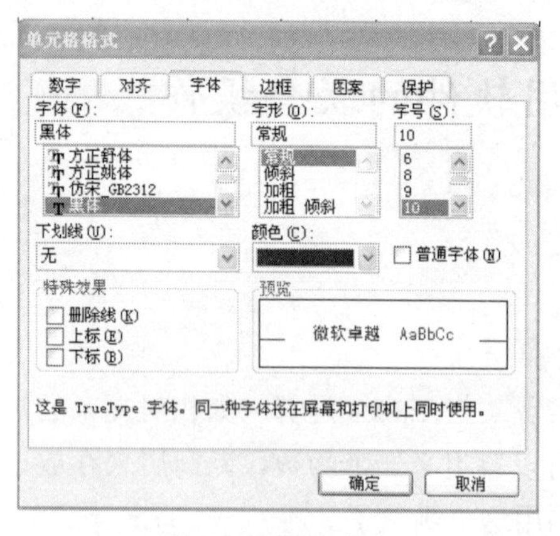

图 7-29　设置字体

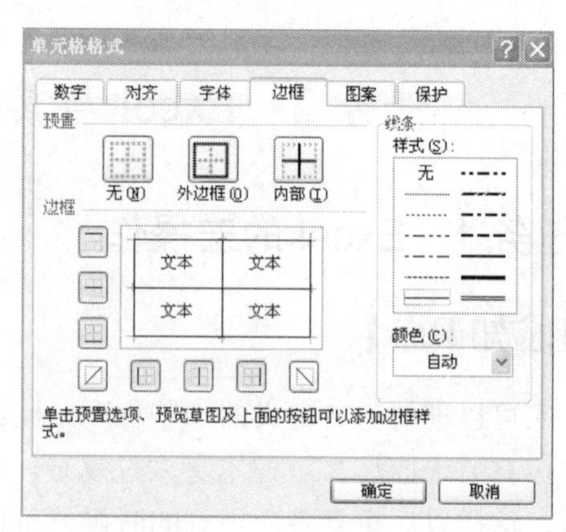

图 7-30　设置边框

【样例 7-7】

	A	B	C	D	E	F	G
1	成绩单						
2	学号	姓名	数学	英语	物理	哲学	总分
3	200401	王红	90	88	89	74	341
4	200402	刘佳	45	56	59	64	224
5	200403	赵刚	84	96	92	82	354
6	200404	李立	82	89	90	83	344
7	200405	刘伟	58	76	94	76	304
8	200406	张文	73	95	86	77	331
9	200407	杨柳	91	89	87	84	351
10	200408	孙岩	56	57	87	82	282
11	200409	田笛	81	89	86	80	336

Sheet1　Sheet2　Sheet3

【知识拓展】

❖ **Excel 中单元格的引用**

（1）相对引用（A1）

公式中的相对单元格引用是基于包含公式和单元格应用的单元格相对位置。如果公式所在单元格的位置改变，引用也随之改变。如果多行或多列地复制公式，引用会自动调整。默认情况下，新公式使用相对引用。

（2）绝对引用（A1）

单元格中的单元格引用，前加有“$”符号，总是在指定位置引用单元格，如果公式所在单元格的位置改变，绝对引用保持不变。如果多行或多列复制公式，绝对引用将不做调整。默认情况下，新公式使用相对引用，需要将他们转换为绝对引用。

（3）混合引用（$A1、A$1）

具有绝对列和相对行，或是绝对行和相对列。如果公式所在单元格的位置改变，则相对引用改变，而绝对引用不变。如果多行或多列地复制公式，相对引用自动调整，而绝对引用不做调整。

【技巧】数据表中，如果将相对引用转换为绝对引用，按一次 F4 键即可，成为行列都绝对；如果按两次 F4 键，成为行的绝对引用；如果按三次 F4 键，可以成为列的绝对引用。如果按四次 F4 键，将变成普通的应用。如此循环。

子任务 2　Excel 中创建超链接

【相应知识点】

在 Excel 中，可以在电子表格中插入超链接，从而使工作表的某一单元格跳至另一部分内容，或者从一个工作表跳至另一个工作表，甚至从一个工作表跳至局域网或 Internet 上的文件。

例如，学校在进行学生工作管理，或企业在进行员工管理时，可以将主要数据显示在一个页面上，而将其他更详细的数据存放在别的地方，需要时，只需单击数据链接就能迅速的将其调出来，并能对这些数据进行更新和修改。

在工作表中建立链接主要有两种方式：一种是为工作表中的单元格或其他对象（如图片、剪贴画、艺术字等）添加外部文件及网页链接；另一种是在同一工作簿中建立超链接，即从一个单元格跳转到另一个单元格，从一个工作表跳转到另一个工作表。

【实操案例】

【案例 7-9】打开文档 YL7-8.xls，按照【样例 7-8】在 Sheet1 中对“电视机”单元格建立外部链接（链接“YL7-8”图片文件）。

操作步骤如下：

打开 YL7-8.xls 工作簿，在工作表 Sheet1 中选定要插入超链接的“电视机”单元格，选择“插入”→“超链接”命令，打开“插入超链接”对话框，在左侧的列表中选择“原有文件或网页”选项，再在“查找范围”区域中，找到需要链接的文件 7-8.jpg，如图 7-31 所示，最后单击“确定”按钮退出即可。

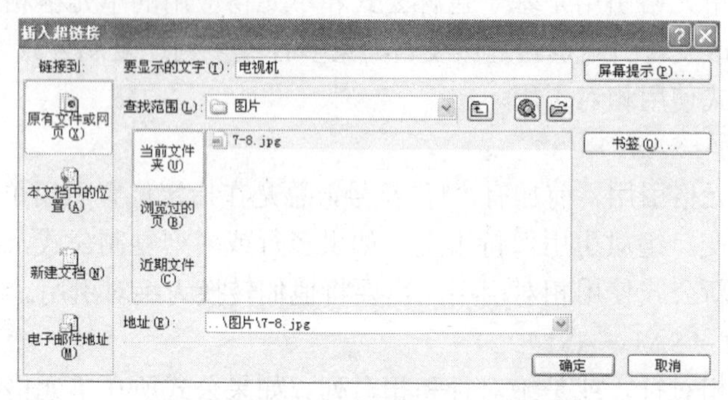

图 7-31　“编辑超链接”对话框

【提示】在“地址”文本框中也可以直接输入文件名和路径，或者输入网络的站点位置。

此时，可看到“电视机”单元格已经建立了超链接，文字以蓝色显示，文字下面有一条下划线。将鼠标移到此链接上，鼠标指针会变成小手形状，并在下方显示所设定的屏幕提示内容。单击“电视机”超链接，Excel 会找到图片 7-8.jpg 并打开它。

【样例 7-8】

Microsoft Excel - 样例7-8.xls

文件(F)　编辑(E)　视图(V)　插入(I)　格式(O)　工具(T)　数据(D)　窗口(W)　帮助(H)

B3　　fx 电视机

	A	B	C	D	E
1	销售清单				
2	公司	品名	单价	数量	销售金额
3	部门一	电视机	2100	22	46200
4	部门二	VCD机	420	21	8820
5	部门三	微波炉	780	19	14820
6	部门四	电空调	1520	55	83600

销售清单 / Sheet2 / Sheet3

就绪　　数字

【案例 7-10】打开文档 YL7-9.xls，按照【样例 7-9】同一工作簿中建立超链接，在 Sheet1 中对销售清单中“电脑”单元格建立超链接（链接同一个工作簿中 Sheet2 电脑销售清单具体数据）。

操作步骤如下：

打开 YL7-9.xls 工作簿，在工作表 Sheet1 中选定要插入超链接的“电脑”单元格，选择“插入”→“超链接”命令，打开“插入超链接”对话框，在左侧的列表中选择“本文档中的位置”选项，然后在“要显示的文字”文本框中输入“电脑”，在“请键入单元格引用”文本框中输入“A1”，在“或在这篇文档中选择位置”列表框中选择“联想电脑销售清单”选项，如图 7-32 所示，最后单击“确定”按钮退出。

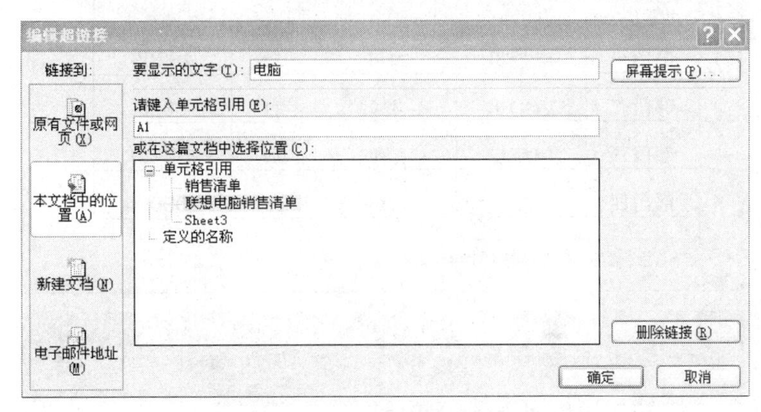

图 7-32　“编辑超链接”对话框

此时，可发现工作表中已经建立了超链接。单击“电脑”超链接，Excel 就会进入 Sheet2，打开“联想电脑销售清单”，如图 7-33 所示。

销售清单

公司	品名	单价	数量	销售金额
部门一	电视机	2100	22	46200
部门二	VCD机	420	21	8820
部门三	微波炉	780	19	14820
部门四	电脑	5600	55	308000

联想电脑销售清单

公司	品名	单价	数量	销售金额
部门一	联想电脑	5600	10	56000
部门二	联想电脑	7800	6	46800
部门三	联想电脑	7500	19	142500
部门四	联想电脑	4000	55	220000

图 7-33　“电脑”已经建立超链接

【知识拓展】

❖　修改超链接的目标

将光标移动至设置了超链接的单元格上方，单击鼠标右键，在弹出的快捷菜单中选择“编辑超链接”。命令，在打开的对话框中重新设置超链接即可。

❖　复制或移动超链接

选中超链接所在的单元格，单击“常用”工具栏中的“复制”按钮，可复制超链接。如果要移动超链接，可先单击“常用”工具栏中的“剪切”按钮，然后将光标定位到其他单元格，再单击“常用”工具栏“粘贴”按钮。

【样例 7-9】

Microsoft Excel - 样例7-9.xls

B6　电脑

	A	B	C	D	E
1	销售清单				
2	公司	品名	单价	数量	销售金额
3	部门一	电视机	2100	22	46200
4	部门二	VCD机	420	21	8820
5	部门三	微波炉	780	19	14820
6	部门四	电脑	5600	55	308000

销售清单 / 联想电脑销售清单 / Sheet3

Microsoft Excel - 样例7-9.xls

A1　联想电脑销售清单

	A	B	C	D	E
1	联想电脑销售清单				
2	公司	品名	单价	数量	销售金额
3	部门一	联想电脑	5600	10	56000
4	部门二	联想电脑	7800	6	46800
5	部门三	联想电脑	7500	19	142500
6	部门四	联想电脑	4000	55	220000

销售清单 / 联想电脑销售清单 / Sheet3　求和=490290

任务 3　PowerPoint 与其他应用软件的联合操作

子任务 1　利用文档大纲创建演示文稿

【相应知识点】

将 Word 文档格式转换成 PowerPoint 幻灯片格式，可以进行 PowerPoint 的基本操作，演示文稿的创建和删除，幻灯片的修饰、外观设置，设计模板的应用，表格、艺术字、图片的插入，动画效果的设置、幻灯片切换效果设置。

当文字形式显示的文档格式想要转换为幻灯片一页一页进行幻灯片播放时，需要将 Word 文档格式转换成 PowerPoint 幻灯片格式。打开一个 Word 文档，选择“文件”→“发送”→Microsoft Office PowerPoint 命令，如图 7-34 所示。完成文档大纲创建演示文稿，再通过对幻灯片演示文稿的设计、添加效果等进行幻灯片的放映设置。

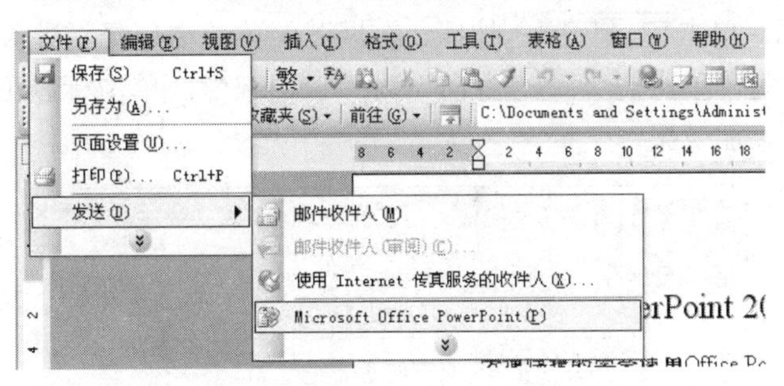

图 7-34　选择“文件”→“发送”命令

【实操案例】

【案例 7-11】打开文档 YL7-10.doc，按照【样例 7-10】以当前文档大纲结构在 PowerPoint 中创建 4 张幻灯片，用演示文稿应用设计模板 Competition.pot，为所有幻灯片的标题和文本预设从上部飞入的动画效果，并将演示文稿命名为样例 7-10.ppt。

操作步骤如下：

（1）打开文档 YL7-10.doc 文档，定位插入点到文档中，选择“文件”→“发送”→Microsoft Office PowerPoint 命令，打开 PowerPoint 软件，选择“视图”→“幻灯片浏览视图”命令，可看到已创建了 4 张幻灯片。选择“格式”→“幻灯片设计”命令，打开“幻灯片设计”任务窗格，在“应用设计模板”中选择 Competition.Pot 模板，如图 7-35 所示，则已创建的 4 张幻灯片将自动应用该模块，效果如图 7-36 所示。

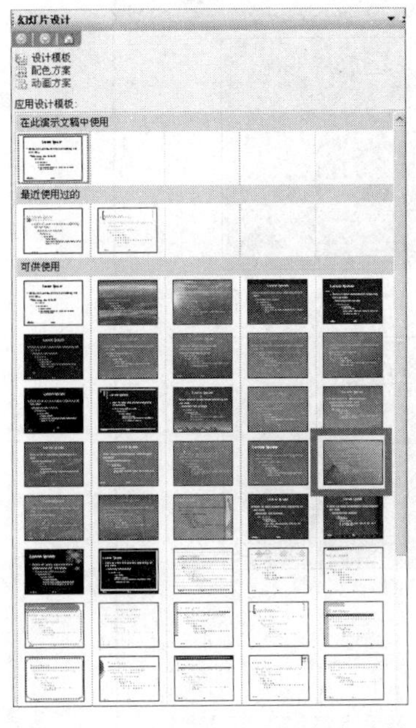

图 7-35　“幻灯片设计”任务窗格

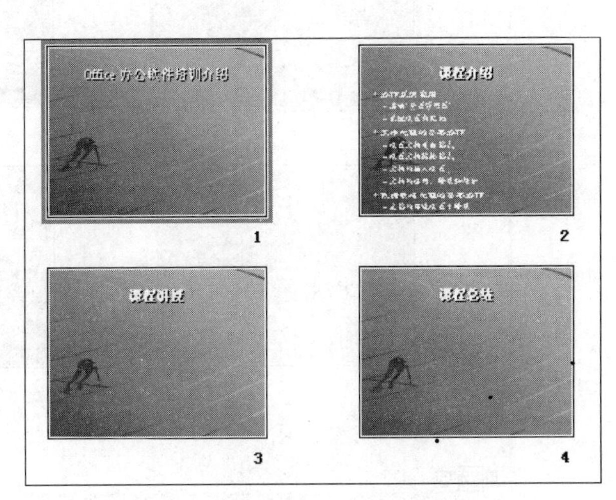

图 7-36　应用幻灯片模板样式

（2）选择“视图”→“普通”命令，切换到普通视图模式下。选择第1张幻灯片，单击标题占位符，选择“幻灯片放映”→“自定义动画”命令，打开“自定义动画”任务窗格，如图7-37所示。单击“添加效果”按钮，在展开的菜单中选择“进入”→“飞入”命令，然后设置“开始”为“单击时”，“方向”为“自顶部”。单击标题下方文字的占位符，用同样的方法为其添加效果。

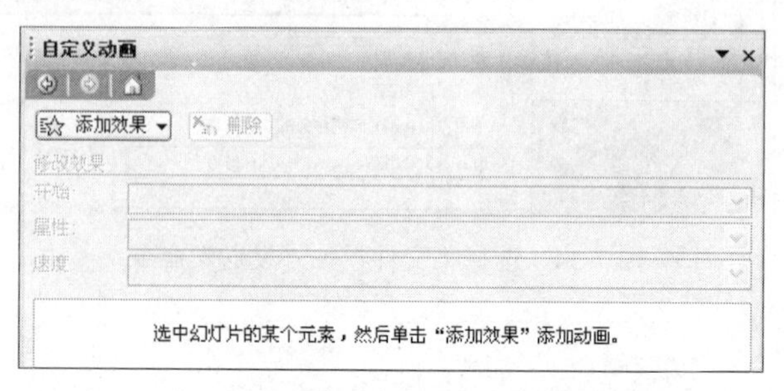

图7-37　“自定义动画”任务窗格

（3）按照同样的方法，为所有幻灯片的标题和文本添加动画效果。最后，单击“文件”→“另存为”命令，设置文件名为“样例7-10.ppt”，单击“保存”按钮退出。

【样例7-10】

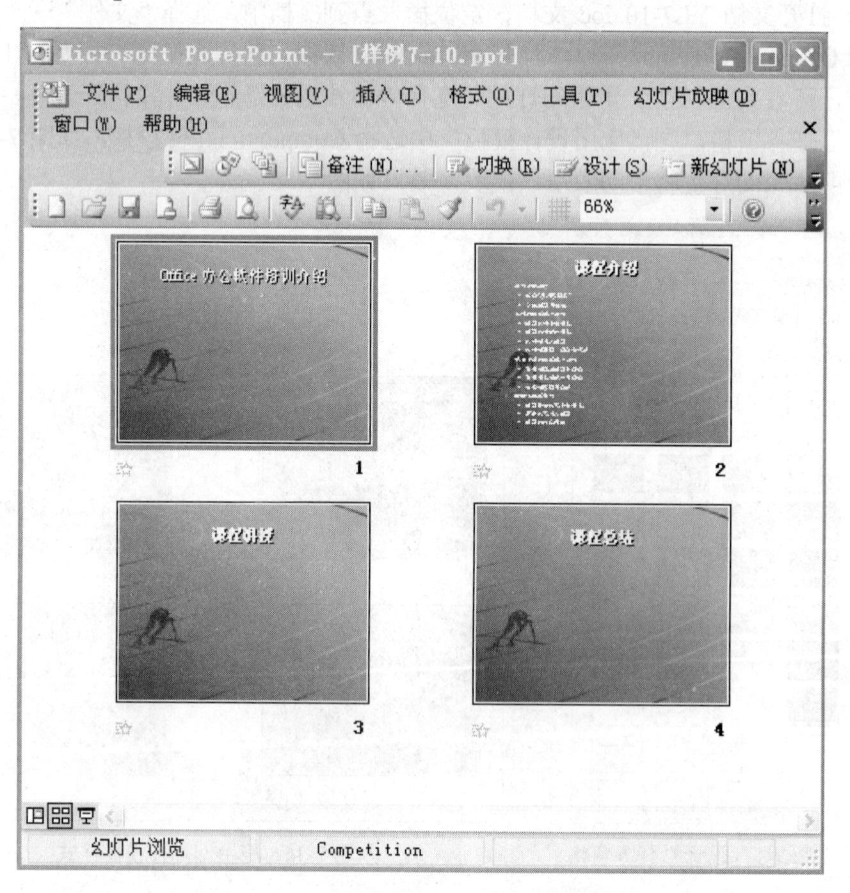

【知识拓展】

❖　**在 Word 文档中发送邮件**

安装 Office 软件时，如果选择的是全部安装，则在 Word 中可以默认使用 Outlook 来发送邮件。使用 Outlook 之前，需要先对其进行设置。选择“工具”→“账户”→“添加”→“邮件”命令，根据提示依次进行设置即可。需要注意的是，接收邮件服务器和发送邮件服务器处需要根据用户的邮箱来填写，如用户使用的是 163 邮箱，则接收邮件服务器是 pop3.163.com，发送邮件服务器是 smtp.163.com。

设置完毕后，打开 Word 2003，选择“文件”→“新建”命令，在右侧的“新建文档”任务窗格中单击“电子邮件”超链接，在打开的邮件编写页面中编辑邮件，然后单击“发送”按钮，即可发出邮件。

【提示】抄送就是将邮件同时发送给其他人，也就是将用户所写的邮件抄送一份给别人，对方可以看见该用户的 E-mail。抄送地址栏同收件人地址栏一样，不可以超过 1024 个字符。

❖　**PowerPoint 中*.ppt*.pptx*.pps*.pot 格式的区别**

PowerPoint 幻灯片可以保存为*.ppt*.pptx*.pps*.pot 格式，他们之间的区别如下。

- *.ppt：PowerPoint 2003 等之前版本文件保存时的格式，打开后可对文件直接进行编辑。
- *.pptx：PowerPoint 2007 文件保存时的格式，打开后可对文件直接编辑。
- *.pps：PowerPoint 文件保存为打开后直接全屏显示的格式，不可编辑（可作防止别人修改该幻灯片的一个方法）。
- *.pot：PowerPoint 的模板文件格式。打开 PowerPoint 后，选择“视图”→“母版”→“幻灯片母版”命令，在这个状态下，进行编辑幻灯片效果，然后选择“文件”→“另存为”，将“文件类型”选择为“演示文稿设计摸板（*.pot）”。

子任务 2　在演示文稿中插入声音文件

【相应知识点】

在演示文稿中也可以添加声音或视频文件，使演示文稿具有更强的感染力，内容更丰富。

在普通视图下选择一张需要添加声音的幻灯片，选择“插入”→“影片和声音”→“文件中的声音”命令，打开“插入声音”对话框，选择某个声音文件后单击“确定”按钮，弹出如图 7-38 所示的提示对话框，询问用户放映幻灯片时如何播放声音，单击“自动”或“在单击时”按钮，幻灯片上即可出现一个声音图标。

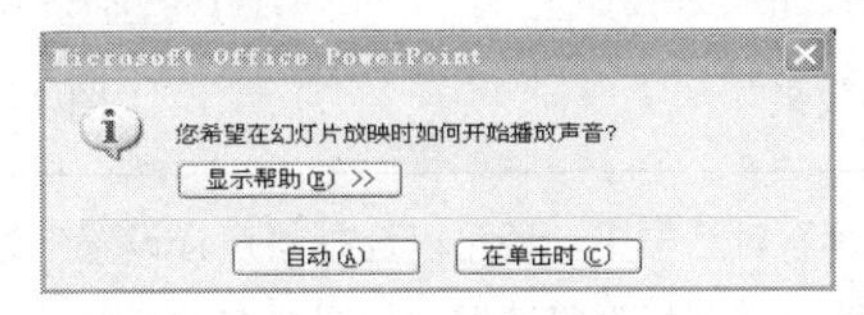

图 7-38　提示对话框

说明：

❖ 自动：放映幻灯片时，自动播放指定的声音文件。

❖ 在单击时：当用户单击声音图标时，才播放指定的声音文件。

【提示】音乐文件，可以是 WAV、MID 或 MP3 文件格式。

【实操案例】

【案例 7-12】打开文档 YL7-11.ppt，按照【样例 7-11】（见图 7-48），在第 1 张幻灯片中插入声音文件 YL7-11.mp3。并且使声音通过一次单击后自动播放，直至整个演示文稿播放结束。

操作步骤如下：

（1）打开文档 YL7-11.ppt，将光标定位在第 1 张幻灯片末尾，执行“插入”→“影片和声音”→“文件中的声音”命令，打开“插入声音”对话框，选择声音文件 YL7-11.mp3，单击“确定”按钮，再在弹出的提示对话框中单击“自动”按钮，即可为幻灯片添加一个声音图标。

（2）右击图标，在弹出的快捷菜单中选择“自定义动画”命令，打开“自定义动画”任务窗格，单击 0 ▷ YL7-11.mp3 旁的下拉按钮，选择“效果选项”命令，打开“播放声音”对话框，选择“效果”选项卡，在“开始播放”区域中选中“从头开始”单选按钮，在“停止播放”区域中选中 ⊙在(F): 3 张幻灯片后 单选按钮；选择“计时”选项卡，在“重复”下拉列表框中选择“直到幻灯片末尾”选项，如图 7-39 和图 7-40 所示，最后，单击“确定”按钮退出。此时，指定的声音文件将会在幻灯片中连续播放，直至整个演示文稿播放结束。

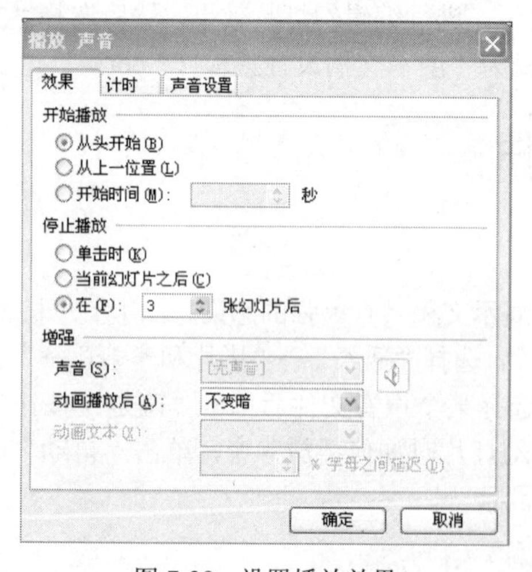

图 7-39 设置播放效果

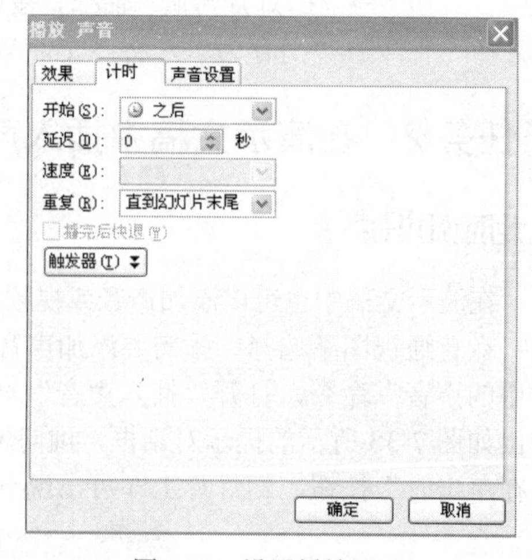

图 7-40 设置播放计时

【提示】在“播放声音”对话框中，还可以选择“声音设置”选项卡，在“显示选项”区域选中“幻灯片放映时隐藏声音图标”复选框，如图 7-41 所示。

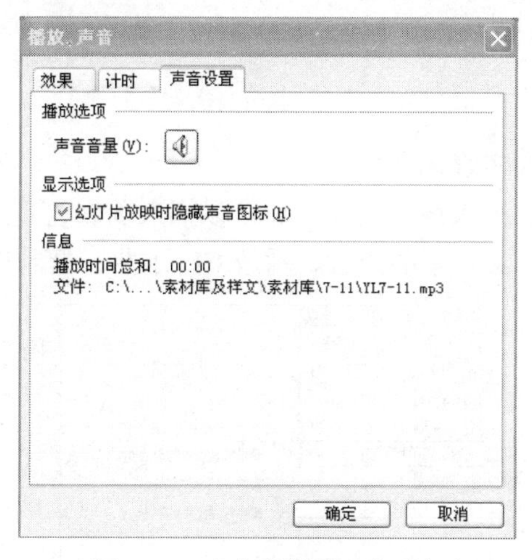

图 7-41　“声音设置”选项卡

【样例 7-11】

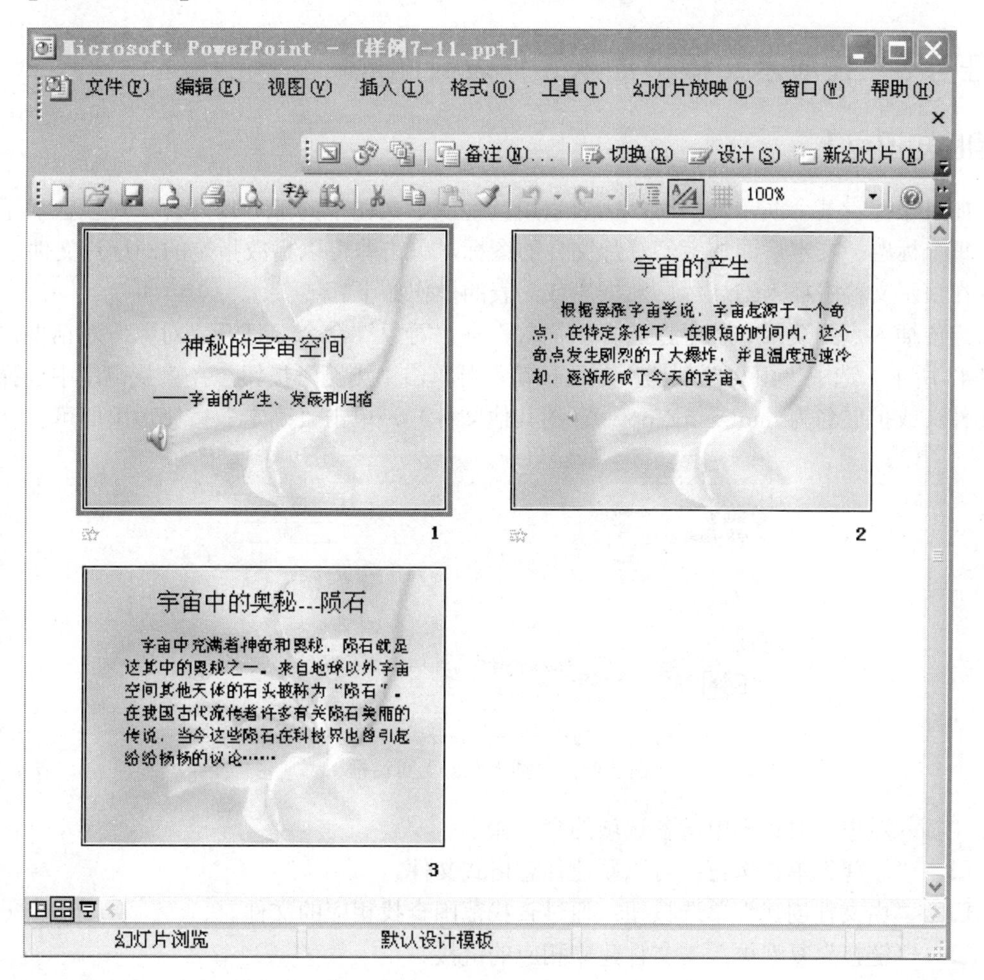

【知识拓展】

❖ 在演示文稿中插入多媒体文件

在演示文稿中除了可以插入声音文件，还可以插入剪辑管理器中的影片、文件中的影片、剪辑管理器中的声音、文件中的声音、播放CD乐曲、录制声音等，如图7-42所示。

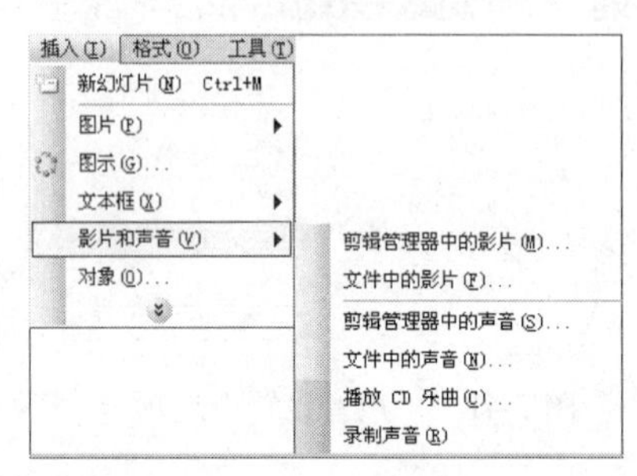

图7-42 选择“插入”→“影片和声音”命令

子任务3 在演示文稿中插入工作表或图表

【相应知识点】

如果在编辑某个演示文稿时，需要引用其他演示文稿中的部分幻灯片，可以在演示文稿中每个标题、文本后面加上幻灯片文件的图标，单击即可以播放指定的幻灯片文件。

在演示文稿中插入幻灯片、数据表或图表的操作如下。

定位插入点到演示文稿中，选择“插入”→“对象”命令，打开“对象”对话框，如图7-43所示。选中“由文件创建”单选按钮，再单击“浏览”按钮，在查找范围中选择声音文件（或扩展名为.mid\.wmv\.ppt\.xls的其他文件），单击“确定”按钮退出即可。

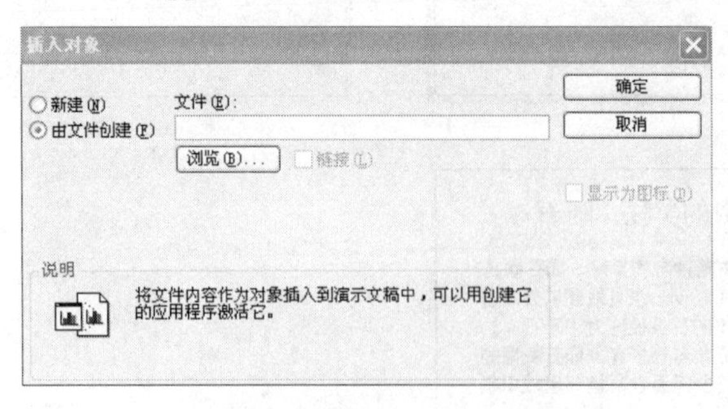

图7-43 “插入对象”对话框

“插入对象”对话框中，各选项的含义如下：

- “新建”单选按钮：可以新建任意格式文件。
- “由文件创建”单选按钮：通过查找范围查找相应的文件。
- “链接”复选框：与文件建立相应的链接。
- “显示为图标”复选框：使插入的文件图标显示在文件中，图标可以修改。

【实操案例】

【案例 7-13】打开文档 YL7-12.doc，按照【样例 7-12】将演示文稿 YL7-12.ppt 插入 YL7-12.doc 文档文本“课程介绍”后面，替换图标 YL7-12.ICO，设置对象格式为宽 4 厘米，高 3 厘米，浮于文字上方。

操作步骤如下：

（1）打开文档 YL7-12.doc，将光标定位在文件末尾，选择“插入”→“对象”命令，打开“对象”对话框，选择“由文件创建”选项卡，单击“浏览”按钮，在“查找范围”下拉列表中选择文件 YL7-12.ppt，单击“插入”按钮，返回到“对象”对话框，选中“显示为图标”复选框，如图 7-44 所示。

（2）单击“更改图标”按钮，打开“更改图标”对话框，单击“浏览”按钮，打开“浏览”对话框，在“查找范围”下拉列表框中选择文件 YL7-12.ICO，单击“打开”按钮返回到“更改图标”对话框，依次单击“确定”按钮退出，如图 7-45 所示。

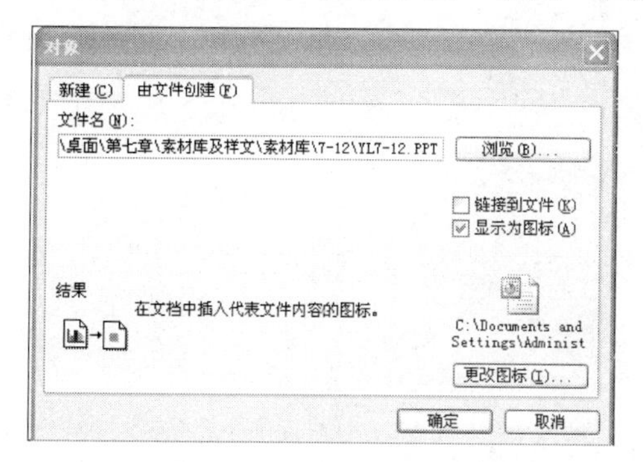

图 7-44　“对象”对话框

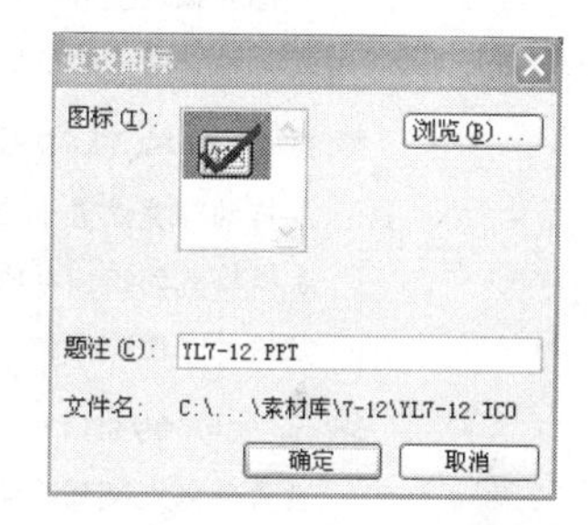

图 7-45　“更改图标”对话框

（3）选中插入图标，选择“格式”→“对象”命令，打开“设置对象格式”对话框，选择“大小”选项卡，取消选中“锁定纵横比”复选框，在“尺寸和旋转”栏设置“高度”为“3 厘米”，“宽度”为“4 厘米”；选择“版式”选项卡，在“环绕方式”栏中选择“浮于文字上方”方式，如图 7-46 和图 7-47 所示，单击“确定”按钮退出。

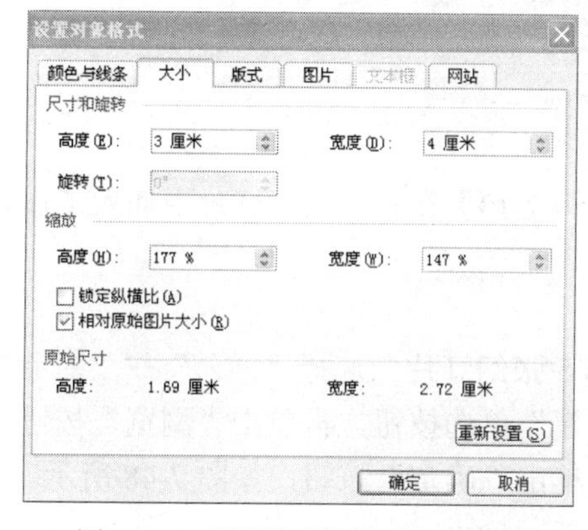

图 7-46　“设置对象格式”对话框

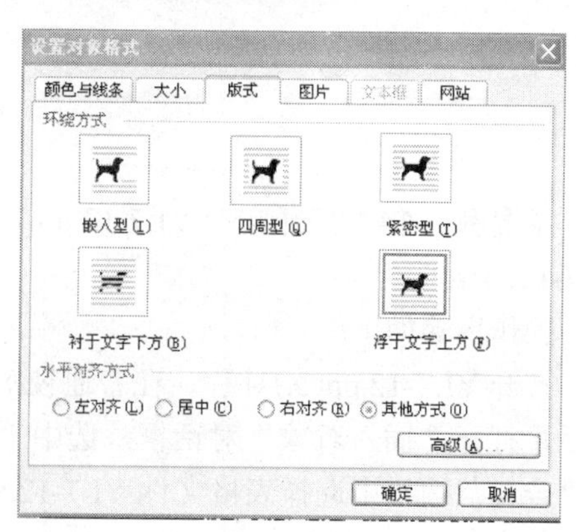

图 7-47　设置对象版式

【样例 7-12】

Office 办公软件培训介绍

课程介绍

操作系统应用

启动“资源管理器”

系统设置与优化

文档处理的基本操作

设置文档页面格式

设置文档编排格式

文档的插入设置

文档的整理、修改和保护

数据表格处理的基本操作

表格的环境设置于修改

表格格式的编排与修改

数据的管理与分析

演示文稿的制作

设置原始文稿页面格式

演示文稿插入设置

设置幻灯片放映

课程讲授

课程总结

【案例 7-14】打开文档 YL7-12.ppt，按照【样例 7-13】在第 5 张幻灯片中插入工作表 YL7-12.xls。

操作步骤如下：

打开 YL7-12.ppt 幻灯片，在普通视图中选中第 5 张幻灯片，选择“插入”→“对象”命令，打开“插入对象”对话框，选中“由文件创建”单选按钮，再单击“浏览”按钮，在“查找范围”中选择表格文件 YL7-12.xls 插入，单击“确定”按钮，如图 7-48 所示。

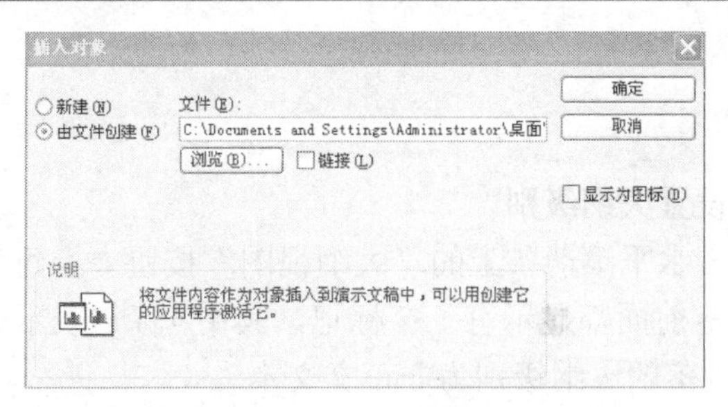

图 7-48　“插入对象”对话框

【样例 7-13】

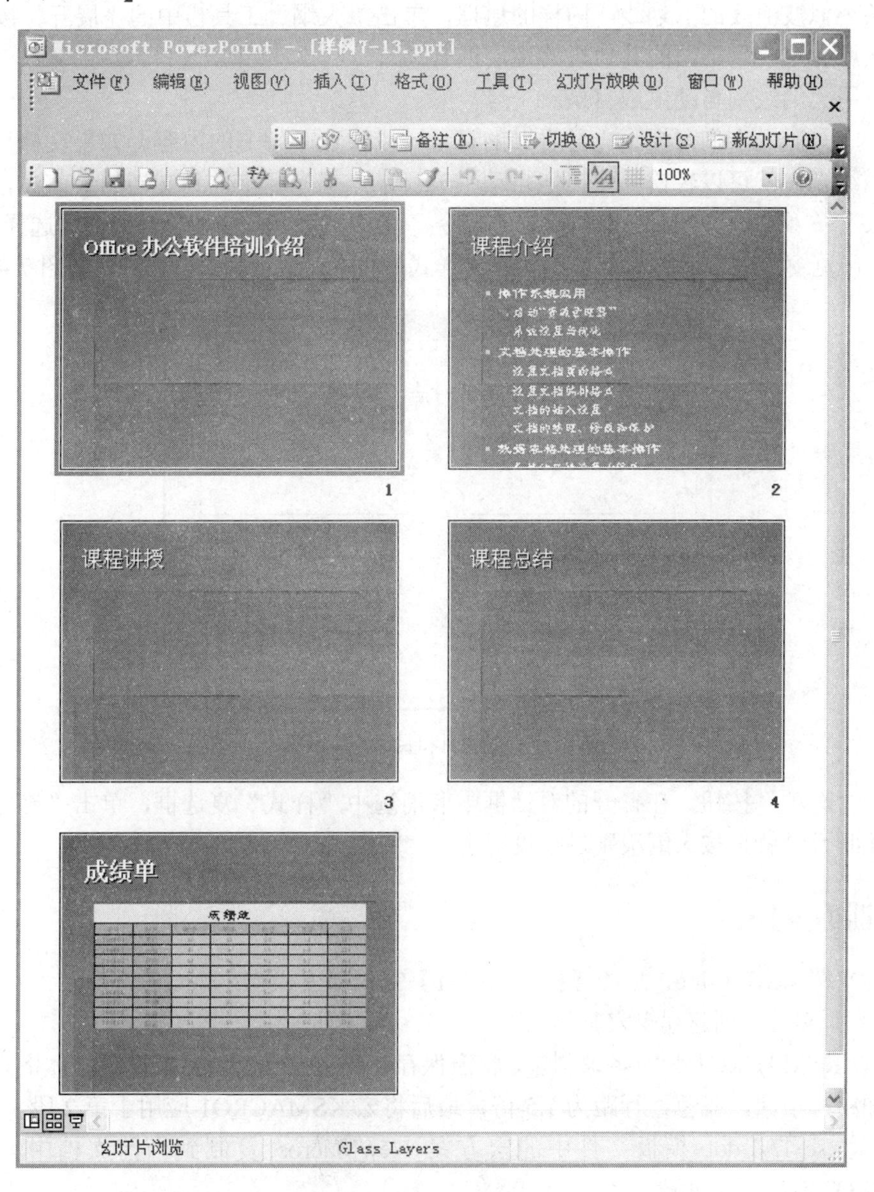

【知识拓展】

❖ 在大纲视图中设置大纲级别

打开一篇文档，单击水平滚动条上的“大纲视图”按钮，可将文档切换到大纲视图下。此时可发现每一段落前面都显示有一个标记，其中▫标记表示该段落的大纲级别为正文本文，✥标记表示该段落的大纲级别为非正文文本。

把光标定位在带有✥标记的段落前，单击“大纲”工具栏中的“折叠”按钮，可以把从属于该段落的其他级别段落和正文文本逐层折叠起来。完全折叠后，该段落的下面会出现一条类似波浪线的下划线。同样的道理，单击“大纲”工具栏中的“展开”按钮，可以把从属在该段落下面的其他段落逐层展开。

❖ 用大纲级别自动生成目录

看一本书时，人们习惯于先翻看书的目录，以快速了解书的内容。如果文档已经设置好了大纲级别，就可以轻松、快捷地自动生成目录。把光标定位到文档的最前面，然后选择“插入”→“引用”→“索引和目录”命令，打开“索引和目录”对话框，选择“目录”选项卡，预览窗口中显示的目录就是根据“样式”和“大纲级别”设置的，如图 7-49 所示。

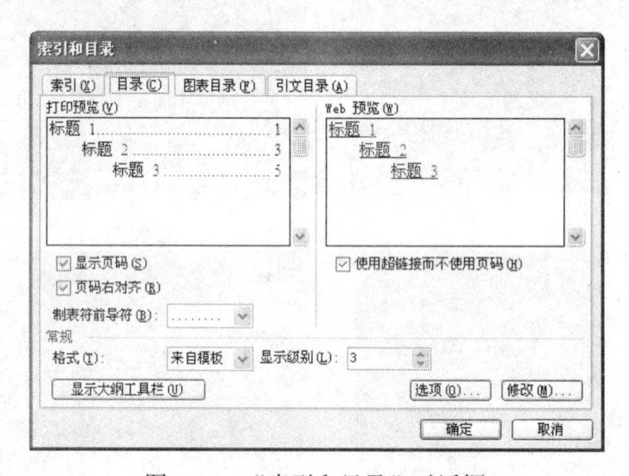

图 7-49　“索引和目录”对话框

单击“选项”按钮，在打开的对话框中取消选中“样式”复选框，单击“确定”按钮退出，此时目录就只按大纲级别进行设置了。

【实操训练 1】

打开文档 scxl7-1.doc，按照【样例 XL7-1】完成如下操作：

（1）在文档中创建编辑宏具体如下：

① 以 KSMACRO1 为宏名录制宏，将宏保存在当前文档中，要求设置字体格式为华文行楷，加粗，小四，蓝色，行距为 1.5 倍，最后将宏 KSMACRO1 应用于第 2 段。

② 将 scxl7-1.dot 模板文件中的宏方案 NewMacros 复制到当前文档中，并将宏 KSMACRO2 应用于第 4 段。

（2）在文档中插入视频文件。在文档的末尾插入视频文件 scxl7-1.WMV，设置对象格式为高 3.28 厘米，宽 4.52 厘米，浮于文字上方。

（3）文档中插入水印。在文档中创建“红花草”文字水印，并设置水印格式为黑体，尺寸为 120，颜色为红色、半透明，版式为斜式。

（4）在各种办公软件间转换文件格式。保存当前文档，并以网页（*.htm; *.html）文件类型另存文档，页面标题为“红花草”。

【实操训练 2】

打开文档 scxl7-2.doc，按照【样例 XL7-2】，完成如下操作：

（1）在文档中创建宏。以 Macro1 为宏名录制宏，将宏保存在当前文档中，要求设置字体格式为隶体，倾斜，小四，红色，行距为固定值，18 磅，并应用于第一段中。

（2）在文档中插入声音文件。具体如下：

① 在当前文档的末尾插入视频文件 scxl7-2.mid，替换图标为 scxl7-2.ICO，并设置对象格式为高 3 厘米，宽 5.01 厘米，版式为四周型。

② 激活插入到文档中的声音对象。

（3）在文档中插入水印。在文档中创建“春蚕”文字水印，并设置水印格式为宋体，尺寸为 105，颜色为绿色、半透明，版式为水平。

（4）在各种办公软件间转换文件格式。保存当前文档，并以网页（*.htm; *.html）文件类型另存文档，页面标题为“春蚕”。

【实操训练 3】

打开文档 scxl7-3.doc，并按照【样例 XL7-3】，完成如下操作：

（1）在文档中插入声音文件。具体如下：

① 在文件的末尾插入声音文件 scxl7-3.mid，替换图标为 scxl7-3.ICO，设置对象格式为高 2.01 厘米，宽 3.21 厘米。

② 激活插入到文档中的声音对象。

（2）使用外部数据。具体如下：

① 在当前文档下方插入 scxl7-3.xls，将“微型计算机的发展”工作表中的数据生成三维饼图图表工作表，再以 Excel 对象的形式粘贴至当前图表下面。

② 将第二图表中将图表类型更改为三维簇状柱形图，并为图表添加标题。

（3）在各种办公软件间转换文件格式。保存当前文档，并以纯文本（*.txt）类型另存文档。

【实操训练 4】

打开文档 scxl7-4.xls，并按照【样例 XL7-4】，完成如下操作：

（1）复制工作表。将 Sheet1 工作表复制到 Sheet2 中。

（2）录制宏。具体如下：

① 在 Sheet1 中运用单元格的绝对引用，以 Macro1 为宏名录制宏，将宏保存在当前工作簿中，要求设置单元格区域 A2:G11 的字体为华文行楷，字号为 12，颜色为蓝色；添加外边框线为细实线，内部框线为虚线。

② 在 Sheet2 中，运用单元格的相对引用以 Macro2 为宏名录制宏，创建快捷键为 Ctrl+m，将宏保存在当前工作簿中，要求设置单元格边框为红色的双实线，图案单元格底纹为青绿色。

（3）运行宏。在 Sheet2 中的单元格区域 C3:F11，用快捷键快速运行该宏。

（4）在各种办公软件间转换文件格式。保存当前文档，并以网页（*.htm; *.html）文件类型另存为文档，页面标题为“成绩单”。

【实操训练 5】

打开文档 scxl7-5.xls，并按照【样例 XL7-5】，完成如下操作。

（1）利用文档大纲创建演示文稿。具体如下：

① 以当前文档大纲结构在 PowerPoint 中创建 6 张幻灯片，将演示文稿应用设计模板 Kimono. pot。

② 为所有幻灯片的标题和文本预设百叶窗的动画效果，并将演示文稿命名为样例 scxl7-5.ppt。

（2）在演示文稿中插入声音文件。

打开样例 scxl7-5.ppt，在第 6 张幻灯片中插入声音文件 scxl7-5.mid，替换图标 scxl7-5.ICO，设置对象格式为高 7 厘米，宽 9 厘米。

（3）演示文稿中插入数据表或图表。打开样例 scxl7-5.ppt，在第 4 张幻灯片中插入图表 scxl7-5.xls。

【样例 XL7-1】

红花草

也许因为我在江南农村长期生活的缘故，我特别难忘那朴实无华的红花草。

红花草，也称紫云英，是一种生命力很强的草本植物。南方的水稻种植区，遍地都留它的足迹。现在早春季节，秋冬的农田毫无生机，顽强的红花草就从隔年的枯草杂间悄悄然探出头来。它那鲜绿的细叶，簇拥着浓叉，叔茎上开着一串串簇拥着的小红花，恰如举着一支小火把，把大地燃得通体红彤彤，真美。

然而，我对红花草的喜爱，还不单因为它那如火如荼的生命力，更在于它那朴实、崇高的情怀。

数九隆冬，万物萧疏，红花草却冲风冒雪地生长着，它的生命何等蓬勃！春暖花开，百花争艳，红花草又无意争春，默默无闻地扎根成长，它的品格何等谦逊！暮春降临，落英缤纷，红花草更到了全盛时期；这时，它的花深蕴着醇香，香气弥漫，空气好像渗进了糖丝，使无数蜜蜂为之癫狂，终日绕着它采蜜。驰誉中外的"紫云英蜜"，就从这时开始萌出那琥珀的柔光。一到插秧的季节，红花草又慷慨地被翻进土里，沤入水中，变成了好的绿肥，为迎接更大的丰收牺牲自己。

红花草，活着，无意争春，一心为美好生活酿蜜；死时，默默无闻，死得其所，给水恒的土地再添厚肥。是的，红花草不名贵，不明艳，也难入观赏之林，但它那火苗似的不熄的生命，所需极少、贡献殊多的无私奉献精神，不正是一种崇高人格的象征吗？

scxl7-1.WMV

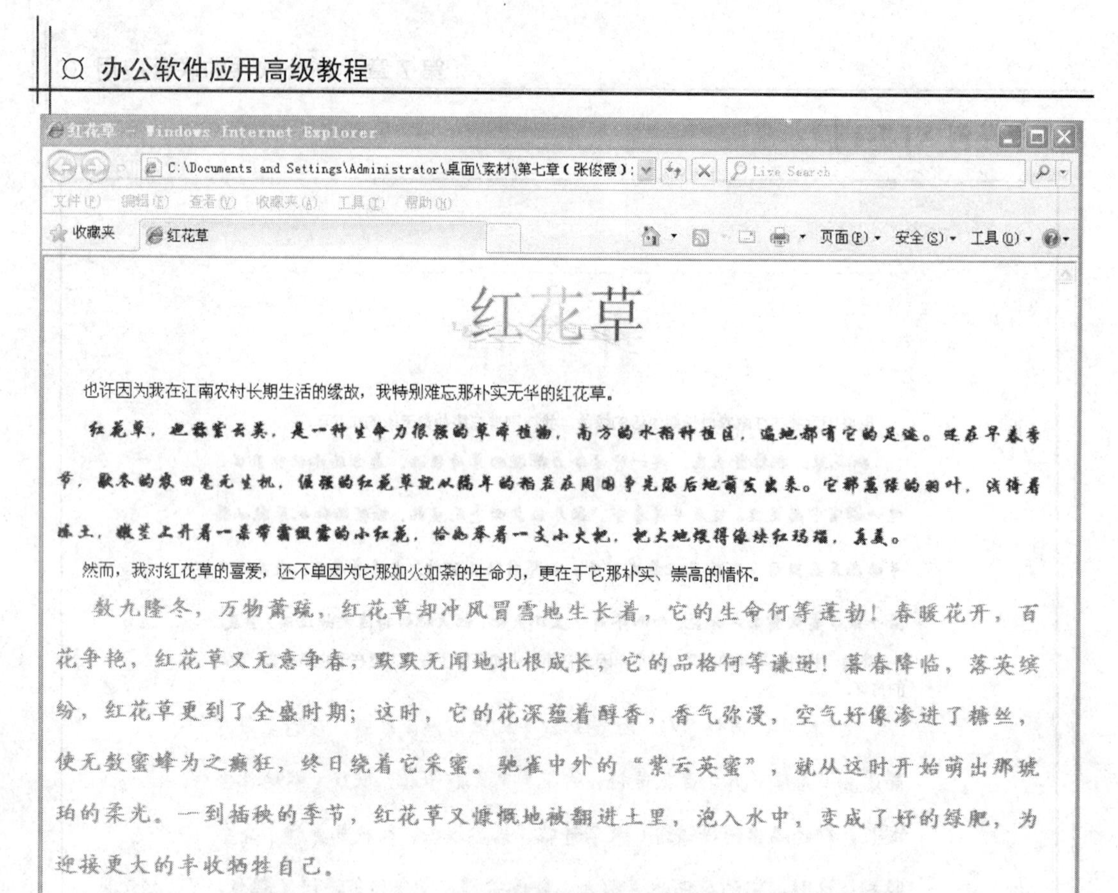
红花草 - Windows Internet Explorer
C:\Documents and Settings\Administrator\桌面\素材\第七章（张俊霞）:
Live Search
文件(F) 编辑(E) 查看(V) 收藏夹(A) 工具(T) 帮助(H)
收藏夹
红花草
页面(P) 安全(S) 工具(O)
红花草
也许因为我在江南农村长期生活的缘故，我特别难忘那朴实无华的红花草。
红花草，也称紫云英，是一种生命力很强的草本植物，南方的水稻种植区，遍地都有它的足迹。还在早春季节，歇冬的农田毫无生机，倔强的红花草就从隔年的稻茬在周围争先恐后地萌发出来。它那葱绿的细叶，浅倚着冻土，嫩茎上开着一朵带霜凝露的小红花，恰如举着一支小火把，把大地映得像块红玛瑙，真美。
然而，我对红花草的喜爱，还不单因为它那如火如荼的生命力，更在于它那朴实、崇高的情怀。
数九隆冬，万物萧疏，红花草却冲风冒雪地生长着，它的生命何等蓬勃！春暖花开，百花争艳，红花草又无意争春，默默无闻地扎根成长，它的品格何等谦逊！暮春降临，落英缤纷，红花草更到了全盛时期；这时，它的花深蕴着醇香，香气弥漫，空气好像渗进了糖丝，使无数蜜蜂为之癫狂，终日绕着它采蜜。驰誉中外的“紫云英蜜”，就从这时开始萌出那琥珀的柔光。一到插秧的季节，红花草又慷慨地被翻进土里，泡入水中，变成了好的绿肥，为迎接更大的丰收牺牲自己。
红花草，活着，无意争春，一心为美好生活酿蜜；死时，默默无闻，死得其所，给永恒的土地再添厚肥。是的，红花草不名贵，不明艳，也难入观赏之林，但它那火苗似的不熄的生命，所需极少、贡献殊多的无私奉献精神，不正是一种崇高人格的象征吗？

scxl7-1.WMV
完成
我的电脑
100%

【样例 XL7-2】

春　　蚕

蝴蝶，素有“飞动的花”的称号，可见它的美丽；金鱼，素有“水中之花”的美名，也可见它的漂亮。可是我既不爱那美丽的蝴蝶，也不爱那漂亮的金鱼，却爱朴实无华的春蚕。

春蚕，既没有华丽的衣衫，也没有动人的名字，但它的精神却是高尚的。它要求的，仅仅是几片桑叶，却默默无闻地为人类吐出宝贵的丝，一直吐到生命的最后一刻。

我家邻居养了些蚕。有一次，我目睹了蚕儿吐丝结茧的情景。它们蜕了四次皮之后，便开始了那不平凡的工作——吐丝。春蚕用吐出的又细又软的丝，把自己裹了一层又一层，结成椭圆形的茧后，它仍在里面吐呀，吐呀……直到最后。啊！春蚕，你就是这样结束了你短短的一生！真是“春蚕到死丝方尽”啊！

想到蚕儿不知疲倦地吐丝的景象，我不禁叹道：“春蚕，你为了造福人类，宁愿牺牲自己，这是多么高尚的精神啊！”爸爸深情地说：“是啊，人也应该这样，应该做一个为人民鞠躬尽瘁，死而后已的人。”

蚕儿死了，但春蚕吐丝的景象仍浮现在我的眼前。啊，春蚕，你永远活在我心里！

scxl7-2.mid

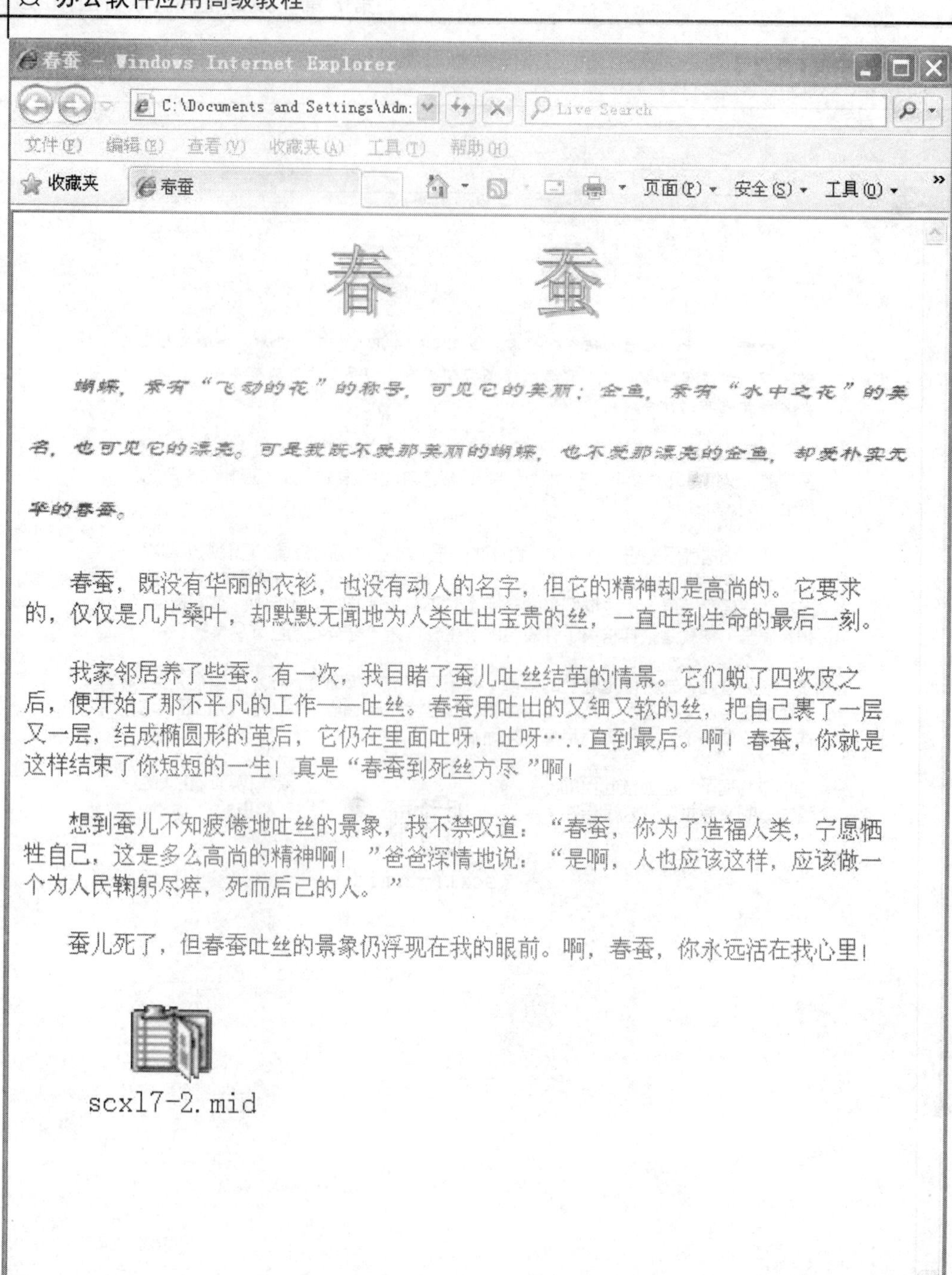

春蚕 - Windows Internet Explorer
C:\Documents and Settings\Adm:
Live Search
文件(F) 编辑(E) 查看(V) 收藏夹(A) 工具(T) 帮助(H)
收藏夹
春蚕
页面(P) 安全(S) 工具(O)
春 蚕
蝴蝶，素有“飞动的花”的称号，可见它的美丽；金鱼，素有“水中之花”的美名，也可见它的漂亮。可是我既不爱那美丽的蝴蝶，也不爱那漂亮的金鱼，却爱朴实无华的春蚕。
春蚕，既没有华丽的衣衫，也没有动人的名字，但它的精神却是高尚的。它要求的，仅仅是几片桑叶，却默默无闻地为人类吐出宝贵的丝，一直吐到生命的最后一刻。
我家邻居养了些蚕。有一次，我目睹了蚕儿吐丝结茧的情景。它们蜕了四次皮之后，便开始了那不平凡的工作——吐丝。春蚕用吐出的又细又软的丝，把自己裹了一层又一层，结成椭圆形的茧后，它仍在里面吐呀，吐呀…..直到最后。啊！春蚕，你就是这样结束了你短短的一生！真是“春蚕到死丝方尽”啊！
想到蚕儿不知疲倦地吐丝的景象，我不禁叹道：“春蚕，你为了造福人类，宁愿牺牲自己，这是多么高尚的精神啊！”爸爸深情地说：“是啊，人也应该这样，应该做一个为人民鞠躬尽瘁，死而后已的人。”
蚕儿死了，但春蚕吐丝的景象仍浮现在我的眼前。啊，春蚕，你永远活在我心里！
scxl7-2.mid
完成
我的电脑
100%

【样例 XL7-3】

计算机的发展

自 20 世纪 70 年代初第一个微处理器诞生以来，其性能和集成度几乎每两年提高一倍，而价格确降低一个数量级。发展方向：提高集成度，提高功能和速度，增加外围电路的功能和种类。

微型机的主要特点：体积小、重量轻、价格低廉、可靠性高结构灵活、应用面广、微型机核心部件 CPU 的发展

第一代 CPU（1971 年）：Intel4004（4 位）、Intel 4040、Intel 8008（8 位）、集成度约 2000 管/片，时钟频率 1MHz，平均指令执行时间约 20us；第二代 CPU（1973~1977 年）：Intel 8080/8085、Zilog Z80、Motorola 6800/6802、Rockwell 6502、集成度超过 5000 管/片，时钟频率 2-4MHz，平均指令执行时间 1~2us；第三代 CPU（1985 年 10 月）：intel80386（32 位）、集成度高达 27.5 万管/片，时钟频率 33MHz，平均指令执行时间 0.1us，寻址 4G 存储空间（因为为 32 位）；第四代 CPU（1989 年）：Intel 80486、集成度 120 万管/片，且把浮点处理部件和高速缓冲存储器也集成于内；第五代 CPU（1993 年）：Intel Pentium（32 位）、集成度高达 310 万管/片，时钟频率 150MHz。

1995~2005 年间，Intel 陆续推出 Pentium Pro、Pentium MMX、PentiumII、PentiumIII、PentiumIV。内部都是 32 位数据宽度，PentiumIV集成度达 6500 万管/片，时钟频率达 4.0GHz

2001 年 5 月，Intel 和 HP 公司合作推出 64 位的 Itanium，采用全新体系结构，内涵 128 个整数寄存器 128 个浮点寄存器，采用三级高速缓存，用 64 位的指令集，按指令并行技术运行。是当前最先进的微处理器。

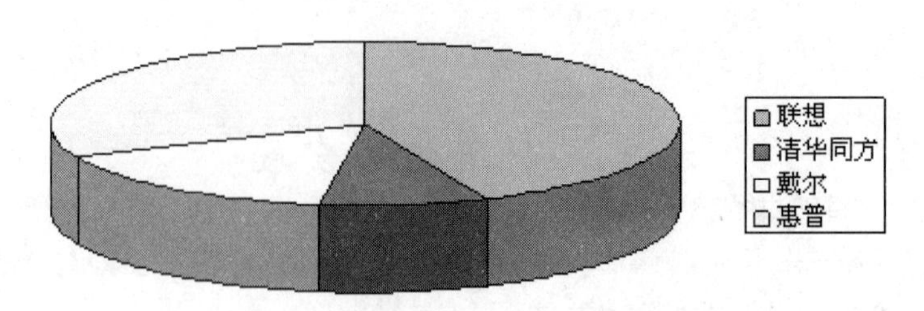

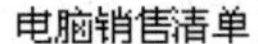

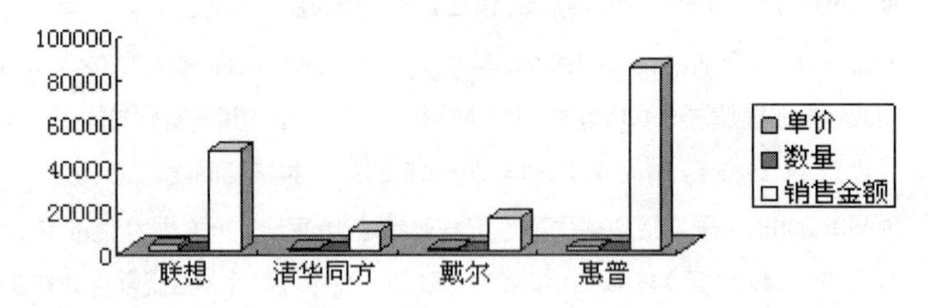

样例scxl7-3.txt - 记事本

文件(F) 编辑(E) 格式(O) 查看(V) 帮助(H)

计算机的发展

自20世纪70年代初第一个微处理器诞生以来，其性能和集成度几乎每两年提高一倍，而价格确降低一个数量级。发展方向：提高集成度，提高功能和速度，增加外围电路的功能和种类。

微型机的主要特点：体积小、重量轻、价格低廉、可靠性高结构灵活、应用面广、微型机核心部件CPU的发展

第一代CPU（1971年）：Intel4004(4位）、Intel 4040、Intel 8008（8位）、集成度约2000管/片，时钟频率1MHz，平均指令执行时间约20us；第二代CPU（1973~1977年）：Intel 8080/8085、Zilog?Z80、Motorola 6800/6802、Rockwell 6502、集成度超过5000管/片，时钟频率2-4MHz，平均指令执行时间1~2us；第三代CPU（1985年10月）：intel80386(32位)、集成度高达27.5万管/片，时钟频率33MHz，平均指令执行时间0.1us,寻址4G存储空间（因为为32位）；第四代CPU（1989年）：Intel 80486、集成度120万管/片，且把浮点处理部件和高速缓冲存储器也集成于内；第五代CPU（1993年）：Intel Pentium（32位）、集成度高达310万管/片，时钟频率150MHz。

1995~2005年间，Intel陆续推出Pentium Pro、Pentium MMX、PentiumⅡ、PentiumⅢ、PentiumⅣ。内部都是32位数据宽度，PentiumⅣ集成度达6500万管/片，时钟频率达4.0GHz

?2001年5月，Intel和HP公司合作推出64位的Itanium，采用全新体系结构，内涵128个整数寄存器128个浮点寄存器，采用三级高速缓存，用64位的指令集，按指令并行技术运行。是当前最先进的微处理器。

【样例 XL7-4】

Microsoft Excel - 样例scxl7-4.xls

文件(F) 编辑(E) 视图(V) 插入(I) 格式(O) 工具(T) 数据(D) 窗口(W) 帮助(H)

宋体 12

A25

	A	B	C	D	E	F	G
1	成绩单						
2	学号	姓名	数学	英语	物理	哲学	总分
3	200401	王红	90	88	89	74	341
4	200402	刘佳	45	56	59	64	224
5	200403	赵刚	84	96	92	82	354
6	200404	李立	82	89	90	83	344
7	200405	刘伟	58	76	94	76	304
8	200406	张文	73	95	86	77	331
9	200407	杨柳	91	89	87	84	351
10	200408	孙岩	56	57	87	82	282
11	200409	田笛	81	89	86	80	336

Sheet1 / Sheet2 / Sheet3

就绪 数字

Microsoft Excel - 样例scxl7-4.xls

文件(F) 编辑(E) 视图(V) 插入(I) 格式(O) 工具(T) 数据(D) 窗口(W) 帮助(H)

宋体 12

C24

	A	B	C	D	E	F	G
1	成绩单						
2	学号	姓名	数学	英语	物理	哲学	总分
3	200401	王红	90	88	89	74	341
4	200402	刘佳	45	56	59	64	224
5	200403	赵刚	84	96	92	82	354
6	200404	李立	82	89	90	83	344
7	200405	刘伟	58	76	94	76	304
8	200406	张文	73	95	86	77	331
9	200407	杨柳	91	89	87	84	351
10	200408	孙岩	56	57	87	82	282
11	200409	田笛	81	89	86	80	336

Sheet1 / Sheet2 / Sheet3

就绪 数字

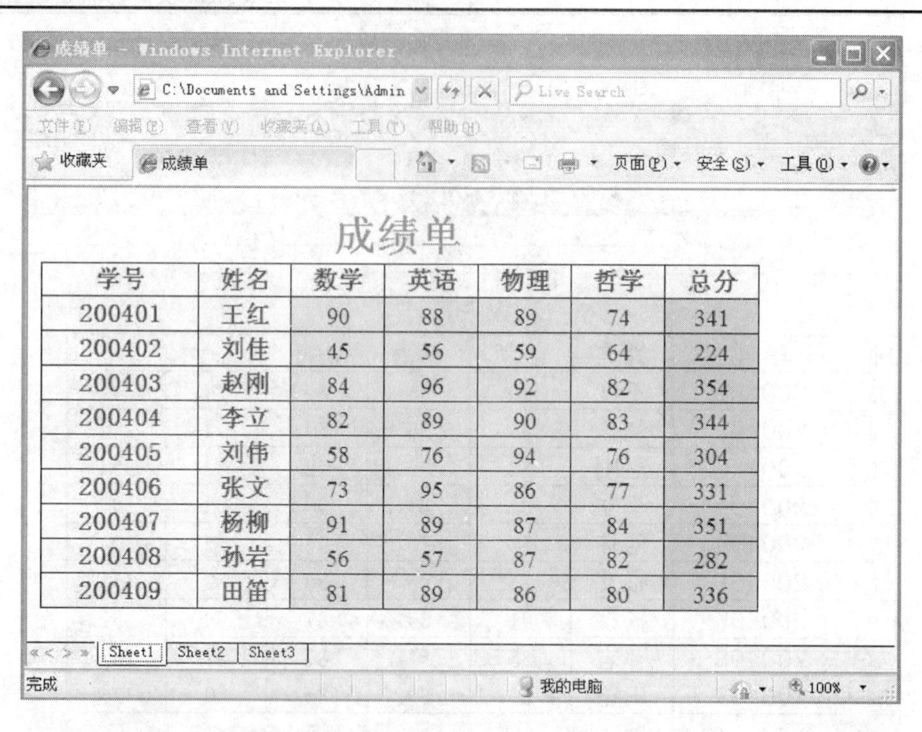

成绩单

学号	姓名	数学	英语	物理	哲学	总分
200401	王红	90	88	89	74	341
200402	刘佳	45	56	59	64	224
200403	赵刚	84	96	92	82	354
200404	李立	82	89	90	83	344
200405	刘伟	58	76	94	76	304
200406	张文	73	95	86	77	331
200407	杨柳	91	89	87	84	351
200408	孙岩	56	57	87	82	282
200409	田笛	81	89	86	80	336

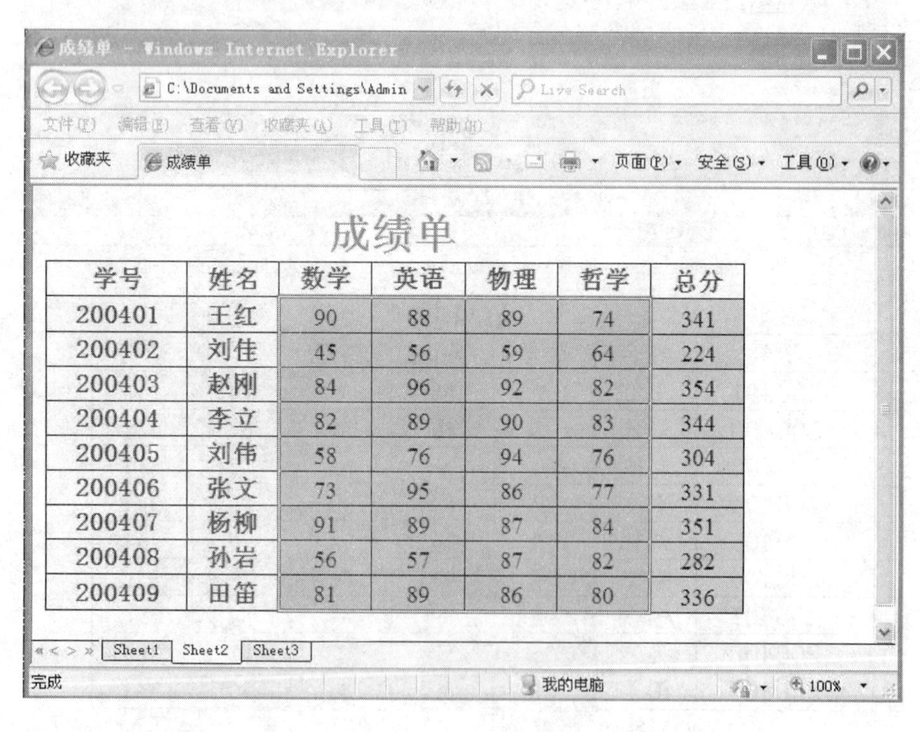

成绩单

学号	姓名	数学	英语	物理	哲学	总分
200401	王红	90	88	89	74	341
200402	刘佳	45	56	59	64	224
200403	赵刚	84	96	92	82	354
200404	李立	82	89	90	83	344
200405	刘伟	58	76	94	76	304
200406	张文	73	95	86	77	331
200407	杨柳	91	89	87	84	351
200408	孙岩	56	57	87	82	282
200409	田笛	81	89	86	80	336

【样例 XL7-5】

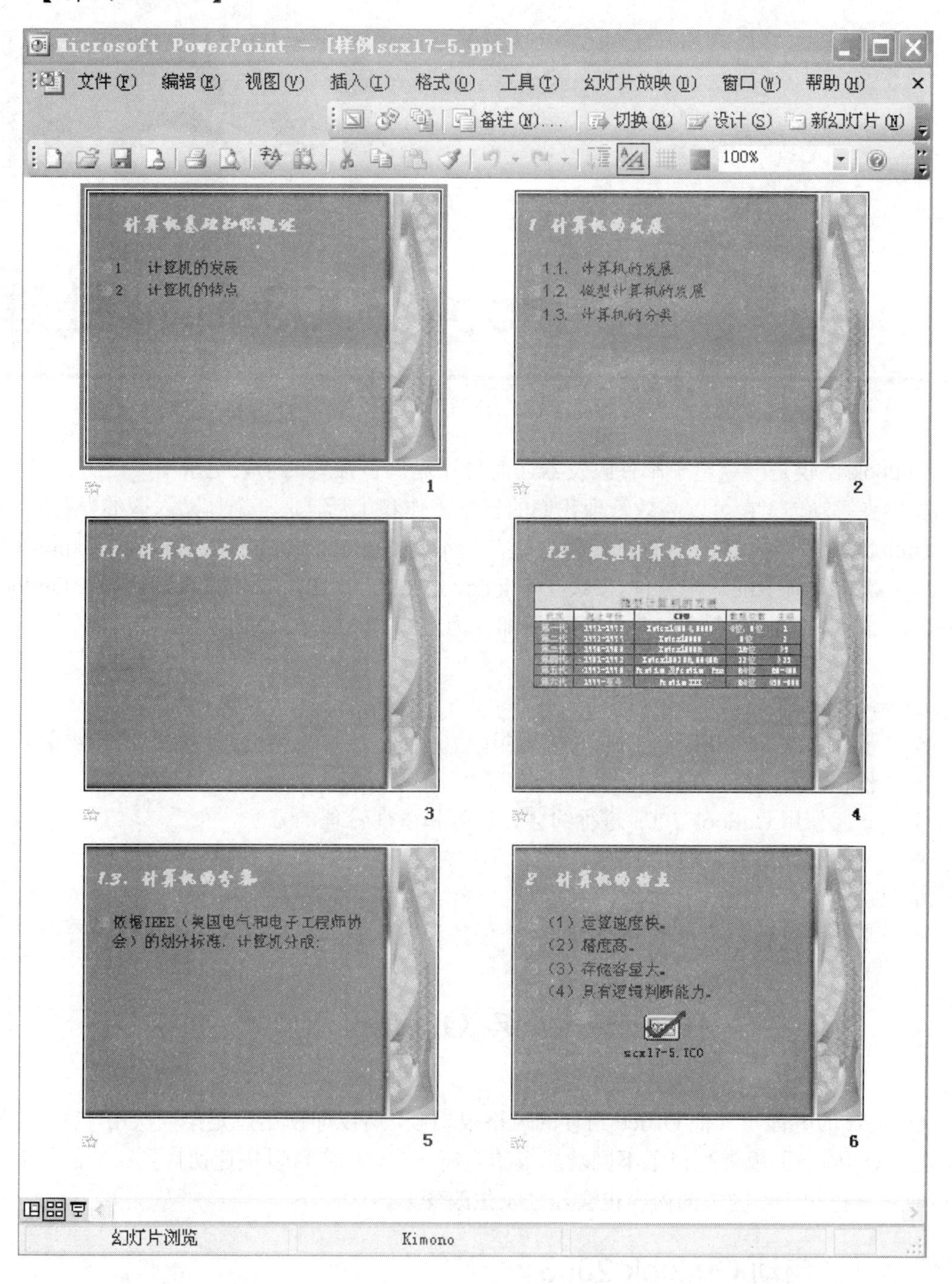
Microsoft PowerPoint - [样例scxl7-5.ppt]
文件(F) 编辑(E) 视图(V) 插入(I) 格式(O) 工具(T) 幻灯片放映(D) 窗口(W) 帮助(H)
备注(N)... 切换(R) 设计(S) 新幻灯片(N)
100%
计算机基础知识概述
1 计算机的发展
2 计算机的特点
1
1 计算机的发展
1.1. 计算机的发展
1.2. 微型计算机的发展
1.3. 计算机的分类
2
1.1. 计算机的发展
3
1.2. 微型计算机的发展
4
1.3. 计算机的分类
依据IEEE（美国电气和电子工程师协会）的划分标准，计算机分成：
5
2 计算机的特点
（1）运算速度快。
（2）精度高。
（3）存储容量大。
（4）具有逻辑判断能力。
scxl7-5.ICO
6
幻灯片浏览
Kimono

第8章

Outlook 2003 邮件处理

Outlook 不仅是一款电子邮件收发器，而且还提供了强大的个人记事本、日历、提醒、公用文件夹等功能，它可以高效管理我们的日常工作和生活，是一个体贴入微的办公助手。

Outlook 是微软 Office 软件的组件之一，而不是 Outlook Express。Outlook Express 是 Windows 操作系统中的一个组件，安装了 Windows 98/2000/XP 的操作系统都会自带 Outlook Express，它的功能比较简单，以收发电子邮件为主。

学习目标：

- ❖ 掌握 Outlook 2003 电子邮件账户的配置方法；导入与导出文件；邮件的发送、接收和转发方法。
- ❖ 掌握使用 Outlook 2003 进行约会、任务和事件管理的方法。
- ❖ 掌握通讯簿的操作方法。

重点难点：

- ❖ 邮件的发送、接收与转发；约会、任务和事件的创建与管理；通讯簿的管理。

任务 1　初识 Outlook 2003

Outlook 的界面与其他 Office 组件的风格很相似，所以即便用户是第一次用，也不会感到陌生。Outlook 面板上列出了不同功能组的快捷方式，用户可以快速切换到需要的界面下（这时工具栏和工作区中的内容也会随之发生改变）。

子任务 1　启动 Outlook 2003

【相应知识点】

启动 Outlook 2003 的常用方法有以下两种。

（1）单击任务栏上的“开始”按钮，选择“程序”→Microsoft Office → Microsoft Office Outlook 2003 命令，即可启动 Outlook 2003 程序。

（2）双击桌面上的 Outlook 2003 快捷图标，这是启动 Outlook 2003 最快捷的方法。

【技巧】若桌面上没有显示 Outlook 2003 的快捷图标，可通过以下方法添加：依次展开“开始”→“程序”→Microsoft Office 菜单项，右击 Microsoft Office Outlook 2003 命令，在弹出的快捷菜单中选择“发送到”→“桌面快捷方式”命令，即可在桌面上生成 Outlook 2003 的快捷图标。

子任务 2　配置 Outlook 2003 电子邮件账户

【知识点及案例】

要想使用 Outlook 收发电子邮件，首先需要在 Outlook 中设置好自己的电子邮件账户。否则，Outlook 无法连接到邮件服务器上，也无法收发邮件。

【案例 8-1】启动 Outlook 并配置电子邮件账户。

操作步骤如下：

（1）如果是第一次使用 Outlook，启动后会出现 Outlook 2003 启动向导，如图 8-1 所示。

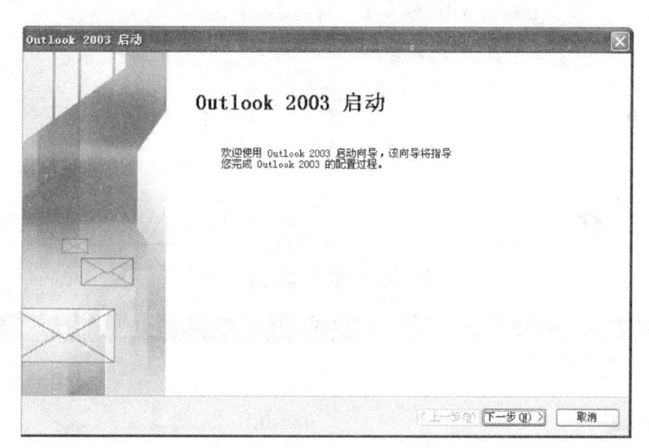

图 8-1　Outlook 2003 的启动界面

（2）单击“下一步”按钮，向导会询问是否配置电子邮件账户，默认的选项是配置，如图 8-2 所示。

（3）单击“下一步”按钮，开始配置服务器类型，如图 8-3 所示。这里，用户应根据个人邮箱的说明文档选择合适的服务器类型（国内一般使用 POP3 类型的邮件服务器）。

（4）单击“下一步”按钮，填写个人信息，如图 8-4 所示。“用户信息”栏用于设置个人姓名和电子邮件地址，这些信息将会出现在所发电子邮件之中；“服务器信息”栏用于设置接收邮件服务器和发送邮件服务器的名称，可从邮箱站点的帮助信息中查找到。注意，这里的所有信息都要仔细填写，否则可能导致 Outlook 2003 无法正常收发电子邮件。

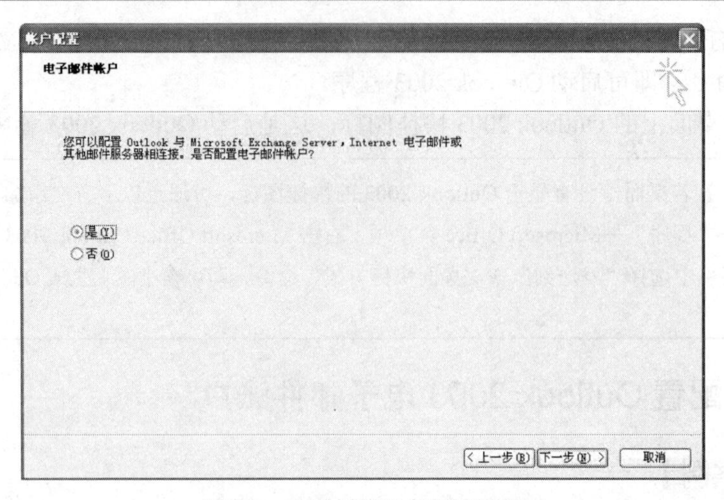

图 8-2　电子邮件账户配置界面

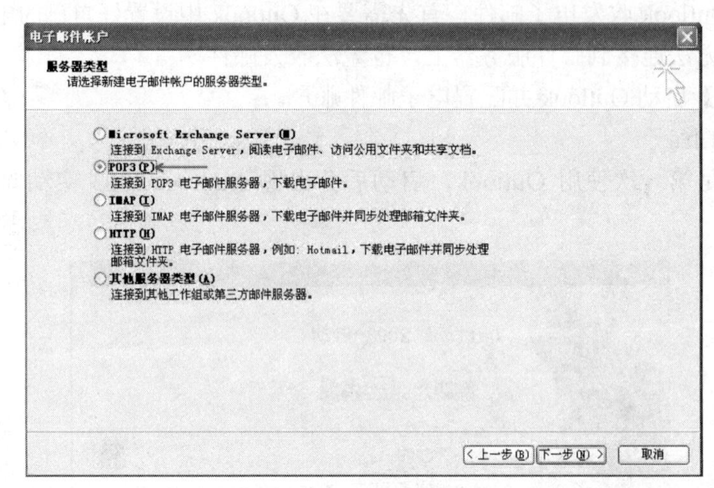

图 8-3　服务器类型选择界面

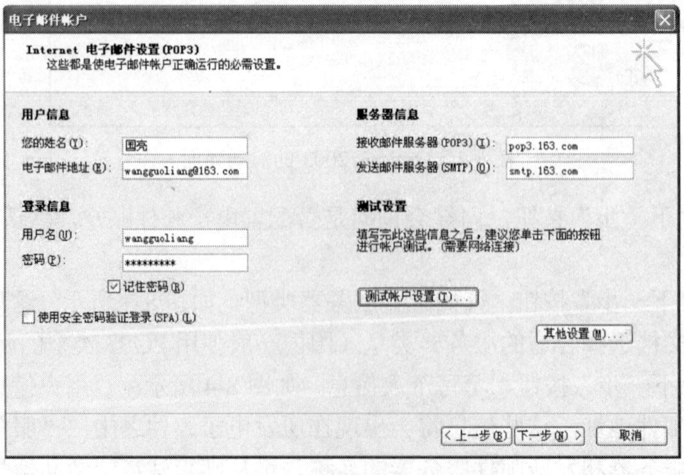

图 8-4　电子邮件个人信息填写

（5）测试账户设置是否正确。单击“测试账户设置”按钮，Outlook 2003 会自动连接邮件服务器，测试该电子邮件账户的设置是否能正常运作。测试通过后，单击“完成”按钮，即可完成电子邮件账户的配置。

【技巧】如果发现账户配置有误，可以选择“工具”→“电子邮件账户”→“查看或更改现有电子账户”→“更改”命令，更改以前输入的各项内容。

子任务 3　导入 PST 文件

【知识点及案例】

使用 Outlook 2003 时，往往需要将备份过的通讯簿、邮件等内容进行恢复，这就要用到导入文件功能。导入文件功能可以将备份好的文件快速还原到 Outlook 2003 中。

【案例 8-2】打开 Outlook 2003，并导入素材库中的 LX1.PST 文件。

操作步骤如下：

（1）选择“文件”→“导入和导出”命令，打开导入和导出向导。在“请选择要执行的操作”列表框中选择“从另一个程序或文件导入”选项，如图 8-5 所示，然后单击“下一步”按钮。

（2）打开“导入文件”对话框，设置要导入的文件类型为“个人文件夹文件（.pst）”，如图 8-6 所示，然后单击“下一步”按钮。

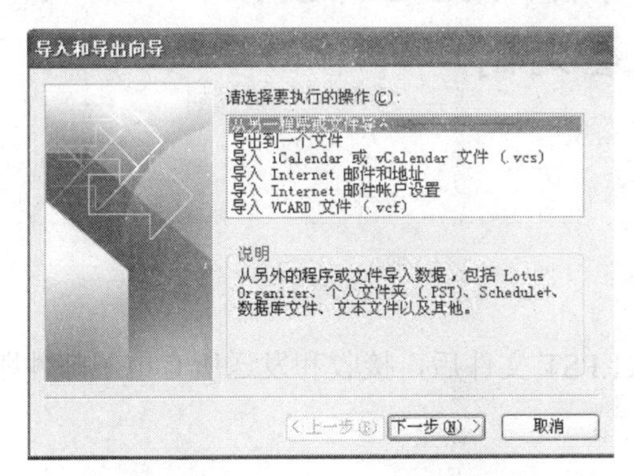

图 8-5　选择要执行的操作

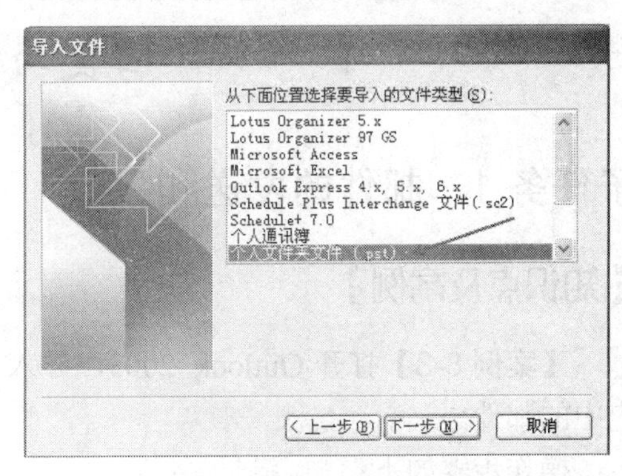

图 8-6　选择导入文件类型

（3）打开“导入个人文件夹”对话框，单击“浏览”按钮，在“查找范围”列表框中找到要导入的 LX1.PST 文件，单击“确定”按钮返回，再单击“下一步”按钮，如图 8-7 所示。

（4）设置导入位置为“个人文件夹”选项，选中“包括子文件夹”复选框，如图 8-8 所示，最后单击“完成”按钮。

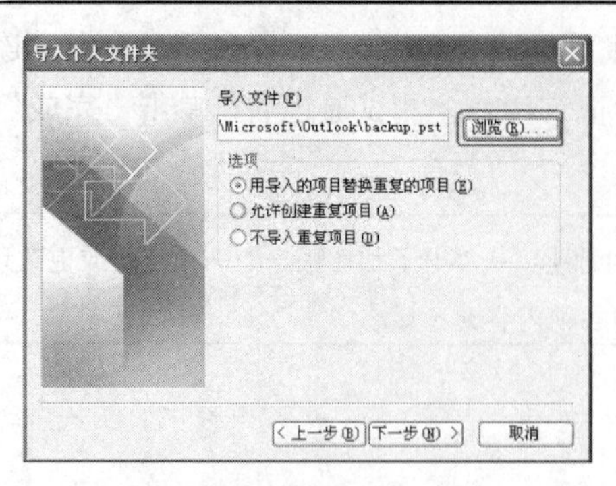

图 8-7　选择导入的文件

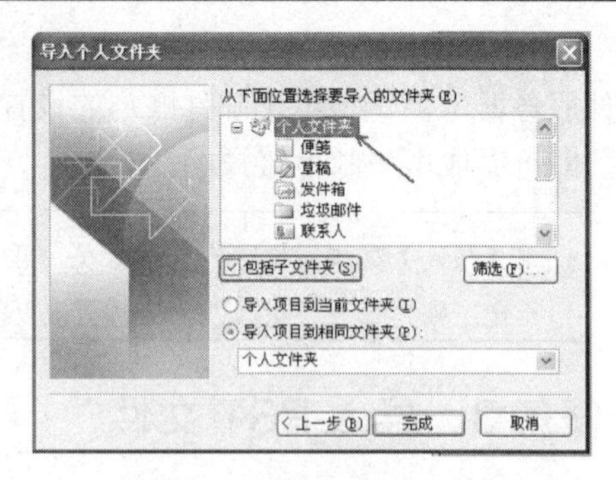

图 8-8　选择导入的位置

子任务 4　退出 Outlook 2003

【相应知识点】

退出 Outlook 2003 有多种办法，常用的有以下 3 种。

（1）单击标题栏右侧的“关闭”按钮，退出 Outlook 2003 程序。

（2）选择“文件”→“退出”命令，退出 Outlook 2003 程序。

（3）按 Alt + F4 快捷键，关闭当前 Outlook 2003 程序。

任务 2　Outlook 2003 邮件的发送、接收、回复与约会定制

子任务 1　邮件的发送和接收

【知识点及案例】

【案例 8-3】打开 Outlook 2003，导入 LX1.PST 文件后，接收和发送所有电子邮件账户中的邮件。

操作步骤如下：

选择“工具”→“发送和接收”→“全部发送/接收”命令，如图 8-9 所示，即可接收和发送所有电子邮件账户中的邮件。

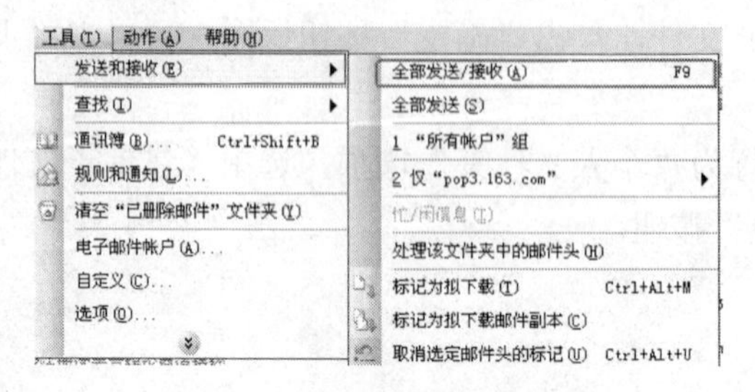

图 8-9　发送和接收全部邮件

【技巧】使用快捷键 F9，可以直接发送和接收邮件。

子任务 2　邮件的回复

【知识点及案例】

当接到其他人发来的邮件后，需要及时地对邮件进行回复。

【案例 8-4】打开 Outlook 2003，导入 LX1.PST 文件后，回复主题为“实践作品”的邮件，回复的内容为“你的作品我已经收到”，然后保存。

操作步骤如下：

（1）选中要回复的邮件，单击“答复发件人”按钮，如图 8-10 所示。

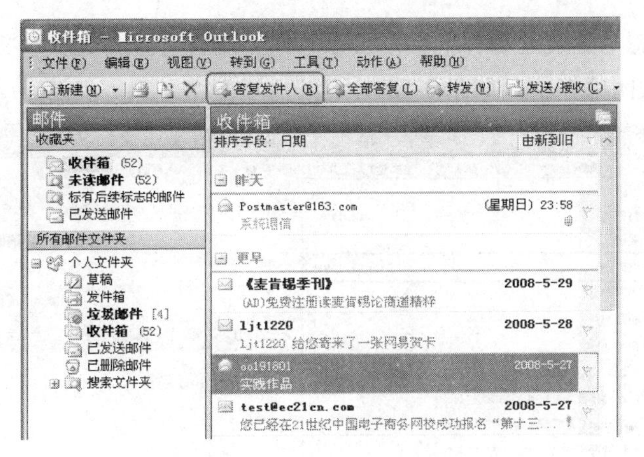

图 8-10　选择回复的邮件

（2）在邮件编辑区输入回复信息，如图 8-11 所示。

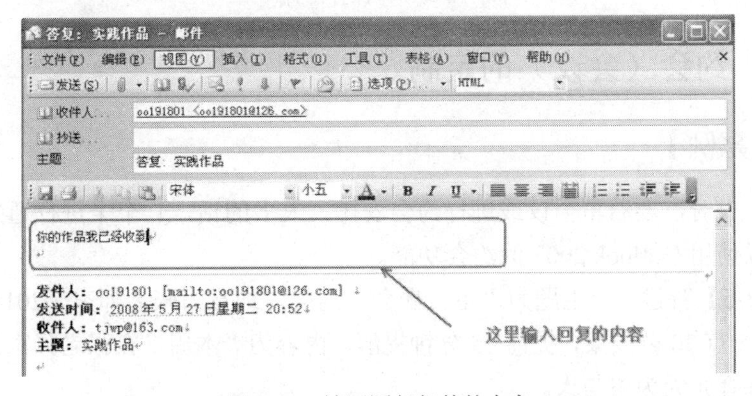

图 8-11　填写回复邮件的内容

（3）如果需要在邮件中添加其他文件、声音或视频，可以单击“添加附件”按钮，选中要插入的文件后单击“确定”按钮，这时候可以看到我们要添加的文件已经添加到邮件中了，如图 8-12 所示。

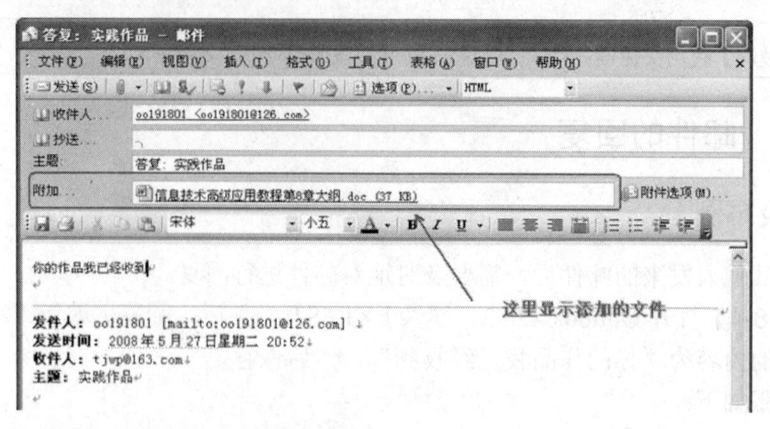

图 8-12　添加邮件附件

（4）如果不想马上发送邮件的话，可以暂时将邮件存盘，选择“文件”→“保存”命令，然后就可以关闭邮件了，如图 8-13 所示。

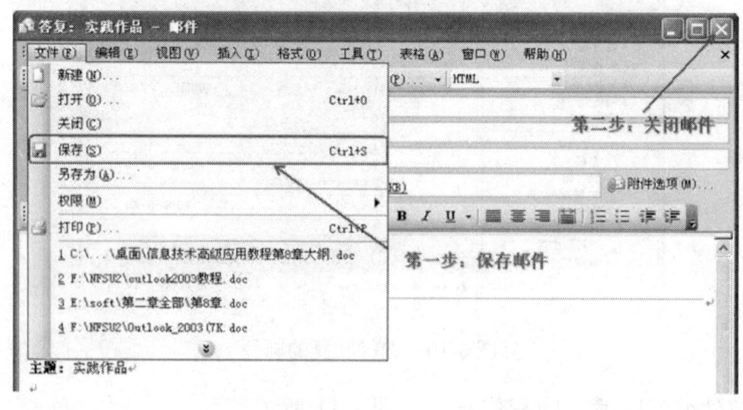

图 8-13　保存邮件

子任务 3　约会（会议）的定制

【知识点及案例】

工作中，有时需要召集会议或进行约会安排。人多的话，一个个进行通知将会非常麻烦，这时可以使用 Outlook 2003 的约会功能。

【案例 8-5】新建一个主题为“生日聚会”约会，地点为张老师家，2013 年 2 月 5 日 15 点开始，15 点 30 分结束，提前 15 分钟提醒，内容为“本周二在张老师家为张老师庆祝生日”，并选择张天为参与人。

操作步骤如下：

（1）选择“文件”→“新建”→“约会”命令，打开“约会”窗口，如图 8-14 所示。

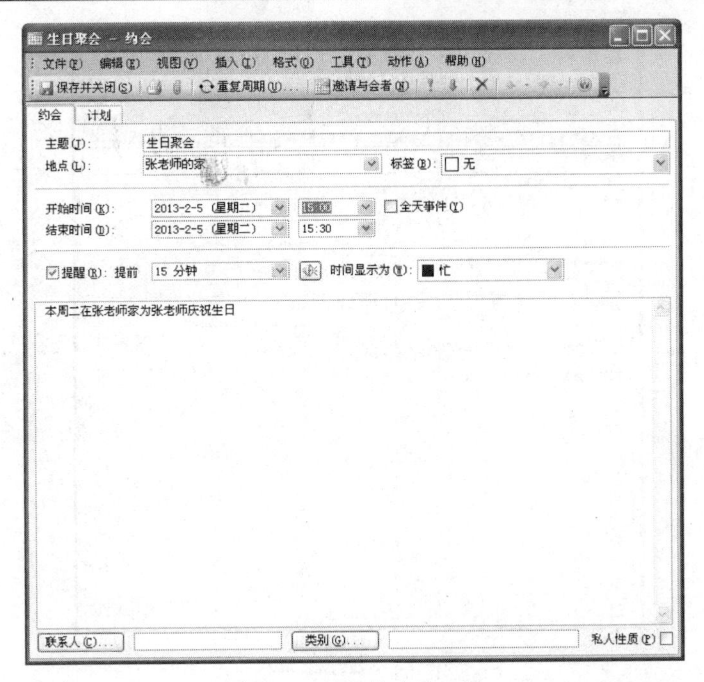

图 8-14　输入约会的内容

在“主题”文本框中输入“生日聚会”，在“地点”文本框中输入“张老师的家”。在“开始时间”栏填写约会开始的时间，这里输入“2013-2-5（星期二）”和“15:00”。在“结束时间”栏中填写会议的大概结束时间，这里输入“2013-2-5（星期二）”和“15:30”。“开始时间”和“结束时间”也可以在下拉列表中选择，但下拉列表中仅提供了整点和半点时间，其他时刻仍需手动输入。另外，约会结束时间有可能提前或者推迟，这里只是填写一个预期结果，以便于安排约会之后的事情。

如果本次约会全天都要进行，可选中“全天事件”复选框。此时，只能进行日期的设置，不能进行具体时刻的设置。

（2）输入约会的大致内容，这里输入“本周二在张老师家为张老师庆祝生日”。

（3）设置约会提醒。选中“提醒”复选框，设置提前 15 分钟提醒约会。

此时，已建立好了一个新的会议提醒，单击“保存并关闭”按钮即可。

单击“重复周期”按钮，可以设定约会的循环周期，可以是按天、按周、按月或按年进行循环。

日常工作中，召开会议前，通常需要邀请其他人。而 Outlook 2003 同样为我们提供了方便的邀请与会者的功能，只需要简单几步，即可邀请大家都来参加你的会议。

单击“邀请与会者”按钮，之前的窗口会发生一些变化，增加了“收件人”一栏，如图 8-15 所示。在此输入需要参加本次会议的人的电子邮箱地址，或单击收件人按钮，选择相应的接收人。最后，单击“发送”按钮，一个约会邀请便发送成功了。如果暂时不想发送的话，也可以选择“文件”→“保存”命令，将这个约会暂时保存起来。

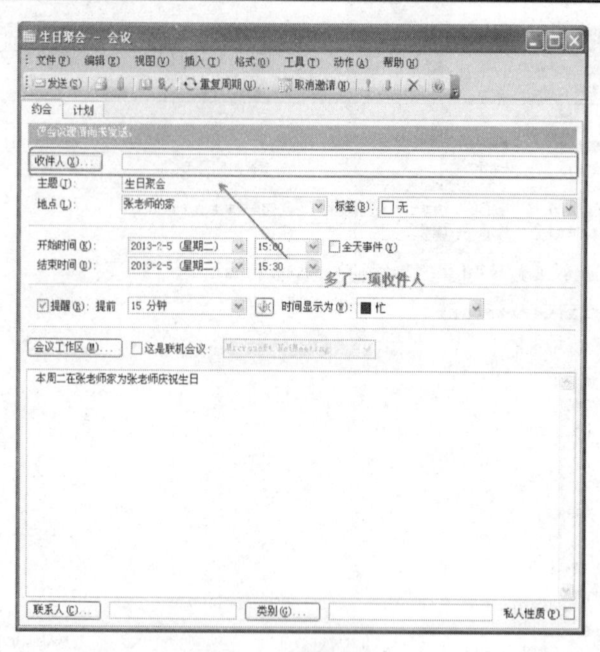

图 8-15 选择参加人

任务 3 通讯簿操作

日常生活中，我们会将一些常用的电话记在电话本中，以便能随时查阅。Outlook 2003 的“联系人”列表也具有相似的功能，其通讯簿不仅能记录亲朋好友的电子邮箱，还可以记录他们的电话号码、联系地址和生日等信息。

子任务 1 新建联系人

【知识点及案例】

【案例 8-6】新建一个联系人，姓名为王东健，部门为研发部，职务为经理，单位为北京顺畅电子科技有限公司，商务电话是 010-23442123，住宅电话是 010-54342213，商务传真是 010-25332498，移动电话是 13822912123，地址为北京市西城区西单大街 20 号，邮编为 100023，电子邮件地址为 wangdongjian@163.com。

操作步骤如下：

选择“新建”→“联系人”命令，打开“联系人输入”窗口，如图 8-16 所示。输入联系人信息，单击“保存并关闭”按钮。

> 【技巧】在邮件浏览区中，在发件人名称上单击鼠标右键，在弹出的快捷菜单中选择“添加到 Outlook 联系人”命令，可快速创建一个新的联系人。

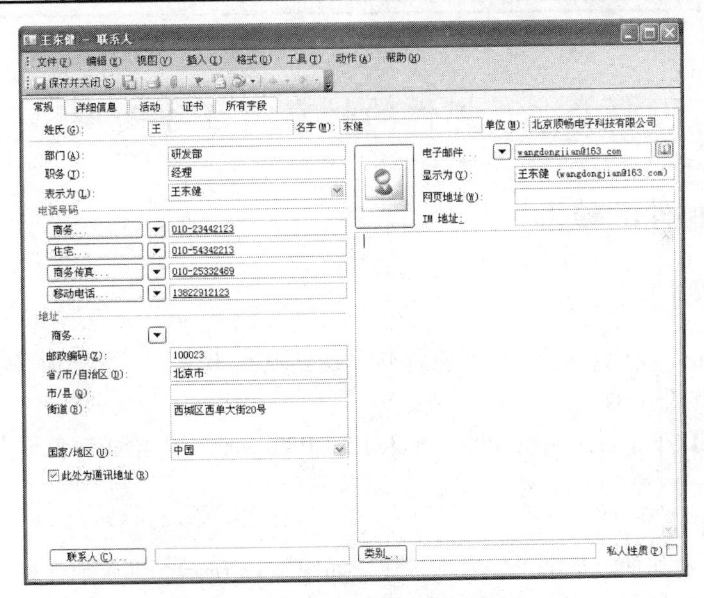

图 8-16　输入联系人的各项信息

子任务 2　修改联系人

【知识点及案例】

【案例 8-7】打开 Outlook 2003，导入 LX1.PST 文件后，修改通讯簿中王东健的个人信息。

操作步骤如下：

选择“联系人”选项卡，双击要修改的联系人，如图 8-17 所示，打开“编辑联系人”窗口，修改联系人信息后单击“保存”按钮退出即可。

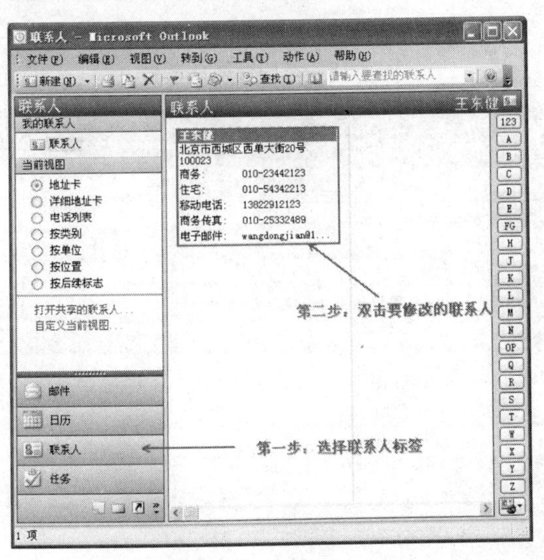

图 8-17　修改联系人

任务 4　邮件的转发与任务安排

子任务 1　邮件的转发

【知识点及案例】

对于某些邮件我们收到以后需要将其发送给其他联系人，这个时候我们可以使用 Outlook 2003 的转发功能。

【案例 8-8】打开 Outlook 2003，导入 LX1.PST 文件后，给王东健转发主题为“实践作品”的邮件。

操作步骤如下：

选中要转发的邮件，单击“转发”按钮，如图 8-18 所示，进入邮件编辑页面，重新选择或输入收件人邮箱后，单击“发送”按钮即可将刚才选定的邮件转发出去，如图 8-19 所示。如果暂时不想发送的话，可以选择“文件”→“保存”命令，将邮件存盘。

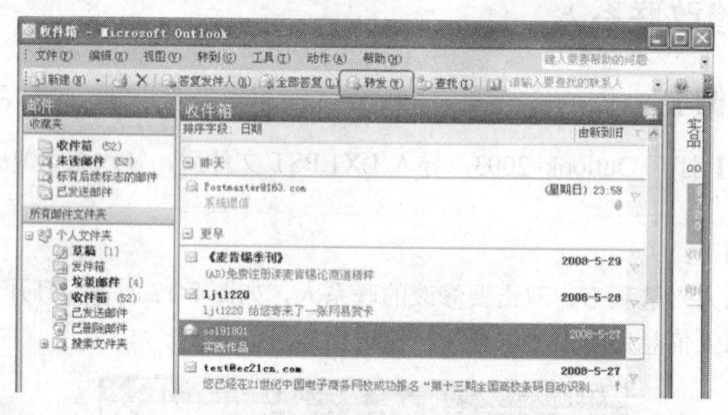

图 8-18　选中转发的邮件

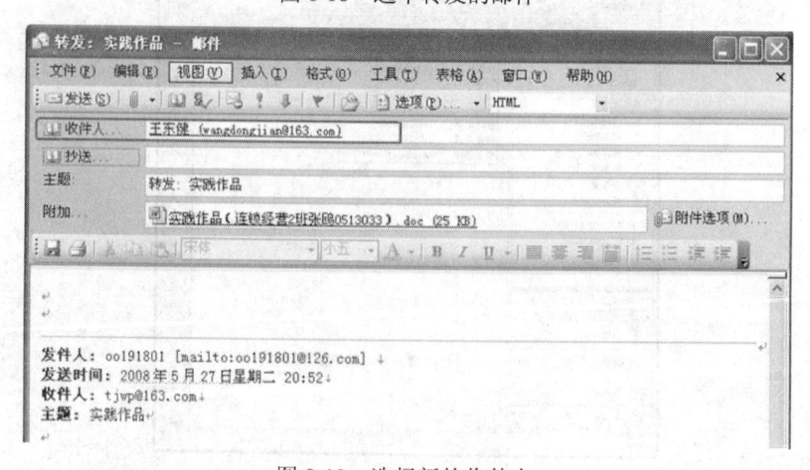

图 8-19　选择新的收件人

子任务 2　任务的安排

【知识点及案例】

任务是一项与人员或工作相关的事务，在完成过程中要对其进行跟踪。任务可发生一次或重复执行。定期任务可按固定间隔重复执行，或在标记的任务完成日期基础上重复执行。

【案例 8-9】创建“新品种研究工作”任务，开始日期为“2013 年 2 月 6 日”，结束时间为“2013 年 2 月 28 日”，内容为“进行新品种的研究工作，争取月底完成”。

操作步骤如下：

选择“文件”→“新建”→“任务”命令，打开任务安排窗口，如图 8-20 所示。输入相应的内容后，单击“保存并关闭”按钮。

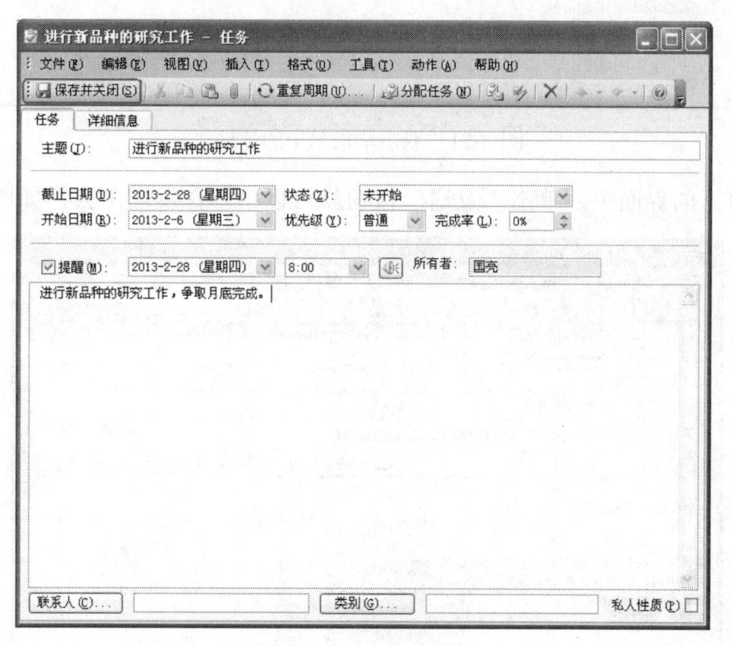

图 8-20　填写任务信息

任务 5　发送邮件、任务指派和安排事件

子任务 1　发送邮件

【知识点及案例】

【案例 8-10】打开 Outlook，导入 LX1.PST 文件后，发送草稿箱中主题为“实践作品”的邮件。

操作步骤如下：

（1）在草稿箱中找到以前保存过的邮件，如图 8-21，然后双击该邮件打开邮件编辑界面。

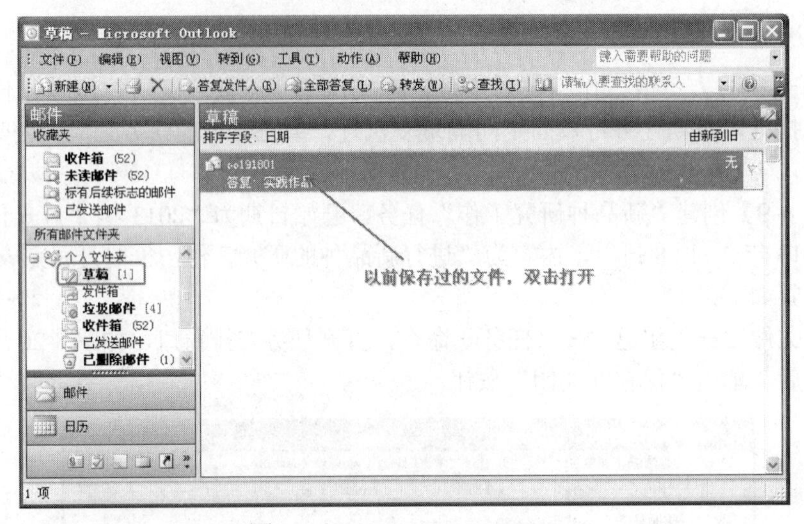

图 8-21　双击草稿箱中的邮件

（2）在打开的界面中，单击“发送”按钮就可以将邮件发送出去，如图 8-22 所示。

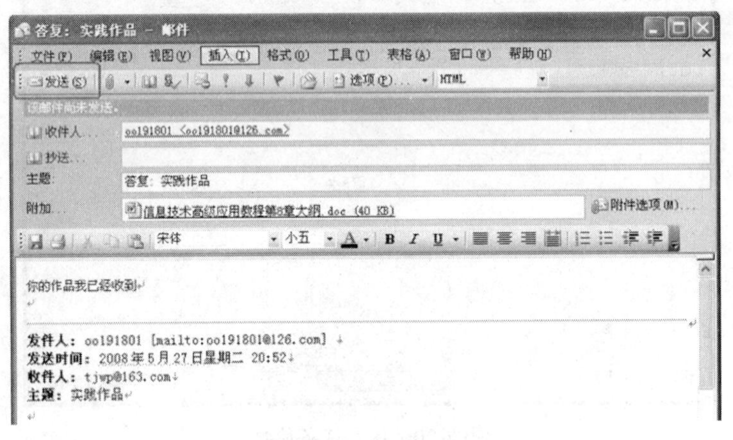

图 8-22　发送邮件

子任务 2　任务指派

【知识点及案例】

建立好任务以后，可以通过任务指派将任务分配给某人。

【案例 8-11】分配“进行新品种研究工作”任务给张天。

操作步骤如下：

（1）选择“任务”选项卡，选中要指派的任务“进行新品种的研究工作”，然后选择

"动作"→"新任务要求"命令，如图 8-23 所示。

图 8-23 选择要分配的任务

（2）打开"进行新品种的研究工作"任务的界面，在"收件人"一栏中填写张天的邮箱地址，即可将该任务重新指派给张天，如图 8-24 所示。

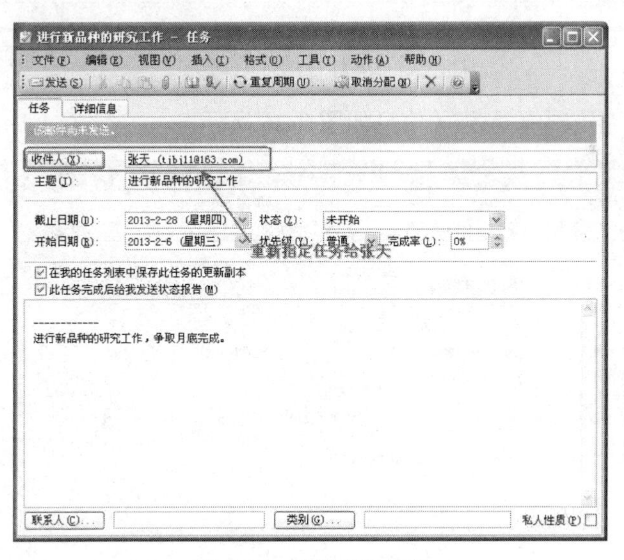

图 8-24 重新分配任务

子任务 3 安排事件

【知识点及案例】

在 Outlook 2003 中，还可以对待办的事件进行合理安排。

【案例 8-12】新建"2013 年教材展览会"的全天事件，地点在"一楼大礼堂"，开始时间为"2013 年 2 月 4 日"，提前 18 个小时提醒，内容为"定于 2013 年 2 月 4 日全天展览出版社的各种教材”。

操作步骤如下：

（1）选择“日历”选项卡，打开日历选择面板，选择事件发生的日期，然后选择“动作”→“新建全天事件”命令，如图 8-25 所示。

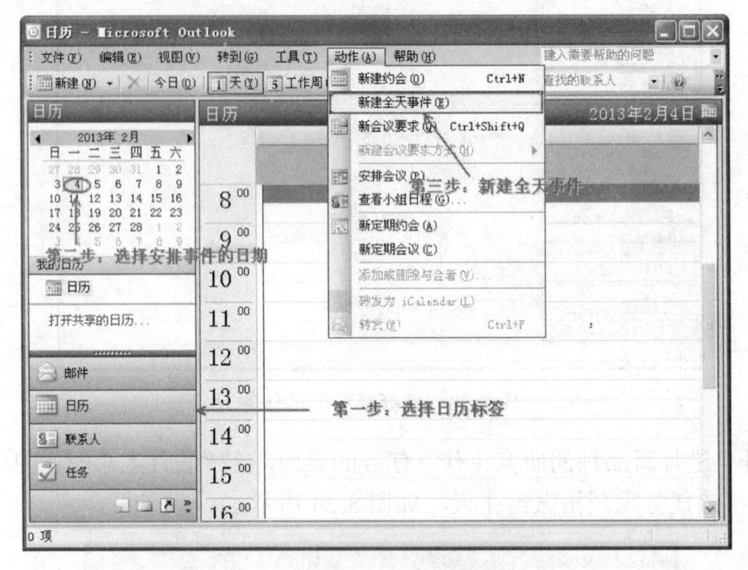

图 8-25　选择日期并新建事件

（2）在打开的窗口中输入相关信息如图 8-26 所示。

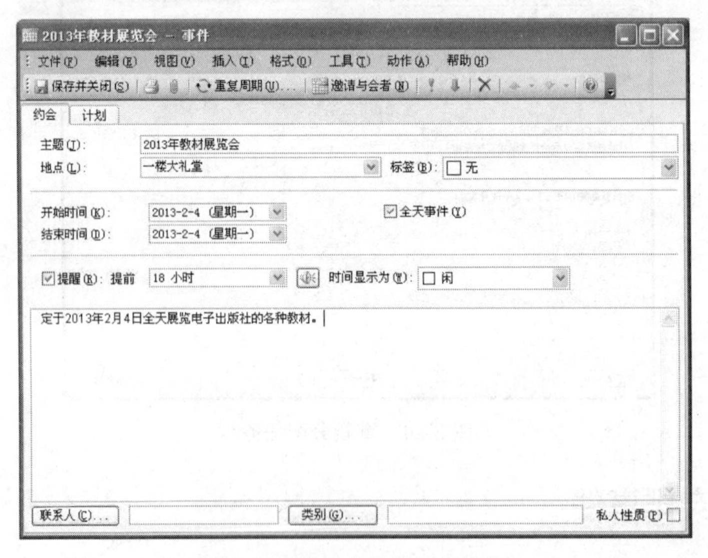

图 8-26　输入事件的相关信息

（3）如果需要通知其他人则单击“邀请与会者”按钮，单击收件人或者输入收件人的邮箱地址就可通知其他人，输入完毕以后单击“保存并关闭”按钮即可。

【知识拓展】

Outlook 中有三个基本概念：约会、事件和任务，很多人搞不清楚它们之间的区别，这里简要说明一下。

约会指的是有明确发生时刻的事项；事件指的是有确定发生日期的事项；任务指的是执行时间待定的事项。例如，我定在今天 12:10-12:40 吃中午饭，这个事项就是“约会”；我这个星期天要洗衣服，但是白天洗还是晚上洗，现在还不能确定，这就是“事件”；我最近打算买一台新电脑，可能是这个月，也可能是下个月，时间待定，这就是“任务”。

任务 6　创建新邮件、响应任务和邮件排序

子任务 1　创建新邮件

【知识点及案例】

【案例 8-13】新建一封“周末去郊游”邮件，发送给王东健，抄送给张天，内容为“定于本周日上午 8 点在广川大厦集合，一起去郊游”。

操作步骤如下：

选择“文件”→“新建”→“邮件”命令，打开新建邮件窗口，如图 8-27 所示。在“收件人”栏中输入王东健的邮箱地址，在“抄送”栏中输入张天的邮箱地址，单击“添加附件”按钮，可以将文件、声音、图片等文档当做附件添加到邮件中去，这里添加“郊游安排”文档。最后，单击“发送”按钮，即可将邮件发送出去。

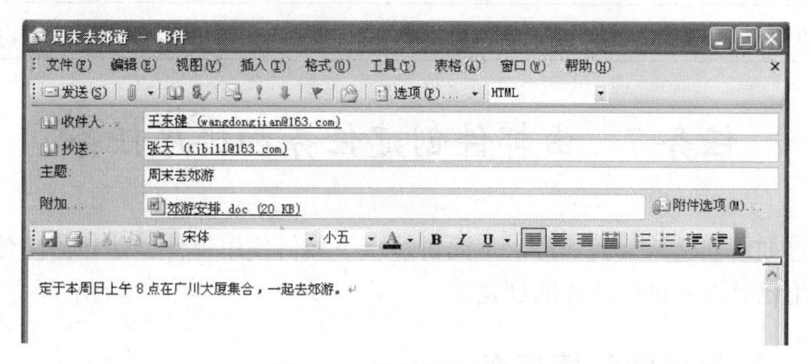

图 8-27　输入新邮件信息

子任务 2　响应任务

【相应知识点】

在“收件箱”邮件列表中双击含有任务内容的邮件，打开邮件窗口。

在“常用”工具栏中单击“拒绝”按钮。（注：如果打开“拒绝任务”对话框，则选

中“立即发送响应”单选按钮，单击“确定”按钮。）

子任务 3　邮件排序

【知识点及案例】

在收件箱中可以根据重要性、发件人、主题、接收时间、邮件大小和后续标志进行排序。

【案例 8-14】打开 Outlook 2003，导入 LX1.PST 文件后，按照主题升序对收件箱中的邮件进行排序，结果如图 8-28 所示。

操作步骤如下：

打开收件箱，单击“主题”按钮，即可将邮件按照主题进行排序，如图 8-28 所示。

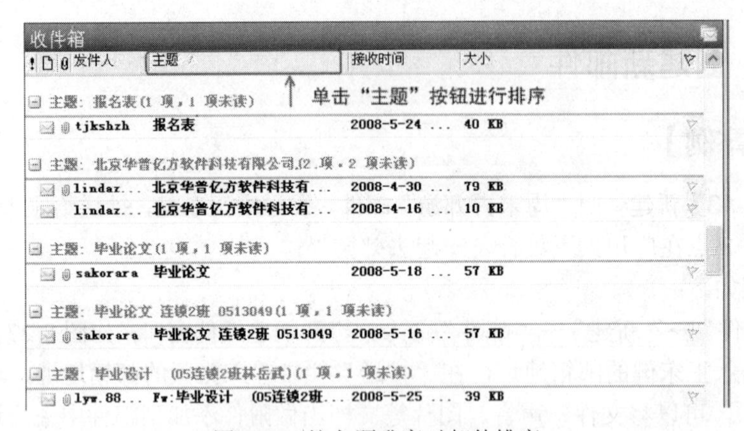

图 8-28　按主题升序对邮件排序

【提示】如果想要对邮件进行降序排序的话，只需要再次单击要排序的内容即可。

任务 7　由邮件创建任务和排序任务

前面讲过如何创建一个新任务，下面讲解一下如何使用邮件创建任务，使用邮件创建任务可以利用已有内容进行任务的创建。

子任务 1　利用邮件创建任务

【知识点及案例】

【案例 8-15】打开 Outlook 2003，导入 LX1.PST 文件后，利用“参加舞会”邮件创建任务。结果如图 8-30 所示。

操作步骤如下：

（1）打开收件箱，选中要创建任务的邮件，按住鼠标左键不放将其拖动到“任务”选项卡上，如图 8-29 所示。

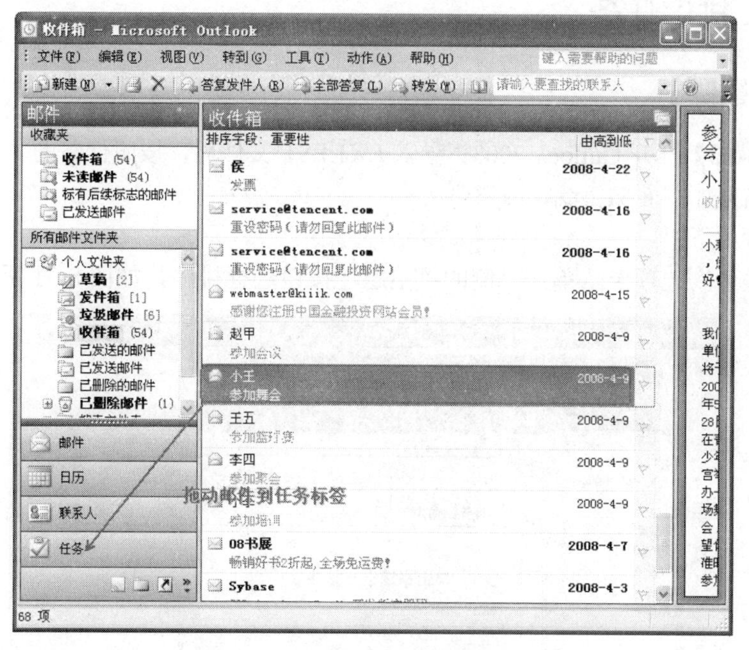

图 8-29　选中邮件并拖动到任务标签

（2）在打开的“参加舞会-任务”窗口中对任务进行相应编辑，如图 8-30 所示，编辑完毕后单击“保存并关闭”按钮。

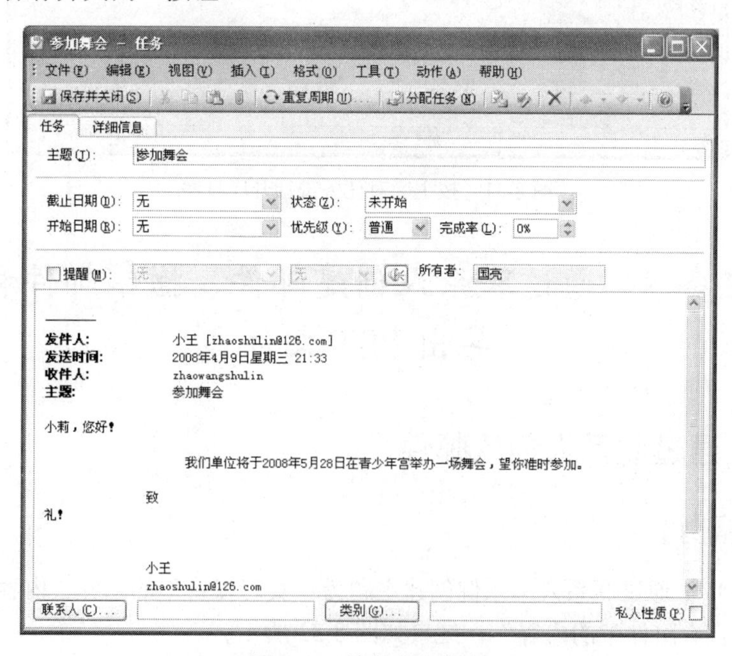

图 8-30　编辑任务信息

子任务 2　排序任务

【知识点及案例】

【案例 8-16】打开 Outlook 2003，导入 LX1.PST 文件后，按照任务的主题对任务进行升序排序，结果如图 8-31 所示。

操作步骤如下：

选择“任务”选项卡，单击上侧的“主题”按钮进行排序，如图 8-31 所示。

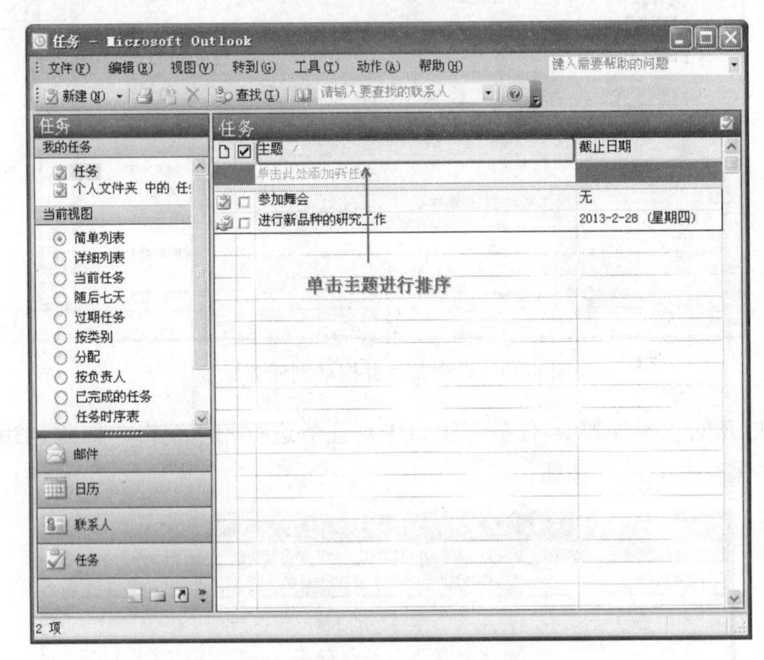

图 8-31　按主题对任务进行升序排序

任务 8　通过联系人创建邮件、撤销邮件和导出 PST 文件

子任务 1　通过联系人创建邮件

【知识点及案例】

【案例 8-17】通过联系人王东健创建主题为“实习报告”的邮件，内容为“实习报告已经写完，请查看附件中的内容”，结果如图 8-33 所示。

（1）选择“联系人”选项卡，选中“王东健”，然后选择“动作”→“致联系人的新邮件”命令，如图 8-32 所示。

（2）在打开的新邮件窗口中直接输入邮件内容，根据需要添加附件后直接发送即可，如图 8-33 所示。

图 8-32　选择联系人并新建邮件

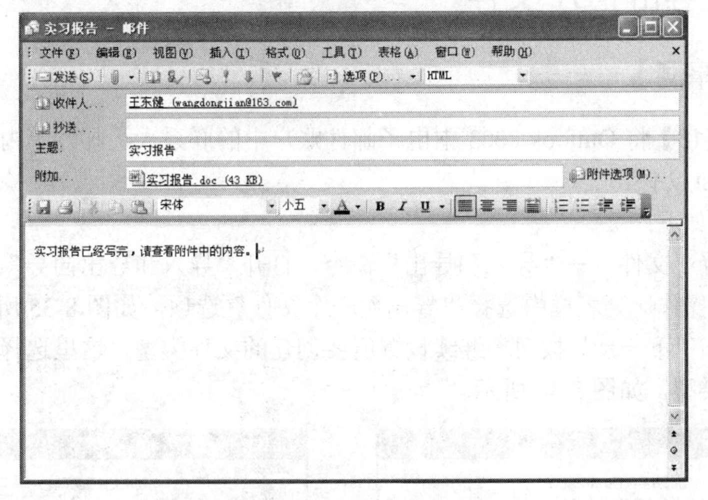

图 8-33　填写新邮件的内容

子任务 2　撤销邮件

【相应知识点】

如果邮件已经发出但却发现邮件内容有误，可以通过撤回邮件操作进行补救。即便此时收件人已登录邮箱并在使用收件箱或 Outlook 2003，但只要他还没来得及读取该邮件，用户仍然可以将发出的错误邮件撤销回来。

操作步骤如下：

选择“邮件”选项卡，在“已发送邮件”中找到并打开误发的邮件，然后选择“动作”→“撤回该邮件”命令，打开“撤回该邮件”对话框，如图 8-34 所示。若仅是撤回邮件，选中“删除该邮件的未读副本”单选按钮，然后单击“确定”按钮即可；若撤回后需要用其他邮件替换有误邮件，应选中“删除未读副本并用新邮件替换”单选按钮。通常情况下，还应选中“告诉我对每个收件人撤回是成功还是失败”复选框，以了解邮件是否能成功撤回或成功替换。最后，单击“确定”按钮即可对邮件实现撤回。

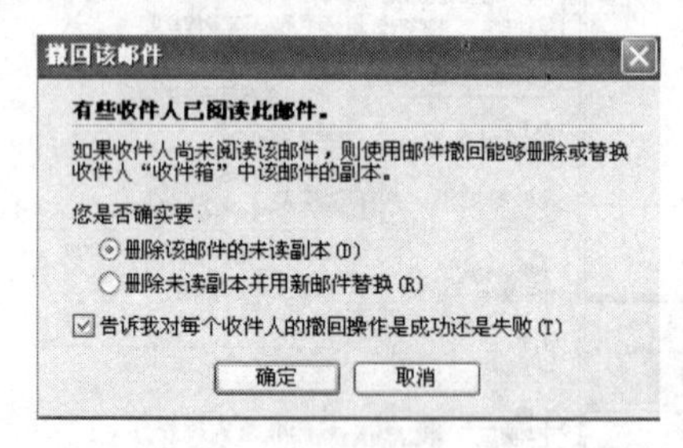

图 8-34　“撤回该邮件”对话框

需要注意的是，若选择了用新邮件替换原邮件，还必须重新发送一封新邮件。

子任务 3　导出 PST 文件

【知识点及案例】

【案例 8-18】将 Outlook 2003 中电子邮件账户中的联系人、邮件等内容进行备份，并导出 backup.pst 文件。

操作步骤如下：

（1）选择“文件”→“导入和导出”命令，打开“导入和导出向导”对话框，在“请选择要执行的操作”列表框中选择“导出到一个文件”选项，如图 8-35 所示。

（2）单击“下一步”按钮，继续设置所要创建的文件类型，这里选择“个人文件夹文件（.pst）”类型，如图 8-36 所示。

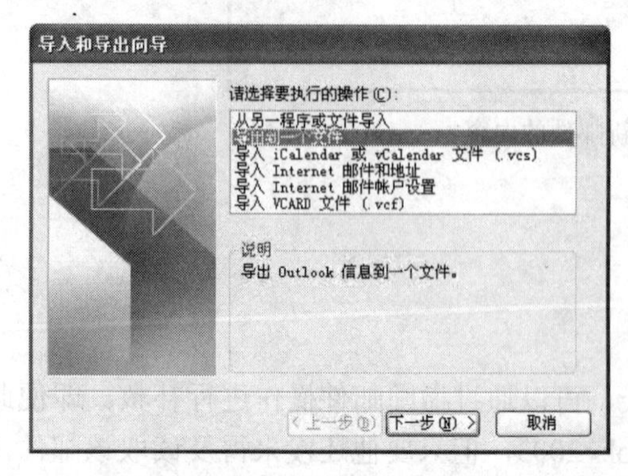

图 8-35　选择“导出到一个文件”

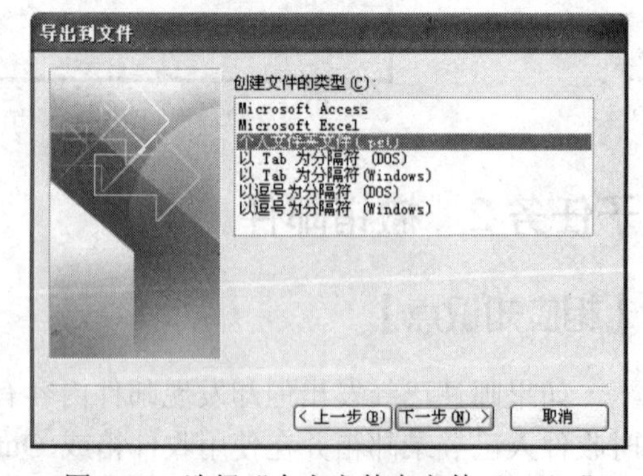

图 8-36　选择“个人文件夹文件（.pst）”

（3）单击“下一步”按钮，设置要导出的文件夹，选择“个人文件夹”并选中“包括子文件夹”复选框，如图 8-37 所示。

（4）单击“下一步”按钮，单击“浏览”按钮，选择导出文件的存放位置，如图 8-38 所示。

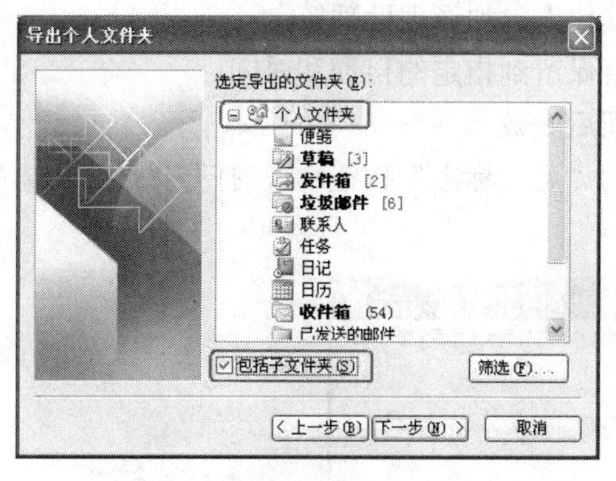

图 8-37　选择要导出的文件夹

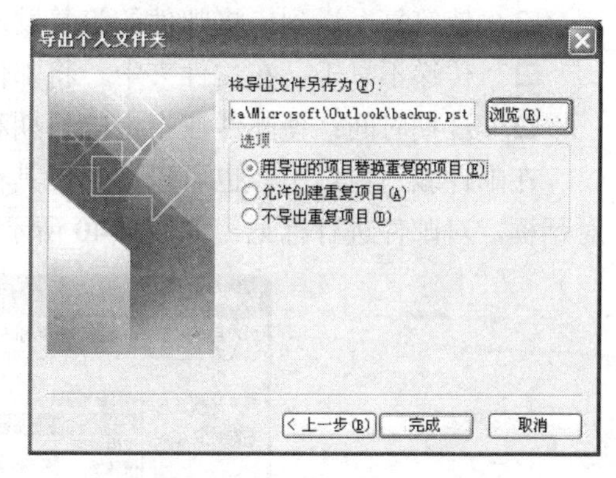

图 8-38　选择文件存放位置

（5）最后，单击“完成”按钮，即可将所选文件夹导出。

【知识拓展】

当用户转发邮件、答复邮件及新建邮件时，会出现邮件编写窗口，单击工具栏上的“选项”按钮，可以打开“邮件选项”对话框，如图 8-39 所示。在这里，可以设置邮件的重要性和敏感性，还可以设置是否给出“送达”回执和“已读”回执。

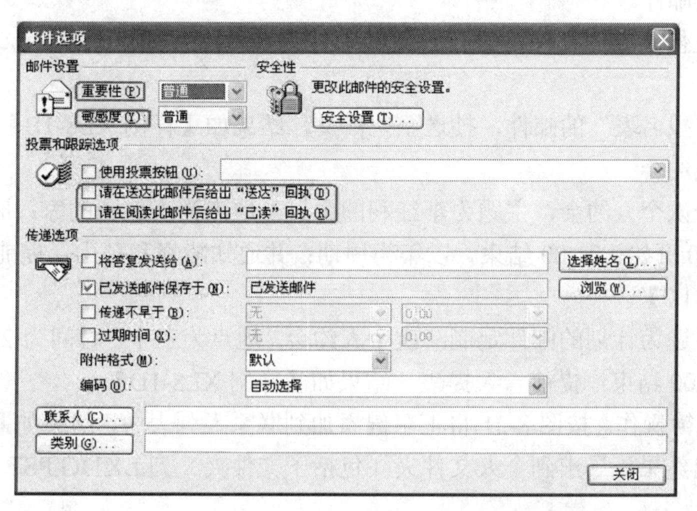

图 8-39　“邮件选项”对话框

“邮件选项”窗口中，部分选项的含义如下：

- 重要性：包括高/中/低三个级别，用于标识邮件的重要程度。

- 敏感度：包括普通/个人/私有/机密四个级别，用于标识邮件内容的私密程度。
- 使用投票按钮：当要举行投票选举或收集他人意见时，可选中该复选框。
- 请在送达此邮件后/阅读此邮件后给出“送达”/“已读”回执：选中复选框，则系统会在邮件送达或收信人阅读邮件后，返回给发信人一个回执。
- 使答复发送到：将邮件的答复发送给其他人，如经理助理等。
- 传递不早于：在文件夹中，将邮件一直保留到指定的日期和时间。
- 过期时间：使邮件在指定的日期和时间后失效

在邮件编写窗口中，也可以单击工具栏中的“后续标志”按钮，打开“后续标志”对话框，对邮件进行标记，如图 8-40 所示。

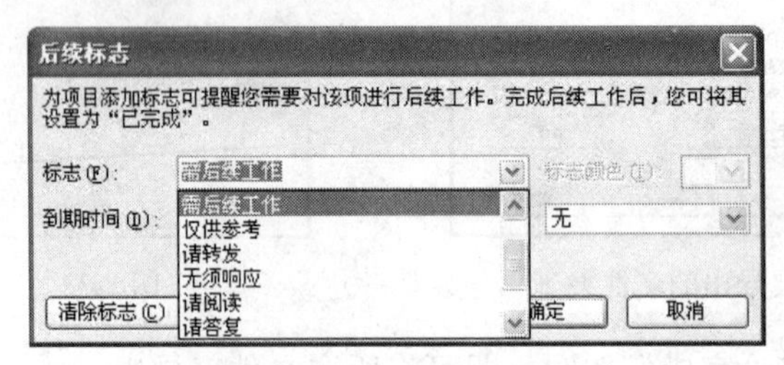

图 8-40 “后续标志”对话框

【实操训练 1】

进入 Outlook，引入文件 LX1.PST 至个人文件夹中，用引入的项目替换重复的项目，完成如下操作。

（1）答复邮件。

① 按答复侯卓雄的邮件，并在答复的邮件中插入附件 Lxfujian1.doc，结果如【样例 XL8-1A】。

② 答复“报名表”的邮件，抄送至宗博文，结果如【样例 XL8-1B】。

（2）定制约会。

① 添加一次个人约会，主题为李红利的生日；地点为李红利的家；时间为 2013 年 6 月 15 日，19:00 开始，21:00 结束，以年为周期；并通知凌峰和孙山；提前一天提醒，结果如【样例 XL8-1C】。

② 利用主题为计划的邮件定制一次个人约会，地点为三中；时间为 2013 年 7 月 2 日，9:00 开始，11:00 结束，提前一天提醒，结果如【样例 XL8-1D】。

（3）通讯簿操作。按图 8-21 将王东健添加到联系人列表中，结果如【样例 XL8-1E】。

（4）导出结果。导出到个人文件夹（包括子文件夹）到 LX1JG.PST 文件中。

【实操训练 2】

进入 Outlook，引入文件 LX2.PST 至个人文件夹中，用引入的项目替换重复的项目，然后完成如下操作。

（1）转发邮件。

① 将邮件“精品课主讲教师情况”转发给高天文，并在转发的邮件中插入附件 lxfujian2.XLS，结果如【样例 XL8-2A】。

② 将邮件“中国中小型连锁超市的发展状况”转发给黄坚强，将邮件标记为无须响应；重要性为高，请在阅读此邮件后给出已读回执，结果如【样例 XL8-2B】。

（2）安排约会。安排一次约会，主题为“中秋节赏月”；地点为北京市朝阳区西单大楼 12-302；时间为 2013 年 9 月 15 日，19:00 开始，21:00 结束；李启明是必选与会者，张静是可选与会者，提前 2 小时提醒，结果如【样例 XL8-2C】。

（3）安排任务。

① 安排“汽车驾驶培训课程”的任务日程；开始时间为 2013 年 6 月 22 日，结束时间为 2013 年 6 月 29 日，结果如【样例 XL8-2D】。

② 安排“汇报本季度公司财务状况”的任务日程；开始时间为 2013 年 9 月 20 日，结束时间为 2013 年 9 月 27 日，将任务分配给轩辕龙腾和张天，结果如【样例 XL8-2E】。

（4）导出结果。导出到个人文件夹（包括子文件夹）到 LX2JG.PST 文件中。

【实操训练 3】

进入 Outlook，引入文件 LX3.PST 至个人文件夹中，用引入的项目替换重复的项目，然后完成如下操作。

（1）发送邮件。

① 给吴琪华发送邮件，邮件标题为“请参加会议”，邮件内容为：“请参加本周日举行的汽车培训座谈会”，并在发送的邮件中插入附件 lxfujian3.DOC，结果如【样例 XL8-3A】。

② 给李红利发送邮件，抄送给张静，将邮件标记为无须响应；重要性为低；请在送达此邮件后给出送达回执，结果如【样例 XL8-3B】。

（2）指派任务。

安排一个新任务“给新学员培训”，并将该任务指派给宗博文；开始时间为 2013 年 10 月 15 日，结束时间为 2013 年 10 月 30 日；状态为进行中，优先级为普通；类别为个人，结果如【样例 XL8-3C】。

（3）安排事件。

① 将“实践作品确认”设置为全天事件，地点为 402 教室；时间为 2013 年 9 月 15 日，提前 1 天提醒，结果如【样例 XL8-3D】。

② 将“毕业论文”设置为全天事件，地点为 408 办公室；时间为 2013 年 8 月 12 日，并通知张静和张天，重要性为高；提前 2 天提醒，结果如【样例 XL8-3E】。

（4）导出结果。导出到个人文件夹（包括子文件夹）到 LX3JG.PST 文件中。

【实操训练 4】

进入 Outlook，引入文件 LX4.PST 至个人文件夹中，用引入的项目替换重复的项目，然后完成如下操作。

（1）发送邮件。

① 给孙山发送邮件，邮件标题为“生日聚会”，邮件内容为：“本周五是张静的生日，来她家一起为她庆祝生日吧！”并在发送的邮件中插入附件 lxfujian4.doc，结果如【样例 XL8-4A】。

② 给轩辕龙腾发送邮件，抄送给王乐天，请在阅读此邮件后给出已读回执；重要性为高；敏感度为个人，结果如【样例 XL8-4B】。

（2）指派任务。安排一个新任务“网站运营策划方案”，并将该任务指派给吴琪华；开始时间为 2013 年 4 月 1 日，结束时间为 2013 年 4 月 30 日；状态为未开始，优先级为高；类别为个人，结果如【样例 XL8-4C】。

（3）安排事件。

① 将“宏业 练习题”设置为全天事件，地点为 305 教室；时间为 2013 年 9 月 15 日，重要性为低；类别为个人；提前 1 天提醒，结果如【样例 XL8-4D】。

② 将“参考文献”设置为全天事件，地点为图书馆；时间为 2013 年 7 月 21 日，并通知王乐天和李启民，重要性为高；提前 2 小时提醒，结果如【样例 XL8-4E】。

（4）导出结果。导出到个人文件夹（包括子文件夹）到 LX4JG.PST 文件中。

【实操训练 5】

进入 Outlook，引入文件 LX5.PST 至个人文件夹中，用引入的项目替换重复的项目，然后完成如下操作。

（1）答复邮件。

① 答复收件箱中的邮件“关于实训教材出版”，并在答复的邮件中插入附件 lxfujian5.doc，结果如【样例 XL8-5A】。

② 答复收件箱中的邮件“参加聚会”，选择是或否，并编辑响应，将其转发给王乐天，结果如【样例 XL8-5B】，【样例 XL8-5C】。

（2）安排约会。

① 安排一次个人约会；主题为“聚会”；地点为星光灿烂 KTV；开始时间为 2013 年 9 月 20 日 19:00，结束时间为 22:00；提前 30 分钟提醒；类别为个人；重要性为高，结果如【样例 XL8-5D】。

② 安排一个定期约会，主题为“小组学习”，地点为教学楼一楼教室；使其发生在每天，生效时间为 2013 年 3 月 1 日 18:00 到 18:30，结果如【样例 XL8-5E】

（3）响应任务。接受收件箱中的任务“安排教学任务”，结果如【样例 XL8-5F】。

（4）导出结果。导出个人文件夹（包括子文件夹）到 LX5JG.PST 文件中。

【样例 XL8-1A】

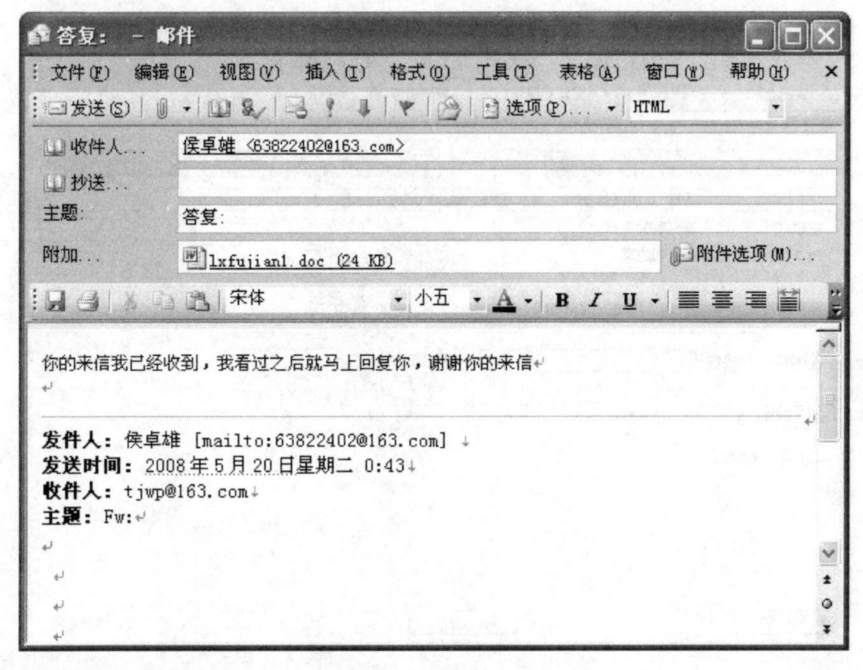

【样例 XL8-1B】

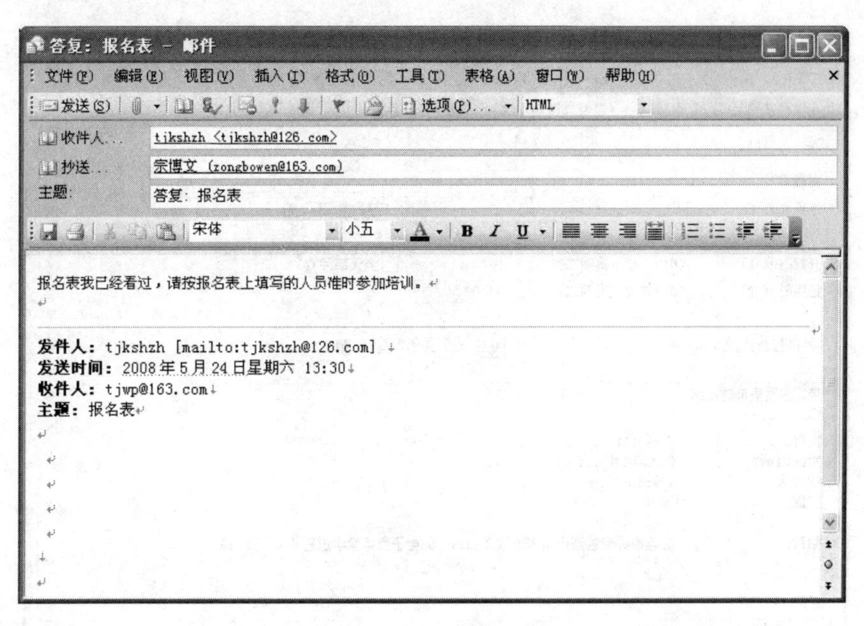

【样例 XL8-1C】

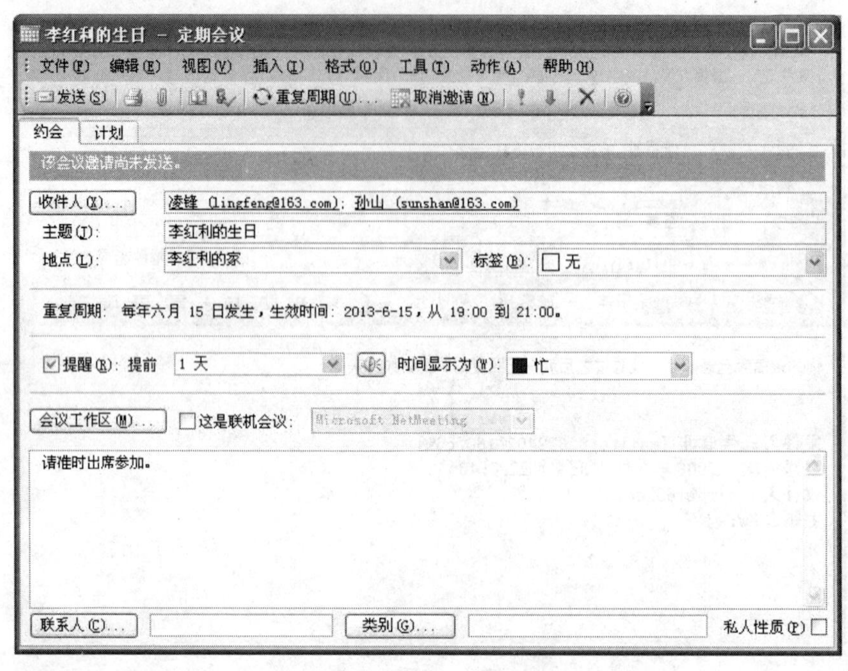

【样例 XL8-1D】

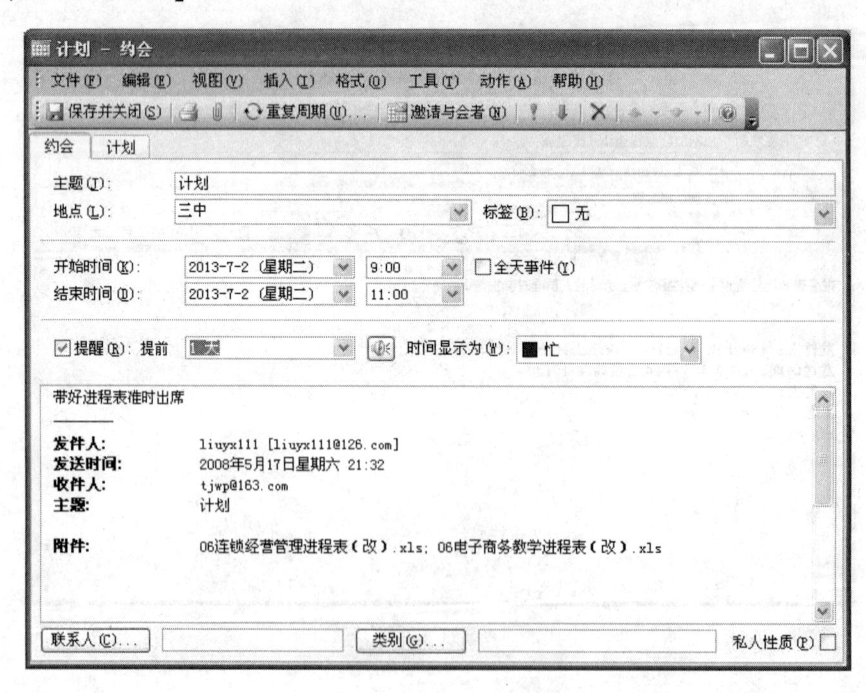

【样例 XL8-1E】

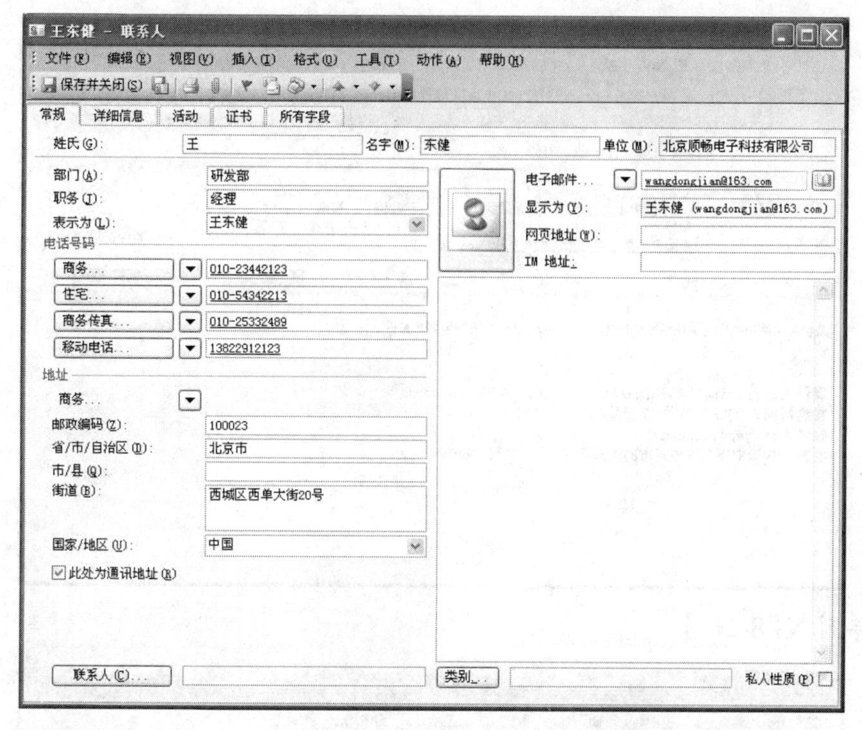

【样例 XL8-2A】

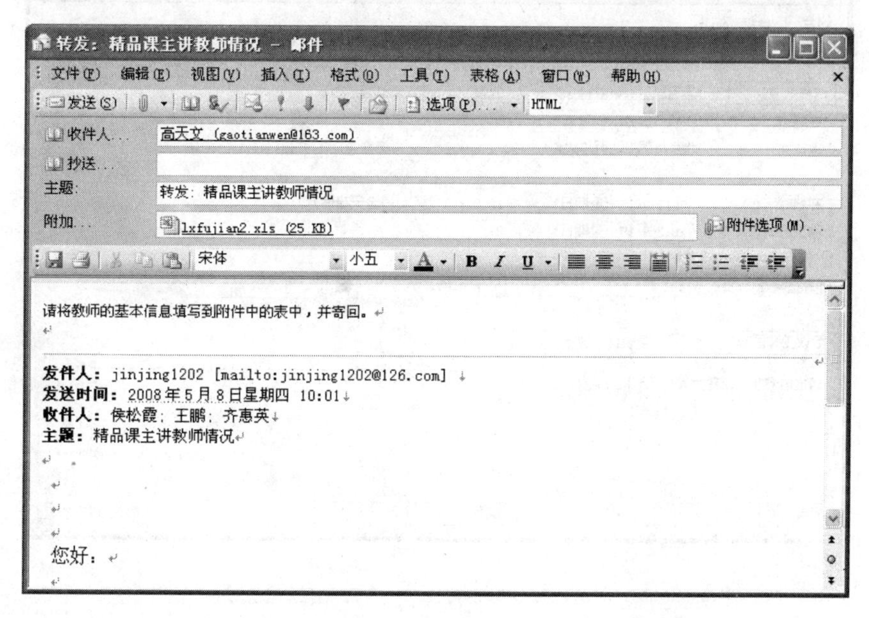

【样例 XL8-2B】

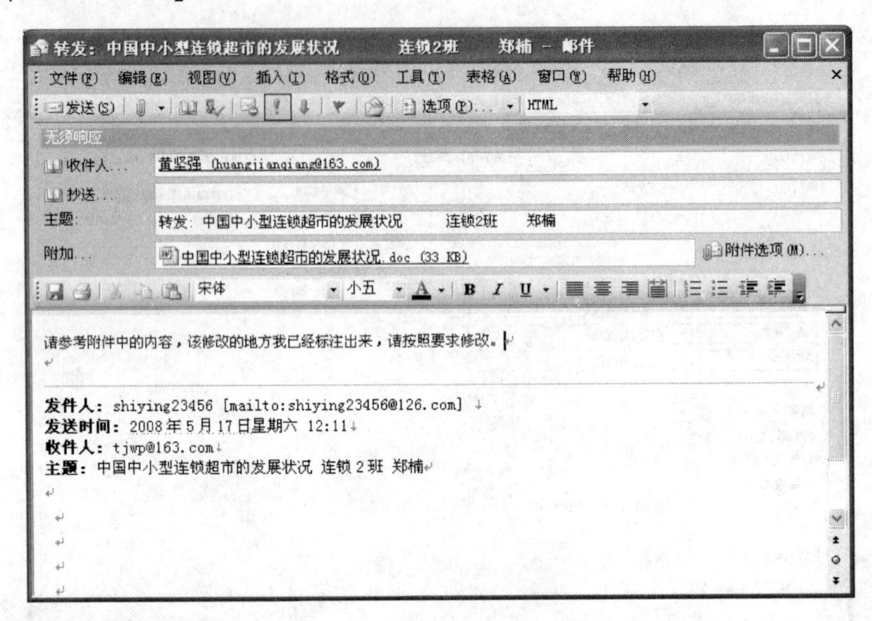

【样例 XL8-2C】

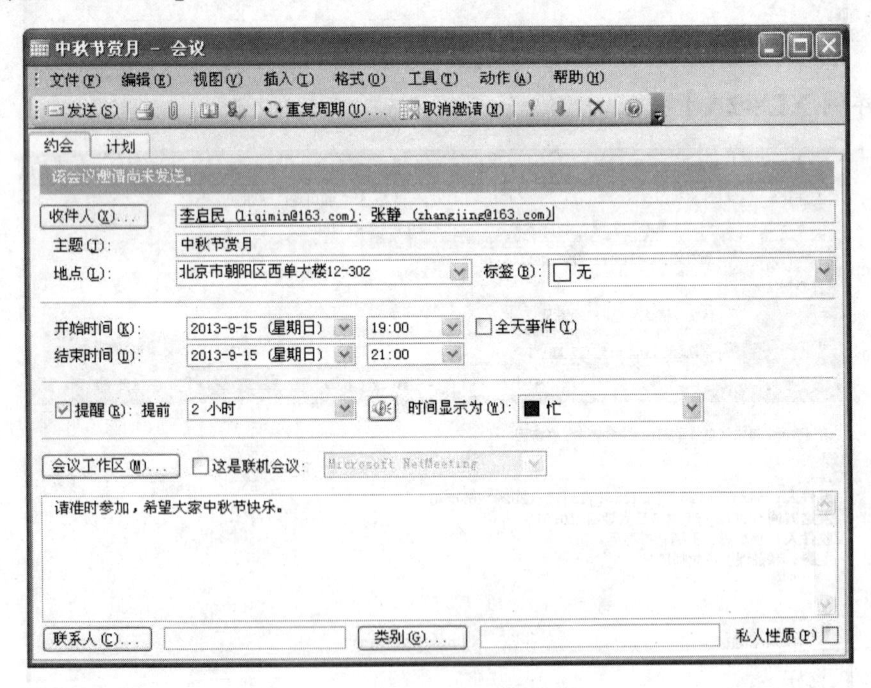

【样例 XL8-2D】

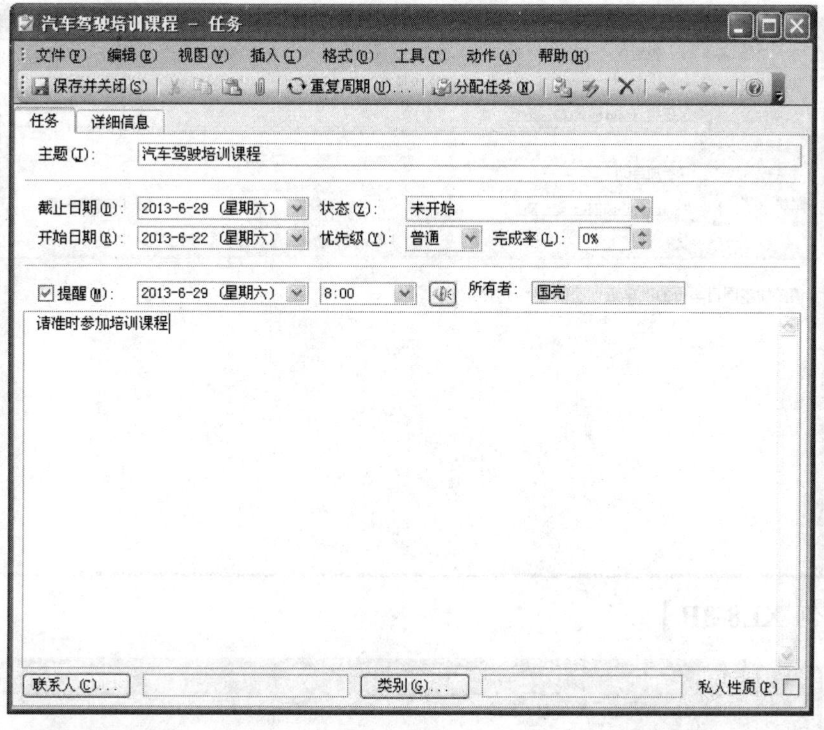

【样例 XL8-2E】

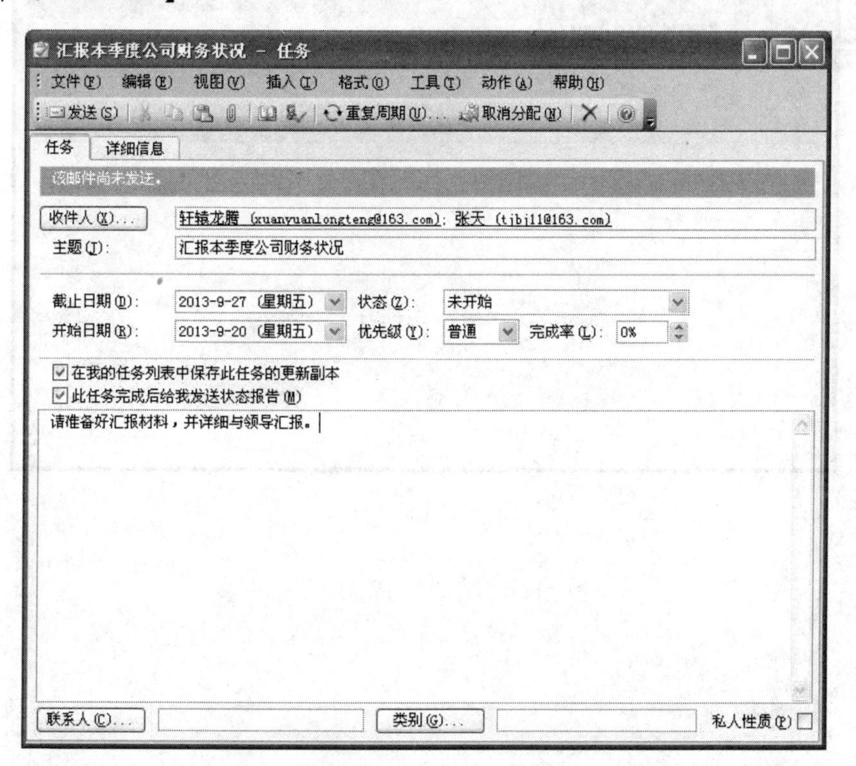

【样例 XL8-3A】

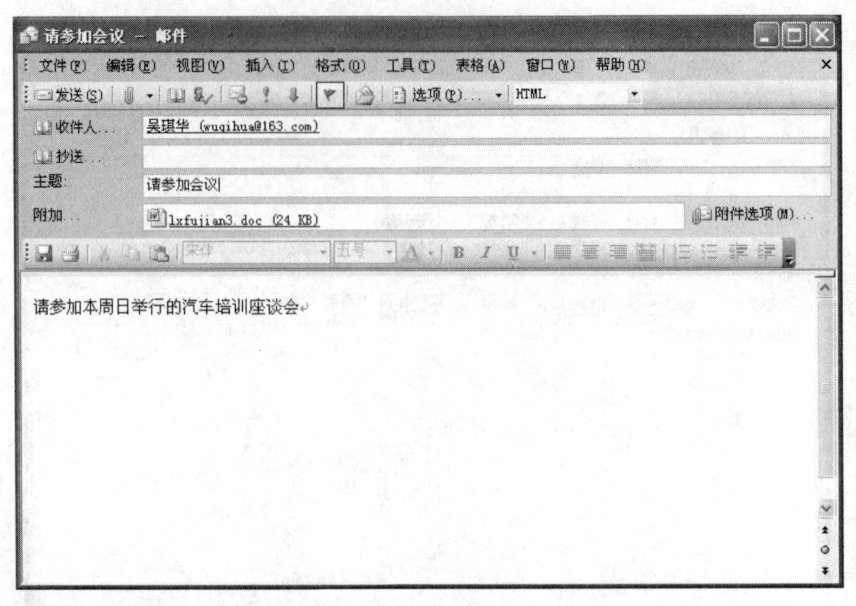

【样例 XL8-3B】

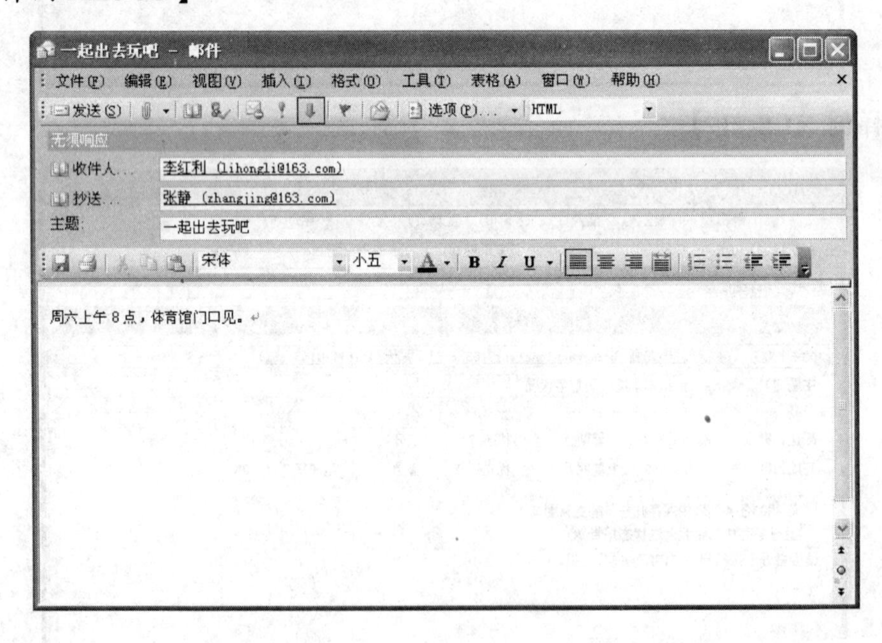

【样例 XL8-3C】

给新学员培训 - 任务
文件(F) 编辑(E) 视图(V) 插入(I) 格式(O) 工具(T) 动作(A) 帮助(H)
发送(S) 重复周期(U)... 取消分配(N)
任务 详细信息
该邮件尚未发送。
收件人(X)...
宗博文 (zongbowen@163.com)
主题(J):
给新学员培训
截止日期(D):
2013-10-30 (星期三)
状态(Z):
未开始
开始日期(R):
2013-10-15 (星期二)
优先级(Y):
普通
完成率(L):
0%
在我的任务列表中保存此任务的更新副本
此任务完成后给我发送状态报告(M)
联系人(C)...
类别(G)...
个人
私人性质(P)

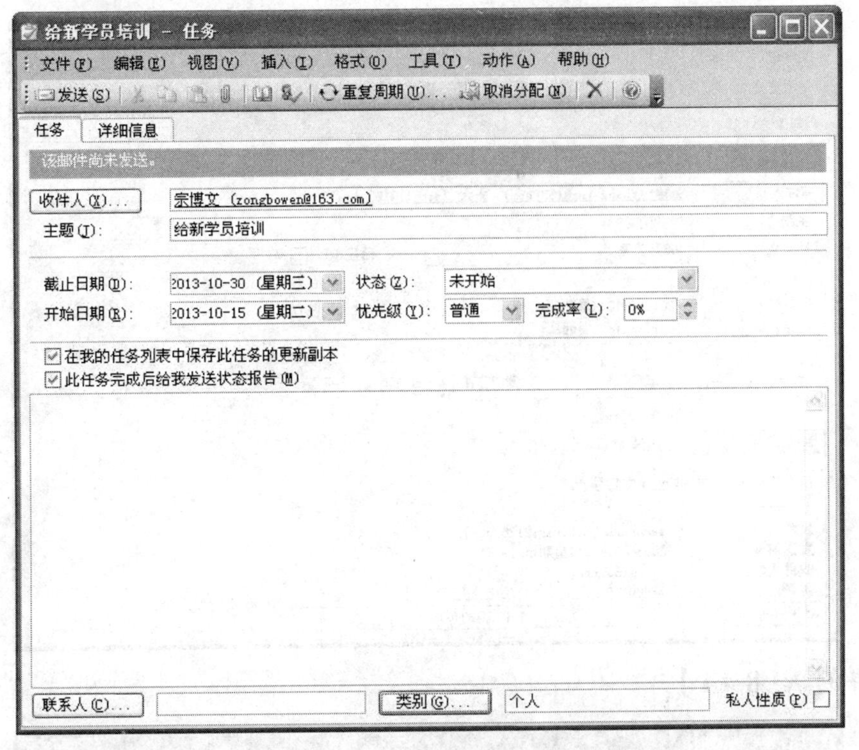

【样例 XL8-3D】

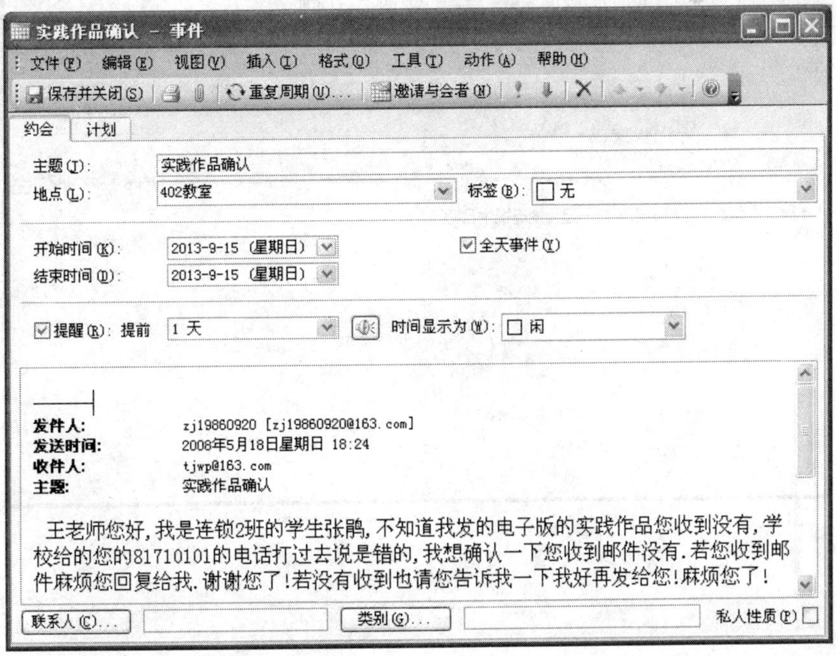

实践作品确认 - 事件
文件(F) 编辑(E) 视图(V) 插入(I) 格式(O) 工具(T) 动作(A) 帮助(H)
保存并关闭(S) 重复周期(U)... 邀请与会者(N)
约会 计划
主题(J):
实践作品确认
地点(L):
402教室
标签(B):
无
开始时间(K):
2013-9-15 (星期日)
全天事件(Y)
结束时间(D):
2013-9-15 (星期日)
提醒(R): 提前
1 天
时间显示为(W):
闲
发件人:
zj19860920 [zj19860920@163.com]
发送时间:
2008年5月18日星期日 18:24
收件人:
tjwp@163.com
主题:
实践作品确认
王老师您好，我是连锁2班的学生张鹏，不知道我发的电子版的实践作品您收到没有，学校给的您的81710101的电话打过去说是错的，我想确认一下您收到邮件没有．若您收到邮件麻烦您回复给我．谢谢您了！若没有收到也请您告诉我一下我好再发给您！麻烦您了！
联系人(C)...
类别(G)...
私人性质(P)

【样例 XL8-3E】

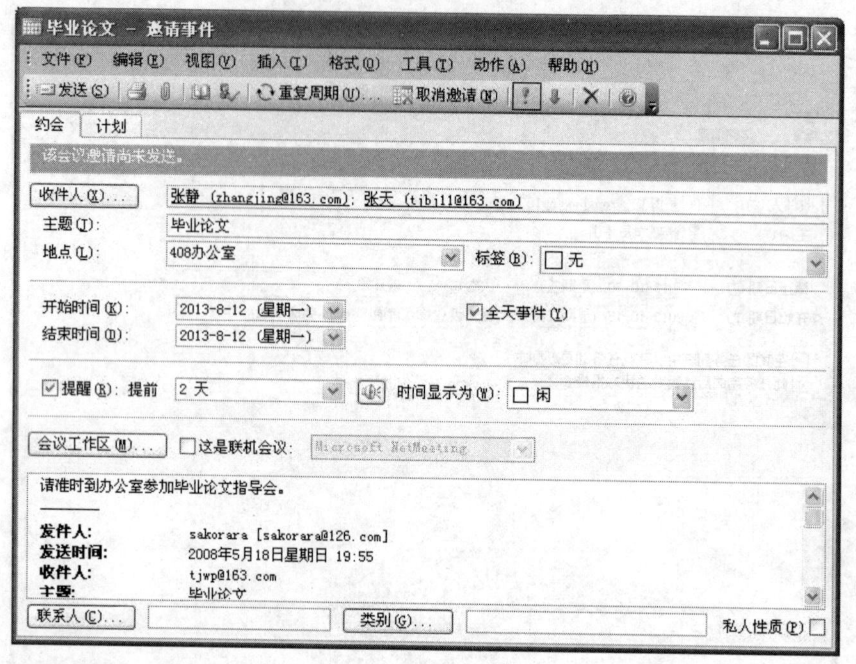

【样例 XL8-4A】

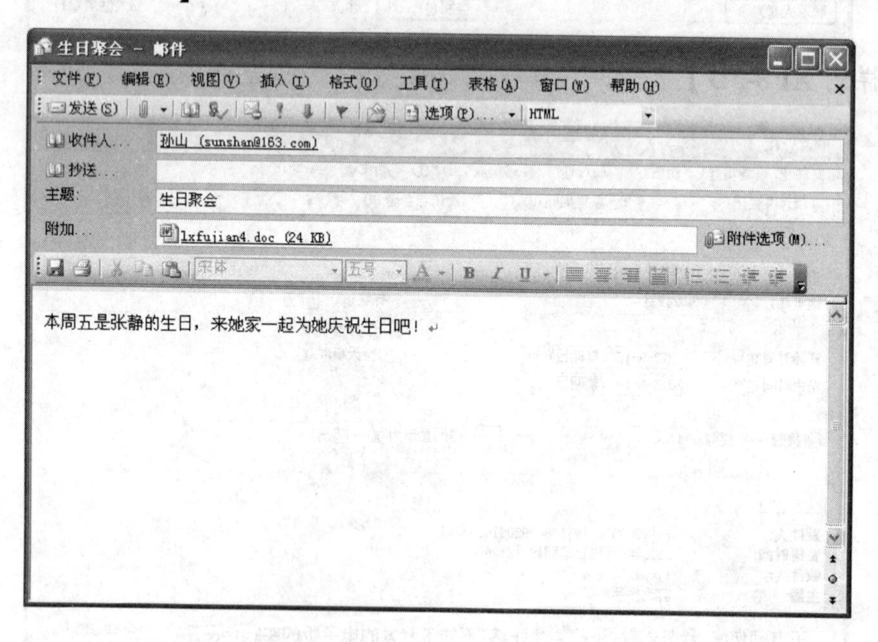

【样例 XL8-4B】

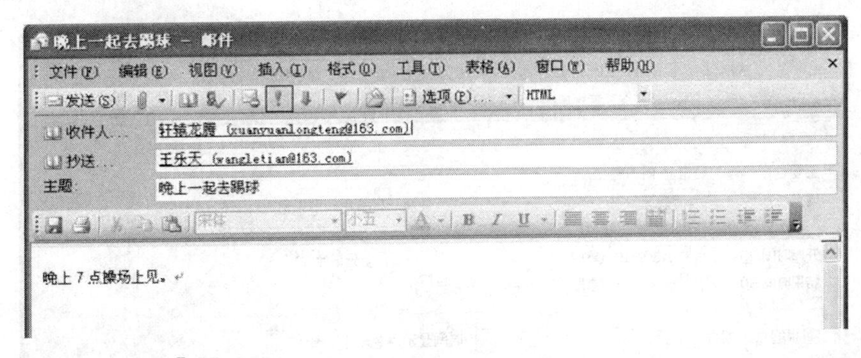

【样例 XL8-4C】

网站运营策划方案 - 任务
文件(F) 编辑(E) 视图(V) 插入(I) 格式(O) 工具(T) 动作(A) 帮助(H)
发送(S) 重复周期(U)... 取消分配(N)
任务 详细信息
该邮件尚未发送。
收件人(X)... ; 吴琪华 (wuqihua@163.com)
主题(J): 网站运营策划方案
截止日期(D): 2013-4-30 (星期二) 状态(Z): 未开始
开始日期(R): 2013-4-1 (星期一) 优先级(Y): 高 完成率(L): 0%
在我的任务列表中保存此任务的更新副本
此任务完成后给我发送状态报告(M)
请根据本公司的情况策划网站运营方案，要求简洁有效
联系人(C)... 类别(G)... 个人 私人性质(P)

【样例 XL8-4D】

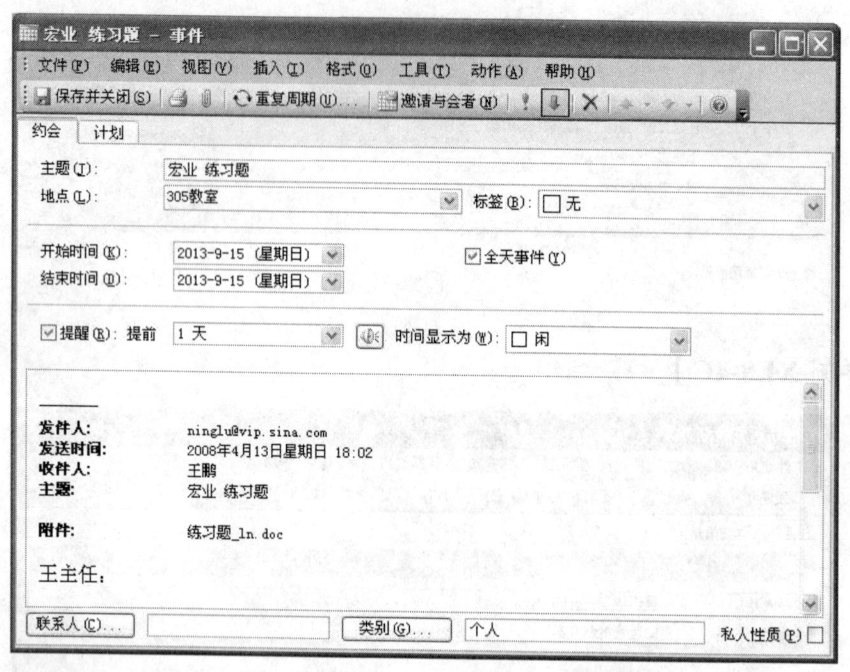

【样例 XL8-4E】

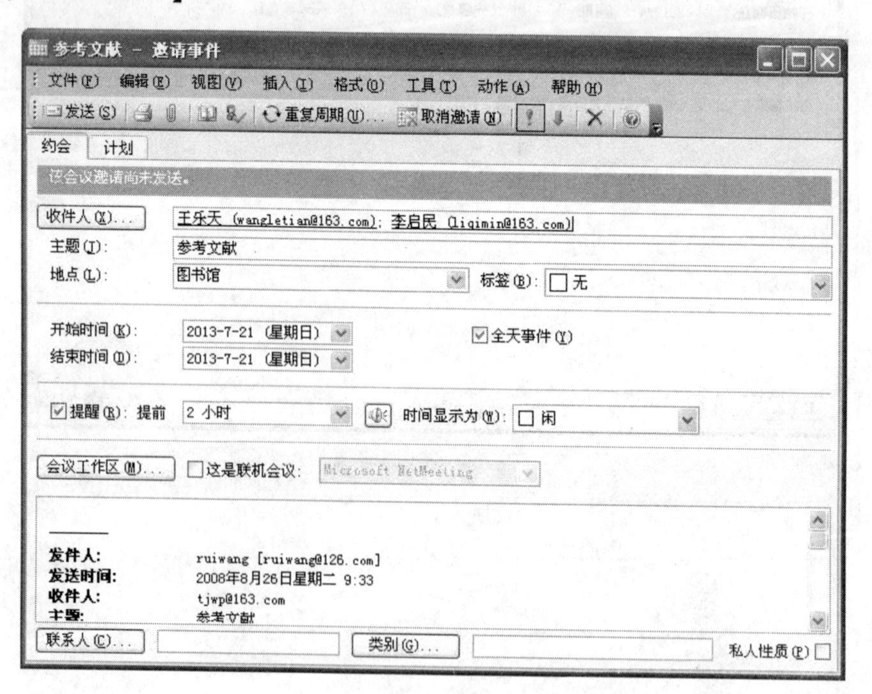

【样例 XL8-5A】

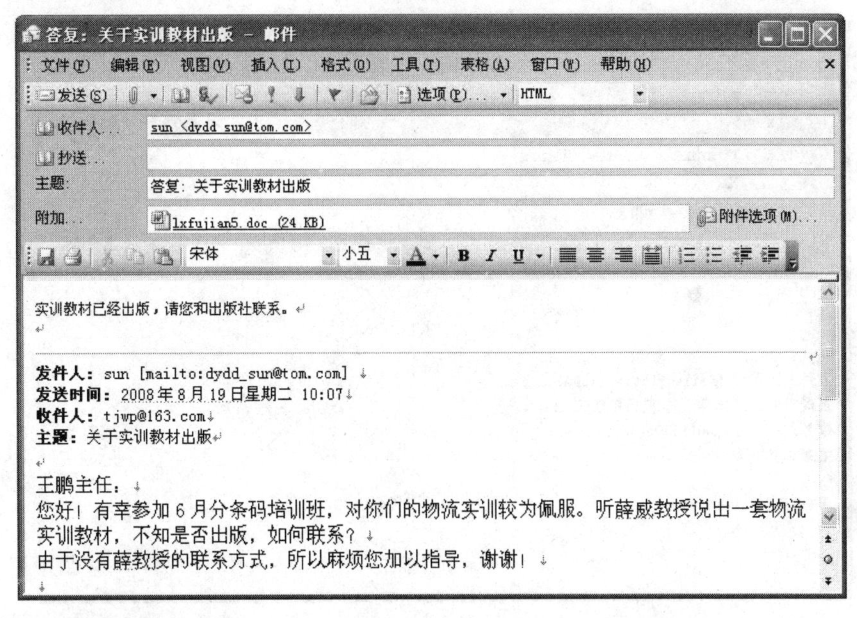

【样例 XL8-5B】

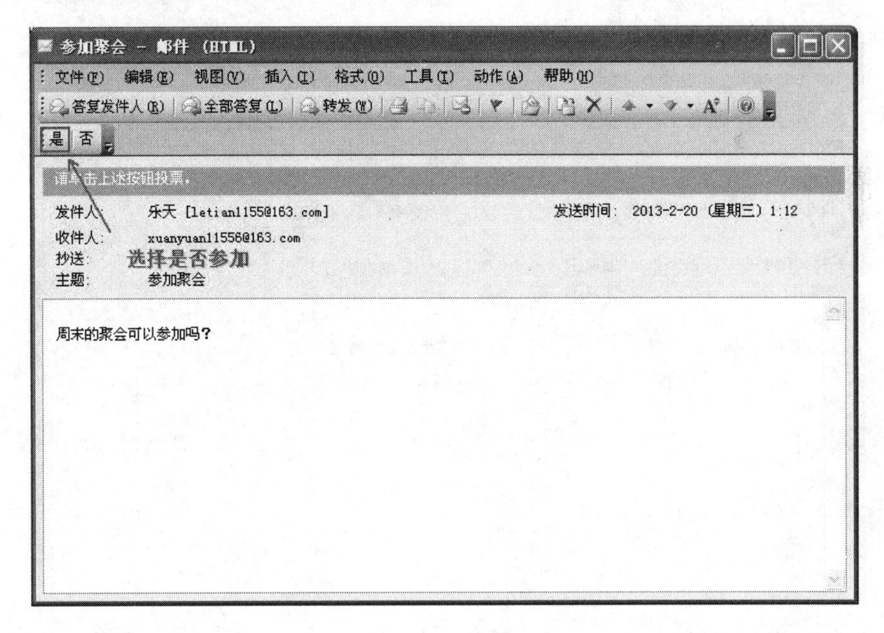

【样例 XL8-5C】

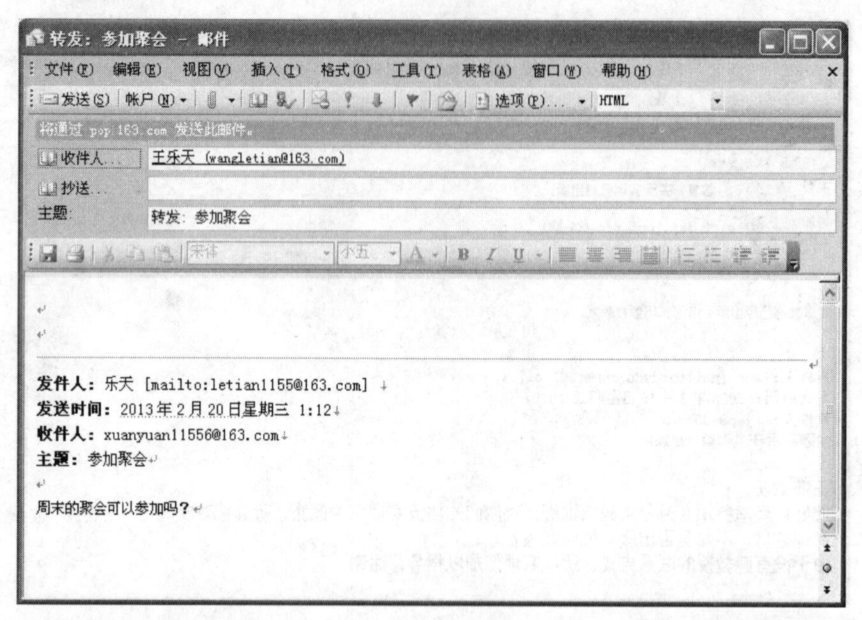

【样例 XL8-5D】

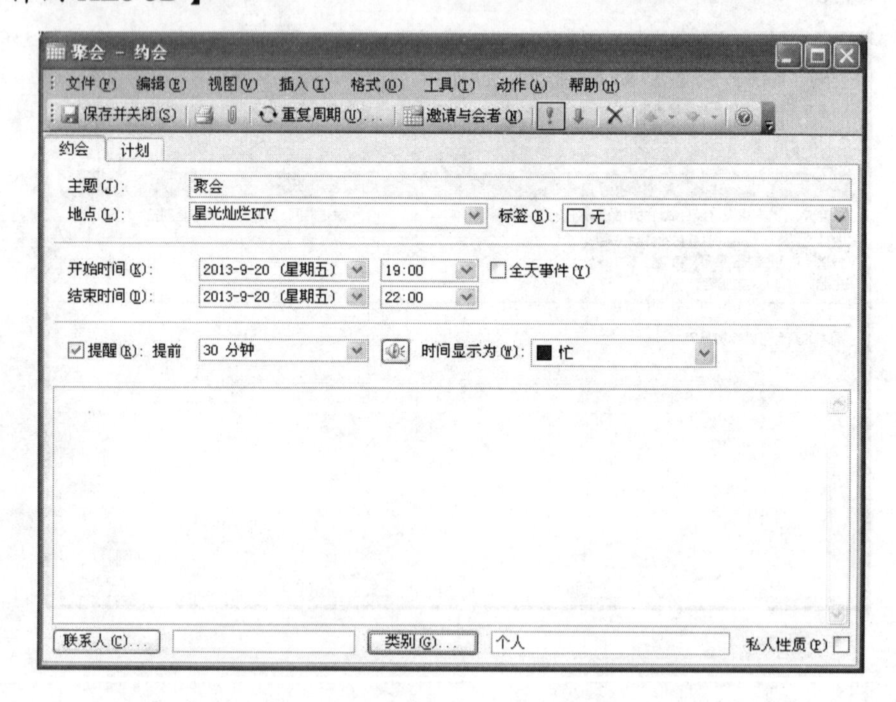